異端の統計学 ベイズ

シャロン・バーチュ・マグレイン

冨永 星＝訳

草思社文庫

The Theory That Would Not Die:
How Bayes' Rule Cracked the Enigma Code,
Hunted Down Russian Submarines, and Emerged Triumphant
from Two Centuries of Controversy

異端の統計学　ベイズ◉目次

「事実が変わったのであれば、
私は意見を変えます。
あなたは、どうなさいますか?」
——ジョン・メイナード・ケインズ

序文、および読者の皆さんへのただし書き

一九一二年にウェゲナーが大陸移動説を発表した時点で大陸が漂うという証拠がすでに多数集まっていたにもかかわらず、地質学者たちはその後五〇年間、大陸が動くはずはないと主張し続けた。この有名な例からもわかる通り、ときには科学もまちがえる。

地質学者たちのこの一件ほど有名ではないが、ベイズの法則《ルール》を巡る科学者たちの戦いはこれよりずっと長く、一五〇年も続いた。そこで論じられたのはより広範で根本的な問題——人は証拠をどのように分析し、新たな情報が手に入ったときにどう考えを変え、不確かな状況下でいかに合理的な決定を下すのかという問題だった。そしてこの論争は、二一世紀初頭にようやく決着したのだった。

ベイズの法則は、一見ごく単純な定理である。曰く、「何かに関する最初の考えを新たに得られた客観的情報に基づいて更新すると、それまでとは異なるより質の高い意見が得られる」。この定理を支持する人からすれば、これは「経験から学ぶ」ということをエレガントに表現したものなのだ。この定理に帰依した多数の人々が、この

定理の内なる論理の虜となり、宗教的ともいえる啓示が訪れた瞬間のことをはっきりと憶えている。だがこの定理を認めない人々にとって、ベイズの法則は主観性の暴走でしかなかった。

ベイズの法則が誕生した一七四〇年代当時、イングランドは激しい宗教論争の渦中にあった。我々人間をとりまく世界に関する証拠に基づいて、神が存在するという理に適った結論を得られるか否かが大問題となっていたのだ。ベイズの法則を発見したのはアマチュア数学者のトーマス・ベイズ牧師で、今ではこの人物こそが数学的な意思決定の父とされている。しかしベイズは、自分の発見を積極的に売り込んだわけではなかった。当時ベイズはさほど有名ではなく、ベイズの業績が今日に伝わっているのは、ひとえにベイズの友人で編集者——そしてほぼ忘れ去られたアメリカ独立戦争の英雄——だったリチャード・プライスのおかげだった。

この法則には、本来ベイズではなく、ラプラスの名前を冠するべきなのだろう。史上最強の数学者にして科学者だったフランスのピエール・シモン・ラプラスは一七七四年に、未だかつてないデータの奔流を何とか処理しようと、独力でこの法則を発見した。そして、その後四〇年をかけて今日の形へと展開した。ラプラスは自分が発見したこの法則に基づいて、女児よりも男児のほうが多く生まれるという周知の事実はほぼ確実に自然法則に起因している、と結論した。昔からの習慣で、ラプラスの発見した事柄をベイズの法則と呼んでいるにすぎないのである。

ラプラスの死後、厳密で客観的な答えを求めていた学者や研究者は、こんなものは主観的で役に立たぬといってラプラスの手法を切って捨て、葬り去った。だがその一方で実際的な問題解決者《プロブレム・ソルバー》たちは、この法則を拠《よ》り所として現実世界の緊急事態に対処していった。そしてこの法則は、第二次大戦下で華々しい成功を収めることとなる。アラン・チューリングがベイズの法則を発展させて、エニグマと呼ばれるドイツ海軍の暗号を解いたのだ。これによって英国は救われ、近代的な電子計算機やソフトウェアの発明が後押しされたのだった。このほかにも、ロシアのアンドレイ・コルモゴロフやニューヨークのクロード・シャノンといった一流の数学的思想家たちが、戦時下での意思決定に役立てるべく、ベイズの法則を見直しはじめた。

象牙の塔の理論家たちが、ベイズの法則をタブーとして見事に封じ込めたと考えて安心しきっている間に、外の世界ではこの法則が力を発揮し始めていた。ベイズの法則のおかげで、アメリカでは労働者のための労災保険が無事スタートし、ベル電話会社のシステムは一九〇七年の金融恐慌を何とか生き延びることができ、アルフレッド・ドレフュスは監獄から解き放たれ、連合軍の砲手はドイツ軍のユーボートの所在を突きとめて砲撃することができるようになり、ついには地震の震源地を突き止めることができるようになった（そして、地球の核は溶けた鉄であるにちがいないという（誤った）推論が展開されるようになった）。

理論の上ではベイズの法則は禁じ手とされていた。しかしこの法則は、量の多寡を問わず、あらゆる種類のデータに適用することができた。そのため冷戦下では行方不明になった水爆やアメリカやロシアの潜水艦を探索するのに使われ、あるいは原子力発電所の安全性を調べたりスペースシャトル・チャレンジャーの悲劇を予測するのに使われた。さらに、喫煙が肺がんを引き起こすことや、コレステロールが高いと心臓発作が起きることを示す際にも、そしてテレビでいちばん人気のニュース番組で大統領選の勝者を予測する際にも使われたのだった。

ほかのことに関してはきわめて理性的な科学者や数学者や統計学者たちが、ことこの定理に関してはまるで取り憑かれたように激しい応酬を繰り返し――ある観察者曰く――「パイ投げ合戦」を展開したのはいったいなぜなのか。答えはしごく単純で、ベイズの法則の核となるものが、科学者の心に深く根ざした「近代科学には正確さと客観性が求められる」という信条に反していたからだ。ベイズの法則では、信念が尺度となる。この法則によると、欠けているデータや不適切なデータ、さらには近似や無知そのものからも何かがわかるのだ。

このような哲学の根本における重大な不一致ゆえに、このベイズの法則の物語では、圧倒的な包囲網に対してこの法則が正しいことを認めさせ受け入れさせようとする少数の擁護者たちの戦い――二〇世紀のほぼ一〇〇年にわたる血塗られた苦闘――が語られることになる。さらにこの物語では、この法則の運命がいかに大戦や冷戦の秘密と強くよりあわされていたかが示される。そしてこれは、コンピュータやソフトウェアのパッケージを必要とした理論の物語でもある。この手法は、物理学やコンピュータ・サイエンスや人工知能などの研究領域出身の人々によって新たな活力を吹き込まれ、突然使えるようになり、一夜にして世間に受け入れられた。実践的な分野では未だかつてないパラダイム・シフトが進み、かつてベイズを「統計におけるコカインのようなものだ。魅惑的で常習性があり極度に破壊的である」と評した人物自身が、ベイズ派の人々をグーグルに招集しはじめた。

今ではベイジアン・スパム・フィルタが、ポルノ・メールや詐欺メールをすばやくコンピュータのゴミ箱に運ぶ。どこかで船が沈んだら、沿岸警備隊は生存者が何週間も大海原を漂流しなくてすむように、ベイズ推定を使ってその居場所を探り出す。さらに科学者たちは、遺伝子がいかに調節され、規制されているかを突きとめる。ベイズ派からはノーベル賞受賞者も出ており、オンラインの世界では、ウェブで情報を広く集めたり歌や映画を売るのにベイズの法則が使われ、コンピュータ・サイエンスや人工知能や機械学習、ウォールストリートや天文学や物理学、安全保障省やマイクロソフトやグーグルにまでベイズの法則が浸透している。この法則のおかげで、コンピユータによる言語の翻訳が可能となり、何千年にもわたって立ちはだかってきたバベルの塔が瓦解しようとしている。ベイズの手法は人間の脳が学習したり機能したりする様子を示す比喩となり、著名なベイズ派の人々は、政府の各部署におけるエネルギーや教育や研究の助言者となっている。

ベイズの法則は、決して科学の歴史に埋もれた地味な論戦の種ではなく、我々すべてに影響を及ぼしている。それは、実生活の広い範囲――絶対的な真実とまったくの不確かさに挟まれた灰色の領域――で推論を行うための論理なのだ。知りたいことに関する情報はほんの少ししか手に入らないことが多く、それでもわたしたちは、過去の経験に基づいて何らかの予想を立てたいと思う。そして新たな情報が手に入れば、それに基づいてそれまでの考えを修正する。長い間激しい嘲りの的だったベイズ統計が、ついに身の回りの世界について合理的に考える手段を提供するようになったのだ。

ではこれから、この驚くべき変化がどのようにして起きたのか、その顚末を見ていこう。

注意

観察力のある読者諸氏は、この本で頻繁に「確率《プロバビリティー》」という言葉が使われていることに気づかれると思う。ごくふつうの会話ではたいていの人が、「確率《プロバビリティー》」という言葉を、「見込み《ライクリーフッド》」とか「可能性《オッズ》」の同義語として使っている。しかし統計学ではこの三つは同義ではなく、専門用語としてきちんと区別される〔日本語では、ライクリーフッドは尤度《ゆうど》、オッズはそのままオッズとして専門用語になっている〕。この本では言葉を正確に使いたかったので、「確率」という言葉がしばしば登場することとなった。

第1部

黎明期の毀誉褒貶

第1章 発見者に見捨てられた大発見 一七四〇年代〜一七六四年

ベイズ統計に名を残すトーマス・ベイズ。法則の発見から、死後プライスによって論文が発表されるまで。

ベイズ師のすばらしい発見

トーマス・ベイズ師は一七四〇年代にある独創的な発見をした。ところがどういうわけか本人は、のちに自分の名前を冠されることになるその発見を放り出した。その後、ベイズよりはるかに有名だったピエール・シモン・ラプラスがこれと同じ内容を独自に再発見し、近代数学にふさわしい形にまとめて科学に応用した。ところがラプラスは、やがてこれとは別の手法に関心を移す。二〇世紀になると、偉大な統計学者たちがベイズの法則に注目するようになるが、ベイズの手法やその信奉者たちをけなす声は大きく、さんざん叩きのめして役立たずだと言い切る者もいた。ところがこの法則を用いると、ほかの手法では歯が立たない現実的な問題を解くことができた。この法則のおかげで、ドレフュス大尉の弁護人は大尉の無実を示し、保険会社は保険料率を決め、アラン・チューリングはドイツ軍の暗号エニグマを解くことができたのである。連合軍は、この法則のおかげで第二次大戦の敗戦を免れたといわれている。また、アメリカ海軍が行方不明になった水爆を捜し、ソビエト潜水艦の居場所を探ったときも、ランド・コーポレーションが原子力関連事故発生の可能性を調べたときも、この法則が使われた。さらにハーバード大学とシカゴ大学の研究者たちは、この法則を使ってフェデラリスト・ペーパーズ〔一七八七〜一七八八年にニューヨークの新聞に連載された、アレクサンダー・ハミルトンたちの手になる連邦憲法擁護論〕が実際にフェデラリストによって書かれたことを確認した。ベイズの法則を支持する人々の多くが、この法則が科学にとっていかに大きな意味を持っているかを悟り、宗教的ともいえる回心を経験しながらも、ベイズの法則を使ったことを隠し、ほかの手法を用いたかのように装うしかなかった。この手法の汚名がそそがれ、広く熱狂的に受け入れられるようになるには、二一世紀を待たねばならなかったのだ。

その物語は、ある単純な思考実験からはじまる。

ベイズが生きた時代とその人物像

ベイズの墓碑銘に一七六一年に五九歳で逝去とあるのを見れば、この人物が、二〇〇年近く続いた宗教対立や内戦や国王殺しから立ち直ろうともがくイングランドの人であったことがわかる。ベイズは英国教会を支持することを拒んで弾圧された長老派教会に属し、ディセンターないしノンコンフォーミストと呼ばれる非国教徒だった。ベイズの祖父の時代には、イングランドの牢獄で二〇〇〇人の非国教徒が命を落とし、ベイズの時代には、政治や宗教に起因する亀裂が数学にも走り、大学が非国教徒を閉め出したので、[1]業績ある数学者の多くがアマチュアだった。

ベイズはイングランドの大学では学位を取ることができず、長老派が支配するスコットランドのエディンバラ大学で神学と、どうやら数学を学んだらしい。幸いなことに、スコットランドの大学はイングランドの大学よりはるかに厳密に教育規範を守っていた。ベイズは一七一一年にロンドンに赴くと、牧師をしていた父から叙任を受けて牧師の助手として働くようになる。

弾圧によって多くの非国教徒が議論好きな批評家となるなか、ベイズも二〇代の終わりころには「悪が存在することと、神が授けてくださるはずの恩恵に折り合いはつくのか」という当時議論を呼んでいた神学上の問題に対する己の立場を公にしようと心を決める。そして一七三一年には、今でいえばブログにあたる小冊子をまとめ、神は人々に「人々が感じうる最大限の幸福」を与えると断言した。

四〇代に入ると、ベイズにとって、数学への関心と神学への関心は切っても切れないものとなった。アイルランドのイギリス国教会主教ジョージ・バークレー（カリフォルニア大学の主要キャンパス「バークレー校」にその名が残っている）は扇動的な小冊子をまとめて、非国教徒の数学者や、解析学や抽象数学、尊敬すべきアイザック・ニュートン、そしてどんなテーマでも理性によって完全に説明できると信じているすべての「自由な思索家」や「不信心な数学者」を攻撃した。バークレーのこの小冊子発行は、一七〇〇年代のイギリス数学におけるもっとも華々しい出来事だった。

ベイズは再び小冊子戦争に身を投じて、ニュートンの解析学を解説し擁護する文書を発表した。ベイズが数学に関してまとめた著作は、生涯にこの一つだけだった。その直後の一七四二年に、ニュートンの親友を含む五人の男たちがベイズをロイヤル・ソサエティーの会員に指名した。この指名にいっさい異論は出ず、ベイズは「その長所をよく知られた紳士であって、幾何学においても、数学および哲学知識のすべての分野においても秀でている」とされた。ロイヤル・ソサエティーは今のような専門家集団ではなく、地主階級のアマチュアが会費を払って集う私的な団体だったが、この時代のアマチュアが優れた成果を上げていたこともあって、学問の世界では重要な役割を果たしていた。

さらにベイズは、もう一つ別の当世風なアマチュア数学者の集団に加わることになった。当時ベイズは、鉱泉が湧く温泉町にしてファッショナブルなリゾートでもあるタンブリッジ・ウェルズの小さな信徒教会の牧師をしていた。独立した裕福な独身者だった——鉄の刃物製造で財を成したシェフィールドの一族の出だった——ベイズは、非国教徒と思われる一家から部屋を借りており、宗教者としての義務も、週一回日曜日に説教する程度の楽なものだった。またこの温泉地では、非国教徒やユダヤ人やローマ・カソリック教徒や異国の人々もイギリス社会に溶けこむことがよしとされていた。ほかの場所ではおよそ考えられないことだが、タンブリッジ・ウェルズではこういった人々が裕福な伯爵と交流することも可能だったのである。

タンブリッジを頻繁に訪れる人物のなかに、第二代スタンホープ伯爵フィリップがいた。フィリップは幼少のころから数学に情熱を燃やしていたが、後見人は、上流に数学はふさわしからず、として数学を学ぶことを禁じた。成人して自分の好きなことをできるようになると、スタンホープ伯爵はユークリッドに没頭した。社会改革者でブルーストッキング・ソサエティー〔文学趣味や学識のある女性たちのための文芸愛好家サロン〕を主宰していたエリザベス・モンタギューによると、伯爵は「ポケットに常に小型の本を入れていて、そこに数学に関することを書き殴っていたので、人々は伯爵を魔法使いか、さもなければ愚か者だと考えていた」という。伯爵自身は貴族で、しかも数学をはじめたのが遅かったので、ついに数学の著書を発表することはなかったが、イギリスでも指折りの数学のパトロンとなった。

伯爵はロイヤル・ソサエティーの精力的な事務長ジョン・カントンと力を合わせて、互いの業績を対等に評しあう非公式の批評ネットワークを作り上げた。そこにベイズが加わったのである。たとえばあるとき、伯爵はベイズにパトリック・マードックという数学者の論文草稿を送った。ところがこの論文の一部に賛成できなかったベイズは、その旨を伯爵に書き送った。そこで伯爵はベイズの論評をマードックに転送し、今度はマードックが伯爵を通じてコメントに返書を寄こし……といった具合にやりとりが進むのだ。そうこうするうちに、若き伯爵と年老いたベイズ師の間に友情が生まれたらしく、伯爵は少なくとも一度はタンブリッジ・ウェルズでベイズに会っており、伯爵の領地にある図書館にはベイズの論文が二束収められ、そのうえ伯爵はベイズの説教を幾度か聴いたことがあったという。

ベイズの天才的なひらめきはいかにして生まれたか

やがて、宗教と数学を突き混ぜた新手の扇動的文書が発表されたことにより、イングランド中に衝撃が走った。一七四八年にスコットランドの哲学者デヴィッド・ヒュームが、キリスト教の基礎となる物語の一部を攻撃する小論文を発表したのである。ヒュームは、伝統的な信念や聖書や習慣となっている人間関係や因果関係だけに基づく事柄は絶対に確実とはいえないと考えた。つまり、頼りになるのは経験から学んだことだけなのだ。

当時はあらゆるものの第一原因は神だとされていたので、因果関係に関するヒュームの懐疑主義は特に大きな不安を引き起こすことになった。ヒュームによると、ある種の客体は常に互いに関連している。しかし、雨と傘がいっしょに登場するからといって、傘が雨を降らせているわけではない。太陽がこれまでに一〇〇〇回昇ったからといって、翌日も昇ることが保証されているわけではない。さらにもっとも重要なこととして、この世界にいわゆる「デザイン」があるからといって、創造主という第一原理が存在することが証明されたわけではない。特定の理由から特定の結果がもたらされることが確信できる場合はごくまれで、原因と思われるものと結果と思われるものがわかっただけで満足すべきなのだ。ヒュームは因果を巡る概念を批判することによって、キリスト教の核をなす信念を攻撃したのである。

ヒュームの小論には数学は使われていなかったが、科学とは深いところで関わりがあった。数学者や科学者の多くが、自然法則はまさに自分たちの第一原因である神の存在を証明するものだと心から信じていた。高名な数学者アブラーム・ド・モアブルは、強い影響力を持つ著書『偶然性の理論』で、自然界での出来事についての計算によって結局は宇宙に潜む秩序の存在とその魅力あふれる「知恵とデザイン」とが明らかにされるはずだ、と述べていた。

原因と結果に関するヒュームの疑問が渦巻くなか、ベイズはこの問題を数学的に扱えないかどうか考えはじめた。わたしたちの目から見れば、不確実性を扱う数学である確率論を使えばよいことは明らかだが、一七〇〇年代初頭には、確率論は存在しないも同然だった。確率が広く応用されているのは賭博くらいで、ポーカーで四つのエースがすべて手札に来る確率はどれくらいか、といった基本的な問題を扱うのが関の山だった。ド・モアブルはすでに――新教徒だったのでフランスの牢獄に数年間留め置かれたことがあったのだが――原因から結果へというふうに考えを進めることによってこの確率に関する問題を解決していた。しかし、ド・モアブルの業績をひっくり返して結果から原因へのいわゆる逆確率の問題を解くための方法は、誰にもわからなかった。ポーカーのプレイヤーの手札に三回続けて四枚のエースが来た場合、インチキが行われた可能性はどれくらいあるのだろう。

なぜベイズが逆確率の問題に興味を持つようになったのか、正確なところはわからない。ベイズがド・モアブルの著作を読んでいて、しかもスタンホープ伯爵が賭博に応用できる確率に関心を持っていたからなのか。それとも、ニュートンの重力理論が引き起こした広範な問題がきっかけだったのか。ニュートンはこの二〇年前にすでにこの世を去っていたが、生前に、観察を拠り所とすることが重要だと力説したうえで、観察したことを説明するための重力理論を展開し、その理論に基づいてこの先何が観察されるはずかを予測していた。しかしニュートンは、重力の原因を説明したわけでもなければ、重力理論がどの程度まで正しいのかという問題に取り組んだわけでもなく、原因の究明は課題として残されていた。あるいはベイズが逆確率に興味を持ったのは、哲学に関するヒュームの小論文に刺激されてのことだったのか。いずれにしても、原因と結果と不確かさにまつわる問題がそこらじゅうに山積するなか、ベイズはこれらの問題に量の側面から迫ることにした。

目標は、逆確率問題の本質を明確に把握したうえで、問題の出来事がこれまでに何度起きたか、あるいは何度起きなかったかといった過去の事実だけがわかっているときに、その出来事が今後起きる確率がどれくらいかを近似すること。問題を定量的に扱うには数値が必要だ。ベイズは一七四六年から一七四九年のどこかの時点で、この問題のすばらしい解決法を思いついた。出発点として、とりあえず何らかの数値——ベイズがいうところの「推測値《ゲス》」——をでっち上げておいて、情報が得られた時点でその数値を修正すればよいではないか。

次にベイズは、一八世紀版コンピュータ・シミュレーションともいうべき思考実験を行った。余分な条件をすべて取り去った基本的な問題として、まず一つの正方形のテーブルを想定する。テーブルは完璧に水平で、投げたボールが止まる確率はどの点もすべてまったく同じだとする。後の世の人々は、ベイズはビリヤード・テーブルを想定したとしているが、非国教徒の聖職者たるベイズがビリヤード・ゲームに賛成したとは考えにくい。それに、この思考実験ではボールはテーブルの縁にあたって跳ね返ったり、ほかのボールにぶつかったりしない。つまりボールはテーブルの上をでたらめに転がって、まったく同じ確率でどこかで止まるのだ。

ではここで、テーブルに背を向けて座るベイズの姿を思い浮かべよう。この状態では、テーブルの上がどうなっているかはまるでわからない。ベイズは、一枚の紙にテーブルの表面を表す正方形を描く。そして、架空のテーブルにこれまた架空のまん丸なボールを投げるところを思い描く。ただしテーブルに背を向けているので、ボールがどこに落ちたのかはわからない。

次に、ベイズが誰かに、ボールをもう一つテーブルに投げて、そのボールが最初のボールよりも右に落ちたのか左に落ちたのかを教えてくれ、と頼んだとしよう。このとき、左という答えが返ってくれば、最初のボールはどちらかというとテーブルの右側にある可能性が高いといえる。逆に右という答えが返ってくれば、最初のボールがテーブルのうんと右寄りにある可能性は低いと考えられる。

このような手順を踏んで、次から次へとボールを投げてもらう。当時のばくち打ちや数学者たちはすでに、投げるコインの数が多ければ多いほど、得られる結論の信頼性が増すことを知っていた。そしてベイズは、投げるボールの数を増やしていくと、新たに得られる情報の断片が積み重なって、最初に投げたボールが落ちたと思われる場所の範囲が狭められていくことに気がついた。

極端な話、もしもあとから投げたボールがすべて最初のボールの右に落ちたなら、最初のボールはテーブルの左端に近いところにあると考えるのが妥当だろう。これに対して、どのボールも最初のボールの左側に落ちたとすれば、最初のボールは右端にあると考えられる。ようするに、ボールを繰り返し投げることによって、最初のボールがあると思われる位置の範囲を狭めることができるのだ。

ベイズの天才たる所以《ゆえん》は、ボールが落ちたと思われる範囲をどんどん狭めてゆき、このわずかな情報に基づいて、ボールがある二つの境界の間に落ちたと解釈するところにある。このような考え方では、決して正解にたどり着けない。いつまでたってもボールが落ちた正確な場所はわからないのだが、それでも考えを進めていくにつれて、より大きな自信を持ってある具体的な領域に落ちた可能性がもっとも高いといえるようになる。ベイズのこの単純で限定的なシステムを使うと、身の回りの世界の観察から出発して、その起源ないしは原因と思われるものにさかのぼることができる。つまりベイズは、今現在の状態に関する知識（最初のボールの左側に落ちたのか、右側に落ちたのか）を用いて、過去の出来事（最初のボールが落ちた位置）に関する何らかの評価を行う術《すべ》をひねり出したのだ。しかも、こうして得られた結論がどれくらい信頼できるものなのかを判断することもできた。

ベイズのシステムは、概念としては単純だ。客観的な情報に基づいて自分の意見を変えるだけの話で、「当初の考え（最初のボールが落ちた場所に関する推測）＋最近得られた客観的なデータ（直近のボールが最初のボールの左側に落ちたか右側に落ちたか）＝より正確な新たな考え」と表すことができる。やがて、この手法の各部分に名前がつけられ、当初情報がない時点で考えた確率を「事前確率」、観察された客観データに基づく仮説の確率を「尤度《ゆうど》」、客観データによって更新された確率を「事後確率」と呼ぶようになった。このシステムを使って再計算をする場合は、前回得られた事後確率がその次の回の事前確率になる。これは進化するシステムで、新たな情報が加わるたびに確信へと近づいていく。一言でいうと、

事後確率は、事前確率と尤度の積に比例する

のだ（より専門的な統計学者の用語では、尤度は観察されてすでに値が定まっているデータに基づく競合仮説の確率を示す。しかし南アフリカで統計の歴史を研究しているアンドリュー・デールによると、「いささか乱暴な言い方をすれば、尤度とは、ベイズの定理を巡る議論から事前確率を取り除いたときに残るものなのだ」こうなる

と、ことはかなり単純だ[2]。

真っ平らなテーブルにランダムにボールを投げるという特殊な場合には、ベイズの法則はまったく正しい。ところがベイズは、過去のことがまったくわかっていない場合を含む不確かさが絡んだすべての事例を網羅したいと考えた。ベイズの言葉を借りると、対象を「試行以前のことをまったく何も知らない[3]」場合にまで広げたかったのだ。こうしてテーブルを用いた実験をあらゆる不確かな状況へと拡張したことから、一五〇〇年にわたる厳しい攻撃と誤解がはじまることとなった。

ベイズの大発見はほとんど注目されなかった

なかでも攻撃の対象として好まれたのが、ベイズの「推測」とベイズが提案した近道だった。

まず、ベイズは当初の考えが正しい可能性（後に事前確率と呼ばれるようになったもので、この場合は最初のボールが落ちた位置に関する考え）を示す値として、十分な根拠もなしに「推測」を行ってある数値を設定した。本人曰く、「その位置に関する確率《プロバビリティー》を『推測』し……〔しかる後に〕その推測が正しいかどうかを調べる」ことにしたのだ。しかし後世の批評家たちは、客観的で厳密な数学に単なる直感、つまり「主観的意見」を用いるという着想に怖じ気をふるった。

しかもまずいことにベイズは、ボールの位置に関して判断を下せるだけの情報がない場合は、テーブルの上のありとあらゆる場所に同等に落ちる可能性があると考える、と言い添えていた。不確実な状況を取り扱う際に確率が等しいと仮定する、というのは実際的なアプローチだった。このような習慣が生まれたのは、伝統的なキリスト教やローマ・カソリック教会が高利貸しを禁じていたからで、年金や海事保険の契約のような不確かなところがある状況では、すべての関係者に均等な負担が割りふられ、利益も等分されることになっていた〔現代的な考え方では、破産する確率が高い人には高い金利で貸すべきだし、危険な航海には高い保険料を課すべきだが、そのようなことは禁止されていた〕。このため高名な数学者ですら——ひどく現実味に欠けた話なのだが——テニス選手や闘鶏の能力はすべて同じだと仮定して、賭博のオッズに均等な確率を割りあてていたのである。

この等しい確率を割りあてるという手法には、やがてさまざまな名前がつけられ、等事前確率、等先験確率、等確率、一様分布確率、あるいは（具体的な確率を割り当てるだけのデータがないのだから確率を均等にしておけば十分だという意味で）不十分な理由づけの法則などと呼ばれるようになった。このように等確率には立派ないわれがあるにもかかわらず、ベイズが無知を定量化しているという非難は等確率に集中することとなった。

現代の歴史家のなかには、ベイズが一番はじめのいわゆる「事前」のボールの投げ上げではなく、データ（となる二番目以降のボールの投げ上げ）に等確率を適用したのかもしれないということでベイズの罪を免じようとする者もいるが、これもまた「推測」でしかない。それに現役の統計学者の多くは、そんなことはどうでもよいと考えている。なぜならテーブルの表面が完璧に水平で、しかもボールがテーブル上をどこにでも転がる可能性を持つというきわめて限定された事例では、どちらを等確率にしても数学的な結果は同じになるからだ。

ベイズが何を意図していたにしろ、こうして法則には傷がついた。そしてその後長い間、「忌むべし事前確率！」という教訓は明白だとされ続けた。ちなみに、ベイズ自身はそれ以上の論考をしていない。

ひょっとすると、ベイズはこの発見のことを誰かに話していたのかもしれない。一七四九年にはデヴィッド・ハートリーという医師が、誰かからベイズの法則によく似た法則の話を聞いている。ハートリーはロイヤル・ソサエティーの会員で因果律を信じており、一七四九年には「明達な友人が、逆問題の解について教えてくれた……このことは、さまざまな結果を十分に観察しさえすれば物事の調和や――じょじょにではあっても――未だ知られていない原因のすべての要素を突きとめられるかもしれないということを示している」と記している。ここに登場する明達な友人というのは、いったい誰のことなのだろう。近年この点について調べてきた人々は、おそらくベイズかスタンホープ伯爵だろうと述べ、またシカゴ大学のスティーブン・M・スティグラーは一九九九年に、たぶんベイズではなくケンブリッジ大学の盲目の数学者ニコラス・ソーンダーソンが発見したのだろうと主張している。だが、それを教えた友人が誰であったにせよ、このような大発見をしたのがベイズ以外の人物だったとは考えにくい。ハートリーの用いた専門用語はベイズが発表した小論の用語とそっくりだったので、小論が発表された一七六四年から一九九九年までは、ベイズがその出所であることを疑う者は一人もいなかった。もしこの発見の出所に疑問があったとすれば、ベイズの著作の編集者か出版人が公けに何らかの発言をしていたはずだ。その三〇年後のプライスも、やはりこの業績をトーマス・ベイズのものとしている。

ベイズの着想はロイヤル・ソサエティーの仲間内で議論されたが、本人は自分の着想が正しいとは思っていなかったらしく、ロイヤル・ソサエティーに論文を送って発表するでもなく、一〇年ほどほかの書類に紛れたままでほったらかしにしていた。ベイズがこの大発見をしたのが一七四〇年代の終わり——おそらくヒュームの小論が発表された一七四八年のすぐあと——だとされているのは、単にこの論文が一七四六年から一七四九年までのメモの間に突っ込まれていたからなのだ。

ベイズがすでに二回もイギリスの小冊子戦争に参加していたことを考えると、論争を恐れてこの小論の発表を取りやめたとは考えにくい。むしろ、自分の発見は役に立たないと考えたのだろう。ベイズは敬虔な聖職者だったから、自分の発見を使って神の存在を証明できると考えれば、必ずやこの結果を発表していたはずだ。この点については、ベイズはあまりにも謙虚すぎたという人もいれば、自分の数学に自信がなかったのだろうという人もいる。理由はさておき、ベイズがある意義深い問題に大きな貢献をしながら、その結果を伏せていたことは事実だ。そしてベイズの法則は、その後も幾度となく息を吹き返しては、また姿を消すことになる。

ベイズの発見は、一七六一年にベイズが死んだときも、あいかわらず棚でほこりをかぶっていた。ところがこの時点で親戚が、ベイズが残した数学関係の文書類の内容を検《あらた》めてくれとベイズの若き友リチャード・プライスに頼んだ。

ベイズ同様長老派の牧師でアマチュアの数学者だったプライスは、のちに市民的自由やアメリカ独立戦争やフランス革命を擁護して有名になる。アメリカ独立戦争に際して作られた大陸会議にもプライスの崇拝者がいて、大陸会議はプライスに、アメリカに移り住んで財政を仕切ってくれるよう依頼した。さらにベンジャミン・フランクリンはプライスをロイヤル・ソサエティーに推挙し、トーマス・ジェファーソンはプライスに、バージニアの若者向けに奴隷制の害悪を説く文章を書いてほしいと頼んだ。また、ジョン・アダムズや女性解放思想を最初に体系づけた思想家のメアリ・ウルストンクラフトはプライスの教会に通っており、監獄の改革を提唱した博愛家ジョン・ハワードはプライスの大の親友で、酸素を発見したジョゼフ・プリーストリーは、「プライス博士より優れた人物がこの世にいるとは思えない」と述べている。イェール大学は一七八一年に名誉学位を授与するにあたって、一つをジョージ・ワシントンに、もう一つをプライスに贈った。イギリスのある雑誌は、プライスはフランクリン、ワシントン、ラファイエット、ペインと並んでアメリカ史に名を残すだろうと書き立てた。ところが今やプライスは、なによりも友人であるベイズを助けた人物として知られている。

ベイズの文書を調べたプライスは、「偶然論においてもっとも困難なある問題の不完全な解」という小論を見つけた。ベイズはその小論で、原因の確率——すなわち現実世界の観察からそのもっとも可能性の高い原因へとさかのぼる方法を論じていた。はじめのうちプライスは、この小論に時間を割くほどの価値はないと考えた。あちこちに数学的に不適切な表現や不完全な表現があり、そのうえとうてい実用に結びつくとも思えなかった。ボールを何度も投げてはその都度式の値を計算し直すため、延々と同じことが繰り返され、数字が大きくなりすぎて計算が難しくなるのである。

しかしプライスは、この小論がヒュームの因果律への攻撃に対する答えになると判断すると、すぐに論文を公表する準備に入った。ほぼ二年間、断続的に「ずいぶんたっぷりと労力」を傾けて抜け落ちていた参照事項や引用をつけ加え、本質とは無関係な細かい叙述をそぎ落としていった。そして残念なことに、友ベイズが認《したた》めた序文も削った。そのため今となっては、プライスの手が加わったこの小論にベイズ自身の考えがどこまで反映されているのかを正確に知る由もない。

プライスはロイヤル・ソサエティーに宛てて小論を送る際の添え状で、なぜこの小論を公表すべきなのかを宗教の観点から論じた。それによると、ベイズの定理は、自然界の観察からその究極の原因へと数学的にさかのぼることで「この世界は知性のある原因の知恵と力の結果であるにちがいなく――かくして……目的因からいって……神の存在を確認する」ためのものだった。そうはいってもベイズ自身はそれほど饒舌ではなく、小論のなかのベイズの手になる部分には神は登場していない。

一年後の一七六四年、ロイヤル・ソサエティーの「哲学紀要《フィロソフィカル・トランザクションズ》」に、「偶然論における一問題を解くための試論」が掲載された。宗教論争を避けるために、表題は、この手法の賭博への応用にスポットをあてた形になっていた。この数年後にプライスがベイズの定理を使って一度だけヒュームを批判しているが、現在わかっている限りでは、一七年後にプライスがもう一度この定理に光をあてるまでは、誰もこの小論に触れていない。

現代の基準からいうと、この法則はベイズ－プライスの法則と呼ぶべきものである。

プライスはベイズの業績を発見し、その重要性に気付いて手を入れ、論文集に寄稿して使い道を見つけた。今日ベイズの名前しかついていないというのはなんとも不公平な話だが、ベイズの名前があまりに深く刻み込まれており、ほかの名前は考えられなくなっている。

長い間顧みられなかったとはいえ、原因の逆確率問題に対するベイズの解は傑作といってよい。ベイズは、賭博師が頻度を測るのに使っていた確率《プロバビリティー》を、情報に基づく信念を測るための尺度へと転化させた。トランプをする人は、相手が札に細工していないという考えから出発して、新たな札が配られるたびにその考えを修正する。そして結局は、敵がどれくらい正直なのか、より正確な評価を下せるようになる。

ベイズは、事前の直感に基づく判断と反復可能な実験に基づく確率を組み合わせた。そして、ベイズ派の特徴ともいうべき手法を作り出した。最初の考えを客観的な新情報に基づいて部分修正するという手法である。これなら、まわりの世界について観察したことから、その原因になりそうなものへとさかのぼることができる。かくしてベイズは長い間探し求められていた確率の聖杯——後の数学者たちが原因の確率、逆確率の原理、ベイズ統計、あるいはシンプルにベイズの法則と呼ぶもの——を発見した。

ベイズの業績が大いに賞賛されている現状を見るにつけ、逆にここでベイズが成し遂げなかったことを確認しておくことが重要だ。まず、ベイズは現代版のベイズの法則を作ったわけではない。それどころか、ベイズは代数方程式も使わず、幾何学を用いた時代遅れなニュートン流の表記法で、面積を計算したり足したりしていた。しかもベイズは、この定理を強力な数学的手法へと展開したわけではなかった。そして何よりも、プライスと違って、ヒュームや宗教や神に言及しなかった。

むしろベイズは慎重に、仮定や予言や意思決定や行動にはいっさい触れることなく、あくまでも出来事の確率だけを取り扱おうとした。さらに、自分の得た結果が神学や科学や社会科学で使えるとも述べていない。ベイズの発見を拡張してこれらをすべて実行しあまたある実際的な問題を解いたのは、後世の人々だった。ベイズは自分の大発見に名前もつけず、この法則はその後二〇〇年にわたって「原因の確率」とか「逆確率」と呼ばれることとなった。この法則にベイズの名前がついたのは、ようやく一九五〇年代のことである。

ようするに、ベイズははじめの一歩を踏み出し、その後の発展の序曲を作ったのだ。だがそれから二〇〇年間、ベイズ－プライスの論文はほとんど顧みられることがなかった。けっきょくのところ、これは二人の友人——非国教会の牧師とアマチュアの数学者——の物語でしかなく、二人の骨折りはまったくといってよいほど影響力を持たなかった。まったくといっていいほど、と述べたのは、この定理についてなにがしかのことを成し遂げた人物が一人だけいたからだ。その人物とは誰あろう、偉大なるフランスの数学者ピエール・シモン・ラプラスだった。

第2章 「ベイズの法則」を完成させた男 一七七三年～一八二七年

フランスのニュートンともいわれる
ラプラスが、数ある大業績の
一つとして成し遂げたこと。

数学者ラプラス誕生の背景

トーマス・ベイズがタンブリッジ・ウェルズできわめてなめらかなテーブルを思い描いていたころ、英仏海峡を隔てたフランスのノルマンディー地方で、小さな村の村長が息子の誕生を祝っていた。その子はピエール・シモン・ラプラスと名付けられ、後にアインシュタインに匹敵する業績を上げることとなった。

ピエール・シモンは一七四九年三月二三日に生まれ、二日後に洗礼を受けたが、その一族は代々学のある人々を輩出し、高位聖職者になる者も多かった。母方の親戚は裕福な農家だったが、母はピエールが幼いころに死に、ピエールは生涯母のことを口にしなかったという。風光明媚なボーモント・アン・オージュの村で駅馬車の旅籠《はたご》を経営する父は、四七二名の村民のリーダーとして、三〇年間村長を務めた。ピエール・シモンが一〇歳になるころには、どうやら近親者は父だけになっていたらしい。そして後にピエール・シモンが数学者になることを決めると、二人の関係にひびが入り、ほぼ修復不可能となった[1]のだった。

ピエール少年にとって幸運なことに、教育が必要だということを疑う者はいなかった。なぜならフランスでは、新教という異端と戦うカソリック教会と教育によって子どもが精神的にも知的にも金銭的にも豊かになると信じる親たちの後押しによって教育の大変革が起こり、一七〇〇年代には学校に通うことが当り前になっていたからだ。問題は、どういう学校に通うかだった。

新教とカソリックの宗教戦争が何十年も続き、冷害によるすさまじい飢饉が幾度も起きるなか、フランスは、強い意志を持って自国の資源を開発しようとする世俗の国になった。だからピエール・シモンも、この国に新たに作られたさまざまな世俗学校のどれかに入学して、近代科学や幾何学を学んでもよかったのだ。ところが父ラプラスは、息子を地方の初等中等学校に入れた。これらの学校では、ベネディクト派の修道士が教師を務め、教会のために僧侶を、王家のために兵士や弁護士や官僚を養成していた。さらにオルレアン公の援助のおかげで、ピエール・シモンのような地元の通学生はこれらの学校に無料で通うことができた。カリキュラムは保守的でラテン語が基本とされ、書写や暗記や哲学が重んじられていたが、そのおかげでラプラスは途方もない記憶力と驚くべき忍耐力を身につけることができた。

修道士たちは気づいていなかっただろうが、彼らは子どもたちの注意を引くべく、フランス啓蒙運動と競い合っていた。当時の人々は、自分たちの時代を光の世紀、理性と科学の時代と呼んでいて、科学の大衆化こそがもっとも重要な知的現象だったのだ。当時の社会が「めくるめく好奇心の拡大」に満ちていたことを考えると、ピエール・シモンが一〇歳の誕生日の直後にあるすばらしい科学の予言に深く心を動かされたのも当然といえよう[2]。

この何十年か前に、イギリスの天文学者エドモンド・ハレーが、長く尾を引いた彗星――現在ハレー彗星と呼ばれている彗星――が再び現れるはずだと予言していた。ところがフランスの三人の天文学者、アレクシス・クロード・クレローとジェローム・ラランドと有名な時計職人の妻ニコール＝レーヌ・ルポートが難しい三体問題を解き、ハレー彗星の到着が木星と土星の引力の影響によって少し遅れることを突きとめた。そして、彗星が姿を現す正確な日付をはじき出したのだ。ヨーロッパに住む人々は、一七五九年の四月中旬を挟む前後一カ月の間に、太陽を回る軌道から戻ってきた彗星を目撃するであろう。彗星が予定通り姿を現したのを見て、人々は熱狂した。ラプラスは後年、自分たちの世代はこの出来事がきっかけで、彗星や日食やひどい日照りといった異様な出来事をもたらすのが神の怒りではなく、数学を用いて解明することができる自然法則だということを理解したと述べている。

一七六六年に一七歳になった時点では、その並外れた数学の才能はまだ明らかになっていなかったらしく、ラプラスは科学系の学部が強いパリ大学には進まなかった。ラプラスが選んだのは、家から近く、聖職者養成のための充実した神学プログラムを持つカーン大学だった。

しかしカーン大学にも数学への情熱をあおる人々はちゃんといて、微分積分に関する高等な講義が行われていた。その当時、イギリスの数学者たちがニュートンの無様な幾何学版解析学に足を取られてもたついているのを尻目に、大陸のライバルたちはゴットフリート・ライプニッツのより柔軟な代数的解析学を使って方程式を作り、惑星の質量や軌道の詳細に関するたいへん魅力的な事実を次々に発見していた。この大学でラプラスは、科学の世界への挑戦意欲に満ちた向こう見ずな数学の名手へと変貌を遂げた。しかもラプラスは宗教に懐疑的になっていたというから、父親は恐れおののいたにちがいない。

大学を卒業したラプラスは、激しい葛藤を抱えていた。修士の学位があったから、禁欲の誓いを立てて修道士になるか、あるいは聖職者としての位は低いが結婚して財産を受け継ぐことができる神父の称号を得ることは可能だった。ただし、神父の噂はあまり芳しくなく、ヴォルテールは神父のことを「聖職者でも俗人でもない曖昧な存在で……肉欲で知られた若い男たち」としていた。[3]「神父は何というだろう」と題する当時の版画には、服を着ようとしている女性の尻を嬉しそうにのぞき見る聖職者の姿が描かれている。[4]それでも父ラプラスは、息子を聖職者にしたかった。

神父になる気がありさえすれば、おそらく父も金を出してくれたはずで、ラプラスも、聖職者として暮らしながら科学を研究することができたはずだ。自力で科学に取り組んでいる神父は大勢いて、なかでも有名だったのがジャン・アントワーヌ・ノレだった。ノレは大衆から金を取って派手な物理の実験を見せていた。フランス国王と王妃を啓発するために一八〇人の兵士を一列に並ばせて静電気を送る実験を行ったこともあり、その際には、兵士たちが無様に宙を飛んだという。また、名誉あるフランス科学アカデミーの会員に選ばれた神父も二人いたが、神父をしながら科学に取り組む人々の多くは実入りもぱっとせず、知的な意欲に乏しく、裕福な貴族の息子の家庭教師や初等学校で算数を、中等学校で理科を教えるといったレベルの低い職に就いていることが多かった。また、一七〇〇年代当時の教授たちの職分は、独自の研究ではなく昔からの知識を広めることにあったので、大学レベルの仕事でも研究の機会はごく限られていた。

ところがラプラスはカーン大学で、心底自分は何かまったく新しいことをしたいと思うようになっていた。なにがなんでも聖職との兼任ではなく俗人としてフルタイムで数学を研究し、代数学が生み出した豊富なデータからなる新たな科学の世界を探検したい。フランスの片田舎の野心家である父ラプラスにすれば、数学を職業にするなど非常識きわまりないことであったはずだ。

若きラプラスは一七六九年の夏にカーン大学での勉学を終えると、すぐに行動を起こした。ジャン・ル・ロン・ダランベールに宛てた推薦状を握りしめ、ノルマンディーからパリに向かったのだ。ダランベールは当代随一の数学者にして、ヨーロッパでも名うての反教権主義者〔宗教上の権威、特に教皇の権威、権力を否定する人〕で、絶えずイエズス会の攻撃を受けていた。しかもダランベールは啓蒙運動のスターで、『百科全書』の広報部長でもあった。『百科全書』のおかげで、経験から得られた膨大な知識、宗教教義とは無縁な科学的知識が広く手に入るようになろうとしていた。ラプラスはダランベールと運命をともにすることで、カソリック教会との絆をうまく断ち切った。父ラプラスの反応についてはなにもわかっていないのだが、ラプラスがその後の二〇年間に一度も実家に帰らず、父の葬式にも参列しなかったことはわかっている。

ラプラスは、パリに着くとすぐに偉大なるダランベールのもとを訪れ、学生時代にまとめた慣性に関する四ページの小論文を見せた。ちなみにラプラスは、数年後にもその論文の一節をそらんじることができたという。ダランベールのもとには日々大勢の人々が面会に押しかけていたが、ラプラスの論文にいたく感心したダランベールは、数日のうちに給料をもらえる仕事を手配した。こうしてラプラスは、数学を基盤とする新設の非キリスト教系王立軍事学校で下級貴族の若い子弟に数学を教えることとなった。パリの廃兵院《アンヴァアリッド》の裏にある学校に通って、給与と家と食事、そして冬には部屋を暖めるための薪を購う金を手に入れる。それはまさに、本人が避けたいと思っていた職だった。

そんなことをしなくても、あまたある王立の研究施設や製造プラントで現実の問題に数学を応用する研究職を探すという手もあった。事実これらの施設では、数学の才能に恵まれながらもあまり裕福でない若者が大勢働いていた。しかしラプラスとその精神的な指導者《メンター》は、はるか上を目指していた。ラプラスは基礎研究だけに専念したかった。そしてそれには――ダランベールにもまちがいなく聞かされていたはずだが――科学アカデミーの会員に選出される必要があった。

ロンドンにあるロイヤル・ソサエティーがアマチュア主義だったのに対して、フランスの科学アカデミーは正反対のヨーロッパ一職業的な科学団体だった。アマチュア科学者である貴族も名誉会員になることはあったが、この団体の最高位を占める人々は現役の科学者で、それぞれが才能に照らして選出され、いかなる教義にも縛られることなく事物を観察し、集め、調べ、同業者の査読を経て成果を公表し、政府に特許などの専門的な問題に関する助言を行って給金を得ていた。さらに会員たちは低い給金を埋め合わせるために、アカデミー会員という特権を利用してさまざまなパートタイムの仕事をすることができた。

だが、父からも教会からも資金を援助してもらえなかったラプラスは、すぐに働く必要があった。アカデミー会員のほとんどが堅実な業績を多数積み重ねた末に推挙されており、ラプラスが会員になれるとすれば、年長者を飛び越す抜擢しかなかった。そのためにも、ぜひ華々しい業績を上げなくては。

ダランベールは、フランス数学界の焦点にニュートンが成し遂げた革命、つまりニュートン力学を据えるべく尽力しており、ラプラスにも、天文学に専念するよう強く勧めた。このときダランベールの念頭には、ある具体的な問題があった。

天文学と確率論を結びつける

数理天文学はそれまでの二〇〇〇年間で長足の進歩を遂げていた。ニコラウス・コペルニクスは、太陽系の中心とされていた地球を惑星の一つという本来の慎ましやかな地位に引きずり下ろした。ヨハネス・ケプラーは、天体同士を単純な法則で結びつけた。そしてニュートンは、重力という概念を導入した。しかしニュートンは、天体の動きについてざっと述べただけで、詳しい説明をしていなかった。一七二七年にニュートンが死ぬと、ラプラスの世代には、重力が仮想のものではなく自然界の基本法則であることを示す、という大きな課題が残されることとなった。

当時の天文学はもっとも定量化が進んだ立派な科学で、天文学なしではニュートンの理論の真偽を検証することも、潮の動き、惑星や彗星や我らが月の相互作用、さらには地球などの惑星の形に重力がどう影響しているのかも正確に説明することができなかった。天文学ではすでに四〇年にわたって観察データが集められていたが、ダランベールも警告していたように、一つでも例外が見つかれば、理論全体が崩れ落ちる可能性があった。

なかでも当面の差し迫った問題とされていたのが、宇宙は果たして安定しているのか、という問題だった。ニュートンのいう重力なるものが宇宙の隅々まで働いているのなら、惑星同士が衝突して黙示録にあるような宇宙規模のハルマゲドンが起きてもおかしくないのでは？　じつは、この世の終わりが間近に迫っているのだろうか。

天文学者たちはずいぶん前から、太陽系が元来不安定であることを示す驚くべき証拠があることに気づいていた。当時確認ずみだったもっとも遠くにあるいくつかの惑星に注目して、それらの実際の位置を比べたところ、木星は太陽のまわりの軌道を回りながらゆっくり加速し、一方土星はじょじょに遅くなっていることがわかったのだ。このままいくと最後には、木星が太陽に突っ込み、土星は宇宙のかなたに飛んでいってしまうはずだ。ちなみに、互いに影響を及ぼしあうたくさんの天体の動きを長期的に予測することは、現在でも複雑な問題とされており、あのニュートンですら、天空が釣り合いを保っていられるのは、神が介入して奇跡を起こしているからだと結論したくらいだった。ラプラスはこの難問に取り組むことを決め、宇宙の安定に関する研究をライフワークにした。曰く、天文学者が望遠鏡を使うように、わたしは数学を使ってこの問題に挑むであろう。

ラプラスは一時期、ニュートンの理論を修正して、重力の大きさが物体の質量や距離だけでなく、物体の速度によっても変わるようにすべきではないかと考えたことがあった。さらに、木星や土星の軌道を乱しているのは彗星かもしれないとも考えたのだが、すぐに考えを変えた。問題は、ニュートンの理論ではなく天文学者たちが使っているデータにあったのだ。

ニュートンの重力理論による予測と正確な測定値が一致しないかぎり、ニュートンの説が正しいとはいい切れない。ところが当時の観測天文学は情報の洪水に見舞われており、しかもそこには不正確な情報や不十分な情報が含まれていた。たとえばラプラスが木星や土星の問題に取り組もうとすると、紀元前一一〇〇年の中国の天文学者による観察記録と紀元前六〇〇年のカルデア人の観察記録と紀元前二〇〇年のギリシャ人の観察記録と西暦一〇〇年のローマ人の観察記録と西暦一〇〇〇年のアラブ人の観察記録を使うことになるが、この五つのデータの価値は明らかに違う。遠回しに「くいちがい」と呼ばれていたこの誤差の問題をどう扱ったらよいのか、誰にもわからなかった。

フランスの科学アカデミーは、角度を測るのに使う目盛りつきの円弧や望遠鏡をさらに精密にするよう働きかけることでこの問題を解決しようとした。ところが代数の活用によって器具類の性能が上がったために、実験家たちはさらに多量の測定結果を手に入れることになった。西欧世界の至る所で収集されるデータの量とその組織化が加速して、正真正銘の情報爆発が起きたのだ。一七〇〇年代には、新たに多数の動物の種や惑星が確認されるとともに、物理的な宇宙に関する知識も飛躍的に増えた。ラプラスがパリに出て来たときにはすでに、フランスとイギリスのアカデミーが、注意深く選定した地球上の一二〇の地点に十分に経験を積んだ観測者たちと最新鋭の装置を送りこみ、金星が太陽の前を横切る（金星の太陽面通過）のにどれくらい時間がかかるかを測定しようとしていた。ちなみにキャプテン・クックの南洋航海も、じつはこの測定が大きな目的だった。フランスの数学者たちは、この現象のあらゆる測定値を比較して、太陽と地球の距離の近似値を定めるつもりだった。自然に関する基本的な定数であるこの値がわかれば、太陽系の大きさもわかるはずだった。しかし当時は最新の探検で測定された各種データにすら矛盾があり、たとえば地球がラグビーボールのように軸方向に長い形なのか、カボチャのように軸方向につぶれた形なのかもはっきりしなかった。

膨大な量の複雑なデータを処理することは、しだいに科学にとって大きな問題となっていった。豊富な観測結果を手にした科学者たちがそれらの事実を評価してもっとも正しいものを選ぶにはどうすればよいのか。観測天文学者たちは、問題の現象の観測結果をよいほうから三つ取ってきて平均するのが常だった。この方法は簡単だがあくまでその場しのぎであって、この方法で大丈夫だということを経験的、理論的に証明しようとした者はいなかった。誤差に関する数学理論はまだ未熟だったのだ。

さまざまな問題が、解いてくれる人物を待っていた。そこでラプラスはアカデミーの会員資格に狙いを定めて、五年間で計一三本の論文をアカデミーに送りつけた。天文学や天体力学や関連する重要なテーマに取り組む際に必要となる独創的で強力な数学をまとめて、何百ページも投稿したのである。しかもラプラスは、アカデミーの欠員に合わせて論文を送りつけるようにした。アカデミーの終身書記だったコンドルセ侯爵は次のように述べている。「これまでこの団体において、これほど若く、かくも短い時間にここまで多くの重要で、しかもきわめて多様かつ困難な事柄に関する覚え書きを提示した人物を見たためしがない[5]」

アカデミーの会員たちはラプラスを六度会員候補に挙げたものの、その都度より古参の科学者に軍配を上げた。ダランベールは、この団体がラプラスの才能を認めることを拒んだといって怒り狂った。そしてラプラス本人は、プロシアかロシアに移住して、彼の地のアカデミーに職を得ようかと考えた。

いらだたしい日々を過ごしながらも、ラプラスは午後に時間が空くと、四〇〇〇巻の書物を所蔵する王立軍事学校図書館で数学の文献をあさった。膨大なデータの分析はきわめて難しい問題で、ラプラスはすでに、この問題を解決するには今までとはまるで異なる思考法が必要だと感じはじめていた。そして、確率こそがさまざまな出来事とその原因につきものの不確かさを扱う手法だと考えるようになった。図書館の蔵書をぱらぱらとめくっていたラプラスは、賭博における確率について論じた一冊の古い本を見つけた。アブラーム・ド・モアブルが著した『偶然性の理論』である。この著書は一七一八年から一七五六年にかけて三度版を重ねているが、ラプラスが読んだのは、もっとも新しい一七五六年版だったのだろう。ちなみに、トーマス・ベイズが読んだのはそれより古い版だった。

ド・モアブルの著書を読み進むにつれて、太陽系の不確かさを研究するうえで確率が役に立つ、というラプラスの確信はどんどん深まっていった。当時は確率という言葉そのものが数学用語としてかろうじて存在する程度で、理論はないも同然だった。賭博を除くと、神の存在をはじめとする哲学の問題や契約や海事や生命保険や年金や金貸しといった商取引のリスクの考察に、きわめて素朴な形で応用されているだけだったのだ。

ラプラスが確率への関心を強めたせいで、人間関係にいささかやっかいな問題が生じた。なぜならダランベールは、確率は主観的すぎて科学の名に値しないと考えていたからだ。しかしラプラスは、若輩とはいえ数学に関する自分の判断に自信を持っており、強力なパトロンと意見が違ったからといって動じることはなかった。ラプラスからすれば、天体の動きはじつに複雑で、とうてい正確な解は得られそうになかった。確率を使っても絶対的な答えを得ることはできないが、それでもどのデータのほうが正しそうか、という程度のことはわかるはずだ。ラプラスは、天文学の誤差だらけの観測でなぜデータがばらつくのか、その原因を推定する方法を考えはじめた。そして、すでにわかっている出来事に基づいてそのもっともありそうな原因へとさかのぼるための数学的な一般理論に向かって手探りで前進した。ベイズの発見はまだヨーロッパ大陸の数学者たちには伝わっておらず、ラプラスは自分の着想を「原因の確率」、「過去の出来事から導かれた、原因と未来の出来事の確率」と呼んだ。[6]

こうして確率の数学と取り組むなかで、ラプラスは確率の哲学的な意味に思いを凝らした。そして一七七三年三月にアカデミーに提出され読み上げられた論文で、無知なる人類を神ではなく、すべてを知っている想像上の知的存在と引き比べた。人間は金輪際すべてを確実に知ることができず、だからこそ確率は我らの無知の数学的な表現となる。「人間の精神に弱点があるからこそ、もっとも繊細ですばらしい数学理論――偶然の科学、あるいは確率の科学ともいうべきもの――が存在する」のだ。[7]

この小論は、数学と形而上学と天体とを見事に組み合わせたものだった。ラプラスはこの三つの結合に生涯こだわり続け、じっさい、その原因の確率に関する研究と神に対する見方は見事に融和していた。ラプラスはどこを取ってもラプラスその人で、だからこそ偉大なのだ。本人は、神が存在するとは思わないと述べることが多く、ラプラスの伝記を書いた人々ですら、ラプラスが無神論者なのか理神論者なのか判断できなかった。だがラプラスが考案した原因の確率は宇宙を数学的に表現したものであって、ラプラスは生涯にわたり、新たな証拠が手に入るたびに「神に関する論理」と「原因の確率」に関する研究に手を加えていったのだった。

ラプラスはどのようにベイズの法則を発見したか

ベイズの小論が発表されて一〇年が経とうかというころ、確率の問題に取り組んでいたラプラスは、ふと手にした天文雑誌を見てぎょっとなった。どうやら、同じ問題を解こうとしている人間がほかにもいるらしい。じつは単なる勘違いだったのだが、ラプラス自身はこの競争に何としても勝たねば、という思いに駆り立てられた。そして、ほったらかしてあった草稿を棚から引っ張り出すと、そこからさらに出来事や現象のもっともありそうな原因を決定する一般的手法を作り上げ、「出来事が与えられたときの原因の確率についての論文」という題をつけた。

この論文には、今日ベイズの法則、ベイズ確率、ベイズ推定と呼ばれているものがもっとも古い形で載っている。ただし一見してすぐに現代のベイズの法則だとわかるわけではなく、結果からもっとも可能性の高い原因へ戻る、つまり逆行する一段階の過程である。ラプラスが数学を研究していたころのフランスはいわば国全体が賭博中毒だったので、ラプラスも、原因（サイコロ）がわかっている場合にその賭博師が将来勝つ見込みをどう計算すればよいかは知っていた。だがラプラスが解きたかったのは科学的な問題だった。しかもじっさいには賭博師の勝つ見込みがどれくらいなのかがわかっているとは限らず、しかも、どんな値を使って計算すればよいかもはっきりしないことが多かった。ところがここでラプラスは機転を利かせて、ひじょうに大きな飛躍をした。原因となりそうなものをすべて考えておいてそこから選べば、このような不確かさを思考に組み込むことができるというのだ。

ラプラスはこの着想を式にせず、直感的に把握した内容を原理として言葉で述べるに留めた。曰く、（ある出来事があったときに、その）原因の確率は、（原因が与えられたときに）その出来事が起きる確率に比例する。ラプラス自身はこの時点では理論を代数に翻訳しなかったが、現代の読者のみなさんのために、この原理を今日の表記法で表したものを紹介しておこう。

$$P(C|E)=\frac{P(E|C)}{\sum P(E|C')}$$

〔ここでPは確率（probability）、Cは原因（cause）、Eは結果（effect）を表している〕

このとき、$P(C|E)$は（ある結果のデータEが与えられたときに）ある特定のことCが原因である確率、$P(E|C)$は（原因とされる出来事Cが事実だった場合に）結果の出来事ないしデータがEとなる確率を表す。ニュートンのシグマ記号が登場する分母は、原因でありうるすべての事象C'について、結果であるデータEが得られる確率を足し合わせた和を表している〔C'は複数でありうる〕。

この原理を手に入れたことで、ラプラスにも、トーマス・ベイズにできたことがすべてできるようになった。ただしそれには、原因ないし仮説として考えられる事象の起こりやすさがすべて同等だという制限を受け入れる必要がある〔ベイズのボールがすべての点に同じ確率で落ちるように、原因CやC'の最初の確率はすべて同じでなければならない〕。しかしラプラスの目標ははるかに野心的だった。科学者である以上、ある現象の理由と思われるさまざまなものを調べて、そのなかでもっとも可能性が高いものを決める必要がある。だがこの時点では、数学的にどうすればよいのかはわからなかった。そのための数学的な手順がはっきりしたのは、何十年も思索を重ねて、二つの大きな発見をしたあとのことだった。

今から見ると、出来事が起きる可能性とその原因の可能性が比例しているというこの原理はしごく単純に思える。だが、ラプラスの前には大規模なデータセットに取り組んだ数学者はひとりもいなかった。原因と結果が比例しているというこの原理があればこそ、ラプラスは複雑な数値計算を手で行うことができたのだ。

ラプラスはアカデミーで朗読された論文で、この新たな原因の確率の理論をまず二つの賭博の問題に適用した。どちらの場合も、結果自体は直感的にわかっていたが、数学的な証明で行き詰まった。一つ目の例では、壺に黒と白の切符が入っているが、白と黒の比（原因）はわからないとした。そこから切符を何枚か引き、その結果に基づいて次の切符が白である確率を求めたい。ラプラスはその答えを何とか数学的に証明しようと、四つ折り判四ページにわたって少なくとも四五本の式を書き連ねたが、どうもしっくりこなかった。

二つ目の例は、運と技術の両方を要求されるピケットというゲームの問題だった。二人ではじめたゲームを途中で中止した場合に、二人の相対的な技量（原因）を評価して場の掛け金を分配する方法は如何にするべきか。この場合も、直感的に答えがわかるのに、数学的に証明することはできなかった。

大嫌いな賭博の問題を片付けると、ラプラスは嬉々として天文学者たちが実際に仕事で直面している重要な科学の問題に取りかかった。同一の現象を巡って異なる観測が得られたとき、それらをどのように取り扱えばよいのか。当時の科学における三つの大きな問題として、地球の引力が月の動きに及ぼす影響についての問題、木星と土星の動きについての問題、地球の形に関する問題があった。観測者たちがたとえ同じ場所でまったく同じ装置で同時に測定を繰り返したとしても、毎回わずかに結果が異なる可能性があった。このような矛盾した観測結果から中央値を算出するにあたって、ラプラスは観測値が三つの場合に限定して論を進めたが、それでもこの問題を定式化するには七ページにわたり延々と式を書き連ねる必要があった。科学的にいって三つのデータの平均を取ればよいことまではわかったのだが、その数学的な裏付けが得られたのは一八一〇年のことだった。この年にようやく、原因の確率を使うことなく、中心極限定理が打ち立てられたのだ。

原因の確率の理論を最初に考え出したのがベイズだとしても、ラプラスが自力でラプラス版の原因の確率の理論を発見したことははっきりしている。ベイズ－プライスの小論が発表されたとき、ラプラスはまだ一五歳だった。しかもこの小論はイギリスの上流階級を読者対象とする英語の雑誌に発表されただけで、その後一度も話題になならなかったらしい。そのため絶えず海外の雑誌に目配りしていたフランスの科学者たちですらラプラスが一番乗りだと考えて、その独創性を心から褒め称えた。

数学の面から見ても、ラプラスがこの原理を独自に発見したことはまちがいない。ベイズは、真っ平らなテーブルに関する特殊な問題を、事前の憶測《ゲス》と新たなデータを用いた二段階の手順で解決したが、これに対してラプラスは、最初の憶測には気づかずに、この問題を一般化した形で取り上げて、さまざまな問題に使えるようにした。ベイズは、なぜ確率がすべて同じだと考えてもかまわないのかを念入りに説明したが、ラプラスは直感的に当然等確率だと見た。ベイズは、それまでの経験に照らしてある事象が起きる可能性の幅を知りたいと考えたが、現役の科学者だったラプラスの望みはさらに大きく、ある現象を巡る計測結果や数値がほんとうの値である確率が知りたかった。ベイズやプライスが、今日水たまりができているという事実に基づいて、昨日雨が降った確率や明日雨が降る確率を求めたのに対して、ラプラスは、ある特定の量の雨が降る確率を求め、さらに新たな情報を得るたびにその値をどんどん改善してより正確にしていきたいと考えたのである。ラプラスの手法が同時代の科学者にきわめて大きな影響を及ぼしたのに対してベイズの結果が科学者たちの注目を集めるようになったのは二〇世紀のことだった。

驚くべきは、ラプラスが二五歳にして、すでにこの新たな手法を発展させて有益なものにしようと固く決意していたことで、じっさいその後四〇年をかけて、この新たな法則を明確にし、単純化し、拡張して一般化し、証明して応用した。こうしてラプラスは、ベイズの法則の確固たる知の巨人となったわけだが、それも、ラプラスの経歴のごく一部でしかなかった。天体力学や数学や物理学や生物学や地球科学や統計学の世界でも重要な業績を上げ、さまざまな計画を器用にさばいては、あっちからこっちへ鞍替えしてまたもとの計画に戻る。当時存在した科学のあらゆる分野で楽しそうに道を切り開き、手に触れるすべてのものを数式に変えてみせた。そして、ニュートンの重力理論の実例に出会ったときの興奮は、生涯止むことがなかったという。

ラプラスはさっさと当代一の科学者になったが、それでもアカデミーがラプラスを会員に選ぶには五年という年月が必要だった。一七七三年三月三一日に選挙が行われ、ラプラスはその数週間後に公式にこの世界有数の科学団体の会員となった。原因の確率に関するラプラスの論文が発表されたのは、その一年後の一七七四年のことである。ラプラスは二四歳にして、ついに職業研究者となった。アカデミーの年俸と教師としての給金があれば、天体力学や原因の確率に関する研究に磨きをかける間も、食うには困らないはずだった。

ラプラス、ベイズを知る

ラプラスがあいかわらず確率の研究に取り組んでいた一七八一年に、リチャード・プライスがパリを訪れ、コンドルセにベイズの発見の話をした。ラプラスはベイズが発明した「出発点となる憶測」というすばらしい概念にすぐさま食いつき、自分で組み立てた初期の形の「原因の確率理論」に組み込んだ。厳密にいうと新たな式を作ったわけではなく、すでに行っていた最初の定式化は原因が等確率であることを前提としている、と言明したのである。この言明はラプラスに、自分が進んでいる道が正しいという確信を与え、事前に考えた複数の仮説の確率がすべて等しければ、一七七四年に自分が発表した原理が正しいことを告げたのだった[8]。

こうしてラプラスは、自らの直感的な科学的状況の把握方法と正確な科学的発見を求める一八世紀的な情熱を安心して結びつけられるようになった。新たな情報が手に入ったら、その都度直前の解を出発点としてまた計算を行えばよい。しかも最初の仮説がすべて等確率だとすると、定理を導くこともできる。

アカデミーの終身書記だったコンドルセはラプラスの小論文に序文を書き、そのなかでベイズがどのような貢献をしたのか説明した。ラプラスはのちに公式に、この考えを最初に発見したベイズを褒め称えた。「数年後にわたくしがその原理を説明したところのかの理論を……彼〔ベイズ〕はいささかぎこちなくはあっても、ひじょうに独創的かつ鋭敏なやり方で完成した」[9]

ところがそれから一〇年の間に、ラプラスは自分の数学に欠陥があることを明確に意識するようになり、ひどくいらだつこととなった。数学的には、事前に考えた複数の仮説が成り立つ確率はすべて等しくなければならないが、科学者として見れば、そんなことはありえない。この手法に物事の実際の状態を反映させるには、より信憑性のある観測結果と怪しげなデータとを区別しなければならない。あらゆる出来事や観察が同等に起こりうるというのはあくまでも理論上の話でしかなく、完全な立方体に見えるたくさんのサイコロもじつはゆがんでいる。あるゲームの事例で、ラプラスがどの参加者の勝つ確率も同等だとしてスタートしたところ、勝負が進むにつれて各自の技量が明らかになり、結局各自の確率にばらつきが出た。「偶然の科学を用いる際は慎重にすべきで、数学的な事例から物理学的な事例に移る際に、理論に手を加える必要がある」とラプラスは忠告している[10]。

実務家だったラプラスはさらに、技術的にもいくつかの重大な困難が待ち受けていることに気がついた。コイン投げを繰り返すにしろ、観察測定を繰り返すにしろ、確率の問題を解こうとすると繰り返し数をかけることになる。そのため巨大な数——今日よく目にする数ほど巨大ではないが、電気や機械の助けも借りずに一人で作業をしている人間の手には負えない大きな数——が生まれるのだ（一七八五年頃まで、ラプラスはすべての計算を一人で行う必要があった）。

ラプラス自身は困難な計算に怖じ気づいたりしなかったが、当人もぼやいているように、確率の問題にはひじょうな困難が伴い、「数のべき〔累乗〕がひじょうに高くなる」[11]せいで解けなくなることが多かった。対数や、本人が適切ではないと思っていた初期の母関数を使ってもよかったのだが、ラプラス自身は大きな数の計算がいかに退屈なものかを説明しようと、二万×一九九九九×一九九九八×一九九九七といった計算を行ってから、それを一×二×三×四……一〇〇〇〇で割って見せたり、富くじの公式を数値的に計算することが不可能だと確認するために、富くじを買ったりしていた。フランス王制が主催していた富くじでは、九〇個の番号から一度に五つの数字を引いて当選番号を決めていたのである。

それまで、このような大きな数が問題になったことは一度もなかった。ニュートンが計算に使ったのは、数ではなく幾何学だった。ベイズをはじめとする多くの数学者たちは現実問題と抽象的な方法論の問題を切り離して、思考実験を行っていた。しかしラプラスの狙いは数学を使って自然現象を説明することにあったから、勢い理論は現実の事柄に基づいたものであるべきだという点にこだわることになった。確率はラプラスを御しがたい世界に送りこもうとしていた。

ベイズ－プライスの出発点をわがものとしたラプラスは、それまで七年間にわたって目の前に立ちはだかっていた行き詰まりを一部打破することができた。それまでラプラスは、主に誤差が生じやすい天文観測の問題を解決する手法としての確率に焦点を絞っていた。だがここでギアを切り替えて、すでにわかっている出来事の原因と思われるもののなかでもっとも可能性が高いものを突きとめることに集中することにした。それには、信頼できる実際の数値を多数集めたデータベースで練習をする必要がある。ところが、天文学では管理されたデータや広範なデータが手に入ることは稀で、かといって社会科学では原因と思われるものの数が多すぎて代数方程式が使えない場合が多かった。

一七〇〇年代当時ほんとうに信頼できる大量のデータが集積されているものといえば、教区の出産、洗礼、結婚、死亡の記録くらいだった。一七七一年、フランス政府はあらゆる地方の役人に対して出生と死亡の数を定期的にパリに報告するよう命じた。そしてその三年後には科学アカデミーが、パリ地方の六〇年分のデータを公表した。そこには、英国人ジョン・グラントが一六六二年に発見した事実を裏付ける数字が並んでいた。グラントによれば、生まれる男の子の数は女の子の数より少し多く、その比は長い年月にわたって変わらない。科学者たちは長い間、自然界で新たに発見されたほかの定数同様、この男女比も「神の摂理」によって決まっていると考えていた。

しかしラプラスの考えは違った。

確率の理論を男女出生比調査で実践

ラプラスはさっそく、賭博や天文学の統計は棚上げにして、赤ん坊の数を調べはじめた。大きな数に関心がある人間にとって、赤ん坊は理想的な対象だった。まず、生まれてくる赤ん坊は男か女のどちらかだから得られるのは二項式で、一八世紀の数学者たちはすでに二項式をどう扱えばよいか知っていた。しかも赤ん坊はたくさん生まれるが、ラプラスが強調したように「誕生する男子と女子の出生数の差が小さなものであることを考慮すると、この微妙な研究では十分大きな数を使わなくてはならなかった。[12]」偉大なる博物学者ビュフォン伯爵は、バーガンディーの小さな村で五年にわたって男子より女子のほうがたくさん生まれていることに気づくと、果たしてこの村は貴殿の仮説の反証なのだろうかとラプラスに尋ねた。するとラプラスは、決して反証ではないと言い切った。少数の事実に基づく研究によって、より多くの事実に基づく研究を覆すことはできない。

やがて、この確率の計算はとんでもないことになった。たとえば、男女比が五二対四八で男子が五八〇〇〇人の標本からはじめたとしよう。この場合、〇・五二を五七九九九回かけあわせることになり、女子についても同じ手順を踏む必要がある。こんな計算を手でしたいとは、誰も――あの不屈のラプラスですら――思わなかった。
そこでラプラスはベイズにならって実際的に、最初の直感的な選択肢が五〇対五〇、三三対三三対三三、あるいは、二五対二五対二五対二五というように事実上すべて等確率だとした。こうすると、どの場合も和が一に等しくなるので、かけ算が楽になる。ただし、ラプラスはあくまでも出発点としてかりに等確率から始めたのであって、あとから加わる客観的なデータが最終的な仮説の決め手になるはずだった。
次にラプラスは、男の子が生まれる確率が五〇パーセントを超えているというグラントの仮説が正しいかどうかを確認することにした。ラプラスはまさに統計の仮説検定に関する近代理論の基礎を作ろうとしていたのである。パリの洗礼記録とロンドンの出生記録すべてを熟読したラプラスは、すぐにパリでは今後一七九年間、ロンドンでは今後八六〇五年間にわたって女子より男子のほうが多くなることに賭けてもよいと考えるようになった。そして、何事もまず事実を確認してから理論化すべきなのだが、と舌打ちをしながら、「もしもこれが偶然の結果だとすれば、これはめったにないことだ」と記した。[13]
ラプラスは、確率計算に登場する大きな数をより扱いの楽な小さな数にするために、母関数や変換や漸近展開などの数学的な近道や巧みな近似を次々にひねり出した。これらの近道の多くはコンピュータの出現によって役目を終えたが、母関数だけは、現実世界に応用される数理解析に今なお深く埋めこまれている。ラプラスは母関数という名の数学の魔法を使って、手に負える関数から自分がほんとうに望んでいる関数を引き出していたのだ。

ラプラスにすれば、これらの数学的な仕掛け花火はほとんど常識といってよいくらい自明だった。そのため文書にまとめるときにも「簡単にわかることだが……」とか「これは簡単に拡張できることで……」とか「これは簡単に応用でき……」とか「……であることは明らかだ」といった言葉をちりばめたので、学生たちはひどくいら立った。[14] 一度などは混乱をきたした学生に、あの方程式からその方程式にどうやって直感的に移行したのですかと質問されて、必死に考えを巡らせ、自分の思考過程を再構成する羽目に陥ったという。

ラプラスはじきに、地理的に男の子たちが生まれやすい地域があるのだろうか、と考えはじめた。ひょっとするとロンドンでは、「気候か食べ物か習慣……のせいで、男子が生まれやすくなっているのかもしれない」[15] 爾来三〇年強、ラプラスは南のナポリと北のサンクトペテルブルグ、さらにはこれら二つの都市に挟まれたフランスの田舎における出生比率のデータを集めていった。そして、出生比の差は気候の違いでは説明できないと結論した。それにしても、必ず女の子より男の子のほうが多く生まれるといってよいのだろうか。ラプラスは一つまた一つと証拠が集まるにつれて、確率が「劇的に速度を増しながら」確信へと近づいていくのに気がついた。

ラプラスは、客観的なデータを使って直感を更新していった。科学的思考の数学モデル――そこでは理性を備えた人間が仮説を展開し新しい知識に照らしてその仮説を絶えず評価し直す――を作ることによって、ラプラスは最初の近代的ベイズ派となったのだ。そのシステムは、新たな情報にきわめて敏感だった。コインを投げるたびにコインが公正である確率あるいはインチキである確率が増えるのと同じように、出生記録が一つ加わるたびに、不確かさの幅が狭くなる。ラプラスは最後に、男子の出生数が女子の出生数をしのぐ確率は「ほかの道徳的な真実と同じくらい高く」、まちがっている可能性はきわめて少ないと判断した。[16]

ラプラスは、赤ん坊に関する手順を一般化して、一人の男子の出生といった単純な出来事の確率だけでなく、将来の複合的な出来事（たとえば年間を通しての出生数など）の確率を決定する手法――個々の事象（次に生まれる赤ん坊が男かどうか）が不確かであっても有効な方法――を編み出した。そして一七八六年には、過去の出来事が未来の出来事の確率にどう影響するかを突きとめ、この調査の標本としてどれくらいの数の新生児たちのデータが必要なのかを明らかにしようとしていた。また、このころには確率こそが不確かさを克服する第一の方法だと考えていて、その要点を次のような短いパラグラフにまとめた。曰く、「確率とは、一部は我々が『知らないこと』

に、一部は『知っていること』に関係する……ある種の決定できない状態であって……確信を持って告げることは不可能である[17]」。

ラプラスは、長い年月をかけて辛抱強く研究を続け、科学のある分野で得た洞察を使って別の分野に光をあてていった。そして、難問に取り組むなかでそれを解くための数理的な手法をひねり出したり、ほかに取るべき道がない場合は、さまざまな手法を統合したり近似したり大胆に一般化したりした。現代の研究者同様、ほかの研究者と競いあうこともあれば協力することもあり、研究を進めながら途中経過を報告書として発表することもあった。それに何といっても、ラプラスは粘り強かった。二五年後も、あいかわらず新たな情報に照らして原因の確率を熱心に検証していたくらいで、六五年分の孤児院の記録をしらみつぶしに調べ、エジプトの友人や中央アメリカにいたアレキサンダー・フォン・フンボルトに彼の地の男女の出生比率を問い合わせ、博物学者に連絡を取って動物における雄雌の出生率まで調べた。こうして何十年も研究を続けた結果、一八一二年にようやく男子のほうが女子より多く生まれるのは「人類にとって一般的な法則だ[18]」と思われる、という慎重な結論を出したのだった。

一八世紀フランスの政治と統計学

ラプラスは自分が発見した大きなサイズの標本に関する法則を検証するために、一七八一年にフランスの人口規模の特定に着手した。人口は、国の健全さや繁栄の指標になる。すでにフランス東部のある実直な行政官が、いくつかの教区の人口を慎重に数えたうえで、フランスで一年に生まれる子供の数に二六・〇をかければ国全体の人口を見積もれるはずだと主張していた。この手順で計算すると、「フランスの人口」は約二五三〇万人ということになるが、この見積もりがどの程度正確なのかは誰にもわからなかった。現在の人口統計学者たちは、実際にはフランスの人口が急激に増えて約二八〇〇万人になっていたと考えている。なぜなら飢饉は減っており、政府に派遣された経験豊富な産婆たちが国じゅうを回って、出産時に沸かしたお湯や石鹸を使うことを奨励していたからだ。

ラプラスは原因の確率を使って、フランス全土の教区の出生や死亡の記録を事前情報とし、これを新たな情報であるフランス東部の人口調査の結果と組み合わせた。つまり、特定の地域の正確な情報を利用して全国の人口に関する見積もりを改善しようというのである。そして一七八六年には現代の評価にかなり近い値を得たうえで、その値と真の値のずれが五〇万を超える確率を計算し、一〇〇〇分の一という値をはじき出した。また一八〇二年にはナポレオン・ボナパルトに、フランス全土に均等に散らばった三〇の代表的な県を選んで、そこに住む一〇〇万人程度の住人を標本として詳細に調べれば、国勢調査の質が上がるはずだと進言している。

王制の末期に出生や人口に関する研究を行っていたラプラスは、今度はフランスの司法制度を巡る刺激的な論争に巻き込まれることとなった。コンドルセは、社会科学は物理学のように物事を数値で表す定量的な学問であるべきだと考えていた。そして、絶対王政のフランスをイギリスのような立憲君主制に変えるために、数学を使ってさまざまな問題を調べるようラプラスに求めた。判事や陪審が下した判決にはどれくらいの信憑性があるのか。また、議会や法廷で投票によって正しいと決まったことが真実である確率はどれくらいなのか。でしたら、投票過程や証人の信頼性や合議制の裁判官や陪審による意思決定や代表団および裁判における合議の手続きなどを巡る問題に、新たな確率理論を応用してみましょう、とラプラスは答えた。

我が国の法廷の判断はどうも感心できない、とラプラスは思っていた。法医科学はまだ存在しなかったから、どこの法廷でも証人の証言だけが頼りだった。ラプラスは、ある出来事に関する証言を取り上げて、証人や判事が正しい確率、欺かれている確率、単にまちがえている確率を求めた。糾弾されている人物が有罪であるという事前確率を五分五分にして、陪審が誠実である確率を少し高くしておいた。それでも八名の陪審が単純な多数決を取った場合、まちがった判決を下す確率は二五六分の六五で、四分の一を超えていた。このためラプラスは、数学および宗教的な立場から、啓蒙運動のもっとも急進的な要求だった死刑廃止に賛成した。「これらの過誤を埋め合わせられるかもしれないという事実は、死刑廃止を求める哲学者たちにとって最大の論拠である」[19]ラプラスはまた、矛盾する証言について法廷が判断しなければならない場合や、証言のたびにその信憑性が下がっていくような複雑な事例にも、自分が発見した法則を応用した。ラプラスにすれば、これらの問題を見ただけで、聖書の福音書に見られる十二使徒の叙述が信ずるに足りないということがはっきりするはずだった。

ラプラス、太陽系の安定を示す

ラプラスは子供の数を勘定する一方で、不安定であるように見える木星や土星の軌道に関する研究を再開した。ラプラスが若くして不確かなデータに敏感になったのはこの問題のおかげだった。とはいえラプラスは、この重要な問題を確率に関する新たな知識を使って解いたわけではなかった。一七八五年から一七八八年の間に別の方法で、木星と土星が太陽のまわりを回りながら八七七年の周期でかすかに振動していることと、月が地球のまわりを回りながら何百万年もの周期で振動していることを突きとめたのだ。木星や土星や月の軌道は、ニュートンの重力理論の例外どころかみごとな実例になっていた。太陽系は平衡状態にあり、世界は終わらない。この発見は、宇宙物理学におけるニュートンの重力の発見以降最大の進展だった。

フランス科学界の長老として

すさまじい勢いで業績を上げていたにもかかわらず、職業科学者としてのラプラスの暮らしは金銭的には不安定だった。幸い一七〇〇年代のパリには、地球上でもっとも多くの教育機関があり、科学の世界にもたくさんチャンスがあったので、アカデミーの会員たちもどうにか仕事をかき集めて見苦しくない暮らしを維持することができた。ラプラスは年間三、四カ月にわたって砲術や海軍関係の工学の学生を試問したり、取り巻きの科学者としてオルレアン公に仕えたりして、収入を三倍に増やした。やがて身分が安定すると、原因の確率理論を展開したり確認するのに欠かせない政府の統計も閲覧できるようになった。

前途が大きく開けたラプラスは、三九歳のときに一八歳のマリー・アン・シャルロット・クルティ・ド・ロマンジュと結婚した。当時、フランス女性の平均結婚年齢は二七歳だったが、マリー・アンは最近爵位を受けた裕福な家の出で、ラプラスは金銭的にも社交面でもこの一家とさまざまなつながりがあった。パリのサン・ジェルマン通りと大学通りをつなぐ小さな道は、この一家にちなんで今もクルティ小路《リュ・ド・クルティ》と呼ばれている。当時は膣外射精やペッサリーといった避妊がよく行われ、教会も、母体を危険にさらさぬよう子どもは一人に留めることを奨励していたが、やがてラプラス夫妻は子どもを二人もうけることになる。婚礼の約一六カ月後、パリ市民がバスティーユを襲撃し、フランス革命がはじまった。

革命政府はほかの君主国に攻撃され、以来一〇年間、フランスでは戦争状態が続くことになるが、恐怖政治の時代ですら、科学者や技術者のほとんどは国内に留まった。科学者や技術者たちは国防のために動員され、徴兵の計画を作成し、火薬の原材料を集め、軍需品の工場を監督し、軍用地図を作り、秘密兵器の偵察気球を発明した。ラプラスはこの動乱の時代にも仕事の手を休めることなく、革命のもっとも重要な科学プロジェクトの一つである「メートル法による重量と尺度の標準化」において中心的な役割を果たした。じっさい、メートル、センチメートル、ミリメートルという単位名を考案したのはラプラスだった。

そうはいっても、一八カ月続いた恐怖政治の間に一万七〇〇〇人近くのフランス人が処刑され、五〇万人が投獄され、ラプラスの地位もしだいに危うくなってきた。急進派の連中はエリートである王立科学アカデミーを攻撃し、ラプラスを当世風の大ほら吹きで「ニュートンの妄信的な崇拝者」だとこき下ろす印刷物をばらまいた。科学アカデミーが廃止された一カ月後、ラプラスは革命への不実の容疑で捕まったが、近隣の人々の取りなしで、翌朝四時に釈放された。ところがその数カ月後に、今度は「その共和的な美徳と王への憎悪は信じるに足らず」ということで、メートル法委員会から追放される。[20] ラプラスの助手のジャン・バプティスト・ドランブルは、メートル法を完成させるために子午線を測っていて捕まったものの、じきに釈放された。ラプラス自身は、砲術の学生たちを試問するパートタイムの仕事を取り上げられたが、けっきょくはエコール・ポリテクニークで同じ仕事を与えられた。それでも恐怖政治の間に、ラプラスの親友や支持者をはじめとする七名の科学者が命を落とした。ラプラスは急進的な政治に参加しなかったが、これらの人々は自分が特定の政治党派に属することを認めていたのである。なかでも有名なのがアントワーヌ・ラヴォアジエで、悪名高き徴収請負組合に出資し役職に就いていたことを咎められ、ギロチンの露と消えた。さらにコンドルセは、パリから逃げだそうとして牢獄で死んだ。

その一方で革命は、それまで人気の趣味でしかなかった科学をれっきとした職業に変えた。ラプラスは、混沌のなかからフランス科学界の長老として姿を現し、新たに世俗的な教育機関を作って次世代の科学者たちを訓練することとなった。こうしてフランスは、一七八〇年代からラプラスが死ぬ一八二七年までのほぼ五〇年間、かつてどの国もなしえなかった形で世界の科学をリードし、ラプラスはそのうちの三〇年にわたって空前絶後の影響力を持つ科学者の一人であり続けたのだった。

ラプラスは天体の系や重力の法則に関するベストセラーの著者として、台頭しつつあった若き将軍ナポレオン・ボナパルトに二冊の著書を献上した。ナポレオンが軍人としてのキャリアを積むことができたのも、ラプラスが士官学校の試験で合格と認めたからだった。二人は私的な友人にこそならなかったが、ナポレオンはしばらくの間ラプラスを内務大臣に任命したことがあった。さらに、ほぼ名誉職に等しい元老院議員に指名してたっぷりと給金をはずみ、必要経費も鷹揚に認めたので、ラプラスはずいぶん金持ちになった。そして妻も、ナポレオンの姉の女官となって給金をもらうようになった。やがてラプラスと友人の科学者クロード・ベルトレーはナポレオンからさらなる資金援助を受けて、パリ郊外のアルクイユにある自分たちの田舎の邸宅を世界に類を見ない科学の若き博士課程修了者たちのためのセンターに作り替えた。

教皇との和解を考えていたナポレオン皇帝は、一八〇二年にマルメゾンにある皇后ジョゼフィーヌのバラ園で開かれた園遊会で、ラプラスに神や天文学や天体を巡る有名な議論をふっかけた。

「それで、これらすべてを作ったのは誰なのだ」とナポレオンは尋ねた。

ラプラスは落ち着いて、天体系を構築し維持しているのは一連の自然な原因である、と答えた。

するとナポレオンは不満げに、「ニュートンは著書のなかで神に言及している。貴殿の著作を熟読してみたが、一度も神の名が出てこないのはなぜだ」と尋ねた。

これに対してラプラスは、重々しく答えた。「わたくしにはそのような仮説は必要ございませんので[21]」

ベイズの法則を使えば神の存在が証明できる、というプライスの着想の対極にあるラプラスのこの答えは、何百年もの長きにわたる運動の象徴となり、ついには宗教を物理現象の科学的研究から閉め出すことになる。ラプラスはかなり前から、原因の確率と宗教的な考察を切り離していた。「物理科学の真の目的は、第一原因（すなわち神）の探求ではなく、それらの現象が起きる際の法則の探求である[22]」自然現象を科学的に説明できれば、それは文明の勝利といえるが、神学論争は、決して答えが出ないという点で不毛なのだ。

フランスの政治が激しく揺れ動くなか、ラプラスはなおも研究を続け、一八一〇年に中心極限定理を発見した。科学においても統計学においても空前絶後の発見といってよいこの定理によると、いくつかの例外は別にして、大量の類似項の平均は決まって釣り鐘型の正規分布になる。使い勝手のよい釣り鐘曲線が、突然数学的な実体のある構造物となったのだ。ラプラスが考えていた原因の確率では、それまで項が二種類の問題しか扱えなかったが、中心極限定理を証明したことによって、ほぼすべての種類のデータを扱えるようになった。

中心極限定理は大量のデータの平均値を使うことの正当性を数学的に示すことで、ベイズの法則の未来に深く大きな影響を及ぼした。しかるにラプラスは、ベイズの法則の主立った創造者で擁護者でもあったにもかかわらず、齢六二にして劇的な方向転換を行った。ベイズの法則への忠義を捨てて、これまた自身が展開していた別のアプローチ、頻度に基づくアプローチに乗り換えたのだ。一八一一年から息を引き取るまでの一六年間、ラプラスはもっぱら頻度を使った手法――二〇世紀の理論家がベイズの法則を抹殺する際に使った手法――に頼ることになる。

ラプラスがなぜ路線を変更したかというと、データの量が膨大であれば、通常どちらのアプローチでもほぼ同じ結果が得られることに気づいたからだ。それでもやはり原因の確率のほうが便利で、特に曖昧な事例では頻度主義より強力だった。ところがラプラスの時代に科学が成熟した結果、一八〇〇年代の数学者たちは、以前よりはるかに確実なデータを手に入れることができるようになった。信頼できるデータを扱うのであれば、頻度主義のほうが楽だ。数学者たちは二〇世紀の半ばまで、大量のデータを扱っていてもこの二つの手法で得られる結果がひどくずれる場合があるということに気づかなかったのである。

一八一三年に、自分が四〇年にわたって展開してきた原因の確率を振り返ったラプラスは、この理論は自然現象のまだわかっていない原因や入り組んだ原因を調べるためのもっとも重要な手法である、と述べた。そして愛情を込めて、自分が大きな数を扱わなければならなくなったのはこの規則のせいであり、母関数を発展させて利用することになったのも、じつはこの規則に密かに刺激されたからだとしている。

ベイズの法則を定式化する

そして結局ラプラスは、その業績の一領域の最終到達点として、今日ベイズの法則と呼ばれている定理のエレガントな一般形を証明したのだった。若かりしラプラスは、一七七四年にはすでに直感的にこの原理を見抜いていた。さらに一七八一年には、ある種の限定的な前提を置いたうえでベイズの二段階手順を使って公式を導くことに成功していた。そして一八一〇年から一八一四年までのどこかの時点で、ついに一般的な定理がどのようなものであるべきなのかを理解した。ラプラスが夢見ていたように、その式は適用範囲が広く、可能性の高い仮説とそれほど高くない仮説を区別することができた。その式を使うと、証拠に基づいて学習する過程全体は次のように表される。

$$P(C|E) = \frac{P(E|C)P_{事前}(C)}{\sum P(E|C')P_{事前}(C')}$$

この式は、今風な言葉を使うと、(結果がEであるという情報が与えられたときに)原因がCである仮説が正しい確率$P(C|E)$を得るには、その確率の事前に見積もっ

た値$P_{事前}(C)$とCに関するその仮説が正しい場合に結果Eが起きる確率$P(E|C)$との積を、すべての原因候補C'に関する仮説のそれぞれのもとで結果Eが生じる確率の総和で割ればよい、と主張している。

現代の学部学生たちが学んでいるこのラプラスが最初に作った式は、コイントスや赤ん坊の誕生といった離散的な出来事についての式である。これに対してより高等な数学をする大学院生や研究者たちは、ラプラスが後に作った式と微積分学を用いて、たとえば三二℃から三三℃の間のすべての温度というふうに二つの値に挟まれた連続する領域の観察を取り扱う。このタイプの方程式を使うと、ある値がこれこれの領域に具体的にどのような確率で存在するかを評価することができる。

一七八一年にはラプラスは、ベイズの法則という名前だけは別にして、この法則のすべてを手中に収めていた。この法則の定式も方法論も見事な活用も、すべてピエール・シモン・ラプラスが成し遂げたものである。確率に基づく統計がごくふつうに使われるようになったのも、ラプラスのおかげだった。賭け事の理論を実際的な数学に変えたラプラスの業績は、以後一〇〇年にわたって確率と統計の世界を支配することになる。ラトガー大学のグレン・シェイファーは、「思うに、すべてを成し遂げたのはラプラスであって、わたしたちがあとからそれらをトーマス・ベイズのなかに読み取っているだけのことなのだろう。ラプラスはこの法則を近代的な言葉で表現した。

ある意味で、すべてがラプラシアンなのだ《ラプラス的》」と述べている。[23]

この世界に関する知識を前進させることに意義があるとすれば、ベイズの法則はラプラスの法則と呼ぶべきで、現代の慣習にしたがってベイズ－プライス－ラプラス、略してBPLの法則と呼ぶべきなのかもしれない。しかし残念ながら五〇年もベイズの名前を使ってきたために、ほんとうはラプラスが成し遂げたこともベイズの法則と呼ぶしかなくなってしまった。

ラプラスは一七七四年にベイズの法則の最初の形を発見すると、この法則を使ってまず新たな数学的な技法を展開し、さらにこの法則を広く人口統計学や司法の改革といった社会科学に応用した。そして一八一五年に六六歳にしてようやく、この法則を初恋の天文学に応用することになった。ラプラスはすでに、研究助手でパリ天文台長を務めていたアレクシス・ブヴァールからいくつかのきわめて正確な表を受け取っていた。ブヴァールはラプラスの原因の確率を用いて、木星や土星の質量に関する膨大な量の観測結果に基づく計算を行い、各項目に誤差がどれくらい出るかを見積もったうえで、これらの惑星の質量を予測していた。この表を見てすっかり感激したラプラスは、ひどいギャンブル嫌いであったにもかかわらず、読者相手にベイズの法則を使った有名な賭けをした。ブヴァールが計算で得た土星の質量の誤差が一パーセント以下であるほうに一万一〇〇〇対一のオッズで賭ける、というのである。さらに木星の質量に関するオッズは、一〇〇万対一とした。やがて技術が発展して宇宙時代が到来すると、ラプラスとブヴァールが両方の賭けに勝っていたことが確認された。

ラプラスは晩年に、原因の確率を地球科学——なかでも潮汐や気圧変動の計算に応用した。さらに、原因の確率を数値抜きの常識に訴える形で用いて、太陽系の惑星とその衛星がチリの渦からできたとする有名な星雲仮説を展開した。さらに、一〇〇個の彗星の軌跡に関する三つの仮説を比較検討することによって、自らがすでに知っていた事実を確認した。曰く、「彗星は太陽の影響が及ぶ領域で誕生した可能性がもっとも高い」。

ナポレオンの帝政が終わってフランス王となったルイ一八世は、村の宿屋の息子であるラプラスに永代侯爵の称号を授けた。そしてラプラスは一八二七年三月五日に七八歳でこの世を去った。ラプラスが偶像視していたアイザック・ニュートンがこの世を去った約一〇〇年後のことだった。

ラプラスは、その徳を称える追悼演説で、フランスのニュートンと称えられた。実際ラプラスは、近代科学を字の読める市民や学生や政府のものとし、確率論を未知で複雑な自然現象の原因を扱うための優れた手法へと展開した。そしてそのライフワークのなかのさほど重要でない業績の一つとして、現在ベイズの法則と呼ばれているものをはじめて表現し、用いた。さらにその法則を使って古い知識を新たな知識で更新し、それまでずっと偶然や神の意思によると思われてきた現象を説明して、その後の科学的探求への道を開いた。

そうはいっても、ラプラスの確率論は直感を基盤としていた。ラプラスにいわせれば、確率の理論とは「本質的には、数学へと還元された常識感覚以外の何物でもない。これを使えば、健全な精神が――説明できないことが多いのだが――本能的に感じとることを正確に評価できる」のだった。[24] しかし科学者たちはじきに、直感では簡単に説明できない事態に直面することとなった。自然はラプラスが思っていたよりはるかに複雑だったのだ。老いたラプラスが埋葬されるとすぐに、あちこちでラプラスの法則を批判する声が上がりはじめた。

第3章　ベイズの法則への激しい批判　一八二七年〜一九三〇年代

ラプラスの死後、異端扱いされたベイズ統計はそれでもいくつかの分野で細々と生きのびた。

誤解に満ちたラプラス像

ラプラスが死ぬと、ベイズの法則は動乱の時代に突入し、さげすまれ、改良され、不承不承大目に見られたあげく、ついには好戦的な理論家たちに葬られそうになる。だがその一方でこの法則自体はゆっくり着実に前進を続け、合衆国やヨーロッパで軍やコミュニケーションや社会福祉や医療が抱える現実問題の解決に寄与したのだった。

このような変化が生じたのは、一つには、十分な証拠もなしにラプラスの評判を貶める声が広がったからだった。イギリスの数学者オーガスタス・ド・モルガン〔ド・モルガンの法則で有名〕は一八三九年に『ペニー・サイクロペディア』〔一八三三年から一八四三年にかけてイギリスの「有益な知識頒布協会」が刊行した分冊の百科事典〕で、ラプラスがほかの人々の業績を横取りしたと述べた。そしてこの非難は、一五〇年後にスティグラーが詳細に調査して根も葉もないデマだと結論するまで、何の裏付けもなく幾度となく蒸し返された。一八八〇年代にナポレオンにも王政にも批判的だったフランス人数学者マクシミリアン・マリがその著書で反動的な極右王党派としてのラプラス像を打ち出すと、イギリスやアメリカの幾人かの著者がそれを鵜呑みにした。さらに一九一二年の『エンサイクロペディア・ブリタニカ』では、ラプラスは「政治家としての役割にあこがれて……装飾用リボンと称号を手に入れるためにお追従に走って堕落した」[1]とされた。またアメリカのE・T・ベルはかなりフィクションが混じった長年のベストセラー『数学を作った人々』〔邦訳は早川書房〕をまとめるにあたって、ラプラスの章の表題を「小百姓から俗物へ……リンカーンのように謙虚で、悪魔のように誇り高い人物」とし、さらにラプラスという人物は「大仰」で「紳士気取り」で「尊大」で「野卑」で「うぬぼれや」で「ナポレオンと親密」で「高貴な職業は必然的に人格を高めるという教育界の迷信のもっとも顕著な反証」だとした。[2]一九三七年に刊行されたベルの著書は丸々一世代の数学者や科学者に影響を与え、そのうえ一九六〇年代には、イギリス生まれで後にアメリカにわたった統計学者フローレンス・ナイチンゲール・デヴィッドがこれまた何の根拠もなく、ラプラスは「ほぼ万人から非難を浴びた」と述べている。[3]またアメリカの歴史家チャールズ・クールストン・ギリスピーが、ロバート・フォックスとアイヴァー・グラッタン＝ギネスの協力を得てまとめたラプラスの伝記は記述がひどくぶれており、冒頭で断定的に「［ラプラスが］親切だということを指し示す証拠は一つも残っていない」といっておきながら、ラプラスが「ほかのフランス人科学者たちと親密で個人的な絆を結んでいた」ことや「家庭生活が暖かく平穏であった」こと、さらには自分の研究を批判する人にまで力を貸したという事実を紹介して締めくくりとしている。[4]

ラプラスが世界初の近代的職業科学者の一人であるという認識も、すぐに生まれたわけではなかった。かなり勝ち気だった統計学者のカール・ピアソンは『ブリタニカ』のラプラスの記事を執筆した人物について、「科学の歴史の輝きを奪ったもっとも浅薄な書き手の一人で……ある国の執筆者が、ほかの国のもっとも高名な人物に関して文献による裏付けもまったくなしにこのような申し立てを発表することは、じつに嘆かわしい」と評している。[5] ちなみにラプラスの生涯や業績を軽んじるコメントの多くがまちがいであることは、現代の歴史家たちの手ですでに明らかにされている。

攻撃の的は等確率と主観的信念

個人攻撃はさておき、ラプラスは統計学に対する熱狂の渦を巻き起こした。ところがその渦がけっきょくは、ベイズ自身が発見した法則とラプラス自身が定式化した法則を水没させることとなった。その熱狂は、一八二七年にラプラスが、当時としては異様に思えるある事実を発表したことからはじまった。パリの郵便システムで生じる配達還付不能郵便物の個数が、おおまかにいって毎年同じだというのである。フランス政府が発表したパリとその近郊のいくつかの重要な統計からして、どうやら盗みや殺人や自殺などの無分別で邪悪な犯罪行為の件数もあまり変わらないようだった。こうして一八三〇年ころには、統計に表れる安定した比率と神の摂理は完全に切り離され、ヨーロッパ全体がよき政府に必須の客観的数値を求める正真正銘の数字マニアに席巻されることとなった。

ビクトリア朝初期の人々は急速な都市化や工業化や市場経済の台頭に不安を感じて、犯罪と堕落と数について研究する私的な統計協会を立ち上げた。スコットランド兵士の胸囲や馬に蹴られて死んだプロシア将校の数、コレラで命を落とした人の数などなど、統計を集めるのは簡単で、女にもできる仕事だった。数学を使って統計を分析することは、必要でもなければ期待もされていなかった。統計を集める政府官僚のほとんどは数学の知識がなく、数学に敵意すら抱いていたが、そんなことはどうでもよかった。事実、それも純粋な事実こそが時代の流行だったのだ。

確率を使って我々の知識がどれくらい足りないかを数値で表すという着想は消え、ベイズやプライスやラプラスが展開した原因の探求もどこかに失せた。ある通信社は一八六一年に、病院の改革に乗り出したフローレンス・ナイチンゲールに次のように警告している。「ここで今ひとたび、因果関係と統計を混同しないようご忠告申し上げねばなるまい……統計学者は因果関係とは何の関わりもない[6]」

「主観的な」という言葉も不適切とされるようになった。フランス革命とその余波によって合理的な人々はみな信念を同じくするという思想は打ち砕かれ、西欧世界は、科学をまったく受け入れないロマン派と、数の客観性――数でありさえすれば、ナイフで刺した数でも、ある特定の年齢で結婚した人の数でも何でもかまわない――の虜となって自然科学に確かさを求める人々の二手に分かれた。

ラプラスの死後一〇年も経たぬうちに、ヨーロッパの六人の思索家――ジョン・スチュアート・ミル〔イギリスの哲学者、経済学者〕、シメオン・ドニ・ポアソン〔フランスの数学者〕、ベルンハルト・ボルツァーノ〔チェコの哲学者、数学者〕、ロバート・レズリー・エリス〔イギリスの博識家、数学でも有名〕、ヤーコプ・フリードリヒ・フリース〔ドイツの哲学者〕、アントワーヌ・オーギュスタン・クルーノー〔フランスの哲学者、数学者〕が先頭に立って不確かさの数学である確率論とラプラスを批判しはじめた。ジョン・スチュアート・ミルは、確率論は「知性の逸脱」であり「……科学を模した無知……」であるとおおっぴらに非難した[7]。客観性は美徳とされ、主観性は侮辱の言葉となった。原因の確率は敵意の対象か、さもなくば懐疑の的となった。新たに集められたデータがあふれかえるなか、これらの思索家たちは事象の確率を、たくさん観察するなかでその事象がどれくらいの頻度で起きるかに基づいて判断することを好んだ。そして頻度に基づく確率を支持するこれらの人々は、頻度主義者とかサンプリングの理論家と呼ばれるようになった。

頻度主義者たちはそびえ立つラプラスという標的に目を奪われ、トーマス・ベイズの存在にはほとんど気づかなかった。彼らはベイズの法則をラプラスが考えた形で理解しており、ラプラスやその信奉者に批判を集中した。そして、確率を数値で表す場合は主観的な信念の強さではなく出来事の客観的頻度に基づくべきだと主張し、ラプラス自身が基本的に等価だと考えていたこれら二つのアプローチを正反対のものとして扱ったのだった。

改革を主張する人々は、ラプラスの実用的な単純化を取り上げて、ひどい誤用だと非難した。そして、確率の応用例のなかでもいちばん人気があった二つの事例を派手にこき下ろした。ラプラスは、太陽が過去に一〇〇〇回昇ってきたとして、果たして明日も昇るのだろうか、と問いかけ、また、惑星がどれも太陽のまわりを同じように回っているのだとしたら、太陽系には単一の原因が存在するのかと問いかけていた。もっともラプラスはこれらの問題にベイズの法則を応用したわけではなく、単に賭博の確率を応用しただけだったのだが、ラプラス本人もその信奉者たちも、これらの問いに取り組む際に、とりあえず確率を半々にして推論をはじめることがあった。ラプラスが天体について何も知らなければ、このような単純化にも弁明の余地があっただろう。ところがラプラスは当代一の数理天文学者で、日の出や星雲といった現象の原因が偶然ではなく天体力学にあることを誰よりもよく知っていた。そのうえラプラスは、男女の誕生比率を研究するときにも当初の男女の誕生比を半々として推論をはじめたが、当時の科学者たちはすでに男子の出生率が約〇・五二だということを知っていた。

ラプラスは、科学に関する問いを偶然の問題に単純化することが、物理現象を引き起こしているのが宗教的なものではなく自然な何かであるという自らの深い信念にとって有利に働くことを認めていた。そして論文の読者にもこの点を通告していた。ラプラスに追随する人々もまた、最初のオッズを自然法則に有利になるよう重みづけし、反例の重みを軽くした。これに対して批判する側は、目の前の問題は偶然とは無関係だと非難した。そして、等しい事前確率をベイズの法則と同一視し、法則そのものをこき下ろした。ベイズの法則に別のタイプの事前確率があるなどとは、考えようともしなかったのだ。

後にジョン・メイナード・ケインズは、五〇〇〇年の歴史を踏まえると「太陽が明日昇らない確率は一八二万五二一四対一である」というラプラスの評価に対してどのような不満が出たのかを調べたうえで、これらの議論を次のように要約した。「確かにラプラスの推論は、恣意的な仮説に基づいているとして〔ジョージ・〕ブール〔ブール代数で有名なイギリスの数学者、哲学者〕に退けられ、経験と合致していないといって、〔ジョン・〕ベン〔ベン図で有名なイギリスの数学者〕に退けられ、笑止千万だとして〔ジョセフ・〕ベルトラン〔数論などで有名なフランスの数学者〕に退けられ、そのほかの人々からも退けられてきた。しかしその一方で、〔オーガスタス・〕ド・モルガンや〔ウィリアム・スタンリー・〕ジェヴォンズ〔効用理論で有名なイギリスの経済学者、論理学者〕や〔ルドルフ・ヘルマン・〕ロッツェ〔ドイツの哲学者、宗教哲学で有名〕や〔エマニュエル・〕ツォーバー〔プラハ生まれの数学者、確率論で活躍〕や〔カール・〕ピアソン教授〔イギリスの数理統計学者で優生学者〕といった歴代のさまざまな学派、さまざまな時代の代表的執筆者たちに広く受け入れられてきたのも事実だ」[8]

激しい軋轢の渦中で、ラプラスが保っていた主観的信念と客観的頻度の微妙なバランスは崩れ去った。ラプラスは確率を巡る二つの理論を展開し、データの数が大きい場合はこの二つの理論から大なり小なり同じような結果が出ることを示した。しかし、自然科学が何らかの確かな知識へと至る道であるとするならば、主観と相容れようはずがない。そう考えた科学者たちは、じきにこれらのアプローチを正反対のものとして扱うようになった。この論争に決着をつけようにも決定的な実験は存在せず、しかもラプラスがどちらの手法でもほぼ同じ結果が得られることを示していたため、確率論の専門家たちの狭い世界ではこの議論にけりをつけられそうになかった。

かくして確率を巡る数学の研究は先細りとなった。その死後二世代も経たぬうちに、ラプラスは主に天文学の業績で記憶されるようになり、一八五〇年には、パリのどこの書店に行っても確率に関するラプラスの分厚い著書を見かけることはなくなっていた。物理学者のジェームズ・クラーク・マクスウェルは、ラプラスではなく数学者で社会学者でもあったベルギー人のアドルフ・ケトレー〔近代統計学の祖の一人とされる〕から確率を学び、頻度に基づくその手法を統計力学や気体運動理論に取り入れた。ラプラスやコンドルセはベイズの法則をもっとも重用するのは社会学者だろうと見ていたが、彼らは確率と名のつくものをなかなか取り入れようとしなかった。一方アメリカの論理学者で哲学者でもあったチャールズ・サンダーズ・パースは、一八七〇年代後半から一八八〇年代初頭にかけて頻度に基づく確率論を広めようとした。一八九一年にラプラスの方法論の死亡記事をまとめたスコットランドの数学者ジョージ・クリスタルは、「逆確率の法則は……死んだ。これらの法則は人目につかないところにきちんと埋葬されるべきものであって、そのミイラを教科書や試験用紙に残すべきではない。……偉大なる人々の無分別は、そっと忘却にゆだねるべきなのだ」と記した[9]。

ベイズの法則は、三度《みたび》見捨てられた。最初はベイズ本人が棚上げにし、それからプライスの手で蘇ったものの育児放棄《ネグレクト》によってすぐに命を落とし、今度は理論家たちによって埋葬されたのである。

だが、この葬儀は時期尚早だった。クリスタルが有罪を宣告したあとも、ベイズの法則はあいかわらず教科書に載り続け、教室で教えられ、天文学者に使われていた。なぜなら反ベイズ陣営の頻度主義者たちが、ベイズの法則に代わる系統的で実際的な手法を作り出せなかったからだ。ベイズの法則は理論家たちの懐疑的な目を逃れてあちこちの狭い隙間にぽこぽこと湧き出し、実践家たちが証拠を評価し、多種多様な情報を組み合わせて自分たちの知識の溝や不確かさを克服するのを助けていた。

フランス軍のなかで生きつづけたベイズの法則

理論家の非難と実践家の有効利用のこの裂け目に向かって行進したのが、政治力のある数学者ジョセフ・ルイ・フランソワ・ベルトラン率いるフランス軍だった。ベルトランは、無数の不確定要素に取り組む砲術担当の佐官級将校のためにベイズの法則を仕立て直した。砲兵隊は敵の正確な位置や空気の密度や風の方向、さらには手作りの大砲に生じる誤差や射程や方向や発射物の初速といった不確定要素と向き合わねばならなかった。ベルトランは広く用いられたその教科書のなかで、ラプラスが考案した原因の確率は、新しい観察結果に基づいて仮説を検証する際に有効な唯一の手段だと論じた。ただしラプラスの信奉者たちは道を見失ってしまっており、事前原因の確率を見境なく半々にするのはやめるべきだ、というのがベルトランの考えだった。そしてそれを裏付けるために、近所の岩だらけの海岸で難破が起きる原因を突きとめるのに、海の潮の流れが原因である可能性とそれよりはるかに危険な北西の風が原因である可能性が等しいとしたブルターニュの愚かな田舎者の話を引き合いに出した。ベルトランにいわせれば、事前確率を等しくするのは――きわめてまれなケースだが――あらゆる仮説が実際に同じように起きやすいか、あるいはそれらの仮説が起きる可能性について何もわかっていない場合に限るべきだった。

砲術の将校たちはベルトランの厳密な基準にしたがって、同一の工場、同じ条件の下でほぼ同じ職人が同じ材料を使って同じ手順で作った大砲に限って等しい確率を割りふるようにした。こうしてフランスやロシアの砲術将校たちは一八八〇年代から第二次大戦までの約六〇年、ベルトランの教科書を参照して大砲を撃ち続けたのだった。

ベルトランによるベイズの法則の厳密化は、一八九四年から一九〇六年にかけてフランスを揺るがしたスキャンダル、ドレフュス事件にも影響を及ぼした。ユダヤ系フランス人で軍の将校だったアルフレッド・ドレフュスは、ドイツのスパイであるという不当な嫌疑により終身刑の判決を受けた。ドレフュスに不利な証拠はただひとつ、本人がドイツの大使館づき武官に送って金を得たとされる一通の手紙だけだった。警察に所属する犯罪学者で身体測定に基づく本人確認システムを発明していたアルフォンス・ベルティヨンは、確率の数学によると有罪の証拠とされる手紙をドレフュスが書いた可能性がもっとも高い、と繰り返し証言した。ベルティヨンがいう確率は数学的なたわごとでしかなく、その論旨も珍妙きわまりなかった。保守的な反共和派やローマ・カソリック教会や反ユダヤ主義者たちがドレフュスの有罪判決を支持するなか、ドレフュスの一族や教権に反対する人々やユダヤ人や左翼政治家や知識人によって、小説家エミール・ゾラをリーダーとするドレフュスの身の証しを立てるための運動が組織された。

ドレフュスの弁護士は一八九九年に開かれた軍事裁判に、フランスのもっとも有名な数学者で物理学者のアンリ・ポアンカレを招聘した。ポアンカレは一〇年以上にわたってソルボンヌ大学で確率を教えており、頻度に基づく統計を信じていた。ところがベルティヨンが証拠とする文書がドレフュスの手になるものなのかと問われたポアンカレは、ベイズの法則を持ち出した。法廷が新たな証拠に基づいてそれまでの仮説を更新したいのなら、この手法こそが良識ある方法であって、このような文書のねつ造に関する問題は、ベイズの法則に基づく仮説検定の典型的問題だというのである。

ポアンカレはドレフュスの弁護士に皮肉の利いた短い手紙を託し、弁護士が法廷でこの手紙を読み上げた。ベルティヨンが「もっともわかりやすい点と述べているものは誤りであって……この途方もないまちがいゆえに、その後のすべてが疑わしくなる……なぜあなたがたが判断に悩むのか、わたしにはわからない。被告が有罪になるかどうかはわたしのあずかり知らぬところであるが、かりに有罪になるとすれば、その根拠はこの手紙とは別の証拠であるはずだ。このような論拠によって、しっかりした科学教育を受けてきた公正な人間を動かすことはできない」[10] 弁護士がここまで読み上げたところで——法廷の速記者によると——法廷は「長期にわたり大騒ぎ」になったという。ポアンカレの証言は起訴の根拠を木っ端みじんにした。裁判官は全員軍学校を出ており、ベルトランの教科書でベイズの法則を学んでいたのである。

裁判官たちは妥協案として、ドレフュスはそれでも有罪だが、刑期は五年に短縮されるという評決を下した。ところが一般大衆は怒り狂い、二週間後には共和国大統領が恩赦を発令することになった。ドレフュス自身は昇進してレジヨン・ドヌール勲章を受け、政府の改革によって教会と国は厳密に分けられるようになった。ところがアメリカの法律学者の多くはドレフュスが確率論のおかげで解放されたことに気づかず、この裁判は数学が暴走した例であり、それゆえ刑事事件における確率論の応用は制限すべきだと考えた。

第一次大戦が近づくと、軍用航空や戦車の提案者である将官ジャン・バプティスト・ウージェーヌ・エティエンヌが、ベイズの法則に基づいて佐官クラスの将校向けの照準の定め方に関する詳しい表を作った。エティエンヌはさらに、この法則に基づく弾薬試験の手法を編み出した。開戦したばかりの一九一四年に国内の工業基盤となっていた地域をドイツに占領されると、フランスでは弾薬が極端に不足し、無駄の多い頻度主義の手法で弾薬の品質検査をすることは不可能になった。国防のために動員された抽象数学の教授たちは、ベイズの法則を使って一ロット二万発の弾丸に対してわずか二〇発を破壊検査すればすむ検査表を作り上げた。しかもこの検査法では、検査をあらかじめ定められた回数分繰り返さなくても、そのロット全体の品質に確信が持てたところでやめることができた。英米の数学者たちは第二次大戦中にこれと同じような手法を発見して、オペレーションズ・リサーチと命名することになる。

アメリカ電話電信会社を救ったベイズ

ヨーロッパで第一次大戦の軍靴の音が聞こえはじめ、アメリカが急速な工業化がもたらした二つの危機に直面した時点でも、ベイズはあいかわらず役立たずだと見なされていた。ところが統計学者たちはこれらの緊急事態——一つは電話を巡る問題で、もう一つは労働者のけがの問題だった——に対処するにあたって、独学したベイズの法則を用いて情報に基づく意思決定を行なった。

一つ目の危機が起きたのは一九〇七年のことだった。この年の金融危機でアメリカ電話電信会社（AT&T）が所有するベル電話システムの存続が危うくなったのだ。アレクサンダー・グラハム・ベルの特許は数年前に切れ、会社自体も拡大しすぎていた。ベルが破綻を回避できたのは、一にも二にもモルガン社の主導によって銀行協会が介入したおかげだった。

このとき、監督官庁はベル社が地方の競争相手より安く優れたサービスを提供できるという証拠を示すよう求めた。あいにくベルの電話回線は、昼前後に負荷が過剰になることが多かった。あまりに多くの利用者が、この時間帯に電話をかけようとしたのだ。残りの時間帯――一日の八割――の処理能力にはまだまだ余裕があったのだが、AT&Tに限らずどの会社にも、ピーク時に予想されるすべての電話を処理できるだけのシステムを構築する力はなかった。

ニューヨーク市のエンジニアだったエドワード・C・モリーナは、この問題に不確かさが絡んでいると考えた。モリーナは、ポルトガルからフランスを経由してアメリカに移住した一家の出で、一八七七年にニューヨークで生まれた。市立高校を出たもののカレッジに行く金はなく、まずはウェスタン・エレクトリック・カンパニーに奉職し、さらにAT&Tのエンジニアリング&リサーチ部門（後のベル研究所）に移った。当時、AT&Tのベル電話システムは、問題解決に新たな数学的アプローチを取り入れようとしていた。モリーナの上司であるジョージ・アシュレイ・キャンベルは、フランスでポアンカレとともに確率を研究したことがあったが、それ以外の従業員は、『エンサイクロペディア・ブリタニカ』で確率を学んでいた。モリーナは数学と物理学を独力で学び、やがてアメリカ国内におけるベイズやラプラスの確率論の第一人者となった。

当時の人にしては珍しくモリーナは、「権威ある人々の多くがもともとのベイズの逆定理とラプラスによるその一般化をきちんと区別していないせいで、大きな混乱が起きている。一般化された定理には一連の観察で得られたデータと、観察された結果の関係で存在するすべての『付帯』情報が含まれる――つまりこの二つが一つになる」[11]ということを理解していた。モリーナによれば、応用統計学者たちは、往々にして貧弱なデータに基づいて素早く意思を決定せざるを得なくなる。そのような場合には、付帯情報と呼ばれる間接的事前知識に頼るしかない。こういった状況は、全国的な傾向の評価や歴史的な流れの評価から重役の精神衛生の評価に至るさまざまな場面で生じる可能性がある。したがって、統計的な証拠と統計的でない証拠をともに活用する方法が必要だった。

モリーナはラプラスの公式を使って、ベルの電話システムを自動化した場合の経済性についての事前情報と通話状況や通話時間や待ち時間に関するデータを組み合わせた。そうやって、電話の利用につきものの不確かさへの費用対効果の高い対処法を編み出したのだ。

次にモリーナは、大きな労働力を必要とするベルのシステムを自動化することを考えた。ベルは多くの都市で全女性人口の八〜二〇パーセントを交換手として雇い、遠距離通話の場合には、これらの交換手がトランキング装置のワイヤーを切り替えて電話をつないでいた。交換手は常に人手不足で、年間の離職率が一〇〇パーセント以上の都市もあり、一九一五年から二〇年の五年間で給料は倍になった。この仕事は、見方によっては女性にとってのチャンスの典型であり、同時に近代技術による非人間的苦痛の典型でもあった。

モリーナはこのシステムを自動化するために、ダイヤルされた十進法の番号を経路選択指示に変換するリレー・トランスレータを考案した。さらにベイズの法則を用いて、個別の交換におけるさまざまなスイッチやセレクターやトランキング・ラインの組み合わせの技術情報や経済性を分析した。一九二〇年には女性が参政権を得ていたため、交換手を一斉にクビにすると激しい反発が起きると考えたベル社は、自動化の規模を交換手の数が半減する程度に留めた。実際、両大戦の間に市外通話の数そのものは増えたのに、雇われている交換手の数は電話一〇〇〇台につき一五名から七名へと半減している。ベル社のシステムでは確率論が重要な役割を担い、基本的なサンプリング理論を展開する際にはベイズの手法が用いられた。

モリーナは立派な賞をもらったものの、研究所のなかには、ベイズの法則を使っていることに異議を唱える数学者もいて、本人は、研究結果を発表するのがたいへんだと愚痴っていた。そうはいっても、モリーナの抱えていた問題は、どうやら本人の派手な性格にも原因があったらしい。モリーナは船の模型が大好きで、エドガー・アラン・ポーが確率をどのように使ったかについての論文を発表し、ピアノの腕はプロ並みで、ニューヨークのメトロポリタン・オペラに寄付をした。また、日露戦争の経緯を熱心に追っていたために、同僚からは皮肉を込めて「モリーナ将軍」とあだ名されていた。さらに、ポアソン分布を独力で発見し、すぐにモリーナ分布と命名したところが、ラプラスの弟子のシメオン・ドニ・ポアソンがまったく同じ分布に関する論文を書いていたことを知り、恥ずかしい思いをすることとなった。

ベイズ－ラプラスの確率に対するモリーナの熱意は、結局会社の外には広まらなかった。AT&Tはモリーナのベイズに関する論文を秘密の財産と見なすことが多く、すべてが終わったあとも社内用の印刷物にしか公表しなかったのである。

アメリカの労災保険料率算出への利用

ベイズの法則がベル電話システムの救済に一役買っていたちょうどそのころ、資本家たちは大急ぎでアメリカに鉄道を敷設し、産業を興そうとしていた。しかし安全に関する政府の規制はないに等しく、一八九〇年から一九一〇年の二〇年間に作業中の工員が三一八人に一人の割合で命を落とし、それをはるかに上回る負傷者が出るという有様だった。アメリカの労働者たちはヨーロッパの労働者を上回る事故や短期、長期の病気や早老〔年齢の割に早く老いること〕、そして失業に苦しんでいた。ところがアメリカには、ヨーロッパのほとんどの国に存在する労働者の傷病補償の制度がなく、ブルーカラーの労働者やその家族のほとんどが一歩まちがえば物乞いになりかねない日々を送っていた。連邦裁判所の判事たちは、けがをした従業員が訴訟を起こせるのは上司に個人的な過ちがあったときに限ると定めていた。一八九八年当時のアメリカ労働局の統計学者にすれば、労災こそが社会的法的改革においてアメリカが他国にもっとも後れを取っている分野だった。

アメリカ労働総同盟に加入する労働者の数が増えるにつれてこの流れも変わり、地方裁判所の陪審員たちは身体に障害がある同輩に気前のよい調停案を示すようになった。こうなれば雇用主たちも、陪審員が自分たちに有利に事を運ぶのを当て込んだり御用組合作りを奨励したりするよりも、予測可能な経費として産業衛生を取り込んだほうが安上がりだと判断しはじめる。さらに一九一一年から一九二〇年にかけてさまざまな無過失賠償責任法〔不法行為で損害が生じた場合に、加害側にその行為の故意や過失がなくても損害賠償の責任を負うとする法律〕が次々に議会を通るなか、全米のほぼすべての州政府（例外は八州のみ）が、ただちに労働者の災害や疾病に対する保険をかけるよう雇用主に要求しはじめた。これは米国初の社会保障で、その後も数十年にわたって唯一の社会保障であり続けた。

これらの法律の制定がきっかけで、ある緊急事態が勃発した。本来保険料には事故の割合や医療費や賃金や業界全体のすう勢などの長年蓄積されてきたデータや個々の企業の特徴が反映されるはずなのだが、アメリカにはそのようなデータがなかったのだ。もっとも工業化が進んだ州でも、すべての産業における保険料を定めるのに十分な労働衛生関係の統計は蓄積されていなかった。産業のエネルギー渦巻くニューヨーク州ですら、印刷工と縫製工の保険料を決める程度のデータしかなく、サウスカロライナ州では綿紡績工や織工の保険料、セントルイスやミルウォーキーではビール醸造工の保険料を決めるくらいが関の山だった。さらにネブラスカ州では、一九〇九年の時点で小規模な製造業のデータが全業種合わせても二五しかなかった。ある保険の専門家によれば、「ネブラスカ州では、いったいいつになったら『バックルのないサスペンダー』製造業に関する純保険料率を決められるようになるのやら。はたまたロード・アイランドでは、いったいいつになったら精肉店用機械製造業の純保険料率を決められるようになるのやら。それでも保険料を決めなくてはならず、しかもそれらの保険料は適切かつ公平でなければならない」という状況だったのだ。[12]

かといって、ほかの地域のデータを使うわけにもいかなかった。ドイツでは三〇年にわたって事故の統計を取っていたが、工員たちの労働環境はアメリカより安全で、しかもこれらのデータを全国各地で取っていたので業界全般の情報に基づいて保険料を決めることができた。ところがアメリカではデータは州毎に集められており、マサチューセッツ州の靴職人やブーツ職人に関する統計がネバダ州の金属鉱山労働者やその高い死亡率と関係するわけでもなかった。ある専門家の報告にあるように「アイルランドに蛇がいないように、マサチューセッツ州には金属鉱山がほとんどなく」、そもそも参考にすべきデータがなかったのだ。[13]

それでも、アメリカにあるある程度の大きさのほぼすべての企業のために――まったくのゼロから一夜にして――保険料をひねり出さねばならなかった。この悪夢を前にして、数学の素養がある統計学者たちは夜も眠れなかった。もっとも、そもそもアメリカにはそのような人物は決して多くなかったのだが……。保険数理士《アクチュアリー》たちは高度な数学を敵視することが多く、ある役人は、何の訓練も受けていない事務員が事故や火災の保険料を決めている、と不満を漏らしている。本人たちは耳ざわりのよい保険判断という言葉で呼んでいるが[14]、実際には「女性の直感……『何でそう思うのかはわからないけれど、わたしは正しいのよ』のような」意見に基づいて決めている場合が多い、というのだ。[15] そのうえ各州議会が州独自の保険制度を作るよう命じたから、事態はますます深刻になった。

何はともあれ、保険料を正しく設定する必要があった。保険会社が被保険者の生涯にわたってきちんと経営を続けていける程度に高く、しかも、優れた安全管理記録を持つ業界が報いられるくらいに個別化されていなくては。医学者にしてアメリカ医師会の統計学者だったアイザック・M・ルービノウは、州ごとの労災関係の統計資料がある程度蓄積されるまでの数年間のつなぎとして、主にヨーロッパでの文字通り何百万件もの保険請求を手作業で分析し、分類し、要約するという偉業を成し遂げた。本人曰く、これには「ありとあらゆる情報のかけらを」使う必要があった。[16]

ルービノウは、一九一四年に科学志向が強い保険数理士を一一名集めて傷害保険アクチュアリー会を設立した。カレッジ卒業者はわずか七名だったがその志は高く、損害保険、火災保険、労働保険を健全な数学的基盤に載せることを目標とした。ルービノウはこの会の初代会長になったが、アメリカ医師会と保険業界が社会保険を医療や老齢に拡張することに反対したことから、すぐにその職を退いた。ロシア系ユダヤ移民のルービノウには「社会主義的な傾向がある」という噂が流れたのだ。[17]

一方労災委員会では、ルービノウに代わってカリフォルニア大学バークレー校の保険数学の専門家アルバート・ワーツ・ホイットニーが委員長になった。リベラルアーツ・カレッジ〔基礎教養に力点を置く大学〕であるベロイト・カレッジを卒業したホイットニーは数学の学位こそなかったが、シカゴやネブラスカやミシガンの大学で数学と物理学を教えていた。さらに、カリフォルニア大学バークレー校では保険専門家の卵たちに確率論を教えていた。ベル研究所のモリーナのように数学の一次文献に没頭こそしなかったが、ラプラスの定理にもベイズの定理にもなじみがあって、保険料の設定にはそのどちらかを使うしかないと考えていた。さらにホイットニーは、二つの定理に登場する式が複雑すぎてまだ未熟な労働補償運動の活動家たちの手には負えないということを知っていた。

第一次大戦下の一九一八年の春、ホイットニーと委員会の面々は昼すぎからたっぷり時間かけて、数学的で厳密かつ複雑な方程式に徹底的に手を加え、怪しげな単純化を行った。さらに、特定の業種に属する会社はすべて（たとえば住居施設の屋根職人はすべて）同等のリスクに直面していると見なすことで合意した。また、保険数理士は全員が同じように、けがのデータに雇用主の飲酒癖などの「統計的でない」要素や「外因的な要素」に関する主観的な判断を加味する力を持っていると考えることにした。つまり、業界全体の経験をもとにして事前確率を求め、地元企業の履歴を新たなデータとしてベイズの法則を使おうというのだ。ホイットニーはここで、「いくつかの業種の〔主観的な〕保険料率がほかの業種のそれより信頼できることはわかっている。〔だが〕この事実を認めることが実際に適切かどうかは疑わしい[18]」と戒めている。

その日の夕方には、顧客の保険料を、ほぼ保険会社によるおおまかな分類から得られた経験だけに基づいて算出することが決まった。こうすれば、機械工場の保険料率をそれと似た別の業種のデータに基づいて決めることができ、その機械工場が十分に大きい場合はその工場での経験に基づいて計算することも可能になる。関連する職種のデータを組み合わせれば、数値は平均値に近づき、さらに正確になる。つまり、チャールズ・スタインが一九五〇年代に説明することになる絶妙な「縮小」効果が起きるのだ〔第10章参照〕。こうして得られた式はじつに単純なので、事務員もそれを使って計算することができ、保険引受人にも理解できて、セールスマンも顧客に説明することができる。労災委員会は誇らしげに、自分たちが生み出したこの概念をクレディビリティーと名付けた。

爾来三〇年間、この単純化されたベイズの定理に基づくシステムは、アメリカ初の社会保障システムの拠り所となった。ある保険数理士はいかにも数理士らしく控えめに、「むろん、（クレディビリティーを表す）$Z = P/(P + K)$ という式は、〔アインシュタインが発見した〕$E = mc^2$ という式ほどすばらしい発見でもなければ、普遍の真実でもないが、この式のおかげで、何世代にもわたる保険マンたちの生活が楽になった」[19] ことを認めている。そして五〇年ほど後には、統計学者や保険数理士たちがクレディビリティーがベイズの理論に根ざしていたことを知って驚くことになる。

ホイットニーは次に、各データに主観的な信憑性に応じた重みをつける手法を考案した。ある保険数理士の報告によると、保険数理士たちはじきに、「数学的に証明されたものの範疇を超えることになった。彼らが示せるのは、それが実際の場で機能するということだけだった」という[20]。

ときには懐疑的な州の役人や保険引受人が、クレディビリティーと呼ばれる奇妙な数字はいったいどこから来たのだろう、といぶかることもあった。ある州の保険監督官が「綴じ込まれている書類のほかのものはすべて実際の経験による裏付けがある。では、このクレディビリティーなる要素を裏付ける経験はどこにあるのかね？」[21]と尋ねると、保険数理士たちはあわてて話題を変えたという。また、クレディビリティーを支える数学原理はいったいどこから来たのかと尋ねられたホイットニーは、ふざけた様子で同僚の家を指さし、「ミッチェルバッカーの家の居間から」と答えたという。

クレディビリティー理論は、アメリカに固有の問題に対するアメリカ流の実際的な対応としてはじまり、やがて損害保険や財産保険の礎石となった。保険請求の実績が蓄積していくと、保険数理士たちも、実際の請求と保険料を比較して、保険料がどの程度正確なのかを確認できるようになった。さらに一九二二年には、保険数理士たちも全米補償保険評議会が蓄積した職業関連の膨大なデータプールにアクセスできるようになった。こうして時が経つにつれて、現場の数理士たちがクレディビリティーとベイズの関係を理解する必要はどんどん減っていった。

反ベイズの大物、フィッシャーの人となり

アメリカの企業が意思決定にベイズの定理を使い、フランス軍がこの定理を適用していたちょうどそのころ、優生学によってベイズの物語の舞台は再びその誕生の地であるイギリスに引き戻されようとしていた。当時イギリスではカール・ピアソンとロナルド・フィッシャーが不確かさの数学——つまり統計学を展開し、世界初の情報科学に仕立てようとしていた。そして、二〇世紀初頭にこの二人が生物学や遺伝学の新たな研究手法を編み出すと、それまで何となくベイズの法則を許容してきた理論家たちが、紛れもない敵意を見せるようになった。

カール・ピアソン（この物語には息子のエゴンも登場するので、フルネームで呼ぶ）は熱烈な無神論者で、社会主義者でフェミニストでダーウィン主義者でドイツびいきの優生学者だった。そして、大英帝国を救うためにも、政府は中流の上の階級に属する人々にたくさんの子供を産ませ、貧しい人々が出産を控えるよう奨励すべきだと考えていた。カール・ピアソンは長らく三十余名のイギリス人理論統計学者の上に立ち、二世代にわたる応用数学者たちの世界に中学校の校庭並みの反目や職業上のいじめを持ち込んだ。

カール・ピアソンは元来けんか好きで抑えがたい野心を持ち、いかめしくて決然とした人物で、物事に対してあいまいな態度を取ることはまれだったが、ベイズの法則は数少ない例外の一つだった。一様な事前確率や主観性に神経を尖らせていたのは事実だが、統計学者が使えそうなツールがほかにはほとんどなかったために、悲しげに「実際的な人間なら……よりよいツールが登場するまでは、ベイズ－ラプラス印の逆確率の結果を受け入れることになる」と結論した[22]。ケインズが一九二一年に『確率論』で述べたように、「科学者の目から見れば、これには未だに占星術や錬金術じみたところがあった」のだ。さらにその四年後にはアメリカの数学者ジュリアン・L・クーリッジもまた、「わたしたちはベイズの公式を、今のところ手に入る唯一のものとしてため息混じりに使う」と述べている[23]。

カール・ピアソンと同じ遺伝学者だったロナルド・エイルマー・フィッシャーは、やがてカール・ピアソンと統計学の覇権を争い、ベイズの法則に致命的ともいえる一撃を与えることになった。ベイズの物語をテレビのメロドラマに仕立てるにはわかりやすい悪党が必要だが、フィッシャーなら視聴者も満足することだろう。

風貌は悪党とはほど遠く、分厚い眼鏡をかけても一メートル先を見るのがやっとで、近づいてくる乗り合いバスの前から救け出される始末。服はしわくちゃもいいところで、家からはまるで浮浪者のようだと思われていた。そのうえ泳いでいるときもパイプをくわえたままで、会話に退屈すると、入れ歯をはずしておおっぴらに掃除をはじめることがあった。

フィッシャーはいかなる質問も自分への個人攻撃と取ったが、本人も、火のついたようなかんしゃくが破滅のもとになりかねないことに気づいていた。同僚のウィリアム・クラスカルは、フィッシャーの生涯は「科学を巡る戦いの連続で、科学者の会合や科学論文では、一度に複数の戦いを行うことも多かった[24]」と述べている。ベイズ派の理論家ジミー・サヴェッジは、基本的にフィッシャーの仕事ぶりを共感を持って見ていたが、「フィッシャーは、ときとして聖人でもなければ水に流せないような侮辱を表明することがあった。……………独創的で正しくて卓越していて有名で尊敬される存在になりたいと、誰よりも強く望んでいた。そして、かなりのレベルでこれらの願いをすべて成し遂げたが、決して心が安らぐことはなかった[25]」と述べている。フィッシャーがいらついていたのは、ひょっとすると一つには、統計を巡る多くの事柄で自分が正しかったからなのかもしれない。

フィッシャーが一六歳のときに、一家の事業が破綻した。奨学金を得てケンブリッジに進み、数学はクラスでいちばんだった。そして一九一一年にはケンブリッジ大学遺伝学協会を立ち上げて、その会長になった。さらに数年後には、カール・ピアソンが長年四苦八苦していた問題をたった一ページで解いて見せた。ピアソンはフィッシャーの解はたわごとだとして、自分が関わっている一流の学術雑誌『バイオメトリカ』に掲載することを拒んだ。以来この二人は、生涯反目し続けた。それでもフィッシャーは、先頭に立ってカール・ピアソンの業績の矛盾を正し、包括的で厳密な統計理論を打ち立てて統計学を数学的な方向へ導くとともに、反ベイズの道筋をつけたのだった。

二人がともに熱心な優生学者で、心身の能力が優れた男性や女性たちを注意深く増やせばイギリスの人口の質が上がって大英帝国がよりよいものになると信じていたことを考えると、激しやすいこの二人の敵対はいかにも印象的だ。フィッシャーは、農場で自給自足の生活をしている妻や八人の子供の生活を支えるために、当時物議を醸していたレオナルド・ダーウィンから資金援助を受けた。レオナルドはチャールズ・ダーウィンの息子で、優生学教育協会の名誉会長として、「劣ったタイプを抑止し、……男女を分離させ」て子供を産ませないようにすべきだと主張していた。[26] フィッシャーはダーウィンから金銭を援助してもらう代わりに、一九一四年から一九三四年にかけてダーウィンの雑誌に二〇〇本以上のレビューを書いた。

一九一九年当時は統計学や優生学を専攻してもほとんど就職口がなかったが、フィッシャーは、ローサムステッド農業試験場で化成肥料を分析する仕事に就くことができた。ほかの統計学の先駆者たちは、醸造所や綿糸工場、電灯工場や毛織物業界で働いていた。フィッシャーに課せられたのは、馬の堆肥や化学肥料や輪作や降雨や温度や収穫に関する大量のデータを分析する仕事だった。フィッシャーはこれを「肥やしの山を熊手で掻く」作業と呼んだ。[27]はじめのうちはフィッシャーも、カール・ピアソン同様ベイズの定理を使っていた。ところがローサムステッド試験場で午後のお茶を飲んでいるときに土壌学者たちから新たなタイプの実際的な問題を突きつけられると、この問題にすっかり魅了されて、実験を設計するよりよい方法を探しはじめた。

フィッシャーは長い時間をかけて、ランダム化の手法やサンプリング理論、有意性検定や最尤《さいゆう》推定、分散分析や実験計画法を作り出していった。フィッシャーのおかげで、それまで統計的な手法を無視してきた実験科学者たちも、プロジェクトを設計する際に統計的な手法を組み込むことができるようになった。フィッシャーは二〇世紀統計学の裁判官として、長々と続く議論をたった一言「ランダム化」という評決で締めくくることが多かった。一九二五年には、この新たな技法に関する画期的な手引書『研究者のための統計学的方法』を発表した。独創的な統計的処理を門外漢に詳しく説明したこの著書のおかげで、頻度主義は事実上の標準的統計手法となった。最初の手引書は二万部売れ、二冊目はフィッシャーが亡くなる一九六二年までに七回版を重ねた。さまざまな処置がもたらす効果を分離するためのフィッシャーの分散分析は、自然科学のもっとも重要なツールの一つになった。さらに、フィッシャーが考案した

有意性検定や p 値は、年を追うにつれて異論が出てはきたが、何百万回も使われることとなった。今では誰ひとりとして、フィッシャーが作り出した語彙抜きで統計――フィッシャーいうところの「観察されたデータへの数学の応用」――を論じることはできない。[28] フィッシャーの着想の多くは、当時の卓上計算機の能力が限られているために生じた計算上の問題を解決するためのものだった。統計学部ではじきに、フィッシャー流の計算が一段階終わるごとに機械式計算機が発するベルの音が鳴り響くようになった。

フィッシャー自身は超一流の遺伝学者となり、片手間に、数理統計学の研究を続けた。自宅は異種交配の実験をするために飼っている猫や犬や何千匹ものネズミで一杯で、一匹一匹の血統を何世代にもわたってたどることができた。ベイズやプライスやラプラスと違って、フィッシャーは、不十分な観察や矛盾する観察を直感や主観的な判断で補う必要がなかった。実験を行いさえすれば、あるひとつの疑問に数学的厳密さを持って答えることだけに集中した小規模なデータ・セットやサブ・セットを手に入れることができて、データに欠落があったり不確かさがあったりすることはめったになく、必要なら実験を比較することも、操作することも、繰り返すことも可能だった。分析対象となっている問題の性質上、フィッシャーは不確かなことのほとんどを、相対確率ではなく相対頻度で再定義することができたのだ。こうしてフィッシャーは、ラプラス自身が晩年に好んだ手法――頻度に基づくラプラスの理論――を結実させたのだった。

ローサムステッドで一五年を過ごしたフィッシャーは、まずユニバーシティー・カレッジ・ロンドンに移り、さらにケンブリッジ大学の遺伝学の教授となった。今日の統計学者たちはフィッシャーを二〇世紀のもっとも偉大な人物の一人と見ており、フィッシャーやカール・ピアソンの周囲には今も「神話的なオーラ」が漂っている。[29]ただし、フィッシャーを取り巻くオーラはいささかくすんでいて、たとえば農場で暮らす家族には不定期に最低限の生活費を渡すだけだったという。ある同僚は、「もしも……もしもRAF〔ロナルド・エイルマー・フィッシャーの頭文字〕がもっと良い人であったなら、より曖昧さの少ない謎めいたところのない人物であろうと努めて、個人的な恨みや野心に囚われなかったなら。そう思うと大いに悔やまれる。だがもしそうであったとしたら、そのすばらしい業績は存在しなかったかもしれない」と記している。[30]

フィッシャーはベイズの法則を激しく非難し、そんなものは「光も通さぬジャングル」であって、「誤り、おそらくは、数学界がこれほど深く関わってしまったただ一つの誤りだ」とした。[31]さらに、事前確率を等しいとすることは「とんでもない欺瞞」[32]だと主張し、「わたしには、逆確率の理論がまちがいの上に組み立てられており、丸ごと却下すべきだという確信がある」[33]と高らかに宣言した。学識豊かな統計学者のアンデルス・ハルトはやんわりと、「フィッシャーの傲慢な文体」[34]を嘆いている。フィッシャーの業績にはベイズに通じる要素がたくさんあったにもかかわらず、本人は何十年もベイズと戦い、ついにベイズを立派な統計学者にとってのタブーにした。しかも、常に口論を始めようという構えを崩さなかったから、反対意見を持つ人間がフィッシャーと議論をするのはかなり難しかった。ベイズ派だけでなくそれ以外の人々からも、フィッシャーは「絶対に敵と合意したくない一心で」自分の立場を決めることがある、といわれるほどだったのだ。[35]

フィッシャーとネイマン、二人の反ベイズの諍い

一九二〇年代から一九三〇年代にかけて、頻度に基づくサンプリング理論の専門家たちは、不確かなものを扱いつつ金も時間も節約するという流れに乗って、黄金時代を謳歌した。科学者たちはフィッシャーのおかげで、七面倒くさいベイズの事前の先入観や直感をどう処理しようかと悩むことなく、データをまとめて結論を出すことができるようになった。しかもフィッシャーが数学的な厳密さにこだわったおかげで、統計学は「本物の数学」とまではいかなくても、紛れもない数学の一研究分野――データに応用される数学――となったのだ。

カール・ピアソンとフィッシャーの諍いは次の世代に移り、今度はカール・ピアソンの息子のエゴンがフィッシャーの逆鱗に触れて、その犠牲者となった。エゴンは父と違って、慎ましいというよりも自分を表に出したがらない紳士だった。はじめのうちは、若かりしころの父やフィッシャー同様、よくベイズの法則を使っていた。そして一九二五年には、ベイズ－ラプラスの手法に関する研究としては、一七八〇年代のラプラス以降一九六〇年代まででもっとも広範な研究を発表した。一見気まぐれな一連の実験に事前確率を用いて、ナンバープレートがLXのタクシーがロンドンのタクシー全体に占める割合についての確率や、ユーストン・ロードで誰かがパイプを吸っている確率や、ガウアー・ストリートに馬に引かれた乗り物がいる確率、鹿毛の雌馬から栗毛の子馬が生まれる確率、子鹿のような斑点のあるハウンドが生まれる確率などを計算したのだ。しかしこれらの奇妙な実験には、あるまじめな目的があった。エゴンはあらゆるタイプの二項問題〔二つの事象のうちのどちらかがランダムに起きるような状況についての問題〕に目配りすることによって、そこから「さかのぼり」、二項問題を抱える誰もが使える「自然の事前確率」を探り出そうとしていた。そして、「自然の事前確率」を突きとめるにはもっとデータを集める必要がある、という結論に達したのだが、誰もそのあとに続こうとはしなかった。そこで今度はフィッシャーの業績をさらに数学的に厳密なものにしようと試み、その結果、フィッシャーや父ピアソンの逆鱗に触れることとなった。

エゴン・ピアソンは一九三三年にポーランドの数学者イェジ・ネイマンと手を組んで、仮説検定に関するネイマン－ピアソン理論を展開した。それまで統計学者たちは、仮説を一つずつ検定して、そのたびに、代案を考えることなく問題の仮説を受け入れるか棄却するかを決めていた。ところがエゴンは、統計的な仮説を棄却することが正当化されるのはより可能性が高い仮説を受け入れたときだけだと主張した。エゴンやネイマン、そしてフィッシャーが展開したこの理論は、二〇世紀の応用数学のなかでもっとも大きな影響力を持つ理論の一つとなった。それでもエゴンは、父ピアソンを否定することを恐れていた。そして一九二五年と二六年には、「KP〔カール・ピアソン〕とRAF〔ロナルド・エイルマー・フィッシャー〕」に対する恐怖」が引き金となって精神的な危機に陥った。「わたしはKPがまちがっている可能性に気づくという辛い段階に突入した……そして、次の三つの相反する感情に引き裂かれた。(a) RAFは理解しがたい人物だという発見と、(b)わが父なる「神」を攻撃するRAFへの憎悪と、(c)少なくともいくつかの点ではRAFが正しいという認識である」[36]エゴンは父の怒りを鎮めるために、一度は意中の女性をあきらめ、何年も経ってからようやく結婚にこぎつけたという。さらに父の雑誌「バイオメトリカ」に投稿するのをひどく恐れ、一九三六年にネイマンとともに「統計研究紀要」という雑誌を刊行すると、一九三八年にカール・ピアソンが死ぬまでこの雑誌を続けた。

フィッシャーとエゴン・ピアソンとネイマンは、長年にわたり強力な統計技法を多数開発していった。そしてフィッシャーとネイマンは、熱心な反ベイズ派となった。彼らは理論的に何度でも繰り返せる出来事だけを統計の対象とした。さらに、サンプルだけが唯一の情報源であり、新たに得られたデータ・セットはそれぞれ別の問題と見るべきで、統計的に十分有意な結論が得られるくらいデータが強力であればそれを採用すべきだが、そうでなければ破棄すべきだと論じた。二人は反ベイズ派として、主観的な事前確率を使うことは禁じるが、事前確率がわかっている場合はベイズの定理を使ってもよいとした。困難や議論が生じるのは事前確率がわからない場合で、ネイマンなどは、事前確率が均等だとするベイズの近道は「容認できない」といっておおっぴらに非難した。[37]

そのうえベイズ派と頻度主義者の手法には哲学上の大きな違いがあった。頻度主義者が原因となりうるものに関して十分な知識が与えられているという前提の元でデータ・セットの確率を求めるのに対して、ベイズ派は、データを踏まえて原因に関するよりよい知識を得ることができた。そのうえベイズ派は、明日雨が降る確率といった単発的な出来事の確率を考えることができた。主観的な情報はすべて事前確率に集約して、新たな情報を用いて最初の直感を更新する。そして、ほんのわずかでも答えを変える可能性があるということで、入手可能なすべてのデータを取り込むのである。

ところがやがてフィッシャーとネイマンも袂を分かち、この二人の間でも三〇年にわたる激しい諍いがはじまった。検定に対する二人の見地はまるで異なっており、それが激しい争いの種となった。もっともネイマンによると、この論争は、フィッシャーがネイマンに自分の本だけを使って講義するよう求めたことからはじまったという。ネイマンがいやだというと、フィッシャーは「全力を尽くして」君に反対すると断言した。

一九三四年三月二八日にロイヤル・ソサエティーで開かれた会合では、いつも通りあとで公表するために秘書がすべてのやりとりを正確に記録していた。ネイマンは、フィッシャーが実験を設計する技法として編み出したラテン方格に偏りがあるという論文を提出した。するとフィッシャーはすぐに黒板に歩み寄ってラテン方格を描き、簡単な論拠を示してネイマンのまちがいを指摘した。それにしても、フィッシャーの態度は失礼きわまりなかった。皮肉めかして「ネイマン博士の論文は、著者の完全に精通しているテーマを取り上げたものなので、権威を持って語られるものと期待していたのだが……博士はトピックの選択において、いささか賢さに欠けておられましたな」しかも、そこで止めずに、さらに先を続けた。「ネイマン博士が到達された、というか、到達されたとお考えだった〔ことは〕……理論的にまちがっているだけでなく……〔博士は〕ひじょうに単純な議論をも把握おできにならないように見受けられる……いったいどういうわけで、博士はかくも単純な問題において、ご自身の抽象表現に欺かれるようなことになったのでしょうなあ……」[38]

ネイマン陣営とフィッシャーの追随者たちとの諍《いさか》いは、一九三六年には学界全体が注目する事件になっていた。両陣営はユニバーシティー・カレッジ・ロンドンの同じ建物の別のフロアに陣取っていたが、決して交わることはなかった。ネイマンのグループはコモンルームで三時半から四時一五分まで紅茶を飲み、フィッシャーのグループはそのあとで中国茶をすすった。この二つの陣営は、じつに些細なことでもめた。統計学部の建物には飲み水がなく、日が落ちると黒板が読めなくなるくらい電灯が暗かった。そのうえ暖房もお粗末で、冬になると建物のなかでもオーバーを着なければならないほどだった。

両方のグループに縁があったジョージ・ボックス（エゴン・ピアソンに師事し、ベイズ派になり、フィッシャーの娘と結婚した）によると、フィッシャーとネイマンは「ひじょうに意地悪にもなれれば、ひじょうに寛大にもなれた」ネイマンが意思決定に関心を示していたのに対して、フィッシャーは科学的な推定のほうに興味があったから、両者の方法論もその応用例の種類も異なっていた。双方ともに自分が扱っている問題にとって最良のことを行っていたにもかかわらず、どちらも相手のしていることを理解しようとしなかった。当時の統計学界で有名だったなぞなぞに、この状況が端的に表れている。曰く、「統計学者の集団を表す集合名詞は何か」。答えは「口論」。[39]

ネイマンは、第二次大戦の直前にカリフォルニア大学バークレー校に移り、ここを反ベイズ派の拠点に変えた。検定に関するネイマン－ピアソン理論はバークレー学派の栄光であり象徴だった。ちなみにバークレー校にその名を残すバークレー司教は解析学にも数学者にも不満だったというから、まるで冗談のような話だ。

確率論の黄金時代は、すでにベイズへの憎しみという一点で結ばれた二つの頻度主義陣営による二方面からの攻撃の時代へと変わっていた。この激しい動乱のなかで数理統計学の指導者たちが思慮深い対話を行おうとしなかったために、ベイズの法則の展開は何十年も遅れることになった。統計学界の内輪もめに絡め取られ、挫折して軽んじられた法則は、自力で道を見つけるほかなかった。

ベイズの法則が復活の兆しを見せた領域

ベイズの法則は頻度主義者の攻撃を受けてすっかり弱っていたが、それでもその復活を示す最初のかすかな光がそこここで瞬きはじめていた。三つの国の三人の人物が別々にすばらしい思索を重ねた結果、ベイズについて同じ結論に達したのである。知識というのはじつに主観的なものだが、賭けを用いると知識を数値で表すことができる。賭け金の大きさを見れば、その人がその事柄をどのくらい信じているかがわかるのだ。

フランスの数学者エミール・ボレルは一九二四年に、人が賭けてもいいと思う額で主観的信念の度合いを測ることができるという結論に達した。ボレルは確率を数学的に理論化することよりも、保険や生物学や農業や物理学などの現実の問題に応用することのほうがはるかに重要だと主張した。ボレル自身は合理的な振る舞いが存在すると信じ、その教えを生きる指針にしていた。そしてマリー・キューリーが別の科学者と不倫しているらしいという醜聞の渦中にあったときに、キューリー夫人や娘たちをかくまった。これに対してときの公共教育大臣は、数学および科学で一流とされていた高等師範学校《エコール・ノルマル・スーペリウール》の教授職を解くといってボレルを脅した。[40] ボレルは二つの大戦の間にフランス下院議会の議員を務め、海軍の大臣にもなって、研究や教育を巡る国の政策を指揮した。また、第二次大戦中は親ナチ派のヴィシー政府によってしばし獄に下ったものの、のちにはレジスタンス・メダルをもらっている。

ボレルより二年遅く、イギリスの若き数学者にして哲学者のフランク・P・ラムゼイが同じことを主張した。ラムゼイは、不確かさに直面したときにどのように意思を決定すべきなのかを考え、一九二六年にケンブリッジ大学のモラル・サイエンス・クラブで行った学生向けの非公式な講演で、確率は個人的な信念に基づくもので、その強さを賭け金の額で測ることができると論じた。このような極端な主観性はすでにJ・S・ミルをはじめとする思想家によって徹底的に叩かれ、ミルなどは、主観的な確率は無知の憎むべき数量化だといって非難していたのだが……。

ラムゼイは一九三〇年に黄疸の手術を受け、その直後に二六歳で他界したが、学者としての短い活動期間に経済や論理や哲学でも業績を残しており、不確かさについて述べるときには検定や手順ではなく確率を用いるべきだと考えていた。そして、行動の基礎となる信念の尺度について論じ、効用関数や期待効用の最大化を導入して、不確かさに直面した場合にどう行動すべきかを示した。ちなみにベイズやラプラスは、意思決定や行動の世界に踏み込んでいない。ラムゼイがイギリスのケンブリッジ大学で研究を行っていたことを考えると、もしもラムゼイがもっと長生きしていたなら、ベイズの法則の歴史は今とまるで違ったものになっていた可能性がある。

ボレルやラムゼイとほぼ同じころ、イタリアの保険数理士で数学の教授でもあるブルーノ・デ・フィネッティもまた、競馬における主観的な信念を数値で表すことが可能だと主張していた。デ・フィネッティはこれを「推察の技」と呼んだ。[41] ところがデ・フィネッティは、最初の重要な論文をパリで発表する羽目に陥った。というのも、当時イタリアでもっとも有力だった統計学者コッラード・ジニが、デ・フィネッティの主張の論拠は弱すぎると見たからだった（ジニのためにいっておくと、デ・フィネッティは同僚に、ジニの「目は悪意に満ちている」ことがわかった、と述べている）。[42]二〇世紀イタリアのもっとも優れた数学者とされるデ・フィネッティは、金融経済に関する論文を書き、ベイズの主観性を堅固な数学的基礎の上に据えた人物とされている。

ところが確率の専門家たちですら、この主観的な賭けの奔流には気づかなかった。なぜなら、一つには一九二〇年代および一九三〇年代にはフィッシャー、エゴン・ピアソン、ネイマンの反ベイズ三人組が衆目を集めていたからで、さらにラムゼイやボレルやデ・フィネッティが英語圏の統計学者の共同体の外で仕事をしていたこともマイナスの要因になった。

これとは別にもう一人、アメリカ司法制度の片隅にひっそりとベイズ派の避難所を作った人物がいた。実父の確定に関する法律では、問題の男性がその子供の父親かどうかが問われる。さらに、かりに父親だったとして、どれくらいの養育費を払うべきかが問題だ。スウェーデンの遺伝学および精神医学の教授エリック・エッセン・メラーは一九三八年に、数学的にはベイズの定理に相当するある確率指標を開発した。以来DNAの分析表が入手できるようになるまでの五〇年間、アメリカの弁護士たちは、ベイズがその起源であるとは知らずにエッセン・メラー指標を使い続けた。また、アメリカ統一親子関係法ではベイズが国の立法モデルにまでなった。父権に関する問題を扱う弁護士たちが、問題の男性が潔白である可能性は半々だという前提からはじめたため、エッセン・メラー自身は「母親は偽物の父親より本物の父親に認知を求めることが多い」[43]と信じていたにもかかわらず、この指標は父親の責任逃れに荷担することとなった。ベイズの法則に基づいた実父推定法は、移民や相続に関する事例やレイプの結果生まれた子供の事例でも使われてきたが、今ではDNAの分析によって、○・九九九以上の確率で父親かどうかを確認できるようになっている。

一九三六年には、さらにもう一人の部外者――ボルチモアのジョンズ・ホプキンス大学で医学を研究するローウェル・J・リードが、頻度主義の欠点とベイズの有用性を見事浮き彫りにしてみせた。生物統計学部に所属していたリードは、X線をどれくらい照射すれば患者に害を及ぼすことなくがん性潰瘍を叩けるのかを知りたかった。しかしX線の正確な曝露記録は皆無で、低線量がどのような影響を及ぼすのかもわかっていなかった。ふつうなら、ミバエや原虫やバクテリアで試験を繰り返して頻度法を用いるところだが、人間への照射量を確認するには高価なほ乳類を使う必要があった。ところがベイズの法則を使うとわりと少ない数――正確には二七匹の猫を犠牲にしただけで、人間のがん患者への治療効果がもっとも高い照射量を突きとめることができた。しかしリードは統計の主流からは遠いところで仕事をしていて、ベイズをそうしょっちゅう使うわけでもなかったから、統計学の世界への影響はごく限られたものとなった。ラムゼイやボレルやデ・フィネッティやエッセン－メラーの業績ですら、その重要性が認識されるまでには何十年も待たねばならなかったのだ。

フィッシャーの友人となったベイズ派、ジェフリーズ

一九三〇年代から一九四〇年代にかけて、ベイズの法則を反ベイズ派の猛攻からほぼ独力で守り抜いたのは、地球物理学者のハロルド・ジェフリーズだった。ケンブリッジ大学の学生はよく冗談半分に、「うちの大学には世界に冠たる統計学者が二人いる。でも一人は天文学の教授で、もう一人は遺伝学の教授なんだけどね」といっていた。遺伝学者とはフィッシャーのことで、ジェフリーズは地震や津波や潮汐を研究する地球物理学者だった。本人曰く、「地球は惑星だから」天文学部の教授に適任だった。[44]

ベイズの法則に関しては、ジェフリーズとフィッシャーの意見はどこまでも平行線をたどったが、それでも二人が友達になれたのは、ジェフリーズの物静かで穏やかな性格のおかげだった。ジェフリーズによると、フィッシャーに「二人の意見はたいていのことで一致しているし、一致しないときは双方ともに確信がないと話したことがあって、それ以来フィッシャーとはいい友達になった」という。[45]たとえばジェフリーズは、フィッシャーの最尤法《さいゆうほう》は基本的にベイズ的だと考えていた。そして、サンプルの規模が大きければ事前確率は問題にならず、どちらの技法でもほぼ同じ結果が得ら

れることから、しばしば最尤法を使った。だが、データの量が少ないと話は違ってくる。実際、のちにほかの研究者たちが、ジェフリーズの有意性検定の結果とフィッシャーの有意性検定の結果が桁違いになる場合があるという衝撃的な事実を明らかにしている。

ベイズの法則に関する見解はさておき、ジェフリーズとフィッシャーには共通点が多かった。二人とも、統計データを巧みに扱う実践的な科学者だった。どちらも、数学者でもなければ統計学者でもなかった。ともにケンブリッジで教育を受け、特にジェフリーズは一度としてケンブリッジを離れず、どの教授より長く、じつに七五年間もフェローを務めた。二人とも決して外向的ではなく、どちらの講義もひどいもので、弱々しいその声は前から数列目までしか届かなかった。ある学生が勘定したところ、ジェフリーズは講義のときに五分間で七一回「えーっと」といったという。そしてどちらも、その業績に対して勲章をもらった。

私生活に関しては、ジェフリーズのほうが豊かだった。四九歳のときに、長年研究で協力関係にあった数学者のバーサ・スワールズと結婚した。二人は第二次大戦中に防空警備員として徹夜の見張りをしながら、記念碑的な著作である『数理物理学の方法』の校正を行った。ジェフリーズは、推理小説の矛盾がある箇所に印をつけるのが好きで、合唱団ではテナーを歌い、植物を採取し、歩き、旅をし、九一歳になるまで自転車で通勤した。

　ジェフリーズはラプラスのように地球や惑星の成り立ちを調べて、そこから太陽系の起源を解明しようとした。統計に手を染めることになったのは、地震の波が地球のなかを進む様子に興味を持ったからだった。大規模な地震では地震波が起きて、この波が何千マイルも離れたところで観測される。これらの波がさまざまな観測所に到達した時間を調べれば、逆行して地震の震央と思われる場所を突きとめ、そこから地球の組成を予測することができる。これは、原因の逆確率の古典的な問題だった。ジェフリーズは一九二六年に、地球の中心核は液体で、たぶん溶けた鉄からなっており、そこにわずかにニッケルが混じっているはずだと推断した。

　ある歴史家がいうように、「かくも曖昧で間接的なデータからここまでたくさんの注目すべき推論が生まれる分野は、おそらくほかになかった[46]」何らかの兆候が得られたとしても往々にしてその解釈は難しく、使われている地震計にもばらつきがあった。地震はまったく条件の異なる遠く離れた場所で起きることが多く、再現不可能といってよい。ジェフリーズの結論に影響を及ぼす不確定要素の数は、厳密で反復可能な問いに答えるために設計されたフィッシャーの繁殖実験の不確定要素の数と比べものにならなかった。ラプラス同様ジェフリーズも、生涯にわたって、従来の観察を新たな結果に照らして更新する作業を続けた。「怪しいところがある主張は……科学のもっとも興味深い部分を構成している。科学のすべての進歩に、完璧な無知からはじまって証拠に基づく部分的な知識がしだいに確実になるという段階を経て事実上確実といえる段階に至る変遷が含まれている」のだ。[47]

ジェフリーズは、研究室で足首まで紙に埋もれて研究を続けながら、『地球――その起源と歴史と物理的な組成』という著書をまとめた。この著書は、一九六〇年代にプレート・テクトニクスが発見されるまで、地球の構造に関する標準的な著作だった（残念ながら、ベイズの法則を守り抜いたこのヒーローは、七八歳になる一九七〇年まで大陸漂流という着想に反対し続けた。なぜなら、かりに大陸が漂流しているとすると、大陸は自力でねばねばした液体を押し分けていることになるが、そんなことはあり得ないと考えたからだ）。

ジェフリーズは地震や津波を分析するなかで、科学に応用できる客観的な形のベイズの法則を作り、事前確率を選ぶための公式のルールを編み出した。ジェフリーズにいわせれば、「一連の著者たちは、より満足のいく形の事前確率があるかどうかを見極めようともせずに、事前確率はナンセンスであって、それ抜きでは機能しない逆確率の原理もナンセンスだといってきた」のだった。[48]

ジェフリーズは、確率を使えば科学法則のような一見確かに思えるものをも含むあらゆる不確かさを扱うことができると考えていたが、頻度主義者たちは、確率で扱えるのは通常理論的に反復可能なデータと結びついた不確かさに限られると考えていた。統計学者のデニス・リンドレーが記しているように、ジェフリーズなら「温室効果が存在するか否かの確率もありうると認めたはずだが、たいていの〔頻度主義の〕統計学者たちはそんなものは認めず、あくまでもCO^2やオゾンや海の高さなどのデータの確率しか考えなかったはず」だった[49]。

ジェフリーズがとりわけ頭を悩ませたのは、フィッシャーが不確かさの尺度とするp値と有意水準だった。p値とは、確率を用いたデータに関する言明で、仮説の検定を行うときに使われる。フィッシャーがこの概念を作ったのは、膨大な農業データを処理するためだった。何を捨て去り、何を保管し、何を追跡調査すべきかを即座に決める手段が必要だったのだ。二つの仮説を比べることによって、籾殻を捨てて小麦を残すように、有用なほうを選ぶことができたのである。

厳密にいうと、研究室で働く人々はp値を使うことで、実験で得られた結果からある仮説を反証する統計的に有意な証拠が得られたと言明できる。ただし、そういえるのは、（その仮説の下で）その結果（あるいは、もっと極端な結果）が偶然のみによって起きた確率〔＝p値〕がきわめて小さい場合に限られる。

ジェフリーズは、起きる可能性はあっても実際に起きていない結果についてあれこれ考えている頻度主義者たちを見て、じつに妙な話だと思った。自分だったら、地震で起きた津波の到達時間に関する情報に基づいて、特定の地震の震央に関する自分の仮説が正しい確率がどれくらいになるのかを知りたいと思うだろうに……。なぜ結果でありえたが実際には起きていない事柄を拠り所にして、仮説を捨て去る必要があるのか。一つの実験を何度でもランダムに繰り返す――というか、繰り返せる研究者はまれで、これを批判して「架空の反復」と呼ぶ者もいるくらいだった。ベイズ派にとって、データはあくまでも固定された証拠であって変わるはずがなかった。それに、どこからどう考えてもジェフリーズが特定の地震を繰り返すことは不可能だ。しかもp値はデータに関する言明であって、ジェフリーズが知りたいのは、データを前提とした仮説の正しさに関する言明なのだ。かくしてジェフリーズは、観察されたデータだけに基づき、その仮説が正しい確率をベイズの法則を用いて計算すべきだ、と提唱することになった。

ジェフリーズが指摘したように、ニュートンが重力の法則を導き出したのは、ラプラスが木星と土星の八七七年周期を発見して重力の法則を証明する一〇〇〇年も前のことだった。ということは、「重力の法則はその歴史を通して、近代の有意性検定に基づき〔重力に関する〕法則全体が退けられ、法則自体が消滅するという危険にさらされ続けてきた」のである。[50]

ところがベイズの法則を使うと、「何百年も批判に耐えてきた法則を部分的に修正することができて、そのためその法則の創始者や追随者たちを無能な大馬鹿者呼ばわりしなくてすむ」[51]。

ジェフリーズは、p値は基本的にゆがんだ科学であると結論した。そして頻度主義者は「どうやら観察というものを仮定を棄却するための基盤と見なしており、決して仮説を支えるための基盤としては見ていない」と文句をいった[52]。確かに、フィッシャーの方法によって退けられた仮説のなかに、調べてみる価値があったり、実際に正しかった仮説が含まれていた可能性は否定できない。

頻度主義者がある明確な仮説を検定して、たとえばp値として〇・〇四という値を得たとすると、その仮説を棄却する有意な証拠が得られたと見ることができる。ところがベイズ派の人々は、たとえp値が〇・〇一だったとしても（頻度主義者の多くは、仮説がまちがっていることを示すきわめて強い証拠と見なすだろうが）、その仮説が正しいというオッズがそれでも一〇〇に一つはあると見る。デューク大学のベイズ派の理論家ジム・バーガーがいうように、「別に驚天動地の事態ではない」。p値は今もベイズ派の人々をいらだたせており、ジョンズ・ホプキンス大学医学部の著名なベイズ派生物統計学者スティーブン・N・グッドマンは一九九九年に、「p値は、およそまともなものとはいいがたい。わたしは学生に、p値による検定をする気など起こさぬよう命じている」[53]と苦言を呈している。

フィッシャーが、ラプラスの頻度に基づく手法を科学者が使えるものにしようとしたのに対して、ジェフリーズは、ラプラスが編み出した原因の確率を科学者が使える実践的なものにしようとした。二人の違いは、フィッシャーがベイズという言葉を侮辱に使ったのに対して、ジェフリーズがベイズを確率論におけるピタゴラスの定理と呼んだことだった。こうしてジェフリーズは、ラプラスに続いて正式のベイズ理論を科学のさまざまな重要問題に応用した人物として、近代的なベイズ統計学の創始者となった。

ジェフリーズ対フィッシャー——またもベイズ派が負ける

ここに、統計学における戦いの火ぶたが切って落とされた。ほかのことではごく親しいケンブリッジの二人の教授、ジェフリーズとフィッシャーは、ロイヤル・ソサエティーの「紀要」で二年にわたり論戦を展開した。ジェフリーズは引っ込み思案で無口だったが、確信があるときには、穏やかながらも情け容赦なく足場を固めていった。フィッシャーは、いつも通り「火山のようで偏執的な」フィッシャーだった。[54] どちらも優れた科学者にして当代一の統計学者であり、自分の専門分野にもっとも適した手法を使っていた。それなのに、どちらも相手の論点を理解できなかった。二人は大昔の剣闘士さながらに、熱のこもった論文を相手に叩きつけ、批判し、公式に回答し、反駁を精査し、明快に説明し続けた。このためついにお手上げになったロイヤル・ソサエティーの編集者たちは、二人の戦士に矛を収めるよう命じた。

この大論争が終わると、ジェフリーズは記念碑的な著書『確率の理論』をまとめた。一九三九年に刊行されたこの著書は、その後長らくベイズの法則を科学の問題にどう応用するかを体系的に説明した唯一の著作であり続けた。フィッシャーはおおっぴらに、ジェフリーズは「最初のページで論理的に誤りを犯しており、そのせいで著書に載っている三九五の式すべてがまちがっている」[55]と文句をつけた。むろんフィッシャーがいうまちがいとは、ベイズの定理を使ったことだった。リンドレーはジェフリーズの本について手短に「デ・フィネッティは理論の達人で、フィッシャーは実践の達人だが、ジェフリーズは両方に秀でている」と述べている[56]。

フィッシャー－ジェフリーズ論争は結論が出ぬまま幕引きとなったが、実際にはジェフリーズの負けだった。なぜならその後一〇年にわたってさまざまな理由から、頻度主義がほぼ完璧にベイズの法則と原因の逆確率を覆い隠してしまったからだ。

第一に、フィッシャーは大衆を説得するのがうまかったが、穏やかなジェフリーズはあまり上手でなく、ジェフリーズに理があるときでもフィッシャーは論戦に勝てる、という冗談がささやかれたほどだった。もう一つ、一九三〇年代の社会科学者や統計学者が求めていたのが学問としての信頼性を確立するための客観的手法だった、という状況も影響していた。さらに大きかったのが、量子論を展開していた物理学者たちが、実験データに基づいて原子核の電子雲が存在する可能性のもっとも高い位置を突きとめる際に頻度主義の手法を使っていたことだった。量子力学は今風で新しかったが、ベイズは古ぼけた時代遅れの代物だったのだ。

しかもフィッシャーの技法は、数学を最小限に留めた一般受けするスタイルで書かれており、ジェフリーズの技法より使いやすかった。生物学者や心理学者は、フィッシャーの手引書を使って得られた結果が統計的に有意かどうかを簡単に判断することができた。これに対してジェフリーズのかなり理解しづらい数学的アプローチを使おうとすると、仮説がまちがっているとする証拠の強さを、微妙な違いのある五つのカテゴリー――「少しも言及する価値もないもの」か、そこそこのものか、強いか、とても強いか、決定的か――のなかから一つ選ばなければならなかった[57]。そのうえ、いかにも慎ましやかなジェフリーズがやりそうなことなのだが、これら五つの分類法は著作の補遺Bに押し込まれていた。

最後に、そしてもっとも重要だったのが、ジェフリーズが統計を使って未来の行動の指針を得ることではなく、科学的な証拠から推論を行うことに関心を持っていたという点だ。第二次大戦や冷戦の最中に数理統計学が台頭するうえできわめて大きな役割を担った意思決定の問題は、ジェフリーズにとって重要ではなかった。意思決定の問題は他の統計学者にとっても大きな分岐点となっていて、たとえばフィッシャーとネイマンの長きにわたる諍いもまた、意思決定理論が大きな原因だった。

　これらの要素が重なって、ジェフリーズは統計の理論家たちからほぼ完璧に孤立することになった。フィッシャーとは、統計を科学に応用することに関心があるという点でつながっていた。ラムゼイのことは知っていたので、死の床についたラムゼイを病院に見舞ったが、二人とも、相手が確率論を研究していることは知らなかった。どのみちジェフリーズが科学的な推論に関心を持っていたのに対して、ラムゼイは意思決定に関心を持っていたのだが。ジェフリーズとデ・フィネッティはどちらも一九三〇年代によく似た確率のテーマを取り上げていたにもかかわらず、ジェフリーズがこのイタリア人の名前を知ったのは五〇年後のことだった。もっとも、かりに名前を知っていたとしても、ジェフリーズはデ・フィネッティの主観性をきっぱりと退けたにちがいない。かくしてほとんどの統計学者が、ジェフリーズの確率論の著作を顧みぬまま、長い時間が過ぎた。ジェフリーズ曰く「彼らは頻度理論ですっかり満足していた」のである。[58] ジェフリーズは王立統計協会からメダルをもらったが、協会の会合にはいっさい参加しなかった。地球物理学者たちは確率論でのジェフリーズの業績を知らず、驚いた地質学者が、リンドレーに次のように尋ねたことがあるという。「あなたのおっしゃっているジェフリーズと、わたしのいっているジェフリーズが同じだと、そうおっしゃるんですか？」[59]

一九三〇年には、ジェフリーズはまさに荒野に呼ばわる者――孤独そのものだった。ほとんどの統計学者が、反ベイズ三人組の開発したさまざまな強力なアイデアを使っていた。ジェフリーズの偉大な著書『確率の理論』は統計学の本としてではなく、物理学のシリーズものの一冊として刊行された。しかもこの著書が世に出たのは世界が平和だった最後の年、第二次大戦――はベイズの法則に新たなチャンスをもたらすことになる――開戦の直前だった。

第2部

第二次大戦時代

第4章　ベイズ、戦争の英雄となる　一九三九年〜一九五四年

ベイズの法則でドイツの暗号を解読したイギリスの数学者チューリングを待っていたのは、あまりにむごい運命だった。

なんとしても答えを出さなければならない問題

一九三九年の時点では、ベイズの法則は事実上タブーで、事情に詳しい統計学者にいわせれば死に絶えたも同然だった。しかし、一つ気がかりな問題が残っていた。戦時下の指導者たちが、完全な情報が得られるのを待たずに素早く最良の形で人の生死に関わる意思決定を行うにはどうすればよいのか。先の見えない日々が続くなか、何人かの偉大な数学者がごく秘密裏にベイズの定理の役割を見直すことになった。

ドイツ軍の暗号エニグマを解読せよ

ウィンストン・チャーチルは第二次大戦を振り返り、あの戦争で心底恐ろしかった

のは、ユーボートがもたらした危機だけだったと述べている。イギリスが自前で調達できたのは石炭くらいのもので、食料自給率は三〇パーセント台。このため一九四〇年にフランスが陥落してヨーロッパ大陸の工場や農場がドイツの支配下に入ると、非武装の商船がアメリカやカナダやアフリカ、さらにはロシアから年間三〇〇〇万トンの食料をイギリスへと運ばねばならなくなった。イギリスに物資を供給するためのいわゆる「大西洋戦」では、ドイツのユーボートによって二七八〇隻の連合軍側の船が撃沈され、五万人を超す商船員が命を落とした。チャーチル首相にとって、戦争が続くかぎり、自国民に食料や必要物資を供給することが最大の課題だった。

ヒットラーの言葉は簡潔だった。「ユーボートで戦いに勝つ」[1]

ユーボートの作戦は、ドイツ占領下のフランスに置かれた本部によって厳しく管理されていた。各潜水艦は命令を受けることなく海に出て、大西洋沖で無線による指令を受け取る。このため暗号化された電信メッセージの奔流がユーボートとフランスの間を果てしなく行き交った（実際、今も四万九〇〇〇通を超えるメッセージが保管されている）。イギリスにすれば、何としてもユーボートの所在を突きとめたかったが、メッセージを判読することは不可能だった。どのメッセージもすべて文字をごちゃ混ぜにする機械で暗号化されており、ドイツおよびイギリスの誰ひとりとして、この暗号が解読できるとは思わなかった。

おもしろいことに、ひょっとすると解読できるかもしれないと最初に考えたのは、ポーランド人だった。ドイツとロシアに挟まれたポーランドでは、第二次大戦がはじまる一〇年も前に、数人の情報将校たちが、強欲な隣人たちの会話を盗聴して数学をうまく使えば情報を得られそうだということに気づいていた。ドイツにすれば、第一次大戦の経験からいって、何が何でも機械を使って無線メッセージを暗号化する必要があった。そこで一九二三年の国際見本市でアルファベットをスクランブルする機械が紹介されると、その機械を買い入れてさらに複雑にし、より安全な暗号を作った。そしてその装置に謎《エニグマ》という名前をつけた。

エニグマは、その名の通り「謎」だった。ポーランド人たちは、ドイツ軍のメッセージを解読しようと三年間がんばったあげく、ようやく自動暗号作成装置の登場によって暗号学が一変していたことに気がついた。秘密のメッセージを暗号化したり解読したりする科学は、すでに数学者たちのゲームとなっていたのだ。ポーランドの秘密機関は、ドイツ語が話せる数学科学生を対象とした極秘の暗号学教室を立ち上げた。その花形学生となったのがマリアン・レイェフスキという保険数学者で、レイェフスキは、変換に関する新たな数学——群論——とすばらしい推察を駆使して決定的な事実を発見した。エニグマのホイールの配線を突きとめたのである。こうして一九三八年初頭には、ドイツの陸・空軍が発するメッセージの七五パーセントを解読できるようになった。翌年、ドイツ軍の侵攻がはじまる直前に、ポーランド人たちはフランスとイギリスの諜報員をワルシャワ郊外のピリの森にあるアジトに招き、自分たちのシステムを公開して最新の機械をロンドンに送った。

エニグマは、一見複雑なタイプライターのような形で、通常の二六文字分のキーボードと、さらにもう一組、二六個の文字が書かれたライトがならんでいる。タイピストが文字のキーを一つ押すと、三枚のホイールを通して電流が流れ、いずれかのホイールが一刻みだけ前に進む。それと同時にランプボード上の暗号化された文字が点灯するので、助手がこの文字を読み上げて、得られた無秩序な文字をもう一人の助手がモールス信号で打電する。メッセージを受けた側はこの手順を逆にたどることになり、暗号を受けた人物がエニグマのキーボードに暗号化された文字を打ち込むと、ランプボードにもともとのメッセージが浮かび上がるというしかけだった。エニグマのオペレータは配線やホイールや出発点などを変えて、何兆もの組み合わせを作ることができた。

ドイツ側は、軍の意思伝達の標準手段となる装置をどんどん複雑にしていった。そして約四万個の軍用エニグマを、ドイツ陸軍、海軍、空軍、予備役、最高司令部、さらにはスペインやイタリアの国粋主義勢力やイタリアの海軍にばらまいた。一九三九年九月一日にドイツ軍がポーランドに侵入する際に猛スピードで電撃作戦を展開できたのも、充電器つきエニグマのおかげだった。エニグマを装備した指令車両に将校が乗り込んで、援護射撃や飛行機による急降下爆撃や戦車の動きを調整するという前代未聞の作戦を取ったのだ。ドイツの軍艦のほとんどが――なかでも戦艦や掃海艇や補給船や気象通報船やユーボートは全艇が――エニグマを装備していた。

ドイツの軍用コードを解読するという使命を課せられたイギリス諜報部は、ポーランド人たちと違って、暗号の解読は言語に長けた紳士の仕事であるという伝統にすがることにした。そして政府暗号学校（GC&CS）は、数学者ではなく美術史家や古代ギリシャ語や中世ドイツ語の学者やクロスワードパズルの制作者やチェス選手を雇い入れた。当時数学者たちは、「奇妙な連中[2]」と見なされていたのだ。

数学者に活躍の出番が回ってくるまで

イギリス政府の見解でも教育制度においても、応用数学や統計は概して実際的な問題とは関係がないとされていた。また、寄宿舎で暮らす裕福な家の息子たちは、階級が低い人々が携わるべきものとされた科学や工学ではなく、ギリシャ語やラテン語を学んでいた。それに、イギリスにはMITやエコール・ポリテクニークのようなエリートのための工学学校も存在しなかった。開戦から二年が経って、政府の役人たちが数学や現代言語に堪能な人々を雇うべくオクスフォード大学に乗り込んでみると、そこにはドイツ語を自学自習しはじめた数学科の学部生が一人いるだけだった。政府は数学者の兵役を免除することすら考えていなかったのだ。しかし数学者たちは必ず自分たちの出番が来ると確信しており、物理学者は国防に欠かせないということになっているから政府には物理学者だと届けておけ、とこっそり同僚に耳打ちしていた。

イギリス政府が統計データなんぞは退屈で些細なものだと見なしていたために、この非常事態は一段と深刻になった。巨大小売業者のウールトン卿〔ジョン・ルイスという有名なデパート・チェーンの経営者〕は一九三九年の宣戦布告の数カ月前に、兵士の制服を準備するよう政府に依頼された。ところが驚いたことに、卿は「陸軍省には参考になる統計資料がまったく存在しなかったので……制服が何着、軍靴が何足必要かという数値を弾き出すのにひどい苦労を強いられた」という[3]。農務省は、第二次大戦は科学とは無縁な戦いであってこれ以上のデータは不要だと考え、イギリスの食料や木材の供給を増やすのに必要な肥料に関する研究をないがしろにしていた。しかも官吏たちは、数学を実際の生活に応用するのはごく簡単だと思っていたらしく、軍需省は新たなロケットの性能を評価する必要が生じると、ある役人に「統計を学ぶために」一週間の猶予を与えたという[4]。

確率の専門家も不足していた。少数のエリートにとっては、一九三〇年代は統計の言語である確率論の黄金時代だったのだが、大半の数学者は、確率は社会科学者のための算術だと考えていた。イギリスの数学の中心であるケンブリッジ大学における確率論は、停滞していた。もっとも近代数学や量子力学を牽引していたドイツにも、統計学者はほとんどいなかった。しかも確率論に関する二〇世紀最大の思索家の一人とされるヴォルフガング・ドゥブリンは、一九四〇年六月にフランスがドイツに降伏した時点で、二五歳の一フランス軍兵士として懸命に戦っていた。父はゲシュタポに追われており、ドイツ軍に包囲されて逃げ切れないことを悟ったドゥブリンは、拷問にかけられて両親を裏切るくらいならと考えて、自ら命を絶った。ドゥブリンの業績は、後にカオス理論やランダム・マッピングを用いた変換と見事につながることになる。

奇妙なことに、連合国の統計学界に君臨していた三人は、終始蚊帳の外に置かれていた。ハロルド・ジェフリーズが無視されたのは、たぶん地震を専門とする天文学の教授だったからなのだろう。さらにイギリスの警備当局は、反ベイズ派の遺伝学者ロナルド・フィッシャーがドイツの同僚と手紙をやりとりしていたことを知って政治的に信用できないと考えたらしく、戦争に協力しようというフィッシャーの申し出は無視され、アメリカへのビザの申請も一言の説明もなく却下された。毒ガスの危険性を計算していたある化学者は、フィッシャーと会うために家の近所に馬を引き取りに行くという口実をでっちあげたという。一方イェジ・ネイマンは、一刻も早く現実的な助言がほしいという軍の意向にそっぽを向いて、新たな定理につながる非常に理論的な研究にこだわり続け、ついに補助金を正式に打ち切られることとなった。

全体として応用数学者や統計学者が不足していたために、統計学者ではなく保険数理士や生物学者や物理学者や純粋数学者が戦争関連のデータを分析することが多かったのだが、これらの人々は高等な統計学でベイズの法則が非科学的だとされていることを知らなかった。そしてこの無知が、けっきょくは幸いしたのだった。

数学者チューリングがベイズの手法で解読をはじめる

イギリスの数学者には妙な評判がつきものだったが、それでも政府暗号学校の本部は戦争に備えるべく、オクスフォード大学やケンブリッジ大学からこっそりと言語学者でない「教授タイプの男たち」を幾人か集めた[5]。アラン・マシスン・チューリングもそのなかの一人で、のちに近代的なコンピュータやコンピュータ科学やソフトウェアや人工知能やチューリングマシンやチューリングテストの父となるチューリングは、まず、近代的なベイズ理論を蘇生させた。

チューリングはケンブリッジ大学やプリンストン大学で純粋数学を学びながらも、抽象的な論理と具体的な世界との谷間に橋を架けることに情熱を燃やしていた。ただの天才ではなく、想像力やビジョンがあり、関心の持ち方も独特だった。トポロジーや論理などの抽象数学、応用数学の確率論、実験による基本原理の導出、思考する機械の製作、そして暗号や符号にも興味があった。実際、吃音気味のチューリングは、かつてアメリカを訪れたときにマルコム・マクフェイルというカナダの物理学者と甲高い声で何時間も暗号学について論じたことがあった。

一九三九年春にチューリングがイギリスに戻ると、その名はこっそりとごく短い「緊急時の人名リスト」——宣戦布告が行われた場合に政府暗号学校（GC&CS）に即刻報告を上げるべき人物のリスト——に記載された。チューリングはその夏じゅう、一人で確率論やエニグマの暗号を研究して過ごした。ときにはGC&CSを訪れて、暗号分析者のディルウィン・ノックスと話をすることもあった。ノックスはすでに、イタリア海軍が使っていたわりと簡単なエニグマコードを解読しており、ドイツがポーランドに侵攻するころには、ノックスとチューリングはイギリスでもっともドイツ軍のエニグマに詳しい人物になっていた。

イギリスがドイツに宣戦布告した翌日の一九三九年九月四日、チューリングは列車でロンドンの北の小さな町、ブレッチリー・パークにあるGC&CSの研究センターに向かった。二七歳なのに一六歳くらいにしか見えず、ハンサムで体は引き締まり、恥ずかしがり屋で神経質、そしてケンブリッジでは同性愛者であることを公けにしていた。身なりにはほとんど構わず、着古したスポーツジャケットを羽織り、指の爪は汚れていて、いつ見てもひげが伸びかけていた。チューリングはその後六年間、エニグマをはじめとする暗号の作成解読プロジェクトに没頭することになる。

チューリングがブレッチリー・パークに到着するとすぐに、GC&CSの分析官たちはエニグマのシステムを分割し、当面チューリングは、陸軍の暗号を研究することになった。そして翌年一月にはドイツ空軍のメッセージが読めるようになっていただけでなく、開戦の数週間後には「爆弾《ボンブ》」を設計していた。これは従来の意味での武器ではなく、エニグマのホイールの組み合わせ候補をすべて高速で検証する電動式の機械だった。ポーランド人たちの発明になる装置を根本から再設計して改良したボンブによって、ブレッチリー・パークは暗号解読工場と化すはずだった。チューリングの装置は、直感的にもとのメッセージに含まれていると思われる一五文字の言葉の断片を検証する。ぴったり当てはまる候補を探すよりも、だめなものをはじくほうが早いので、チューリングのボンブでは、直感的に推察した文字列を生み出し得ないホイールの組み合わせを複数同時に検証することになっていた。

チューリングは、数学者のゴードン・ウェルチマンや工学者のハロルド・「ドック」・キーンの助けを借りて、ボンブを改良した。そして一九四〇年三月には試作品として、約七フィート×六フィート×二・五フィート〔約二・一メートル×一・八メートル×〇・八メートル〕の金属製キャビネットがお目見えした。エニグマ解読におけるチューリングの最大の貢献は、ボンブを設計したことだともいわれている。

ドイツ空軍や陸軍の暗号解読が進んでも、誰ひとりとして大西洋における対ユーボート戦の鍵となるドイツ海軍の暗号に取り組もうとはしなかった。ヒットラーの海軍は枢軸軍一の厳重な保安体制を敷いていて、使っているエニグマも飛び抜けて複雑だった。戦争が終わるころには、海軍のエニグマの設定方法は天文学的な数になっていた。ブレッチリー・パークの暗号解読者にいわせれば、「中国全土の肉体労働者《クーリー》を総動員して数カ月間がんばっても、たった一本のメッセージすら読めそうにない」のだった。[6] エニグマは毎回、（それぞれが二六通りに設定できる）リフレクタの四つの組み合わせのうちのどれかを使うことができ、計八つのローターのうちのどれか三つを使うことができて（その順列は三三六通りにのぼる）、しかもプラグボードの組み合わせ方は一五〇〇億通り以上あり、そのうえローターの周上にクリップを置く位置の選び方は約一万七〇〇〇通り〔二六の三乗に相当〕、出発点の取り方も約一万七〇〇〇通りあった（ローターが四つある装置の場合はこれが五〇万通り近く〔二六の四乗に相当〕なる）。しかもこれらの設定の多くが二日ごとに変更され、ときには八時間ないし二四時間ごとに変更される。

GC&CSの〔ドイツ〕海軍部門のトップだったフランク・バーチ曰く、ある高官から、「ドイツの暗号は解読不可能だ。そんなことに専門家を投入しても無駄[7]だといわれた……わたしは、戦争初期の敗北主義が暗号解読の遅れに大きく影響したと考えている」。海軍の暗号解読担当は将校一名と事務官一名のみで、暗号解読の専門家は一人もいなかった。それでもバーチは、海軍のエニグマは解けるはずだと考えた。なぜなら、解かなければならなかったから。ユーボートは、イギリスの存在そのものを揺るがしていたのである。

一方チューリングの態度は、バーチとも違っていた。海軍の暗号に誰も手を出したがらないからこそ、ますます魅力を感じていたのだ。ある親友から「慢性隠遁者」と呼ばれていたくらいで、[8]とにかく一人で問題に取り組めるところが気に入った。そこで、「誰ひとり手をつけていないのだから独り占めできる」と宣言して、ドイツ海軍の暗号を攻撃することを決意した。[9]そして二人の「女の子たち」とオクスフォード大学の数学者にして物理学者であるピーター・トウィンとともに、海軍のエニグマへの攻撃を開始した。[10]「この暗号は解けるはずだ。なぜなら解くのがとてもおもしろいだろうから」というのがチューリングの考えだった。[11]

チューリングはまず、ボンブの行うべき検査の数を減らすことにした。ボンブは確かに迅速だったが、それでも一つのホイールの設定を調べるだけで一八分かかった。これでは最悪の場合、全部で三三六通りあるホイールの並べ方すべてをあたるのに四日もかかることになる。ボンブにかかる作業負荷を大幅に減らしておいて、ボンブをもっとたくさん作れるようになるのを待とう。

ブレッチリー・パークに到着してすぐに、深夜まで仕事をしていたチューリングは手作業でボンブの負荷を減らす方法を思いついた。そして、このきわめて労働集約的でベイズ的なシステムに、このシステムに必要な用具を作る印刷所があった近所の町バンベリーにちなんでバンベリスムスという名前をつけた。

チューリングによれば、「実際にうまくいくかどうか、確信はなかった」という。[12] だがこのシステムが機能しさえすれば、エニグマのメッセージに含まれる一連なりの文字の見当をつけ、両面作戦を取りつつベイズの手法により確率を評価してその信頼性を測り、しかもあとから得られたヒントを加味することができるはずだった。このシステムがうまくいけば、エニグマの三つあるホイールのうちの二つの設定を同定することができ、ボンブを使って検査すべきホイールの設定の数は三三六からたったの一八に減るはずだった。一時間一時間に大きな意味がある戦時下では、この差が人命に直結する可能性がある。

チューリングはじょじょに増えていくスタッフとともに、情報部の報告書をさらって「クリブス」を集めた。クリブスとは平文、つまり暗号化される前のメッセージに登場しそうなドイツ語の単語を意味するブレッチリー用語で、はじめのうちは主にドイツの天気予報からクリブスを得ていた。なぜなら天気予報は標準化されていて、「夜の天気は～」とか「東部海峡での状況は～」という言葉が繰り返し使われていて、そのうえありがたいことに、あるおバカさんが毎晩無線で「ビーコンは指示通りついている」と送信していたからだ。イギリスの気象学者が送ってくる海峡の天候についての報告も、推理のヒントになった。さらに、ドイツ語の単語にもっともよく見られる文字の組み合わせに関する知識も役に立った。ある捕虜がドイツ海軍は数をアラビア数字ではなく数詞の綴りで表すと漏らしたことから、チューリングは、エニグマのメッセージの九〇パーセントに不定冠詞で「一」を表すこともあるein（アイン）という単語が登場していることに気づいた。そこでブレッチリー・パークの事務員たちは手作業で「ein」という三文字を暗号化する約一万七〇〇〇通りの方法の一覧を作り、さらにこの三文字だけをチェックする特別な装置が作られた。

チューリングはここで、根本に関わる大きな発見をした。直感的推察を体系化したりそれらの確率を比べたりするには、何らかの測定単位が必要になるのだ。チューリングはバンベリスムスのためのこの測定単位をバンと命名し、「人間の直感ではこれより小さい変化を直接感じることはできないような、証拠の重みの変化を表す最小の単位」と定義した。[13]一バンは、推測が正しいという一〇対一のオッズを表しているが、ふだんチューリングが扱っていたのは、もっと小さなデシバン（一〇分の一バン）やセンチバン（一〇〇分の一バン）などを単位とする量だった。ちなみにバンという単位は本質的に、これとほぼ同じころにベル電話研究所のクロード・シャノンがベイズの法則を使って発見した「ビット」という情報の尺度と同じものだった。チューリングが信念を測るために考案したバンという尺度とそれを支える数学的枠組みは、チューリングのイギリス国防に対する最大の知的貢献とされている。

情報がばらばらと断片的に到着するなかで、ある推測が正しい確率がどれくらいなのかを見積もるために、チューリングはバンを用いていくつもの逐次仮説を判別していった。つまりチューリングは、「逐次分析」を最初に展開した人物なのである。さらにチューリングはバンを使って、ある具体的な問題を解決するのにどれくらいの情報が必要かを見積もった。それによって、どれくらいの観察が必要かをあらかじめ決めなくても、ほしい証拠の量に的を絞り、十分な証拠が得られた時点で観察をやめることが可能になった。

バンを使うには、コンピュータを使った現代のベイズ派の計算とはまったく別の紙と鉛筆による手計算のシステムが必要不可欠だった。そしてバンを使うと、ある種の主観的推察を自動化することができた。一九二〇年代から三〇年代にかけてエミール・ボレルやフランク・ラムゼイやブルーノ・デ・フィネッティが反ベイズの猛攻を受けながらその正当性を立証しようとしていた「主観的な推察」を自動化することができるのだ。チューリングはベイズの法則とバンを使ってさまざまなタイプの直感の信頼性を計算し、技術者向けのバンの参照表を作りはじめた。バンを使うやり方はあくまでも統計学に基づく技法で絶対確実とは言い切れなかったが、仮説が正しいというオッズが五〇対一になれば、暗号解読者たちも自分たちの推論はほぼ正しいと見なせる。バンが一単位増えると、仮説が正しい可能性は一〇倍にふくらんだ。

現代最高のある暗号解読者は、チューリングの考えを次のように解説している。「何年にもわたって毎日仕事をする場合には、手元にある材料で解ける可能性がもっとも高いのはどれなのかをなるべく上手に推し量らねばならない。選択肢が多すぎるかもしれず、その場合はより検証がしやすい推測を取り上げることになる。そしてどの段階でも一つに絞り込まずに両面作戦を取り……ときには近似を行い、ときには正確な式や正確な数に基づいてデシバンの正確な数値を得る」[14]

バンベリスムスを運用する際には、バンベリーの町で印刷された長さ五フィート〔約一・五メートル〕から六フィート〔約一・八メートル〕の薄いボール紙を使った。解読者たちは、バンベリスムスを使って繰り返しや偶然の一致を探すことになる。そのため、レン〔ミソサザイ〕と呼ばれるイギリス海軍婦人部隊の技術者たちが、すべて手作業で入手したメッセージを一字一字バンベリー・シートに穴として打ち込んでいった。そのうえで二枚のシートを重ねてメッセージを比べ、二枚のシートに共通する文字の穴がある程度ある場合はその反復数を記録するのである。

戦争中にバンベリスムスの仕事をしていたパトリック・マーンは、ブレッチリー・

パークの秘密の歴史をまとめた著作で「二つのメッセージにたまたま四文字、六文字、あるいは八文字以上同じ内容があった場合……暗号文のこのような一致を『フィット』と呼んだ」と述べている。

また、統計学関係でチューリングの助手を務めていたI・J・「ジャック」・グッドは後に、「バンベリスムスのゲームでは、大量の確率情報の断片を組み立てる必要があったが、これはどことなくDNA配列の再構成に似ていた」と述べている。[15] グッドは帝政ロシアからやってきたユダヤ人の腕時計職人の息子で、ケンブリッジ大学で純粋数学を学び、一年浪人してから、チェスの腕前を買われて国防関係の職に就いた。グッドは「バンベリスムスを使ったゲームは、くだらないと感じるほど簡単ではなく、かといって神経衰弱になるほど難しくもなく、楽しい」と感じていた。[16] こうしてベイズの法則が暗号学向きだということが明らかになってきた。事前の推測があって最小コスト最短時間で決定を行う必要がある場合に、両面作戦をとるのにうってつけの手段だったのだ。

チューリングが開発しようとしていたのは、自家製のベイズ・システムだった。特定のメッセージを暗号化する際に用いられたエニグマの設定を突きとめるというのは、原因の逆確率の古典的な問題だった。チューリングがどこでベイズの手法を拾ってきたのかははっきりしていない。自力で再発見したのか、それとも戦前ケンブリッジ大学で一人孤独にベイズの法則を擁護していたジェフリーズについてどこかで聞きかじり、それを取り入れることにしたのか。わかっているのはただ一つ、チューリングもグッドも統計学者ではなく純粋数学者だったから、あまり反ベイズの姿勢に毒されていなかったということだけだ。

いずれにせよチューリングがブレッチリー・パークで語ったのは、ベイズではなくバンのことだった。

グッドは一度、チューリングに「煎じ詰めればベイズの定理を使っていることになるのではありませんか?」と尋ねたことがあった。[17] するとチューリングは、「たぶんね」と答えた。グッドはこのやりとりから、チューリングはベイズの定理の存在を知っていたと見ている。しかし、ブレッチリー・パークのなかでバンベリスムスがベイズの原理に——深く——根ざしていることを理解していたのは、どうやらこの二人だけであったらしい。

グッドは、ある日ロンドンで友人のジョージ・A・バーナードと会い——厳密には法律違反なのだが——「ベイズ因子やその対数を使って逐次二つの仮説の判別を行っているという話をした。とはいえもちろん、それをどう応用するのかは話さなかったがね。するとバーナードは、そいつはおもしろいなあ、軍需省では品質管理で同じ手法を使って仮説の判別ではなくロットの差をはっきりさせているよ、といった。実際、ロットの選択を仮説の受容と読み替えることは可能で、この二つはまるで同じ手法だった」と述べている[18]。逐次分析は、頻度に基づく検定とはまったくの別物だ。頻度に基づく検定では検査する物の数がはじめから決まっているが、逐次分析では、いくつかの検査や観察を通じてその箱の中身（携帯食料などの配給物やマシンガン用弾薬などで何でもよい）に問題があるか否かが明確になれば、その時点でその箱の検査を終えて次の箱に着手することができる。そのため必要な検査の数はほぼ半分に減り、しかも対数を使うと掛け算を足し算に置き換えられるから、計算がきわめて簡単になる。

逐次分析は、この少しあとにコロンビア大学のエイブラハム・ワルドによって戦時下のアメリカにおける弾薬検査のために発見されたのがはじまりだとされることが多い。しかしグッドは、最初にこの分析を用いたのはチューリングで、チューリングとワルドとバーナードはいずれもこの分析法を発見して応用した人物と呼ぶにふさわしいと結論している。ただし不思議なことに、バーナードは戦後、著名な反ベイズ派になったのだが……。

暗号解読に必要なものを手に入れる

一九四〇年五月になると、進展を見せていたチューリングの暗号解読はぱたりと歩みを止めた。エニグマの暗号を解くのに必要な理論も方法も揃っているのに、それでもユーボートのメッセージが読めない。ドイツ軍はさらにユーボートを作り、カール・デーニッツ司令長官は北大西洋に一群の潜水艦を配備した。護衛船団を発見したユーボートはすぐさま残りの潜水艦に無線を飛ばす仕組みになっていた。ユーボートは開戦からの四〇カ月間で、総数二一七七隻、計一〇〇〇万トンを超える商船を沈めていた。ドイツ軍の飛行機や地雷や軍艦がもたらした損害をはるかに超える損失だった。

イギリスへの補給船がユーボートを迂回できるようにするには、さらに情報が必要だった。何としても、ユーボートに乗り込んだエニグマのオペレータが暗号化したメッセージを送信するにあたって参照するコードブックを見る必要があった。エニグマの暗号を解読するのがかくも難しいのは、一つには、オペレータが各メッセージのはじまりの三つの文字——エニグマの三つのホイールのスタート位置を示す文字——を二重に暗号化していたからだった。オペレータたちは三つの文字を、一度はエニグマを使って機械的に、もう一度は各潜水艦に配られたコードブックに載っている九組の表のいずれかを選んで手動で、計二回暗号化していた。その日使う表がどれなのかは、表とともに配られたカレンダーで確認する。乗組員は、ユーボートが攻撃を受けた場合は船を捨てる前に、あるいは敵が乗り込んでくる前にこれらの表を必ず破棄するよう厳しく命じられていた。

開戦が宣言されて間もなく、チューリングはすばらしい推論を駆使して、このような二重の暗号化システムが使われていることを突きとめた。しかし、コードブックがなければバンベリスムスは使えない。エニグマの変更可能な要素はあまりに多く、試行錯誤で解読するのは能率が悪すぎた。チューリング曰く、コードブックを「くすねる」必要があったのだ。じりじりしながら待った末についにコードブックがくすねられたのは、一〇カ月後のことだった。

海軍がコードブックを入手するのをチューリングが今や遅しと待っている間も、GC&CSの士気は下がる一方だった。この学校のトップだったアラステア・G・デニストンはバーチに向かって「君もわかっていると思うが、ドイツ人は君たちに自分たちのメッセージを読ませる気はない。そしてわたしも、君に彼らのメッセージが読めるとは思わない」と告げている[19]。

ボンブの台数を増やすか否かを巡って、長く激しい議論がはじまった。かりに増やすとして、いったい何台作ればよいのか。バーチは一九四〇年八月にこう記している。「チューリングとトウィンときたら、奇跡を信じもせずに奇跡を待つ人のようだ……チューリングはきっぱりと、ボンブが一〇台あればエニグマを解読できるし、確実に解読し続けることができるといった。ボンブを一〇台揃えることは、果たして不可能なのだろうか[20]」

その月の半ばには、ウェルチマンが改良した二台目のボンブが届いた。それでもボンブの台数をさらに増やすための戦いは、一九四〇年の終わりまで続いた。バーチは、イギリス海軍には正当な数のボンブが回ってきていないといって嘆いた。「それに、回ってくる見込みもない。ボンブをたくさん作るとなるとひじょうに経費がかさむし、作るには熟練工が大勢必要で、動かすにも人手がいる。しかも、現在使える電力では足りないという意見まで出る始末だ。まあ、問題はしごく単純で、困難を洗い出して、それと我が国が現在使われているエニグマ暗号を解読できることの価値を天秤にかければよいだけの話なんだが」[21]

当時海軍情報部長補佐だったイアン・フレミング少佐——後にジェームズ・ボンドを創作することになる人物——は、コードブックをくすねるために無慈悲作戦《オペレーション・ルースレス》なるものをひねり出した。それはまさに、戦後少佐が書いたスパイ物語に登場しそうな計画だった。まず、分捕ったドイツの飛行機に「完璧なドイツ語話者」の搭乗員（若いころにオーストリアでドイツ語を学んでいたフレミング自身がこの役を演じることになっていた）を乗り込ませる。[22]その飛行機は海峡で墜落し、ドイツのボートに助け出された搭乗員はそのボートを乗っ取ってエニグマの装置とコードブックを母国のチューリングに届ける、という筋書きだった。この向こう見ずな冒険は念入りに計画されたもののけっきょく取りやめになり、バーチのもとを訪れたチューリングとトウィンは「ひどくうろたえて——まるですてきな遺体をかすめ取られた葬儀屋」のようだったという。[23] その代わりに、アイスランドで分捕った一隻の気象船から集めた文書類――そこには、あの重要なコードブックの中身を示唆する細々した情報が含まれていた――がチューリングたちのもとに届けられた。さらに、チューリングを後押しすべく特別な奇襲作戦が組織され、ノルウェーの沿岸にいたドイツの武装トロール船からも文書が集められた。チューリングはこれらの資料に基づいて、鍵となるコードブックの中身を推理しはじめた。

翌年の一九四一年五月二七日――イギリス軍が当時世界最大の軍艦とされていたビスマルク号を撃沈した日――には、チューリングたちはドイツ海軍の暗号を解きはじめていた。六月にはさまざまなヒントを頼りにコードブックの再構成に成功し、ユーボート船団が送受信するメッセージを一時間もかけずに読めるようになった。こうしてやっと、イギリス政府は船団のルートを変更して潜水艦を迂回することができるようになった。イギリスがまだ単独で戦っていた一九四一年六月には、北大西洋の護送船団が二三日間にわたって一隻も攻撃を受けずにすんだこともあった。

そのころには、ブレッチリー・パークの人々のチューリングを見る目も好意的になって、ずいぶん風変わりな天才というあたりに落ち着いていた。たしかに型破りな振る舞いをするけれど、それにもちゃんと実際的な意義があったりするわけで……。六月になって枯れ草熱（花粉症）の季節がはじまると、チューリングはガスマスクをつけて自転車で通勤した。しかも、ペダルをこぐ回数をきちんと数え、一七回転ごとになにやら巧妙な手段で壊れたチェーンをなだめすかして、自転車を走らせ続けるのだ。自転車の部品は不足していたし、仕事柄、チューリングは繰り返しのあるパターンを探すのが好きだった。

一九四一年秋、バンベリスムスはまたしても窮地に陥った。タイピストや走り使いの人間――いわゆる「女性軍」がまるで足りなくなったのだ。チューリングをはじめとする四人の暗号解読者たちは、因習に囚われずに直接的なアプローチを取ることを決意、この問題をチャーチルに直訴しようと一〇月二一日付で手紙を認《したた》めた。「あなたの介入なしに即座に事態を好転させることは、絶望的に困難だと考えます」この文面を作ったのはおそらくウェルチマンだが、署名の順序はまずチューリング、次にウェルチマン、さらに同僚のヒュー・アレグザンダー、そしてケンブリッジ大学数学科大学院生でタイム紙のチェス記者だったP・スチュアート・ミルナー・バリーとなっていた。ミルナー・バリーは列車でロンドンに行き、タクシーを止めて、「(これがほんとうに起きていることなのか)まるで信じられないまま、ダウニング街一〇番地という行き先を運転手に告げた」。そして一〇番地に着くと、この手紙を直接首相にお渡しして緊急であることを強調してほしい、と准将に頼み込んだ。

チャーチルはブレッチリー・パークを訪れたことがあり、しかもそのすぐ前に、イギリスの食料や軍需品が枯渇しはじめているという報告を受けていた。そこで即座にスタッフのトップに「今日この日に行動を起こすように。彼らが必要とする物すべてを最優先で整えたうえで、完了したらわたしに報告すること」[24]という覚え書きを送った。チューリングたちに特段の連絡があったわけではないが、それでも明らかに、仕事はたいへんスムーズに運ぶようになり、ボンブの作製は加速され、人員も迅速に到着するようになった。

ロシアでもベイズは軍用統計学となった

ブレッチリー・パークが海軍のエニグマを解きはじめていたちょうどその頃、ヒットラーは全兵力の三分の二を使ってロシアに侵攻し、モスクワへの容赦ない爆撃を開始した。一九四一年六月にこの作戦がはじまったとき、ロシアのもっとも偉大な数学者アンドレイ・コルモゴロフは、ロシア科学アカデミーのほかのメンバーとともに無事カザンに避難していた。ところがじきに、ドイツ軍の大規模な爆撃で浮き足立ったロシアの砲兵部隊から首都に戻って助言をしてほしいという連絡が入った。かくして大混乱のまっただ中、ソファで寝起きする生活がはじまったのだった。

インテリゲンチャを偶像視するこの国で、コルモゴロフは著名人だった。ある教授の妻は、コルモゴロフが自宅に訪ねてくると知ると、大車輪で掃除や料理をはじめた。

そして、召し使いになぜ掃除をするのかと尋ねられると、「説明なんかできませんよ。あなたが皇帝《ツァー》ご自身のご訪問を受けるとなったときのことを想像してみるといいわ」と告げたという。[25] コルモゴロフにまつわる伝説は、その母からはじまった。母は「社会について高邁な理想」を持つ独立心の強い女性だったが、結婚することなく、出産の際に命を落とした。アンドレイを育てたのは母の二人の姉で、アンドレイやその友達のために小さな学校を経営し、アンドレイが作った「四つ穴のボタンを縫い止めるやり方は何通りありますか」[26]といった小さな問題を載せた新聞を発行した。コルモゴロフは国立モスクワ大学に在学していた一九歳のときに独創的な論文を一四本も書き、それらの講座の修了試験を免除された。そして本人は、どんな賞を取ったことよりも、大学の学費をすべて学校に払わせたことを誇りにしていた。また晩年には、才能ある子供のための学校の創設に尽力し、子供たちを文学や音楽や自然に触れさせた。

コルモゴロフはやがて確率論の世界的な権威となり、一九三三年には、確率が今やきちんとした基本公理の上に打ち立てられた数学の一分野であって、そもそものはじまりとなった下品な賭博からは遠く離れていることを示してみせた。コルモゴロフのきわめて基本的なアプローチのおかげで、頻度主義者であろうとベイズ派であろうと、すべての数学者が論理に則った形で確率を使えるようになった。そしてコルモゴロフ自身は、頻度主義的アプローチを支持していた。

ところが将官たちはコルモゴロフに、ドイツ軍の弾幕射撃に対抗するにあたってベイズの手法を使いたいのだがどうだろう、と尋ねた。ロシアの砲術では、フランスの砲術と同じように、昔からベイズ派の射表〔火砲の照準計算を簡略化するために作られた数表〕が使われていたが、照準を巡るある深遠な論点に関して意見が分かれていたのである。貴殿はこのことについて、どうお考えでしょうか？「厳密にいうと」とコルモゴロフは将官たちにいった。ベイズのように半々という事前確率からはじめるのは「恣意的であるだけでなく、確率理論の主たる要請に反しており、まちがっているのは明らかです」[27]。そうはいっても、ドイツ軍がモスクワのすぐそばまで迫っている以上、これはもう半々からはじめるしかない、とコルモゴロフは感じていた。そして、ジョセフ・ベルトランが改良した厳密な形のベイズの法則を使うことに同意し、将官たちには、射撃が狭い範囲で繰り返される場合は半々からはじめるべきだと告げた。なぜなら、ときには正確に狙いを定めるよりもでたらめに打ったほうがよい場合もあって、砲兵隊の兵器にも、ちょうど狩人が動く鳥を撃つときに散弾を使うのと同じように、多少のばらつきを持たせる必要があったからだ。

この年、つまり一九四一年の秋に、コルモゴロフはモスクワ国立大学の戦時下講座で射撃のばらつきに関する理論を取り上げ、この講座を確率を専攻する学生の必須科目とした。そして驚いたことに、ドイツがロシアに侵攻して三カ月が経った同年九月一五日に、射撃に関する理論を雑誌に投稿した。その論文には数学と理論がたっぷり盛り込まれていたので、ロシアの検閲官たちはロシア軍だけでなくドイツ軍にとっても役立つ内容であることに気づかず、一九四二年に論文の印刷を許可した。この論文を敵がロシアの検閲官と同程度にしか理解できなかったことは、まさに幸運というほかない。戦争が終わると、コルモゴロフはさらに、ベイズの手法を用いたより実際的な砲術の問題に関する論文を二本発表した。この二本の論文は今も英語で印刷されており、軍当局の研究対象になっている。ロシア軍のある砲術の将官はこの数年後に侵攻の間のコルモゴロフを振り返って、「わたしたちにとって有益なことをたくさん行なってくれた。わたしたちはそのことを脳裏に刻みつけ、コルモゴロフを高く評価している」と述べている[28]。

より強力な暗号「タニー」の登場

ドイツがソ連に侵攻した直後に、イギリスの無線傍受部は今までにないタイプのドイツ軍のメッセージを傍受した。ブレッチリー・パークの分析官たちは、たぶんテレタイプの装置で発信されたものだろうと考えた。そしてその読みはあたっていた。ドイツ側は、暗号化と解読をタイプと同じ速さで行っていたのだ。新たなローレンツ暗号機やこの装置が作り出す一連の極秘暗号には、一九二〇年代に商用の機械として作られたエニグマよりもはるかに高等な技術が使われていた。ベルリンにいる最高司令官は、もっぱらこの新しい暗号を使ってヨーロッパ中に散らばった軍の指揮官たちと最高レベルの戦略に関するメッセージをやりとりした。それらはきわめて重要なメッセージで、なかにはヒットラー自身の署名入りのものもあった。

新たなローレンツ暗号機が作り出すこれらの暗号は「ツナ《Tuna》・フィッシュ《Fish》」すなわちマグロをもじってタニー《Tunny》と命名され、ここにイギリスの一流数学者のグループによる一年間の絶望的な苦闘がはじまることとなった。このグループが使ったのは、ベイズの法則と論理学と統計学とブール代数と電子工学だった。そしてさらに、世界初の大規模デジタル電気計算機「コロッサス」（これが一台目で、けっきょく一〇台作られた）の設計製作にも取りかかった。

グッドたちは、タニー－ローレンツ暗号の解読に取り組むにあたって、チューリングが考案したベイズ的な得点システムや基本的な単位であるバン、デシバン、センチバンを取り入れることにした。さらに、ベイズの定理とさまざまな事前確率を使った。正直《オネスト》な事前確率と非正則《インプロパー》な事前確率、わかっていることを表す事前確率や、ときにはそうでない事前確率を使い、そのうえトーマス・ベイズの一様な事前確率とラプラスの等しくない事前確率を同時に別々の場所で使うこともあった。チューリングは一九四二年七月に、タニー－ローレンツ暗号機のホイールを取りまくカムのパターン数を減らすための、チューリンゲリーないしチューリンギスムスと呼ばれるきわめてベイズ的な手法を編み出した。チューリンゲリーは紙と鉛筆を使った方法で、実際にこれを用いたウィリアム・T・タットによると、「数学というよりもむしろ芸術といった感じで……自分が直感したもの（に頼らねばならなかった）」[29]この手法ではまず推測を行い、ベイズと同じように、その推測が正しい確率を五〇パーセントとする。そこに優れた手がかりや粗悪な手がかりなどを次々に加えていって、「忍耐と運を頼みに多くのものを消去して、さんざん行ったり来たりした末に」平文が現れるのである。こうして推測が正しいというオッズが五〇対一になった時点で、一組のホイールの設定が確定したと宣言される[30]。

エニグマ暗号機にホイールが追加される

ブレッチリー・パークの分析官がタニーのホイールパターンを調べ、ロシアがドイツの猛攻に抗っていた一九四一年一二月七日、日本がアメリカの真珠湾を攻撃した。そのため、イギリスに物資を供給することはますます困難になった。それまでイギリスに物資を補給する船団を護衛していたアメリカの艦船はすぐさま太平洋に移され、アメリカ東海岸沖の航路にはドイツのユーボートが一五隻も陣取った。しかも、アルゼンチンの牛肉やカリブ海の石油を積んで護衛付きで沿岸を行き来する船団の影は、海岸付近の明かりに照らされてくっきりと浮かび上がっていた。なぜなら観光資源に頼る地方自治体が明かりを消すことを拒んだからで、マイアミのネオンサインなどは、なんと六マイル〔約九・五キロメートル〕にわたって光り輝いていた。深みに潜んで潜望鏡を立てたユーボートが三カ月にわたって徹底的な破壊活動を行った結果、アメリカ軍は日没降は海岸線の明かりを消すよう命令を出すことになった。

そのうえやっかいなことに、大西洋上のユーボートに備えられたエニグマに四つ目のホイールが増設されたために、チューリングやウェルチマンが作ったボンブによる解読作業は暗礁に乗り上げ、ドイツの潜水艦が送受信するメッセージをいっさい解読できなくなった。ブレッチリー・パークで「大停電」と呼ばれた出来事である。ユーボートは四カ月間大西洋上で派手に暴れ回り、八月と九月だけで四三隻の船を沈めた。アメリカの船は、平均すると大西洋を三往復し、四往復目に沈没した計算になる。

一九四二年一二月、エジプト沖で三人の若きイギリス人水兵、アンソニー・ファソン大尉とコリーン・グレイザー上等水兵とトミー・ブラウンが沈みかけているドイツの潜水艦に泳いでいって、ついに解読の要となる暗号表が載ったコードブックをくすねてきた。この企てでファソンとグレイザーは溺死したが、一六歳の食堂助手だったブラウンが、無事暗号表を持ち帰ることに成功。こうしてようやくバンベリスムスの能力をフルに活用できるようになり、この暗号表がブレッチリー・パークに届いた数時間後には、大西洋のユーボートからのメッセージが解読され、船団の経路が変更されたのだった。

チューリングとシャノン——戦時下における二人の天才の対話

この出来事の一カ月前——連合国の船にとってもっとも危険な時期——に、チューリングは高速船クイーン・エリザベス（この船は船団を組んでいなかった）でアメリカにわたり、ホワイトハウスが発行した機密情報取り扱い許可書を受け取ると、ブレッチリー・パークとアメリカ海軍の連絡係になった。英国軍は、すでに真珠湾攻撃の前にエニグマ全般についての情報をアメリカに伝えており、今度はチューリングが、その時点でわかっていたことをすべてアメリカの当局者たちに教えようというのだ。これでアメリカもボンブの製作を早めるにちがいない。ところがあきれたことに、イギリス政府によるチューリングのアメリカ派遣計画はかなり杜撰だった。アメリカに到着したときも、きちんとした身元証明書がなかったために、アメリカ移民当局によって危うくエリス島に閉じこめられるところだった。しかもイギリス政府は、チューリングにアメリカ側とタニー暗号の解読について論じることの可否をいっさい指示しておらず、アメリカ側も、チューリングが自分たちの音声スクランブルに関する研究のすべてを知りたがっていることを知らなかった。それでもチューリングはこの滞在中に、デイトン、オハイオ、ワシントンおよびニューヨーク市でレベルの高い会合に参加することができた。

チューリングはこのときデイトンで、少なくとも午後の半日を過ごしている。デイトンには、ナショナル・キャッシュ・レジスター・カンパニー（NCRの前身）があって、ボンブを三三六台作る予定だった。しかし、アメリカ海軍がバンベリスムスのことや、バンベリスムスを使えばボンブ使用量を大幅に減らせるといった事実を無視しているのを知って、チューリングは愕然とした。どうやらアメリカ側は、自分たちがエニグマを解くためのボンブを提供しなければならないという一点をのぞいて、エニグマにまるで関心がないようだった。

チューリングは、ワシントンでアメリカ海軍の暗号学者たちとブレッチリー・パークで開発された手法やボンブについて議論した。事前の合意では、アメリカは日本海軍の暗号解読に集中し、エニグマの研究はイギリスが担当することになっていた。すでにブレッチリー・パークからアメリカ側に、これまでにどのような成果が得られたかを細かく記した一通の専門報告書が送られていたが、軍属である暗号学者アグネス・メイヤー・ドリスコールはその報告書を伏せていた。なぜならドリスコールは戦前に日本のさまざまな暗号を解読しており、ドイツ海軍のエニグマの解読法についても自分なりの（じつはまちがった）考えを持っていたからだ。それに、チューリングの数学がアメリカ人たちには専門的すぎたということもあったのだろう。アメリカ側の誰ひとりとして「紙と鉛筆を使った」数学的な仕事をしていないことを知ったチューリングはびっくりして、ある仮説からもたらされるはずの結論を確認できれば仮説自体が正しい確率が高くなるという一般原理を説明しようとしたが、これも無駄に終わった。[31]そんなこんなで、後に暗号学に取り組むアメリカ人数学者たちに会ったときには、チューリングも胸をなで下ろしたという。

チューリングはワシントンに続いて、ニューヨーク市のベル研究所を訪れた。そして、午後のお茶の時間に定期的にクロード・シャノンと顔を合わせた。チューリングやコルモゴロフ同様、シャノンも偉大な数学者にして独創的な思索家で、戦争関連のプロジェクトにベイズの法則を使っていた。しかもチューリングとシャノンには、ベイズを使っているということのほかにも似たところがあった。どちらも恥ずかしがりで因習に囚われず、暗号学と思考できる機械に強い関心を持っていた。さらに二人とも、若くして機械と数学を組み合わせた重要な論文を書いていた。シャノンはミシガン大学でまとめた数学の修士論文で、ブール代数を使えばモリーナが考案したようなリレー回路を分析できることを示していたのである。また、二人はサイクリングが好きだった。チューリングが移動や運動のために自転車に乗っていたのに対して、シャノンは社交的なおしゃべりを避けるために、ベル研究所の廊下を一輪車で行ったり来たりしており、ときには一輪車に乗りながらボールを使ったジャグリングをすることもあった。しかも、どちらもさまざまな装置を考えるのが好きで、シャノンは、迷路を抜けるロボットマウスといった風変わりな装置や、ローマ数字を使ったコンピュータなどを設計した。また、シャノンのガレージはチェスの機械で一杯だった。ただしチューリングと違って、シャノンには家族との暖かい生活があった。父は実業家で、母は高校の校長、姉は数学の教授で、妻との間には三人の子供がいたのだ。

チューリングがベル研究所を訪れたとき、暗号学の次なる最前線は音声言語だと目されていた。イギリスおよびアメリカの政府はもっとも優秀な人材――すなわちシャノンとチューリングに、この問題に取り組むことを求めた。シャノンはすでにSIGSALYという音声スクランブル装置の開発に取り組んでいた。何やら童謡めいたこの名前には特に意味はない。しかし戦争が終わるころに、フランクリン・D・ルーズベルトとチャーチルと地球上の八カ所に散らばった最高司令官たちが盗聴の恐れをまったく気にせずに語り合うことができたのは、この装置のおかげだった。海軍のエニグマ解読に関しては主に管理の問題しか残っていなかったので、チューリングも帰国後は音声によるコミュニケーションに取り組むはずだった。お茶の時間に顔を合わせたチューリングとシャノンは、おそらくSIGSALYのことを議論したことだろう。

シャノンは、コミュニケーションや情報に関する理論とその暗号学への応用にも取り組んでいた。そして、雑音が多い電話線での会話の聞き取りと暗号化されたメッセージの解読を同じ数学で分析できる、というすばらしい洞察を得た。この二つの問題は互いを補完しており、情報理論の目的が不確かさを減らすということにあるのに対して、暗号理論の目的は不確かさを増やすことにある。シャノンはこの二つの問題にベイズ的なアプローチを用いていた。シャノン曰く「ベル研究所では秘密保持システムの研究が行われていた。わたしはコミュニケーション・システムについて研究しており、さらに暗号分析技法を研究するいくつかの委員会の委員にも指名されていた。コミュニケーションと暗号に関する数学的理論は一九四一年くらいから平行して前進していた。わたしはその両方で仕事をしていて、片方の仕事をしている最中にもう片方のアイデアがひらめくこともあった。この二つのどちらが先なのか、わたしにはわからない。この二つの分野はきわめて密接につながっていて、不可分なのだ[32]」。

シャノンの尽力によって、電信や電話や無線やテレビを用いた意思疎通の問題は一つにまとめられ、情報に関する数学理論が誕生した。おおまかにいうと、ベイズの式に含まれる事後の確率が事前の確率と大きく違えば何かがわかった、つまり情報が得られたことになるが、事前の確率と事後の確率が同じくらいなら、得られた情報は少ないということになるのだ。

この意味で、コミュニケーションと暗号学は表裏の関係にあった。シャノンは、情報の量を計測するために自ら考案した対数的な単位をバイナリー・ディビット、あるいはビットと呼んだ。ビットという言葉を提案したのは、ベル研究所とプリンストン大学に籍を置いていたジョン・W・テューキーだった。シャノンは一九四九年に発表した機密扱いの報告書のなかで、ベイズの定理と一九三三年にはじまったコルモゴロフの確率論を駆使して、完璧な秘密保持システムでは、ベイズの定理の事前確率と事後確率が等しくなるので何の情報も得られない、ということを示した。ベル研究所では二〇〇七年になっても、コミュニケーション理論の専門家たちがベイズの手法を大々的に使ってシャノンの理論を拡張していた。

チューリングは一九四三年三月三日にニューヨーク市でエンプレス・オブ・スコットランド号に乗船し、帰路に就いた。戦時下のニューヨークは世界最大の港で、毎日五〇隻を超える船が、蒸気を上げて出入りしていた。チューリングのこの旅は、ちょうど連合国の船にとって二番目に危険な時期にあたっていた。ユーボートによる攻撃はこの月にピークに達し、連合国の船が一〇八隻も撃沈されたのに対して、ドイツ軍の潜水艦の損失は一四隻だけだった。ドイツ軍は船団の経路を示す連合国の暗号を解読しており、しかも、ホイールが四つあるユーボートのエニグマがあいかわらずブレッチリー・パークの暗号学者たちの仕事を阻んでいたのだ。この年の春には、毎日一三五〇隻ほどの主に非武装の商船が海上を行き交っていた。これらの船はブラジルからセント・ローレンス川の河口に至る長い沿岸航路に入り、そこで船団を組んで大西洋を渡る。しかし、連合国の護衛艦がイギリスからヨーロッパ大陸に侵攻する軍隊を乗せた船団に警護を集中させたために、護衛なしで航行せざるを得ない高速船が一二〇隻ほどあった。チューリングが乗った船もそのような船の一つだったが、速度が速ければ安全というわけでもなく、その前の週には、エンプレス・オブ・スコットランド号の姉妹船がユーボートに撃沈されていた。それでもチューリングはエニグマ解読の「大停電」が起きたこの時期に、無事イギリスに戻ることができたのだった。

ユーボート探索の作戦にもベイズが使われた

連合国軍がユーボートを避けるだけでなく、居場所を突きとめて破壊する必要があることは明らかだった。ユーボートのせいで、イギリスに物資を供給したり大陸ヨーロッパに侵攻したりするのに必要な何千という船や飛行機や軍隊はすべて身動きできなくなっていた。こうして「大西洋の戦い」のほかの部分でも、ベイズの法則がユーボート狩りに使われることになった。

イギリス空軍省は、対潜水艦作戦に科学的な手法を応用して作戦効率を上げるために、小規模な科学者のグループを組織した。これはまったく新しい着想で、イギリスでは作戦研究《オペレーションズ・リサーチ》、略してORと呼ばれ、そこで使われた統計はかなり初歩的だったが、ベイズ的なアイデアがしっかり浸透していた。

オペレーションズ・リサーチの狙いは、魚雷攻撃や飛行機の航行、飛行中隊がユーボート探索のために行う編隊飛行などの効率を上げることにあった。当時オペレーションズ・リサーチのチーフを務め、後に発生生物学者となったコンラッド・H・ワディントンによると、ベイズの「先験的な手法《ア・プリオリ》」は、「オペレーションズ・リサーチにおいてきわめて大きな役割を果たし」、なかでも変数の数が比較的少ない場合にはひじょうに大きな役割を担ったという。[33]

通常オペレーションズ・リサーチでは大きな問題を細かく分け、小さくなったそれぞれの部分にベイズの手法を適用した。たとえば船団を守るのに必要な飛行機の数の問題や、乗組員の作戦勤務期間の長さの問題や、飛行機によるパトロールのパターンを通常のフライト・パターンと変えるべきかといった問題を分割して扱ったのだ。アメリカ艦隊の最高司令官アーネスト・キング海軍大将は、イギリスでオペレーションズ・リサーチが成功を収めたと知ると、総勢四〇名の民間物理学者や科学者や数学者や保険数理士をスタッフとして抱えることにした。この対潜水艦戦オペレーションズ・リサーチ・グループを指揮したのは、MITの物理学者フィリップ・M・モースとコロンビア大学の化学者ジョージ・E・キンボールだった。

連合軍はすでに、大西洋の縁に沿うように高周波無線方位探知基地を配置していた。

このシステムの主たる目的は、暗号化された無線メッセージを捉えてアメリカやブレッチリー・パークの暗号解読者に伝えることにあった。一隻のユーボートが発した一つのメッセージを六ないし七つの探知基地が捉えることで、大西洋におけるその潜水艦の位置を約一万平方マイル〔約二万六〇〇〇平方キロ〕の領域に絞り込むことができた。これなら哨戒機も、だいたいどのあたりを探索すればよいかがわかるはずだ。しかしそうはいっても、一万平方マイルは五〇マイル×二〇〇マイル〔約八〇キロ×三二〇キロ〕の長方形の面積に相当するわけで、捜索範囲をさらに狭めるためにも何か効率的な方法が必要だった。

外海で目標物を探すとなるとほぼすべての側面に不確かさや確率が絡んでくることから、コロンビア大学の数学者バーナード・オスグッド・クープマンが、そのような場合に有効な手法を探す仕事に就くこととなった。クープマンは一九二二年にハーバード大学を卒業するとパリで確率論を学び、コロンビア大学で博士号を取った。そして、ベイズの「主観的な性質を持つ……直感的な確率」と量子力学や統計力学で用いられる「純粋に客観的な」頻度に基づく確率の橋渡しをしたいと考えていた。[34]

無愛想でぶしつけな率直さと鋭いウィットを併せ持つクープマンには、ベイズや事前分布のことを恥じなければならない理由はないように思えた。クープマンははじめから、自分が扱っているのは確率だと考えていた。「探索に含まれるすべてのオペレーションに不確かさがちりばめられている。よって、確率を使ってはじめて定量的な理解が可能になる……。今となっては自明の理に見えるだろうが、第二次大戦のオペレーションズ・リサーチの発展なしには、確率の実践的な応用を提起することは難しかったと思われる」とクープマンは述べている[35]。

クープマンは海上のユーボートを見つけるために、まずユーボートの機首がどちらを向いている可能性が大きいのかを考えた。これは古典的なベイズの「原因の確率」問題で、こうなると当然事前確率が必要になる。「分別のある試掘者なら、地質学の研究やそれまでの試掘者たちの経験からいって鉱物がある確率がかなり高いことがわかったときに、はじめて鉱物を探そうとするはずだ」とクープマンはいう。「警察は、犯罪が多く発生する区域を見回るし、公衆衛生担当の役人たちは、あらかじめ感染源はあれらしいという目星をつけておいて、まずそこを調べる[36]」

クープマンはまずトーマス・ベイズばりに、五〇マイル×二〇〇マイルの長方形のなかにターゲットとなるユーボートがいる確率は半々だとした。それからジェフリーズの忠告にしたがって、できるだけ客観的なデータをつけ加えていった。チューリングと違って、クープマンは軍がそれまでに蓄積した膨大な量の対ユーボート戦の詳細情報にアクセスすることができた。

残念ながらユーボートは、駆逐艦のソナーがその影を探知するずっと前に駆逐艦の存在を突きとめることができた。アメリカの飛行機の窓にはワイパーがない場合が多く、搭乗員は泥に汚れた傷だらけの窓越しに海上を見ていた。「窓ガラスをきれいに透明にしておくことの必要性を、いくら強調してもし足りないくらいだ」とクープマンは警告している。搭乗員が運よく双眼鏡を持っていたとしても、ごくふつうの海軍仕様の場合、七×五〇〔倍率七倍でレンズ口径が五〇ミリの意味〕だから、せいぜい船影がぼんやり見える程度だった。しかも、搭乗員は単調にならないように絶えず対象区域を変えないと、集中力を失ってしまう。さらに、観察に最適な角度は一般に水平線から三～四度下とされていた。「この位置を見つけるには、まず拳を作って腕をぐいっと伸ばし、水平線から指二、三本分下を見るとよい」とクープマンは記している。[37]ところがこれだけの注意を払ってもなお、ほとんどの搭乗員の見張りの効率は研究室で調べた値の約四分の一に減ると思われた。

クープマンは現実的な問題として、一三〇ノット〔時速約二四〇キロに相当〕のスピードで五時間かけて五マイル〔約八キロ〕幅のルートを五本探索する能力のある飛行機が四機あるとき、海軍将校がどうやったら半径一一八マイル〔約一九〇キロ〕の域内にいるユーボートを発見できるかを考えた。ここまで複雑な数学を必要とするオペレーションズ・リサーチの調査はめったにないが、クープマンは対数関数を使って、この問題を解く数学的な手法を編み出した。五つの経路のうち三本はユーボートが見つかる確率が一〇パーセントで、残り一本は三〇パーセント、最後の一本は四〇パーセントの確率だということがわかっていれば、ベイズの数学を使うことができて、このとき将校は、四〇パーセントの経路と三〇パーセントの経路に二機ずつ偵察機を出し、確率がいちばん少ない領域には偵察機を割りふらないようにすべきだった。クープマンはこの計算を手で行った。問題は、計算ではなく適切な客観データを得ることにあった。本人もあとになって、コンピュータがあってもなくても同じだったと述べている。

クープマンは自分の理論を応用してユーボート探索のための処方をあらかじめ計算し、それを分厚い手引書にまとめた。対象領域を小区分に分けたとき、各小区分の探索にかける労力の量は、その区分にユーボートがいる確率の対数と等しくなるようにすべきなのだ。探索領域の形は円や長方形だけでなく、曲がりくねった不規則な図形である可能性があった。それでもクープマンが作った公式を使えば、不規則な領域をそれぞれ何時間ずつ探索すべきなのかがわかった。

艦船の将校は、クープマンの手引書を参照して、手持ちの限られた資源を使った最適な探索法を作ることができた。つまり、目標物を探すのに必要と思われる時間や、探索を打ち切るべき境界が明確になり、ユーボートを発見するか探索を打ち切るまでの間、二時間ごとに何をすべきなのかが見えてくるのだ。したがって指揮官はそれに基づいて一日八時間の行動計画を立てることができた。その計画によると、最初の四時間は最適な探索を行い、その時点でまだユーボートが見つかっていなければ、ベイズの法則を使って改めて目標物がいそうな場所を推測し直し、二時間ごとに、ユーボートを発見する確率が最大になるような新たな計画に乗り換えていくことになる。

しかも指揮官は、二時間ごとに区切られたこれらの探索すべてを、事前に自分の個室で計画としてまとめておくことができた。クープマンはこれを「努力の連続分布」と呼んだ。クープマンが考えたユーボート探索は、理論的にはコルモゴロフの砲術問題とよく似ていた。コルモゴロフがドイツの大砲を破壊するのに最適なばらつきの量を計算したのと同じように、クープマンも、未知のユーボートを見つけるための探索の試みを一定の領域に最適な形で広げる必要があったのだ。機雷除去に関してこれと同じような問題を抱えていた掃海艇も、やがてクープマンの手法を取り入れることになった。

世界初の大規模電気式デジタル計算機による暗号解読

ヨーロッパにおける戦争では、一九四三年に三つの決定的な転回点――うち二つは最高機密――があった。第一に、ロシア人が今なお偉大なる愛国戦争と呼ぶ東部戦線の戦いで、ソビエト軍が二七〇〇万以上の命と引き替えにドイツ軍を打ち破った。第二に、ドイツ軍のユーボートの優位がゆらぎ、五月には計二五万トンもの船を沈めたものの四一隻の潜水艦を失った。そして最後に、ブレッチリー・パークが九〇〇〇人近くの人々を擁する大工場となった。稼働するボンブが増えるにつれて、手間のかかるバンベリスムスの厚紙は姿を消していった。ドイツの暗号制作者が予想外の変更でもしない限り、海軍のエニグマ解読には何の問題もなかった。

偉大なる理論家チューリングは無事に帰国し、エニグマやタニー－ローレンツ暗号解読の責任者としての重責から解放されて、自由に夢を見られるようになった。チューリングとグッドはブレッチリー・パークのまわりの田園地方を延々と歩きながら、後に人工知能の先駆者となるドナルド・ミッキーとともに思考する機械について論じた。一八歳でブレッチリー・パークに参加したミッキーは、自分たち三人組は「思考する機械、とりわけそのような機械を作るただ一つの確かな道である機械学習に取り憑かれた知的秘密結社」だったと述べている。彼らは、「さまざまなアプローチや推測について語り、今日わたしたちがAIと呼んでいるものについて議論した[38]」。

ケンブリッジでかつてチューリングの数学の教官だったマックス・ニューマンは、イギリス軍のタニー－ローレンツ暗号解読を自動化したいと考え、すでにミッキーやグッドとともに新たな機械を作りはじめていた。ミッキーは以前チューリンギスムスを改良したことがあったのだが、じきに機械的なスイッチでは反応が遅すぎてどうにもならないことが明らかになった。それなら電気式でいくしかない。エンジニアのトーマス・H・フラワーズは、ガラスの真空管を使ってみたらどうかといった。そのほうがはるかに電流のオンオフを速く切り替えられるはずだ。フラワーズはニューマンの後押しを得て、イギリスの電話網を運営していたポストオフィス・リサーチ・ステーションでコロッサス第一号を作り、ブレッチリー・パークに据えられた第一号は一九四四年二月五日にはじめてメッセージを解読した。その日、フラワーズの車は壊れたが、コロッサスは壊れなかった。

フラワーズはチームの面々に——理由はいっさい述べずに——より高度なコロッサス二号を遅くとも六月一日には稼働させられるようにしろ、と厳しく命じた。全員が目が落ちるくらい働きに働いて、何とか期限内にコロッサス二号を完成させた。

コロッサスが稼働しはじめた直後に、ヒットラーがノルマンディーの部隊を指揮するエルヴィン・ロンメル陸軍元帥に宛てて暗号メッセージを送った。ノルマンディーに侵攻があったとしても、その後五日間は部隊を動かさないように、という指令だった。イギリス海峡に面した港から自軍を引き離しておけば相手を攪乱できるし、侵攻の本格化にはそれから五日はかかるだろう、というのがヒットラーの読みだった。このメッセージはコロッサス二号によって解読され、そのコピーを携えた密使がブレッチリー・パークからドワイト・「アイク」・アイゼンハワー将軍のもとへと急いだ。アイクと部下たちがノルマンディー侵攻をいつ開始するかを検討しているところに密使がやってきて、ヒットラーの命令を記した紙切れを渡した。アイゼンハワーとしてはブレッチリー・パークのことを部下に漏らすわけにもいかず、黙ってメモを密使に返すと、部下たちに「明日（すなわち六月六日朝）決行だ」とのみ告げた。[39] 後にアイゼンハワーは、ブレッチリー・パークの暗号解読者たちのおかげでヨーロッパにおける戦いは少なくとも二年は短くなったと述べている。

コロッサス・シリーズは、世界初の大規模な電気式のデジタル計算機だった。この計算機は特殊な目的のために作られたものだったが、ほかの計算を行うこともできた。フラワーズは戦争中にさらに一〇種類のコロッサスを作った。ドイツの暗号がどんどん複雑になって人力での暗号解読法ではどうにも追いつかなくなると、ついに一九四四年八月にコロッサスがチューリングが考案した手計算のチューリングリーに取って代わった。ミッキーの報告によると、チューリングの考案になるバンという尺度を用いたベイズ的スコアリング・システムは、はじめのうちは「さまざまな仕事におけるちょっとした精神的補助[40]」だったが、やがて「〔コロッサスの〕ホイールパターン解読の重要な助手」になった。コロッサスを使う場合も、チューリングの手法が知的な面で役に立ち、これらの機械をより効率的に動かす手順を作ることができた。新たに作られたコロッサスは、決まって前のものより性能がよく、ミッキーによれば一一番目のコロッサスの設計が「コンピュータを現代的な意味での『プログラム可能性《プログラマビリティー》』の方向に推し進めた」のだった。[41]

暗号解読にベイズを使ったチューリング以外の人たち

チューリングは、一九四五年にはブレッチリー・パークにほど近いハンスロープ・パークの軍の施設で音声暗号に関する研究をはじめていた。一方ブレッチリー・パークのほかの人々は、第二次大戦が終わりに近付いたころに、エニグマに関するチューリングの業績についてはまったく知らずに、太平洋に展開する日本海軍の暗号をベイズの手法で解読することを決めた。日本海軍の主な暗号であるＪＮ－25はしだいに複雑になっており、一九四三年九月にイタリアが降伏すると、ブレッチリー・パークではすぐさま特に難しい暗号の解読作業がはじまった。

イギリスの数学者が三人、ワシントンと力を合わせてこの仕事に携わることになった。後にケンブリッジ大学の教授になったイアン・カースルズとジミー・ウィットワース、そして、一九四二年に一九歳でベルファストのクイーンズ大学で数学の学位を取得後すぐにブレッチリー・パークに加わったエドワード・シンプソンである。シンプソンはブレッチリー・パークでイタリアの暗号解読に取り組んでいたが、イタリアが降伏したので標的をＪＮ－25に切り替えたのである。

二〇〇九年に戦時下の業績が公けになったあとでシンプソン自身が語ったところによると、ブレッチリー・パークの「信じられないほど厳しいセキュリティーの方針」によって、チューリングからもグッドからも助言を得ることは禁じられていた。[42] そのため三人組は独力でベイズの手法を導入し展開した。丸々一年が過ぎて、三人はようやくそのころ日本海軍の暗号を研究しはじめていたチューリングの同僚のアレグザンダーと話せるようになった。

日本軍の暗号担当は、主要暗号であるJN－25を使うにあたってメッセージを五桁ずつブロックにして送信した。それぞれのブロックがJN－25のコードブックから引いてきた五桁の数字からなるコードと「添加物」と呼ばれるランダムな五桁の数字を加えたものであることは、イギリスの数学者たちにもわかっていた。したがってイギリスの暗号分析官はこの手順を逆に行えばよいはずなのだが、肝心のJNコードや添加物が載っているコードブックは手元にない。そこで数学者たちは、まず添加物である五桁の数字の候補を絞り込むことにした。そのうえで、暗号の専門家ではない一般人やイギリス海軍婦人部隊からなるチームが標準化された手法で添加物である可能性がもっとも高い数字を迅速かつ客観的に確認する必要があった。特定の添加物が使われているかどうかを判断するには、解読されたコードがその添加物を使って作られている可能性、つまり確率を調べればよい。チームのメンバーは信念の指標として、各コード候補にそれまでに解読したメッセージにそのコードが現れた頻度に応じてベイズ流の確率を割りふった。そのうえで、可能性がいちばん高いブロックや境界線上のブロックや特に重要なブロックをさらに調べていくのである。

「じつは、ある添加物が本物であるという仮説にどれくらいの事前確率を割りふるかについては思い悩む必要がなかった」とシンプソンは述べている。「むしろ、全体としての証拠〔の重み〕……が、正真正銘の本物として受け入れられるだけの説得力を持っているかどうかを判断することのほうが重要だった……暗号分析では常にいえるんだが、経験に基づいた確かな直感が何にもまして重要な貢献となることがある」[43]

ブレッチリー・パークで一番上手にバンベリスムスを使いこなすことができたアレグザンダーは、一九四四年一〇月以降、ベイズの定理とチューリングのデシバンを巧みに用いた日本の暗号の解読法の開発に取り組んだ。

一九四五年にはアメリカの暗号分析官たちも、ベイズの定理に関するメモをやりとりするようになっていた。アメリカ人たちが果たしてそれらの知識をブレッチリー・パークから得たのか、それとも自力でこの定理が役立つことを発見したのかは定かでない。あの戦争が終わってすでに六五年〔原著は二〇一一年に刊行されている〕が経とうとしているのに、イギリス政府は未だに戦時下での暗号学に関する多くの文書を機密扱いにしている。アメリカの若き数学者アンドルー・グリーソンは日本海軍の暗号解読に取り組み、チューリングがワシントンに滞在したときにその世話係を務めていたから、まずまちがいなくすでに戦争中にベイズの法則のことを知っていたはずだ。グリーソンとグッドとアレグザンダーは、最高機密とされた暗号学の研究を戦後も数十年間続けた。グリーソンはアメリカ国家安全保障局〔NSA〕で暗号分析官の訓練カリキュラム作成に手を貸し、ハーバード大学とNSAで数学を教え、確率論の教科書を著した。国家安全保障局は丸々一世代にわたってこの教科書を使い、ベイズの定理の使い方やチューリングのデシバンやセンチバン、ベイズ推定や仮説検定を暗号分析官に教えていた。グリーソンの教え子のうち約二〇名は、一九六〇年代から七〇年代にかけてソビエトの暗号解読の指揮を執った。グリーソンはベイズの法則に関する深い知識があったにもかかわらず、決して教条主義に走ることなく、この教科書でも著名な反ベイズ派であるネイマンが開発した手法を取り上げている。

ベイズの手法の貢献が超機密扱いになる

一九四五年五月にドイツが降伏すると、チャーチルはその数日後に予想外のショッキングな行動に出た。暗号解読が第二次大戦の勝利に貢献したという証拠をことごとく破棄するよう命じたのだ。こうして暗号学やブレッチリー・パークやチューリングやベイズの法則やコロッサスが連合軍の勝利に貢献したという事実そのものが、丸ごと葬り去られることとなった。チューリングの助手のグッドは後に、「ホレリス〔のパンチ〕カードから逐次統計、経験的ベイズやマルコフ連鎖や意思決定理論、そして電気計算機に至るまでの」対ユーボート戦や暗号解読に関するあらゆる事柄が超機密にされた、とぼやいている。[44] ほとんどのコロッサスが解体され、見る影もない部品の山となった。コロッサスを作ってタニー暗号を解読した人々は、イギリスの公職守秘法と冷戦に猿ぐつわを噛まされた恰好で、コロッサスが存在したことすら公言できなくなった。イギリスおよびアメリカの対ユーボート戦関係者の著作は即座に機密指定されて軍の上層部しか読めなくなり、その公開には何年も、場合によっては何十年もかかった。対ユーボートの暗号解読作戦のことは機密扱いの戦史にも書かれず、ベイズやブレッチリー・パークのことやチューリングが国家を救済するために尽力したことが世間に知れたのは、一九七三年以降のことだった。

なぜこんなにも長い間、暗号解読を巡る話が伏せられてきたのだろう。たぶんそこには、自分たちがタニー－ローレンツ暗号を解読できるという事実をソビエト政府に知られたくない、というイギリスの意図が働いていたのだろう。ソビエトは旧ドイツ軍のローレンツ暗号装置をたくさん手に入れており、冷戦下のイギリスでは、残っていた二つのコロッサスのうちの少なくとも一つを使ってソビエトの暗号が解読されていた。このため、ソビエトがローレンツ暗号装置を使うのをやめて新たな暗号システムを採用するまでは、ブレッチリー・パークの話を公表するわけにいかなかったのだ。

　このような秘密主義は、いくつもの悲劇を生んだ。ブレッチリー・パークに勤務していた人々の友人や家族は、自分たちの愛する人が戦争中にどのような貢献をしたのかも知らずにこの世を去った。暗号解読に向けたイギリスの努力の具現ともいうべきコロッサスの作製に関わった人々は、まったくといっていいほど賞賛されることがなかった。チューリングは大英帝国勲位（ＯＢＥ）を受けたが、これは高位の文官がよくもらう勲章である。ニューマンは、政府がチューリングに「ほんのわずかな」感謝しか示さなかったことにすっかり腹を立てて、自身の叙勲を断った。

　イギリスの科学や技術や経済もまた、負け犬になった。コロッサスは、ペンシルバニアのＥＮＩＡＣ〔かつて世界初とされていた電子計算機〕やプリンストンの高等研究所でジョン・フォン・ノイマンが作ったコンピュータのずっと前に作られ、使われていた。ところがその後五〇年にわたって世界中の人々が、史上初のコンピュータはアメリカで作られたと思っていたのだ。

　暗号解読に関する情報をすべて抹殺したことで、冷戦下での暗号分析の価値評価や対潜水艦戦に対する姿勢にもゆがみが出た。第二次大戦では、人間のスパイが機械に置き換えられた。実際、スパイするより暗号を解読したほうが早く、しかも敵の考えていることが直接わかる。ところが冷戦では、軍が持つハードウェアや大胆不敵なスパイ活動が美化されたのだ。

このような機密扱いは、チューリングに破滅的な影響を及ぼした。終戦当時チューリングは「脳を作りたい」といっていた[45]。そしてそのためにケンブリッジ大学の講師の職を退け、ロンドンの国立物理学研究所に入った。公職守秘法の縛りが災いして、当時のチューリングはいわば無名の存在だった。もしも爵位を得るなどして顕彰されていれば、支援スタッフとして割り当てられたたった二人の技師の数をさらに増やすこともはるかに楽だったはずだ。ところがこの研究所の所長だったチャールズ・ガルトン・ダーウィン――あのチャールズ・ダーウィンの孫――はチューリングの業績をまったく知らず、そのためチューリングが前日遅くまで仕事をしていて遅刻をするたびに叱責を繰り返した。ある日の午後、ダーウィンも参加していた会議がひどく長引くと、チューリングは五時半ぴったりに立ち上がり、「時間通りに」帰ります、とダーウィンに告げたという[46]。

チューリングは一九四五年にこの研究所で、世界初の暗号解読用のかなり完成度が高いプログラム内蔵型デジタル電気計算機を設計した。ところがダーウィンは野心的すぎるといってこれを非難し、うんざりしたチューリングは、その数年後に研究所をやめてしまう。一九五〇年にようやく研究所がチューリングの設計に基づくコンピュータを作ったところ、その速さは世界一で、なんとまあ、メモリー容量は三〇年後に作られた初期マッキントッシュの機械と同じだったという。

チューリングは、マンチェスター大学に移った。この大学では、ニューマンがイギリスの原子爆弾のために世界初のプログラム内蔵型デジタル電子計算機を作ろうとしていた。チューリングはここで世界初のコンピュータ・ソフトウェアを作り、世界初のコンピュータ知能に関する講義を行い、有名なチューリングテストを考案した。チューリングテストによると、五分間質問を続けてもコンピュータの答えと隣の部屋にいる人間の答えを判別できない場合は、コンピュータが「考えている」としてよい。さらにチューリングは、物理化学や生物の巨大分子がどうやってシンメトリーな形になっていくのか、といったことに興味を持ちはじめた。

しかしこのような実り多い年月は一九四九年から五〇年にかけて起きた一連の派手な国際事件によって断ち切られ、チューリングの私生活は突如危機に陥った。第一に、ソビエトが原爆を爆発させて西側をあっといわせ、次に、大陸中国を共産主義者が支配するようになり、さらに、アルジャー・ヒス、クラウス・フックス、ジュリアスとエセルのローゼンバーグ夫妻がスパイ容疑で逮捕され、最後に、ウィスコンシン州選出の上院議員ジョセフ・マッカーシーが何の根拠もない「アメリカ国務省内の共産主義者」の人名一覧を振りかざしはじめたのだ。

そのうえ間の悪いことに、一九五〇年にはイギリス上流階級の二人のスパイ――乱交好きを公言するアルコール中毒の同性愛者ガイ・バージェスと、ケンブリッジ大学の学生時代からバージェスの友人だったドナルド・マクリーン——が逮捕を逃れてソビエトに逃げた。しかもアメリカ政府からイギリス課報部に入った連絡によると、二人に逮捕の情報を漏らしたのは、これまたケンブリッジ卒業の同性愛者で、一流の美術史家にして王室づき芸術アドバイザーでもあったアンソニー・ブラントだったという。この事件がきっかけで、イギリスおよびアメリカの政府はさらに同性愛のスパイを巡る醜聞が起きるのではないかとパニックに陥り、イギリス国内では同性愛の咎《とが》で逮捕される男性の数が急増した。

女王エリザベス二世の治世がはじまったまさにその日、一九五二年二月七日に、チューリングは自宅において合意の上で成人と同性愛に及んだとして逮捕された。のちにグッドは、「ブレッチリー・パークにいた当局者が、チューリングが同性愛者だということを知らなくて幸運だった。さもなければ［チューリングは暗号解読に参加できず］イギリスはあの戦争に負けていただろうから」と皮肉っている。[47]

バージェスとマクリーンを巡る大騒ぎのせいで、チューリングは救国の英雄どころか国の最高機密に通じたもう一人のケンブリッジ卒同性愛者と見なされることになった。しかもこの同性愛者ときたら、イギリスの原爆実験で使われるコンピュータの開発にまで携わっていた。イギリス一の暗号分析者であるチューリングは、この逮捕によって機密情報にアクセスする権利を失い、解読の仕事を続ける機会を奪われた。そのうえアメリカ議会がゲイの入国を禁じたために、アメリカで仕事を続けようにもビザが下りなかった。

世界中がマンハッタン計画に関わって原爆や水爆を作った物理学者をもてはやし、ナチの戦犯が自由の身となり、アメリカがドイツのロケット専門家を雇うなか、チューリングは有罪を宣告された。イギリスという国が囚人たちに医学実験を行ったナチを相手に戦ってからまだ一〇年も経たぬというのに、判事は、獄に下るか女性ホルモン注射による化学的去勢を受けるかどちらかを選べ、とチューリングに迫った。チューリングはエストロゲン注射を選び、一年後には乳房が大きくなった。そして、チューリング自身の助けがなければ不可能だったはずのノルマンディー進攻の一〇周年記念日の翌日、一九五四年六月七日に自ら命を絶った。イギリス政府はこの二年後にアンソニー・ブラントを叙勲したが、このスパイは後に、友人だったバージェスやマクリーンに情報を漏らして、同性愛者に対する魔女狩りを引き起こしたことを認めている。チューリングの最期について書いていると――そして読んでいても、今なおつらく悲しい気持ちになる。イギリスの首相――当時の首相はゴードン・ブラウンだった――がチューリングに謝罪したのは、チューリングの死後五五年が経った二〇〇九年のことだった。

それでも、ベイズの法則を使ったチューリングの仕事は暗号学の世界に生き残った。チューリングとともに仕事をしたアメリカ側のある同僚は、何十年もの間こっそりと国家安全保障局の暗号学者たちにベイズの手法を教え続けた。また、グッドはチューリングの後押しを得てベイズ流の手法や理論を展開し、当代一の暗号分析官となり、一九五〇年代から一九六〇年代にかけて、ベイズのルネサンスを率いる三羽がらすの一人となった。グッドはベイズの法則に関する論文を九〇〇本ほどまとめ、そのほとんどを発表している。

しかし暗号学の世界を一歩出ると、二〇世紀中盤のもっとも優れた思索家たちがベイズの法則を使って第二次世界大戦下の祖国を守ったことを知る者は一人もいなかった。第二次大戦が終わった時点でも、ベイズの法則はやはり中傷にまみれていたのである。

第5章 再び忌むべき存在となる 一九四五年〜一九五〇年代

戦時の活躍が機密扱いとなったため、ベイズ派の立場はさらに悪化。学界では無視され、封じ込められた。

「頻度主義にあらずんば統計学にあらず」という時代

戦時下での成功が機密扱いされたために、第二次大戦が終わった時点では、ベイズの法則はますます怪しげなものと見なされるようになっていた。統計学の書籍や論文の著者たちは自分を正当化するために、ベイズの法則を使っていないことを繰り返し強調した。ジャック・グッドがイギリス王立統計学会でこの手法について論じたときには、次の講演者が「あのナンセンスのあとで……」と切り出したという[1]。

「ベイズ」といえばあいもかかわらず等確率のことであって、観察により得られたデータで更新を行いつつ推論し結論を出して予測を行うことではなかった。一九五〇年代に規格基準局がアメリカ軍兵器検査センターのアバディーン性能試験場宛ての報告を差し止めたのも、研究の過程に主観的なベイジアンの手法が使われていたからだった。マッカーシー上院議員による反共産主義キャンペーンが吹き荒れるなか、基準局のある統計学者は冗談半分に同僚を指して「あいつはアメリカ人《アメリカン》じゃないね。だって……密かにアメリカ政府を転覆しようと狙っている……ベイズ派《ベイジアン》だったんだから」といったという[2]。さらにハーバード大学ビジネススクールの教授たちは、ベイズ派の同僚たちのことを「社会主義者で、括弧付きの科学者」と呼んでいた[3]。

ある著名な統計学者によると、「未だに逆確率の概念全体が何か『たいへんけっこうとはいえない』もの、不健全なものだという考えがあちこちに残っているようだ」った[4]。そのため特に断り書きがない限り、統計学者を見たら頻度主義者だと考えてよかった。

ベイズ派のコミュニティーは小規模で孤立していて、出版物もまるで目立たなかった。フランク・ラムゼイやハロルド・ジェフリーズやブルーノ・デ・フィネッティが戦前に発表した理論も、顧みられずに放置されていた。「アナルズ・オブ・マセマティカル・スタティスティックス〔数理統計学紀要〕」に発表された論文のほとんどが、一九三〇年代にイェジ・ネイマンがまとめた頻度主義の業績の枠に納まる問題に関するものだった。ロナルド・フィッシャーの遺伝学研究の影響もさることながら、アイオワ州立大学の統計学者オスカー・ケンプソーンがベイズに強く敵対する姿勢を取っていたために、ランドグラント大学〔連邦政府所有の土地供与を定めた法律の適用を受けて国の援助で設立された大学を意味する言葉で、かつては農学や機械工学など理科系の実学に特化していた。ＭＩＴやカリフォルニア大学など一〇〇あまりある〕で行われる農学研究のほとんどが、頻度主義に基づいていた。一九五六年にアメリカ統計学会会長のガートルード・コックスが統計学の未来について語ったときも、ベイズのことにはほとんど触れなかった。ベイズ解析の利用法を科学者たちに教授する実践的な論文が登場したのは、じつに一九六三年のことだったのである。

一九五〇年の時点では、軍隊のために仕事をする民間の研究者ですらベイズのことをほとんど知らなかった。ある経済学者が、カリフォルニア州にあるシンクタンク、ランド〔第９章参照〕でアメリカ空軍のために研究の予算を組むにあたって、客員の統計学者デヴィッド・ブラックウェルに、向こう五年以内に大規模な戦争が起きる確率を見積もるにはどうすればよいかと尋ねた。すると当時まだベイズ派でなかったブラックウェルは、次のように答えた。「ふうむ。その質問は無意味ですな。確率というのは、反復可能な出来事の長い列に対して適応されるものですが、今問題となっているのは明らかに一度きりの出来事ですからね。大規模な戦争が起きる確率は〇か一になりますが、五年経たないことには何ともいえません」すると件の経済学者はうなずいて、「そうおっしゃるのではないかと案じておりました」といった。「ほかにも何人かの統計学者の方々とお話ししたんですが、みなさん同じことをおっしゃいましたのでね」[5]

ベイズ派の理論家デニス・V・リンドレーは「新興のベイズ派の運動は、主として無視されたことによって、封じ込められた」と結論している。[6] また、これとは別の統計学者は「わたしたちの多くが、〔ベイズは〕死んで葬られたと考えていた」[7] と振り返っている。

第3部

ベイズ再興を志した人々

第6章　保険数理士の世界からはじまった反撃　一九五〇年～一九六〇年代前半

ベイリーは保険数理士のために
ベイズ的な手法を研究、その知見は
やがて損保業界に大きな影響を与える。

反ベイズへの逆襲を試みる男

第二次大戦終了後、最初に公然と反ベイズ体制に異議を申し立てたのは、軍関係者でもなければ大学の数学者でも統計学者でもなく、聖書からの引用を好む企業幹部アーサー・L・ベイリーだった。

ベイリーは保険数理士だった。父は銀行員だったが、地元の政治家に多額の金を貸したりすべきではないと経営陣に説いたことでクビになり、あらゆる銀行からのけ者にされた。一家に対する村八分はたいへん厳しく、アーサーと妹は同級生のパーティーにも招かれなくなった。ベイリーは東部の権力者層に背を向けて、アン・アーバーにあるミシガン大学に入学した。そして数学科の保険数理プログラムで統計を学び、一九二八年に理学士号を取得、妻ヘレンと出会った。ヘレンはやがてジョン・ハンコック相互生命の保険数理士となり、子供が生まれるまでそこで働いた。[1]

なぜかうまくいくベイズ流損害保険料率に驚く

ベイリーはまず、本人が好んで「バナナ」と呼ぶボストンのユナイテッド・フルーツ社本部の統計部門で働きはじめた。やがて大恐慌のあおりを受けてこの部門がなくなると、果物を積んだトラックを運転したり、逃げた毒蜘蛛を追ってボストンの通りを走り回ったりすることになった。それでも幸運なことに職を失うには至らず、一家はバナナやオレンジに事欠くこともなかったという。

バナナに埋もれて九年間を過ごしたベイリーは、一九三七年にニューヨーク市でバナナとはまったく無関係な職に就くことになった。全米相互保険会社連合という相互保険会社の協会で、自動車や飛行機や製造業や押し込みや窃盗などに絡むリスクをカバーする保険料率を設定することになったのだ。

若いころから上っ面の友達よりも教会や共同体の絆を好んでいたベイリーは、仕事での成功を隠すように、ニューヨーク郊外の気取らない地域で平穏に暮らした。息抜きはガーデニングや四人の子供を連れてのハイキングであり、『グレイの植物学』〔中央アメリカおよび北アメリカ大陸の植物に関する有名な手引書〕に大好きな野生蘭の生息地を書き加えることだった。そして「過去に生きる人もいれば、未来に生きる人もいるが、もっとも賢い人々は今を生きる」というのがお気に入りのモットーだった。

新たな職場に落ち着いたベイリーは、「頑迷な保険引受人たち」が一九一八年に労働災害保険向けに開発された「大なたのような」半経験的ベイズの手法を使っているのを見て震え上がった。[2] 大学の統計学者たちははるか昔にこういった手法を事実上不適当なものであると見なしていたが、実践的な実業界に生きる保険数理士たちは事前の知識を捨て去ることを拒否し、新たなデータで古いデータを修正し続けていた。つまり、今年の保険料率をもとにして、そこに保険金請求に関する新たな情報を加味し修正して翌年の保険料率を決めていたのである。保険数理士たちは、新たな料率がいくらであるべきかという問いは立てず、「現在の料率をどれくらい変えるべきか」を問うた。たとえば次の年にある人物がアイスクリームをどれくらい食べるかを評価する場合、ベイズ流のやり方では、その人が最近アイスクリームをどれくらい消費したかを示すデータと、全国的なデザートのトレンドなどの情報を組み合わせて見積もりを出す。

近代的な統計学に通じていたベイリーは、これを見てじつにけしからんと思った。ベイリーが教えを受けた教授たちはロナルド・フィッシャーやイェジ・ネイマンの影響を受けていて、彼らから、ベイズの事前確率は「つばより忌まわしい」と聞かされていたのだ。[3]統計学者たるもの、次なる実験や観察について事前に意見を持つことなく、統計的ではない些細な情報は退けて、ただひたすら直接関係がある観察だけを行うべきだ。だいたい、事前の知識（たとえば、前年までの保険料率）のクレディビリティーを評価する標準的な手法などないし、その知識とあとから加わった統計的情報を関連づける標準的な手法も、どこにもないではないか。

ニューヨークでの最初の一年間、ベイリーはひたすら「損害保険において保険数理士が用いている奇妙な〔ベイズ流の〕手順はすべて数学的にまちがっている」ことを自身に対して証明しようとがんばった。[4]ところが必死で悪戦苦闘したあげくに、保険数理士の大なたがきちんと機能していることがわかったものだから、これはまさにびっくり仰天だった。それどころか、優美な頻度主義よりベイズ流の大なたのほうが好ましいとすら思えた。ベイリーは当然「実際のデータについて叙述する」式のほうが好きだった。「わたしは、頑迷な保険業者たちが、統計の理論家たちが無視しているある種の厳然たる事実に気づいていることを悟った」。[5]ベイリーにすれば、頻度主義者の小さなサンプルよりも大量のデータを重視するほうが望ましかった。そのほうが案外「論理的で理にかなっている」と感じられたのだ。そして、保険数理士が起きなかった出来事の確率をゼロにするフィッシャーの最尤《さいゆう》法を使うのは自殺行為であるという結論に達した。[6]保険金をまったく請求してこない業種が多いので、フィッシャーの手法で計算した料率は低くなりすぎて、先々の損失をカバーできなくなる。

ベイリーは、ベイズの法則に対する当初の疑念を捨てて、第二次大戦の最中でもこの問題に取り組み続けた。大学人たちからも同僚の保険数理士たち――彼らは優秀なベイリーをどう扱ったらいいのかわからなかった――からも離れて、一人研究を続行したのである。

戦後、正確には一九四七年に、ベイリーはニューヨーク州保険部に移り、監督官庁の主任保険数理士となった。ある保険会社の重役は、ベイリーのことを「我々の良心の番人」と呼んだ。会合の折りに、同僚たちがホテルのバーで大酒を飲んでいるときも、ベイリーはアルコール抜きの飲み物をすすりながら、折りに触れて聖書の言葉を引用した。暇があれば聖書を読む。保険数理士のなかには、「ありとあらゆるやり方でアーサー・ベイリーをくさす者もいた」が、ある重役によると、「それでもわたしたちは、勤務時間外のベイリーを知っていたから、その道徳水準の高さと清廉潔白を尊敬するようになった」という[7]。

ベイリーは、自分がどのようにして動揺しつつベイズの法則への態度を変えていったのかを文章にまとめはじめた。表記法は古くさくて難解だったが、現在の料率をベイズの定理の事前確率として使うことは正しいという数学的根拠を構築するつもりだった。論文の冒頭では、事前の信念を用いることの正しさを裏付けるために、マルコによる福音書の一節を引用した。「『もしできれば』とそう言うのか。信じれば何でもできる」そしてベイリーは、アルバート・ホイットニーが労災補償のために作り上げた数学を総括し、何年も前に開発されていたベイズの統計手法に基づく労災保険のクレディビリティー理論を支持した。クレディビリティーは保険数理士の思考の核となっており、相対頻度だけでなくほかの種類の情報を加味して決められる。ベイリーは、初期データと入手可能なあらゆる情報の断片とを融合させる数学的な手法を編み出した。なかでも、補足的な証拠にそのクレディビリティー、すなわち主観的信憑性に応じた部分加重値を割り当てるにはどうすればよいのかを明らかにしようとした。ベイリーの数学的手法を使えば、雇用主や活動内容や地域がさまざまに異なる何千もの事業向けの新旧の保険料率の統合を一貫した体系に沿う形でできるようになるはずだった。ベイリーが使っていた図書館には一九四〇年に復刻されたベイズの論文があり、それにはベル電話会社のエドワード・モリーナによる序文がついていた。そしてベイリーもモリーナ同様、トーマス・ベイズの着想より複雑で正確なラプラスの体系を使った。

一九五〇年当時、ベイリーはシカゴにあるケンパー・インシュランス・グループの副社長を務めていて、損害保険数理士協会主催の準正装の晩餐会でディナーのあとに講演を行うことが多かったのだが、この年の五月二二日にその場で読み上げた論文はベイリーのもっとも有名な論文となった。演題は内容そのままに、「クレディビリティーの手順：ラプラスによるベイズの法則の一般化と、付随（つまり事前）知識と観察で得られたデータの組み合わせについて」というものだった。

重い食事（しかも酒を飲みながらであったはずだ）のあとで長い学術論文を集中して聞くことができた保険数理士たちは、ベイリーが発するメッセージを聞いて興奮に打ち震えたにちがいない。ベイリーはまず、ほぼ孤立状態で統計学界の権力機構《エスタブリッシュメント》に抗して立ち上がり、頻度主義者のサンプリング哲学に唯一組織的に反乱を起こした同僚たちを称えた。保険統計学者たちは、ほかの統計学者の「一歩先を行っている」保険数理士の業務は不可解で奥深い謎であって、「これまでに数学的に証明されたあらゆるものを超越している」そしてベイリーは高らかに宣言した。「しかし、それはきちんと機能している……保険数理士たちは繰り返しそのことを示してきた。保険数理士の手法はうまくいくのだ！[8]」

さらにベイリーは、自分たちの愛すべきクレディビリティーの公式が、じつはベイズの定理から導かれているという驚くべきニュースを発表した。実践的な保険数理士たちは、ベイズのことを事前と事後の時間系列を扱った抽象的で一時的な解だと思っていた。ところがベイリーは同僚たちに、ベイズの友であり編集者でもあったリチャード・プライスが今でいう保険数理士の仕事をしていたことを指摘した。さらに、ベイズが思い描いたテーブルと球の思考実験を使って、頻度主義者やけんかっ早いフィッシャーを正面から攻撃した。そしてベイリーは、統計理論における事前知識の復権を！　という威勢のよい叫びで講演を締めくくった。ベイリーのこの挑戦は、その後長らく大学人の理論家たちを忙しくさせることとなった。これはいわば鬨《とき》の声だった。その後後にこの論文を読んだハーバード大学のリヒャルト・フォン・ミーゼズ教授は心からの賞賛とともに、このスピーチによって「R・A・フィッシャーがはじめたベイズの理論への不合理で不当な攻撃がやむとよいのだが」とベイリーに書き送った。[9]

保険数理士の世界からアカデミズムの世界へ広まる

残念ながらベイリーは、ベイズの法則を擁護する運動を大々的に行うに至らなかった。このもっとも重要なスピーチを行った四年後の一九五四年に心臓発作を起こし、八月一二日に四九歳で息を引き取ったのだ。ベイリーの息子によると、大学時代に吸いはじめたたばこをついにやめられなかったからだという。

それでも現役保険数理士の何人かは、ベイリーのメッセージを受け止めた。ベイリーが亡くなった年に、崇拝者の一人がインシュランス・カンパニー・オブ・ノース・アメリカ社のクリスマスパーティーでマティーニをすすっていると、サンタクロースに扮した主催会社のＣＥＯがとんでもない質問をした。「誰か、二機の飛行機が空中衝突する確率を予測できる人間はいないか？」

そしてこのサンタは、自社の主任保険数理士であるL・H・ロングリー＝クックに、そのような事故がまったく起きたことがないという前提で予測を行うよう求めた。商用機はそれまでに一度も深刻な空中衝突を起こしたことがなかった。過去に経験したことがなく反復実験もできない場合、正統派の統計学者なら、予測はまったく不可能だと答えるしかない。ところがいかにも英国的なロングリー＝クックはすぐには答えず、「こういうことをマティーニと混ぜるのは、ほんとうにいやなんですがねえ」といって物憂げに質問をかわした。とはいえ、このサンタの問いが頭から離れなかった。アメリカでは一年のうちに、鉄道で旅行をする人より飛行機で旅行をする人のほうが多くなるだろうと思われていたからだ。一方統計学者のなかには、確実に異論が出る主観的な事前確率は使わずに、事前情報がまったくないところから予測を立てる方法はないものかと考える者もいた。

ロングリー＝クックはクリスマス休暇の間じゅうこの問題を考え続け、一九五五年一月六日に件のCEOに宛てて、今後の状況に関する警告を送った。業界の安全記録によればそれまでに航空機同士の事故は一件もなかったが、航空事故一般に関する入手可能なデータを見る限り、「これからの一〇年間に起きる旅客機同士の衝突事故の件数は〇から四までのいずれかであると思われる」。したがって保険会社は、高額な保険料を支払わねばならない大惨事に備えて旅客機の保険料率を引き上げ、再保険を買わねばならないというのだ。二年後に、この予測が正しかったことが証明された。ニューヨーク市の上空でDC－7型機とロッキード社の大型機コンステレーションが衝突して、乗客乗員やマンションの住人など計一三三人が命を落としたのである。[10]

後にアーサー・ベイリーの息子のロバート・A・ベイリーは、ベイズの手法を用いて優良な自動車ドライバーに有利な保険料率を提供することの正当性を裏付けた。一九六〇年代のアメリカでは自動車事故の発生率がひどく高くなり、国民の半分がいずれは交通事故でけがをすると見られていた。人々はどんどん車を買い、運転距離も伸びていたのだが、その変化に法律がついていっていなかった。道路標識は統一されておらず、ドライバーも自動車も、ほとんどが一生に一度試験ないし検査を受ければ上等という有様だった。飲酒運転の罰則は軽く、車を設計するときも安全は度外視されていた。そして保険会社は、多大な損失を抱えて苦しんでいた。優良なドライバーにあらかじめ直接的に報いるシステムが必要だったにもかかわらず、一台の車には適切なクレディビリティーがないのでドライバーの評価をするのは不合理だとされていた。これに対してロバート・ベイリーとルロイ・J・シモンは、ベイズの法則を使って、カナダの安全運転割引制度から抜き出した関連するデータで既存のアメリカの統計を更新すればよいことを示した。

さらにロバート・ベイリーは、ベイズの手法を用いて飲酒歴などの会社の所有者に関する評価や経営陣の資質といった統計的でない主観的情報を組み込み、保険会社自体の格付けを行った。しかし保険業界で膨大なデータが蓄積されるようになると、計算尺同様、ベイズの法則も用済みとなった。

アーサー・ベイリーの業績を理解することができたごく少数の保険数理士にとって、ベイリーはダ・ヴィンチでありミケランジェロだった。彼こそが、自分たちの職業を暗黒時代から抜け出させてくれた人物だったのだ。[11]ベイリーの業績に関するニュースは、これといった紹介者もなくじわじわと大学人の理論家たちに浸透していった。一九六〇年代の前半には、ミシガン大学の保険数理の教授アレン・L・メイヤーソンが、クレディビリティー理論におけるベイリーの独創的役割について論じた。また、ベイズの手法に転向したばかりだった統計学の教授レオナード・ジミー・サヴェッジは当時同じミシガン大学アン・アーバー校で仕事をしていたが、後にイタリアのある島の別荘にベイズ派の保険数理学教授ブルーノ・デ・フィネッティを訪ねている。二人はトリエステで開かれた会議に出席し、そこでデ・フィネッティは保険のクレディビリティーがベイズに起源を持つことやベイリーの業績を世間に広めた。実際ほとんどの統計学者が、それまでベイリーの名前も知らなかったのである。

スイス連邦工科大学チューリッヒ校の数学の教授で学長にもなったハンス・ビュー

ルマンは、この会議での興奮を今も憶えているという。ビュールマンは一九五〇年代に大学のサバティカル休暇を利用して、ネイマン率いるカリフォルニア大学バークレー校の統計学部で研究したことがあった。「当時は、ベイズ的な観点を口にするだけでも危険な感じだった」それでもビュールマンはベイリーの挑戦を受けて立ち、クレディビリティーに関するベイズの一般理論を構築した。こうして統計学者たちは、この理論を保険数理士や保険の世界のはるか先へと展開することになった。ビュールマン自身は、大陸ヨーロッパの人々が英米人の前途に横たわっていた論争——すなわちベイズの法則を巡る「宗教的な」論争の深みにあまりひどく陥らずにすんだのは、慎重を期して事前確率を「構造関数」と命名し直したおかげだと考えている。[12]

第7章　ベイズを体系化し哲学とした三人　一九五〇年〜一九六〇年代

数学者たちがベイズを体系化、ベイズは単なる道具ではなく、世界を捉える哲学となった。

統計学者の数が爆発的に増える

アーサー・ベイリーがクレディビリティーという名前の大なたを保険業界向けのベイズの法則に変えていたちょうどそのころ、この手法の地位そのものも戦後の統計学ブームによってじょじょに押し上げられていた。ベイズは実際的な問題を解くための道具でしかないという評判はどこかに消えて、あらゆるものを含む哲学として華々しく鮮烈に登場することとなり、なかにはベイズの法則を神学と呼ぶ者も出るほどだった。

第二次大戦のおかげで、アメリカの応用数学者たちの待遇は、地位の面でも金銭面の見通しからいっても就業チャンスからいっても格段によくなった。軍は、戦時中に統計や作戦研究《オペレーションズ・リサーチ》（ＯＲ）が大いに役に立ったことを深く心に刻んでおり、一九四〇年代末には政府が科学や統計にせっせと資金を注ぎ込むようになった。資金担当の将校たちが大学の廊下を闊歩し、ややもすると補助金の申請を渋りがちな統計学者たちを何とか説き伏せようとした。海軍の首脳陣は、技術振興のために戦後は科学を活性化させるべきだと信じて海軍研究局（ＯＮＲ）を立ち上げた。これは、科学の研究に資金を提供するために作られた初の連邦機関である。一九五〇年に全米科学財団が創設されるまでは、アメリカ海軍がアメリカの数学および統計のさまざまな研究を――機密のいかんにかかわらず、さらには基礎、応用の別なく――支援していたのである。このほかにも、アメリカ陸軍やアメリカ空軍や国立衛生研究所が資金を提供していた。

いっぽう純粋数学者のなかでも、戦時下で人の生死に関わる刺激的な意思決定を経験していた世代はすぐさま応用数学や統計学に舵を切った。世界の統計学の中心はイギリスからアメリカへと移り、この分野は一気に拡大した。このような華々しい成長のなかで、統計理論学者の数は一〇〇倍に増えた。そして彼らは数学科に腰を落ち着けると、「数理統計学」や「理論統計学」といった言葉を作り出していった。

この好景気のおかげで、ベイズ派もエリート研究所に職を得ることができた。ベイズ派という言葉でひとくくりにされる幅広い連続体の片方の端には、ベイズの理論を数学的にも学術的にも立派なものにしようと試みる伝道師がおり、その反対の端には、形式にこだわる数学の演習問題ではなく科学の世界で重要な役割を演じたいと考える実践家がいた。

外部からは嫌われ、内部では分裂する統計学者たち

このような騒々しい変化や統計学に対する当世風の考え方を前に、戦時中は便宜的に上手を組んでいた抽象指向の強い数学者と応用数学者は再び袂を分かった。統計学者たちは、純粋数学者たちが有益な研究を皿洗いや街路掃除のような「田舎者のための仕事」と見なしていると文句をいった[1]。ジャック・グッドは、一九六〇年代当時アメリカ第三の規模を誇る統計学部を擁していたバージニア工科大学においてさえ数学者たちは問題解決《プロブレム・ソルバー》を得意とする人々を忌み嫌っていたと断言している[2]。

連邦政府の資金を手にしてすっかりご機嫌の統計学者やデータアナリストたちは、数学教室を出て自分たちの領土を作った。だがその領土のなかですら、統計を抽象化理論化しようという動きと科学に応用しようという動きの間には——人目につかない上品な形での——敵対意識がふつふつとたぎっていた。大学にもよるが、今でも数学科や応用数学科や統計学科や生物学科や計算機科学科を占拠している応用数学者たちとの間では根深い不和が続いているのである。

当時、世界最大規模のもっとも重要な統計学センターだったカリフォルニア大学バークレー校のイェジ・ネイマン研究室では基本的なサンプリング理論が開発されており、この研究室は戦後も長らく気むずかしい同業者たちの上に君臨していた。だが、ここにも亀裂が生じはじめた。統計学者の需要が急増し、これに対処しきれなくなったバークレー校統計学部が在学生を雇ったり昇進させたりしたために、内向きになっていったのだ。ある学生が黒板の問題を慣例的でない方法で解こうとすると、ネイマンはその手をつかんで自分のやり方で答えを書かせたという。また、四〇年にわたって頻度主義者ばかりを雇い入れ、外部の人々からは「イエスとその弟子たち」と呼ばれていた。[3] そしてネイマンは、八〇代になっても統計学部を牛耳り続けたのだった。

ネイマンとフィッシャーはいずれ劣らぬ熱烈な反ベイズ派だったが、どちらも相手がそのニーズにもっとも適した技法を使っていることを認めようとせず、最後まで戦い続けた。フィッシャーにすれば、この戦いには大きな利害がかかっていた。「我々は高度な訓練を受けた知的な若者たちを、まちがいだらけの数字が書かれた表を小脇に抱え、脳みそがあるはずのところに濃い霧がかかったままの状態で世間に送り出しかねない。彼らは当然今世紀のうちに誘導ミサイルの研究を行い、医療従事者に疾病管理の助言を行うことになるわけで、そうなると、彼らがありとあらゆる国家努力を際限なく妨げる可能性がある」[4] フィッシャーはネイマンのことを「数百年は時代遅れで……ねじれた推論によって部分的に無能になっている」とこき下ろした。[5] 一方ネイマンはフィッシャーの研究を「まったく油断がならない。というのも巧みに隠してはいるが、不当な優先権を主張しているからだ[6]」と述べている。一事が万事この調子だった。ちなみにネイマンは八五歳のときに、見下すように、「〔ベイズには〕関心はない。関心があるのは頻度だ[7]」と述べている。

ベイズ派に共鳴する人々からすると、頻度主義はまるでルーブ・ゴールドバーグの漫画〔簡単にできることを手の込んだからくりの連鎖でわざとややこしく面倒くさく行っている様子を風刺した有名な漫画〕だった。場当たり的に生み出された検定や手順のおおざっぱなつながりでしかなく、確率論に基づく統一的論理的な手法で導き出されたわけでもない。頻度主義に基づく分析の結果が気に入らなければ、改めてほかの検定を行えばよい、というジョークがあったほどだった。一方ベイズの法則には全体としての根本原理があるように見えた。やがて統計学者や討論会や論文や雑誌の数が増えてくると、一九五〇年ころに発表された一連の出版物がきっかけとなって、それまで埋もれていたベイズの法則の世界に関心が集まるようになった。

ベイズを再生に導いた変わり者、グッド

ベイズの法則が今一度の再生に備えられたのは、ジャック・グッド、レオナード・

ジミー・サヴェッジ、デニス・V・リンドレーの三人の数学者が、ベイズの法則を立派な数学として論理的で一貫性ある方法論に仕立てようと力を尽したおかげだった。ベイズ派が蘇ったことは、まず最初に戦時中にアラン・チューリングの助手を務めていたグッドの著作によって告知された。グッドによると、「戦後、彼〔チューリング〕には統計に関する論文を書く時間がなかった。なぜなら、コンピュータ言語やコンピュータを設計し、人工知能や生物の形態生成の化学的基盤などに考えを巡らすのに忙しくしていたから。そこでわたしは彼の許しを得て、その着想をかなり細かいところまで展開した」という。[8] グッドは一九四六年には『確率と証拠の重みづけ』の第一稿を書き終えていたが、この論文が発表されたのは、アーサー・ベイリーが保険数理士たちに向かってベイズ派のマニフェストを発表した一九五〇年のことだった。グッド曰く、このような遅れが生じたのは、主として冷戦中も第二次大戦下と同様の機密保持が続いていたからだった。

当初、グッドの著作はまるで相手にされなかった。本人が自分の考えを人に教えたり説明するのに不慣れだったうえに、グッドがベイズの手法を使ってエニグマの暗号解読に協力していたことを、誰も知らなかったからだ。王立統計学会の会議で「新ベイズ派、あるいは新ベイズ－ラプラス的哲学」について講演したときも、グッドは言葉を無駄に費やすことなく、簡潔なスタイルで話を進めた。[9] この講演を聴いていたリンドレーは「彼は自分の着想をこちらに届けることができなかった。我々は彼の言葉にもっと敬意を払うべきだった。なぜなら彼は多くの面で人々の先を行っていたのだから」と述べている。[10]

グッドは戦後もイギリス政府のために機密の暗号学に携わり、どの仮説を追うべきかを決める際にしばしば同等な事前確率を使っていた。一九六七年にデヴィッド・カーンがベストセラーとなった『暗号戦争』を発表した際には、アメリカ国家安全保障局（ＮＳＡ）がグッドがイギリスの三本の指に入る暗号分析家であるとする一節を削除するよう命じている。当時グッドは、暗号業界のことを世界一よく知っている人物の一人だった。頭の回転が速くて手際がよく、独創的で驚くべき記憶力の持ち主で、因習に囚われることなく超自然や占星術について考え、知能指数が高い人々の組織であるメンサにも入っていた。そして自己紹介のときには、握手しながら「わたしがグッド《いいん》です」というのだった。[11]

第二次大戦以降、暗号学に関する技術はすべて機密扱いになっていた。グッドはそのような規制にしたがってはいたものの、じつはいらだっており、検閲を出し抜く方法を探っていた。そして、ドイツ軍の潜水艦が当日用いた暗号を示す二、ないし三つ一組の文字を突きとめる際にチューリングが用いた極秘技術を明らかにするために、お気に入りの英国的趣味であるバードウォッチングを引き合いに出した。もしも、とグッドはいう。熱心なバードウォッチャーが一八〇種類の異なる鳥を見つけたとしたら、どうだろう。その場合、多くの鳥はたった一羽しか観察されておらず、理屈からいって、バードウォッチャーがまったく観察できなかった種がたくさんあるはずだ。ところがこれらの見逃した種を（頻度主義者がやるように）ゼロと数えると、これらの種は永久に見つからない、と断定することになるわけで、これはよろしくない。そこでチューリングは、見過ごしたこれらの種にゼロではなくごくわずかな可能性を割り当てることにした。そうすることで、それまでに集めたドイツ軍のメッセージに登場していなかった、めったに使われない文字グループのことを知ろうとしたのだ。自分の手元の標本に入っていない種の頻度を評価しておけば、ベイズの手法を使ってこれらの文字グループがより大きな規模のメッセージのサンプル群——そしてまさにその次に受け取るエニグマ暗号のメッセージ——に現れる確率を評価することができる。この数十年あとにDNA解読を研究する人々や人工知能を研究分析する人々が使ったのも、まさにこれと同じ手法だった。

グッドは有能なだけにつきあいにくいところがあって、ポストを転々とした。プリンストン大学にあった暗号学のシンクタンク「国防分析研究所」で一年を過ごしたグッドが研究所を去ることになったときには、同僚の多くがほっと胸をなで下ろしたという。一九六七年にブラックスバーグにあるバージニア工科大学に移ったグッドは、ようやくそこに腰を据えた。本人の強い主張によって、契約書には、給料は常にフットボールのコーチより一ドルだけ多くする、と明記された。だが、一九六〇年代のアメリカでベイズの法則といえばシカゴ大学、ウィスコンシン大学、ハーバード大学、カーネギー・メロン大学であって、グッドはベイズ派の主流からはかなり離れたところにいた。

地理的には中央からはずれ、しかもイギリス政府の機密であるチューリングとの仕事についていっさい語ることができなかったグッドは、頼まれてもいないのに、同僚たちにタイプした履歴書――本人にいわせると、八〇〇以上の論文と四冊の著作の「秘密のリスト」――を送りつけて唖然とさせた[12]。あらゆる成果に番号が振られ、そのうちのかなりの数に機密というマークがついていた。ベイズの手法がエニグマ暗号を巡ってどれほどの成功を収めたかを明らかにするには、イギリスが暗号分析に関する業績をゆっくりと機密扱いからはずすのを待つしかなかった。そしてついにそのチャンスが訪れたとき、グッドはわざわざ金を払って自動車のナンバープレートを、ジェームズ・ボンドのスパイ番号と自分のイニシャルを組み合わせた「007　IJG」というナンバーに変えた。

政府の秘密に絡め取られていたうえに本人の性格もあり、しかも研究成果を説明するのが得意でなかったグッドは、ベイズ派のコミュニティーではどこまでいっても独自の存在だったが、三人組の残りの二人はベイズ派の知的リーダーとなった。

転向して熱烈なベイズ派となった理論家、サヴェッジ

グッドと違って、デニス・リンドレーやジミー・サヴェッジがベイズ派になったのはほぼ偶然だった。ドイツ軍のロンドン大空襲が続くなか、まだ少年だったリンドレーは学校の防空壕ですばらしい数学の教師M・P・メッシェンバーグに数学を習った。メッシェンバーグはリンドレーの父親——本を一冊も読んだことがないのが自慢の屋根職人だった——を懸命に説き伏せた。どうか息子さんの学業を早く切り上げたりしないでください、建築技師に弟子入りさせようなどとはなさらないでください。おかげでデニスは学校に留まることができ、数学の奨学金を得てケンブリッジ大学に進んだ。戦争が続くなか、イギリス政府は数学者たちに統計学を学ぶよう求め、リンドレーも、軍需省が兵器製造過程に統計的品質管理や検査を導入するのを手伝った。

戦争が終わるとリンドレーは、イギリスの確率論の中心地であり、ジェフリーズやフィッシャーやチューリングやグッドが学んだり働いたりした場所であるケンブリッジ大学に戻った。そしてそのうちに、統計学者が用いている多種多様な道具の集まりを、「公理と証明された定理に基づく完璧な思考の総体、すなわち「数学の立派な一分野」にできないものかと考えるようになった。[13] 一九三〇年代にアンドレイ・コルモゴ

ロフが確率論一般について行ったことを、統計学で成し遂げようというのだ。特にフィッシャーは直感的なひらめきの人で数学的な細部を無視していたから、物事を論理的に整理する数学者がもう一人割り込む余地は十分にあった。

リンドレーは自分のプロジェクトを要約した長い論文を発表すると、その翌年の一九五四年にシカゴ大学を訪れた。そしてそこで、サヴェッジが自分の先を行っていることを知る。リンドレーとサヴェッジはじきにベイズの法則の重要なスポークスマンとなるのだが、この時点ではどちらも、自分たちが滑りやすい斜面をベイズに向かって下っていることに気づいていなかった。二人とも、自分は従来の統計学の技法を厳密な数学的足場の上に据えているにすぎない、と考えていたのだ。自分たちが考えている厳密な公理や定理とその場しのぎの頻度主義の手法を論理的に結びつけることが不可能だと悟ったのは、もっとあとのことだった。リンドレーは「我々はどちらも愚かだった。というのも、自分たちがしていることの結果がどうなるか、まるで気づいていなかったのだから」と述べている[14]。

サヴェッジはほとんど目が見えなかったが、まるで百科事典のようで、さまざまなトピックにたいへん詳しかった。サヴェッジの父は東欧からのユダヤ系移民で小学校三年生程度の教育しかなかったが、名字をオグシェヴィツからサヴェッジに変えると、デトロイトに居を構えた。ジミーも弟のリチャードも生まれたときからひどい近眼で、眼球が勝手に動いた。ジミーは成人してからも、五分から一〇分ほど待って車が来ないことを確認してから道路を横断するのが常で、講義に出席したときは決まって黒板に近づき、強力な単眼鏡を使ってのぞきこむのだった。だがどちらも、字を読むのにはまったく支障がなく、二人は自分たちのことを「読書機械」と呼んでいた。[15] 高卒で看護婦をしていた母は、息子たちに図書館の本を読ませた。読書は常に子供たちの特権として尊重され、ジミーはめったにない集中力で本を読んでは、何でもかんでも質問するという困った癖を身につけた。この飽くことなき好奇心と広範な勉学が、後にベイズの法則の歴史を変えることになる。

そうはいってもサヴェッジは、目が悪いせいで危うく大学教育を受け損ねるところだった。教師たちは、サヴェッジは知恵遅れで高等な勉学に向かないと考えていたが、けっきょくデトロイトにあるウェイン大学（後の州立ウェイン大学）への入学が許された。そこからミシガン大学の化学科に移ったものの、ここでもサヴェッジは放り出されることとなった。実験室の作業には向いていないというのだ。サヴェッジを救ったのは、親切な数学の教授G・Y・レイニッヒだった。レイニッヒは視覚障害の学生向けに真っ暗な教室で、本人曰く、「ちょうどロシアで教えられているような……頭のなかで行う幾何学」[16]の講座を開いていた。ロシアにはろうそくを買えない学校がたくさんあったのだ。この講座からは、サヴェッジを含む三名の博士号取得者が出ている。

サヴェッジは第二次大戦中にコロンビア大学の統計研究グループで、後にノーベル賞を受賞する経済学者ミルトン・フリードマンと仕事をした。そしてこの経験がきっかけで、純粋数学から統計学へと舵を切ることを決める。さらに、戦争が終わるとシカゴ大学に移った。当時のシカゴ大学は、主として輝かしいノーベル賞受賞者のエンリコ・フェルミ――実験と理論にともに卓越した最後の物理学者とされている――の力によって、科学界の興奮のるつぼとなっていた。フェルミ自身はベイズを使っていて、一九五三年の秋にフェルミの院生の一人、ジェイ・オレアが三つの未知の量が絡む問題に悪戦苦闘していたときも、ガウスの結果から自身が演繹した「ベイズの定理」という単純な分析法を使うよう指示している。しかしフェルミはこの一年後に五三歳で亡くなり、ベイズの法則は物理科学における花形支援者を失うこととなった。

フェルミのほかにも、ベイズの手法を使う有力な物理学者がいなかったわけではなく、実際この数年後にはコーネル大学でリチャード・ファインマンが、物理学で競合していくつかの理論をベイズの法則を使って比べようと提案する。ちなみにファインマンはもっとあとになって、スペースシャトル、チャレンジャーの爆発事故の原因はOリングの硬化であると主張して、ベイズの法則を用いた調査の結果をドラマチックに発表することとなる。

心躍る一九五〇年代のシカゴ大学で、サヴェッジとアレン・ウォリスは統計学科の基礎を固め、サヴェッジに惹かれた若きスターたちが大勢この分野に参入した。サヴェッジは広く文献にあたるうちに、一九二〇年代から三〇年代にエミール・ボレルやフランク・ラムゼイやブルーノ・デ・フィネッティの論文を見つけた。ベイズの手法における主観性が妥当だということを裏付ける論文である。

五〇年代にはベイズ派の先駆的著作が次々に刊行されたが、その三冊目にあたるのがサヴェッジの革命的な著作、『統計学の基礎』だった。この著書は、保険に関するベイリーの論文やグッドの著作が発表された四年後——リンドレーの論文が発表された一年後——の一九五四年に発表された。ラムゼイが早世したために、この若き哲学者の効用に関する着想を発展させて観察に基づく推論のためのベイズの法則を意思決定や行動のツールに仕立てる役割がサヴェッジに回ってきたのである。

サヴェッジはほとんどけんか腰で、自分は主観主義を重んじ、個人主義を重んじている、と宣言した。主観的確率は信念を測るための尺度で、賭けをするときに——なかでも競馬で賭けをするときには誰もが喜んでこの尺度を使う。競馬では、賭ける人がみんな馬に関して同じ情報を持っているにもかかわらず、そこから導き出される馬の勝率にばらつきがあり、レース自体も正確に再現することができない。科学や医学や法律や工学や考古学などの分野に関する主観的な意見や専門家としての経験の度合いを数値で表して統計分析に組み込むことは可能なのだ。

サヴェッジは誰よりも強い調子で、（報酬を数値で表した）効用と（不確かさを数値で表した）確率、この二つの概念を組み合わせることを検討するよう求めた。そして、合理的な人間はこうすれば見込まれる損失が最少になるという主観的な判断に基づいて選択を行うと主張した。

ここでサヴェッジは、ベイズの手法に対するひじょうにやっかいな反撃に直面した。「事前の意見が研究者によって異なってよいとなると、データ解析における科学的客観性はいったいどうなるのか」[17]これに対してサヴェッジは、ジェフリーズの論に磨きをかけて次のように答えた。「科学者たちが、温室効果の存在やたばこが肺がんの主な原因であるといったことを示す証拠が集まるにつれて意見の一致を見るように、主観主義者たちも、データの量が増えるにつれて意見が一致してくる。データが乏しい間は、科学者たちは合意に至らずに主観主義者であり続けるが、山のようなデータが集まれば、その意見は一致して客観主義者になる」[18]これにはリンドレーも賛成で「科学はまさにそのようにして行われる」と述べている。

しかし、サヴェッジが個人の意見を数学的に扱うことを高らかに謳った時点では誰ひとりとして、本人も、リンドレーさえも、ベイズ派の聖書が書かれたことに気づいていなかった。「当時のわたしたちはどちらも、自分がベイズ派だということの意味を理解していなかった」とリンドレーは述べている。サヴェッジの著作には「ベイジアン〔ベイズ派、ベイズ統計の〕」という言葉はいっさい登場せず、ベイズの法則も一度しか参照されていなかった。サヴェッジの視点や著作は、ベイズの法則に気持ちが傾いていた人々の間ですらなかなか人気を得ることができなかった。なぜなら多くの研究者が、フィッシャーの手になる『研究者のための統計的方法』のような手引書を期待していたからだ。ベイズ統計の着想に基づいて計算をしようにも満足のいく計算機はなく、そのためベイズ派の人々は、簡単に積分ができるいくつかの単純な問題を扱うのが関の山だった。何百年もの歴史を持つこの手法を用いてうまく計算ができるようになったのは、何年もあとのことだったのである。ところがサヴェッジ本人は、「高速の機械に助けを求めようという気はあまりない。これは一つには、まちがいなくわたしが反動的だからなのだが……わたしは主として性質のほうに関心がある……いくつかのパラメータに依存する関数の表はほとんど印刷不可能で、かりに印刷できたとしても、まるで理解不可能だ」と述べていた。[19] このためサヴェッジは、計算をするのではなく抽象的な数学の定理を証明して、ベイズの手法を支える論理的な基礎作りを進めたのだった。

サヴェッジの応用例はあまりにも突飛で、まるでものの役に立たなかった。アスピリンのせいでウサギの耳が曲がる確率は？　ネオンの光がビールを透過する速度はどのくらいである可能性がもっとも高いのか？　サヴェッジがまじめな問題を取り上げなかったためにベイズの手法の普及が遅れた、と考える人もいた。リンドレーは「サヴェッジが届いた手紙にあれほど几帳面に返事をせず、あそこまで丁寧に学生たちの面倒を見ずに、彼に手紙を書いてきた人々や彼の学生にも使える手法を開発することに力を注いでいれば、もっと統計学に資することになったろうに」とこぼしている。[20]

あるいはまた、サヴェッジがその著作で一九世紀以来タブーとされてきたベイズの主観的事前確率を擁護する際に頻度主義的な解釈を用いたことにいらだつ人もいた。サヴェッジ自身の説明にもあるように、この著書をまとめた時点では、本人は「全人格的にはベイズ派ではなかった」。そして、自分がベイズ統計にたどり着いたのは、「冗談は抜きにして、尤度《ゆうど》原理の真価に気がついたからで、この変節には一、二年かかった」としている。[21]

尤度原理によると、実験データに含まれる情報はすべてベイズの定理の尤度の部分に要約されることとなる。尤度部分は新たに得られた客観的なデータの確率を表していて、事前確率とはまったく関係がない（第2章の二つめの式の右辺から分子の$P_{事前}(C)$を除いたものが尤度を表す）。この原理によって、事実上分析は著しく簡素化される。科学者たちは満足のいく結果が得られた時点で、あるいは時間や金や忍耐が尽きた時点で実験をやめることができるのだ。ところがベイズ派でない人々は、頻度に関するある種の基準を満たすまで実験を続けざるを得ない。しかもベイズ派は、ネイマン－ピアソンのサンプリング計画で起きるかもしれないとされていることではなく、実際に起きたことに集中できる。

サヴェッジがベイズ派に変わるには数年の年月が必要だったが、それでも一九六〇年代初頭にはベイズ派の論理を心から受け入れ、科学における推論や意思決定のための新たな統計的ツールと主観的確率を融合させた。サヴェッジに関する限り、ベイズの法則は、ほかの統計的手順には満たすことができないニーズを満たしてくれた。頻度主義は遺伝学や生物学から生まれたものなので、集団現象や人口やこれらに似た性質を持つ対象物の大きな集団と関係がある。ノーベル賞を受賞した物理学者エルヴィン・シュレディンガーもいうように、生物学や物理学で統計的手法を使う場合、「個々の事例はまったくの関心の外」なのだ[22]。ところがサヴェッジのようなベイズ派の人々は、椅子の重さが二〇ポンド〔約九キロ〕である確率とか、飛行機が遅れる確率とか、アメリカが五年以内に戦争をする確率といった一回こっきりの突発的な出来事を扱うことができた。

さらにベイズ派は、異なる情報源からの情報を組み合わせて、観察可能な事象をランダムな変数として扱い、それら事象の確率分布が釣り鐘型であろうとなかろうと、これらすべてに確率を割り当てることができた。しかもベイズ派では、一つ一つの事実が答えをほんの少しだけ変える可能性があるので、手元にあるデータをすべて使う。サヴェッジが藪から棒に「ウィスキーは、蛇に嚙まれた傷の治療にむしろ悪い影響を及ぼすか」と尋ねると、頻度主義の統計学者たちはお手上げだといって諦めたが、ベイズ派の人々はにやりと笑って「おそらくウィスキーはよい影響より悪い影響を及ぼすだろう」と切り返したという。[23]

ムーブメントとしてのベイズは、プレート・テクトニクスのような正しいかまちがっているかが明確な科学法則ではなく、哲学——というよりも、宗教ないしはある種の心のあり方——に近いようだった。ケンブリッジ大学のデヴィッド・シュピーゲルホルターによれば、「ベイズ統計のほうがはるかに基本的だ……圧倒的な数の科学者たちが、頻度が存在しない一度きりの出来事を表したり、知識の欠如を表したりするのには確率が使えないという。確率が文明に登場したのはつい最近のことだ……［そして多くの科学者が］確率をよいものではなくむしろ不穏なものだと見ている。なぜならそれが発見の方法ではなく、解釈の方法であるから」なのだ。[24]

「数理科学者たちは、ある種の公式が調和と力を兼ね備えていると感じることが多い」とカーネギー・メロン大学のベイズ派ロバート・E・キャスはいう。「それは、深い美的な経験であり、同時に深遠な帰結の実際的な認識でもあって、アインシュタインが『宇宙規模の宗教的感覚』と呼ぶものに通じている。ベイズの定理もまた、そういった感じを与える。この定理は、現在の情報を事前の経験と組み合わせてどれだけのことがわかっているかを述べる単純で優美な手法があることを示している。さらに良質なデータが十分あれば、それまで意見を異にしていた観察者も合意に至ることがわかる。この定理を使うと、手に入る情報を最大限に活用できてまちがう可能性がもっとも小さい意思決定を生み出すことができる。ベイズの定理は壮大な定理なんだ」とところが残念ながら、とキャスは言葉を継ぐ。「その魅力の虜となった人々はややもすると変節し、この定理の根本的な弱みを見ようとしなくなる……この定理の摩訶不思議な力は、ひとえに入力する確率の信憑性にかかっているんだが」[25]

ベイズへの転向につきものの、ベイズこそは何でも治せる治療の女神パナケイアであるという熱烈な思いは、宗教にも似たベイズ信仰とがちがちの教条主義的反目を生み出した。いずれ劣らぬ熱心なベイズ派と反ベイズ派との戦いは何十年も荒れ狂い、多くの傍観者たちを遠ざけることになった。この戦いを目の当たりにしたある人物は、「まるで派手に食べ物を投げ合う大規模なフードファイトのようだった。破滅的で、互いを忌み嫌って」と評している。[26] また、ある高名な統計学者は「ベイズ派の統計学者たちは、ベイズ自身が範を示した様式にきちんとしたがっていない。彼らがベイズと同じように死んでから意見を公表すれば、ずいぶん手間が省けたろうに」と嘆いた。[27] サヴェッジはベイズの信者になった。シカゴ大学のウィリアム・クラスカルによれば完璧で熱烈なベイズ派となり、「これまでにない、もっとも極端なベイズの擁護者」となったのだった。サヴェッジは、ベイズの法則を巡る矛盾を主観対客観というもっとも極端な形に仕立て直した。リンドレーにとってもサヴェッジにとっても、この法則は、不確かさに直面したときに結論に達するための唯一の、一人勝ちの方法だった。ベイズの法則は正しく合理的だ、と二人は感じていた。まちがっているのはほかの観点であって、妥協を認める必要はいっさいなく、そんなものは望ましくもない。「個人的確率は……〔サヴェッジにとって〕確率や統計への唯一の良識あるアプローチとなった」とクラスカルは悲しげに振り返っている。「自分と十分に合意できない人物は敵意を持っているか、愚かであるか、少なくとも重要な科学の発展に十分な注意を払っていない人物だということになった。個人的なトラブルや、何人かの辛辣な反ベイズ派のせいでこのような態度に拍車がかかったことは確かだ。そのせいでジミー・サヴェッジと彼の古くからの仕事仲間との関係は悪化した」[28]

サヴェッジのシカゴ大学での最後の年となった一九六〇年は、波乱に富んだ一年となった。学部の同僚たちはまるで知らなかったのだが、大学当局が統計学部を廃止しようとしたのに対して、サヴェッジはこの決定をひっくり返そうと戦った。さらに、破綻しかけていた結婚生活を立て直すために、ミシガン大学に移った。シカゴ大学を出るときにある同僚に「わたしは一九五四年にベイズの主張を裏付けた。あなたがたは誰ひとりとしてその証明に穴を見つけられなかったのに、それでもあの主張を否定しているのはなぜなんだ」と尋ねたという。[29] 後にサヴェッジがシカゴ大学に戻ろうとすると、サヴェッジ自身が創設し学部長を務めた統計学部の面々が、サヴェッジを再び雇うことに反対した。はじめのうちは英米のどの大学もサヴェッジにポストを提供しようとしなかったが、一九六四年にようやくイェール大学に移り、再婚して、そこそこ平穏な日々を送ったという。

サヴェッジは一九七一年に心臓発作を起こし、五三歳で突然この世を去った。サヴェッジが道半ばで倒れたことにより、アメリカのベイズ派はもっとも有力なスポークスマンを失った。しかしコネチカット州の「ニュー・ヘヴン・レジスター」紙の見方は違った。サヴェッジには『必要に迫られたときの賭け方』という共著があった。ベイズ派にすれば、未来についての憶測にはリスクがつきもので、賭けは意思決定の実例だったのだ。「レジスター」紙はサヴェッジの追悼記事に、「イェール大学の統計学者レオナード・サヴェッジ氏、死去。ギャンブルに関する本の著者」という見出しをつけた。

イギリスにベイズ派の拠点を築いたリンドレー

一方リンドレーはイギリスに戻り、長い間ただ一人の権威あるベイズ派として活動した。そしてさらに、ベイズ派の理論を打ち立てただけでなくベイズ派の強力な研究グループを、まずはカレッジ・オブ・ウェールズ大学アベリストウィス校に、続いてユニバーシティー・カレッジ・ロンドンに作った。ユニバーシティー・カレッジ・ロンドンにはイギリスでもっとも著名な統計学部があり、まるで頻度主義の神殿のようだった。ある同僚はリンドレーの着任を受けて、「まるで『エホバの証人』が教皇に選ばれたようだ」といったという[30]。リンドレーは、「統計学についての見方を変えようとしない」数名の統計学者を「相続した」ことに不満を漏らし[31]、「なにかというと、そっぽを向く」と述べている[32]。

多くの人々がベイズの理論を冷笑するなかで、ヨーロッパ一のベイズ派の学部を作るのは勇気がいることだった。王立統計学協会の会合に参加するベイズ派はリンドレーだけであることも多く、リンドレーは唯一の好戦的ベイズ派として、怖い者知らずのテリアか、列聖調査審問検事もかくやという勢いでベイズの法則を擁護した。しかし相手は、リンドレーを息抜きの種としか見ていないようだった。「ベイズの統計学は統計学の一分野ではなく」とリンドレーは論じた。「統計学全体を見る視点なのだ」

やがてリンドレーは、現代の革命家として知られるようになった。ベイズ派を大学のポストに就けるために戦い続け、一人また一人と教授を増やし、ついに中核となるべきベイズ派の学部を英国内に一〇カ所も作った。こうしてイギリスは、アメリカよりもベイズ派の手法に寛大になった。アメリカでは、あいかわらずネイマンがカリフォルニア大学バークレー校を反ベイズ派の掩蔽壕《えんぺいごう》としていたのである。そうはいってもリンドレーが傷つかなかったわけではなく、それが証拠に、際立った貢献をしていたにもかかわらず、リンドレーはついにロイヤル・ソサエティーのフェローに指名されずに終わった。リンドレーは大嫌いな管理職の雑事から逃げたい一心で、一九七七年に五四歳で早期退職した。そして自由になったお祝いにひげを伸ばし、本人曰く、ベイズの法則のための「旅回りの学者」となった。[33]

イギリスのリンドレーやアメリカのサヴェッジのおかげで、ベイズ理論はようやく一九六〇年代に成人した。ベイズの手法を使うことの哲学的な根拠はおおむね明らかになった。こうしてベイズの手法は明確で強力で確実な論理的基礎を持つ唯一の不確かさの数学となった。だがその応用方法に関しては、あいかわらず異論が残っていた。

教師および組織者としてのリンドレーは途方もない影響を及ぼし、やがてそれが新たな世代に実を結んだ。さらにまた、サヴェッジの著作によって、軍隊や実業界や歴史学やゲーム理論や心理学などの分野にベイズ理論が広まっていった。サヴェッジはその著書でウサギの耳やビールを透過するネオンの光に関する問題しか取り上げなかったが、サヴェッジに直接会った研究者のなかからベイズを生死を分かつ問題に応用しようという者が現れることになったのだ。

第8章　ベイズ、肺がんの原因をつきとめる　一九五〇年～一九七九年

医学研究にベイズの手法を導入した
コーンフィールド。肺がん患者に占める
喫煙者の比率から原因を推定した。

がんとたばこの関連を調べた世界初の症例対照研究

医学研究にベイズが導入されたのは、ジェローム・コーンフィールドという科学者の努力があってのことだった。歴史の文学士号《バチュラー・オブ・アート》しか持っていなかったコーンフィールドは、この法則を頼りに肺がんや心臓発作の原因を突きとめた。

肺がんは一九世紀にはひじょうにまれな病気で、一九三〇年の時点でもやはり珍しかったが、どういうわけか第二次大戦の直後に突然ぐんと増えた。イングランドおよびウェールズの年間肺がん死亡者数は、一九五二年には一〇〇万人につき三二一人まで増えていて、その翌年にはアメリカで新たに約三万人が肺がんと診断された。ここまで劇的に症例数が増えたがんははじめてだった。ヨーロッパやトルコや日本におけ

る研究でも、このような奇妙な流行が確認された。どうやらこの病気には特別な何かがあるようだった。

いったいそれは何なのか。当時、肺がんの原因はわかっていなかった。病理学者たちは、肺がんの症例数が増えたのは診断法が向上したからだろう、さもなくば、人口が自然に高齢化したからだと考えた。さらに、肺がんの原因は、工場から排出されるガスだ、いや車が増えたからだ、アスファルト舗装から放出されるタール粒子にちがいない、そうではなくて各家庭が暖炉で石炭を燃やして暖を取るために生じる悪名高きイギリスのスモッグのせいだ、という具合でさまざまな説が入り乱れていた。一方紙巻きたばこは、一八八〇年代に製造機が発明されると大量生産されるようになり、第二次大戦中もせっせと国を守る兵士たちのもとに送られていた。だが、動物を使った実験でも、たばこの葉のタールが発がん原因かどうかは確認できなかった。

一九三七年にはすでにドイツで小規模な研究が行われ、紙巻きたばこの煙に害がありそうだということが、ためらいがちに指摘されていた。しかし、この結果にも疑問があった。イングランドやウェールズの中年男性の八〇パーセントが紙巻きたばこを吸っていたが、一人あたりのたばこの葉の消費量はわずかに減っていたのである。それに、紙巻きたばこの煙がそれまで吸われていた葉巻やパイプの煙より体に悪いとも思えなかった。

この問題に興味を持ったのが、世界一著名な生物統計学者オースティン・ブラッドフォード・「トニー」・ヒルだった。数学者や統計学者ではなく算術の達人を自称していたヒルは、「ランセット」誌に投稿した一連の論文で、わかりやすい論理を用いて医学界は研究結果を客観的に定量化すべきだと論じた。そして一九四〇年代後半には、医学の研究に無作為抽出（ランダム化）を取り入れた。ロナルド・フィッシャーが農業の実験に無作為抽出を取り入れた二〇年後のことである。ヒルは現代的な対照臨床試験を開始し、百日咳のワクチンを使うと子供の症例数が七八パーセント減ることや、ストレプトマイシンが肺結核に効くことを示した。ブラッドフォード・ヒルはすっかり有名になり、宛て先に「イングランド、ブラッドフォード・ヒル卿」としか書かれていない手紙がきちんと届くほどだった。

ヒルは若き医師で疫学者でもあるリチャード・ドールとともに、肺がんの爆発的増加の原因である可能性がいちばん高いものがいったい何なのかを突きとめるべく、ロンドンの二〇の病院で肺がん患者と肺がんでない患者を対象とする系統的な聞き取り調査を行い、それまで何をしてきたか、何に触れたり使ったりしたかを全員に尋ねていった。一九五〇年に発表されたその調査結果が指し示すものは、一目瞭然だった。肺がんを患っている六四九人の男性のうち、喫煙をしていなかったのはわずか二名。紙巻きたばこのヘビースモーカーが肺がん患者に占める割合は高く、肺がんによる死亡率は喫煙しない人の二〇倍にのぼった。同じ年にアメリカでアーンスト・L・ワインダーとエヴァーツ・A・グレアムが行った大規模な研究でも、この結果が裏付けられた。

紙巻きたばこと肺がんに関係があるという驚くべきニュースは、すぐに国際的な大騒ぎを引き起こした。新聞やラジオやテレビや雑誌は最新のスクープを物にしようと、医学雑誌としのぎを削った。従来あまり知られていなかった病気が一躍世界中の関心を集めた例は、過去には一九一八年のインフルエンザ〔いわゆるスペイン風邪〕があったくらいで、ここまで広範に大議論を巻き起こした病気は未だかつて存在しなかった。

ヒルとドールの研究は、今も医学統計のこの上ない栄光とされている。これは、非伝染性の病気に関する初の高度な症例対照研究だった。この結果がきっかけで、ヒルとドールは喫煙をやめた。この研究は劇的な結果をもたらしたが、紙巻きたばこの喫煙によって肺がんが引き起こされることが実際に示されたわけではなかった。誰一人としてそこまでは断言できなかった。国立衛生研究所に所属するアメリカ政府の官僚ジェローム・コーンフィールドは、この課題を受けて立つことにした。ヒルはイギリスで組織的な臨床研究を続け、コーンフィールドはアメリカでその結果を裏付ける数学を展開するという形で、大西洋のあちらとこちらに分かれた二人は互いに補いあいながら同じ問題に取り組んだ。

たばこと肺がんの因果関係をベイズの手法で証明する

二人の出自はまるで違っていた。ヒルの父は爵位を持つ物理学者で、祖先には郵便切手を発明した人物がいた。一方コーンフィールドはロシアから移民してきたユダヤ人の息子で、一九三三年にニューヨーク大学で学士号を取得していた。当時の連邦政府は大恐慌時代の経済データを必死に集め、従来の事務員の代わりに「賢い奴ら」を雇い、失業や国民所得や住居や農業や工業に関する統計をまとめさせていた。[1]「賢い奴ら」の資格を持っていたコーンフィールドは、こうして週給二六ドル三一セント、年俸一三六八ドルで政府の統計学者になった。

当時のワシントン特別区は、いかにも南部の都市らしく人種ごとに職種が分かれていた。「おおまかにいうと、ユダヤ人なら労働局、カソリックなら商務省に就職できた」と、コーンフィールドの友人で後にカリフォルニア大学ロサンゼルス校の教授となったマーヴィン・ホッフェンバーグは述べている。[2]そのためコーンフィールドも労働局に入ることになった。アメリカ農務省はいわゆる「大学院」を運営しており、数学の素養がある政府職員はそこで統計学を学ぶことができた。コーンフィールドが取った数学や統計学の講座は、あとにも先にもこの「大学院」の講座だけだった。

コーンフィールド自身は、「失業者が何人いるのかを誰も知らず、調べるにはサンプリングをするしかないと思われた……こうしてわたしは統計の虜になった」と述べている。[3] この「大学院」ではフィッシャーやネイマンもサンプリングの手法に関する講義を行っていたが、所長のW・エドワーズ・デミングは偏見のない人物で、実際、ベル研究所のエドワード・モリーナが序文をつけたトーマス・ベイズの小論文を刊行していた。

友人たちの話によると、労働局在職期間のコーンフィールドはまじめで風変わりだった。消費者物価指数を見直したり、第二次大戦後の占領下の日本の消費者物価指数を作ったりするにあたって重要な役割を果たしたこの人物は、「ふつうとはちょっと違うタイプだった」とある友人は振り返っている。[4] ひげを剃る適当な理由が思いつかないといって先の尖った小さなあごひげを生やし、ひょろっとやせた風貌と腕にかけた雨傘とが相まって、散歩がてら仕事場に向かう気取った外交官のようだった。しかもこの時代にはほとんど例がなかったのだが、事務所を女性の統計学者と共同で使い、アフリカ系アメリカ人の統計事務員を置いていた。さらに、金属でできたマーチャント社の機械式卓上計算機のそばにはトルコ式水パイプが据えられており、二フィート〔約〇・六メートル〕の管でのんびりとたばこをふかしている姿が見られたという。

コーンフィールドは一九四七年に、連邦政府が国立衛生研究所に新設した研究棟に移った。アメリカでは伝染性の病気が減っていたので、この研究所の疫学者たちは慢性病――なかでもがんや心臓発作や糖尿病をターゲットにしていた。国立衛生研究所はこれらの研究者を支えるために数字に強い人間を数名雇い入れたが、そのうちの一名が修士号を持っている程度だった。生物統計学という職業そのものが一九五〇年代から六〇年代にかけて停滞しており、統計学者の数は研究所全体でせいぜい一〇人から二〇人程度だった。たったこれだけの人間が、研究所に所属する生物や医学の研究者たちに統計的な手法を紹介していたのである。

一九五〇年には、アメリカのほとんどの男性が喫煙しており、特に女性の喫煙率が上がっていた。人気の銘柄は、フィルタなしのキャメルやラッキーストライク、チェスターフィールドにフィリップ・モリスだった。一九五二年にはロリラードたばこ会社がフィルタつきのケントを製造しはじめたが、フィルタにはアスベストが含まれており、一九五七年にようやく取り除かれるという始末だった。五つの国で一四の研究が行われ、肺がん患者にヘビースモーカーの占める割合が恐ろしく高いことが明らかになると、コーンフィールドと妻は一日に二箱半吸っていたたばこをやめることにした。

コーンフィールドは、ヒルとワインダーの研究が、おびえている患者や医者たちの疑問に直接答えていないことに気づいていた。なるほど、それでこのわたしが肺がんにかかるリスクは、いったいどれくらいなんですか？　ヒルたちの研究からは、肺がんの人のグループとそうでない人のグループで喫煙者がどれくらいの割合を占めているかはわかっても、喫煙者や非喫煙者の何割が肺がんになる可能性があるのかはわからなかった。

人々の懸念に応えるには、そのものずばり、喫煙者と非喫煙者の大規模なグループを長い間追跡調査して、おのおののグループで何人が肺がんになるかを調べるのがいちばん確実だった。ところが残念なことに、将来にわたる大人数を対象とした研究には――なかでも肺がんのようにわりとまれな病気の研究には――多大な資金と時間がかかる。ヒルとドールが、すでに肺がんになっている人々を対象にして健康に関する履歴を尋ねるという過去を振り返る形の研究にしたのも、実はこのためだった。過去を振り返るだけならさほど金もかからず素早く調べられ、しかも特定の病気の原因らしきものを突きとめることができる。ところが統計学者であるコーンフィールドは、ヒルやドールのような過去を振り返る研究によって、わたしやわたしの愛する人がこの致命的な病気にかかる可能性はどれくらいなのかという悩ましい問いにも答えが出せると考えた。

そして、一九五一年にベイズの法則を用いてその答えを出した。コーンフィールドは事前の仮説として、広く一般大衆の肺がん発生率を採用した。そしてこの情報を、肺がん患者とそうでない患者に喫煙者が占める割合に関する国立衛生研究所の最新の調査データと組み合わせた。ベイズの法則のおかげで、全人口における疾病のリスクと人口の一部——この場合は喫煙者のグループ——における疾病のリスクを論理的にしっかりつなぐことができた。コーンフィールドはこの時点では、ベイズを哲学抜きの数学的な言明——有益な結果を生む計算の一つの段階——として使っていた。まだ、網羅的な哲学としてのベイズを受け入れてはいなかったのだ。

疫学研究者たちは、コーンフィールドの論文を見て唖然とした。何よりもまず、この論文は喫煙が肺がんの原因であるという仮説を裏付けるものだった。疫学者たちは以前から必要に迫られて、患者の事例研究を基に問題の原因と思われるものを指摘していたが、理論面での正当化はされていなかった。ところがコーンフィールドの論文には、ある条件の下で（つまり、研究対象者を対照群と慎重にマッチさせると）患者の履歴をうまく使って疾病とその原因と思われるものの結びつきの強さを測れるということがはっきりと示されていた。実験ではなく患者の履歴からこつこつと集めた臨床データを分析することによって、疾病リスクの比率を見積もれるのだ。コーンフィールドは、症例対照研究で得られた発見が正しいことを立証し、近代疫学の可能性を大きく広げた。たとえば一九六一年には、症例対照研究に基づいて、吐き気止めの薬であるサリドマイドが出生児に深刻な奇形を引き起こすことが確認されている。

一九五〇年代の半ばには、イギリスとアメリカにおける二つの壮大な取り組みによってコーンフィールドの見解が裏付けられた。多くの人々が過去を振り返る形の研究（遡及研究）で得た成果を退けたことから、ヒルとドールが今度は直接的なアプローチとして将来に向けた追跡研究（前向き研究）を行ったのだ。二人はイギリスの四万人の医師に現在の喫煙癖について質問を行い、五年にわたる追跡調査で誰が肺がんになったのかを調べた。これと並行してアメリカでは、E・カイラー・ハモンドとダニエル・ホーンが三年半以上にわたりニューヨーク州の五〇歳から六九歳までの一八万七七八三人の男性の追跡調査を行なった。どちらの国でも、死亡率は同じようなものだった。ヘビースモーカーが肺がんになる可能性は、喫煙しない人の二二倍から二四倍にのぼり、しかももう一つ意外なことに、心臓や循環器系の病気になる可能性も四二パーセントから五七パーセントほど高かった。さらに、パイプより紙巻きたばこのほうが危険で、紙巻きたばこの喫煙をやめればリスクは下がるということがわかった。

ところが、反ベイズ派のフィッシャーやネイマンは、たばこが肺がんの原因であるという研究結果を受け入れることができなかった。この二人はヘビースモーカーで、フィッシャーはたばこ会社のコンサルタントとして謝礼をもらっていたのだが、それよりも大きかったのは、二人そろって疫学的な研究には説得力がないと考えていたことだった。たばことがんに関係があるからといって原因であるとは限らないといわれれば、たしかにそれはその通り。二人は一九五五年にそろって激しい反撃を開始した。今後の疾病率を予測するには、厳密に管理された実験室での実験で得られたデータや実地の実験が必要である、というのがその主張だった。さらにこの反撃に、当時全米でもっとも有名だったミネソタ州ロチェスターのメイヨー・クリニックの医療統計学者ジョセフ・バークソンが加わった。たばこががんと心臓疾患の両方を引き起こすとは、とうてい思えなかったのだ。

フィッシャーは怒りに満ちた波状攻撃を続けた。その攻撃のために一冊の本を執筆し、超一流の学術雑誌である「ネイチャー」と「ブリティッシュ・メディカル・ジャーナル」に二本の論文を投稿した。ドールによると、フィッシャーはヒルが科学の名を借りた詐欺を行っているといって非難したという。そして三年のうちに、注目すべき二つの仮説を展開した。まず、信じられないような話だが、肺がんのせいで喫煙するという仮説。そして次に、ある一つの潜在的な遺伝因子が作用して、遺伝的に喫煙しやすくなると同時に肺がんになりやすい傾向を持つ人々がいるという仮説。どちらにしても、喫煙が原因で肺がんになるわけではない、とフィッシャーは主張した。

コーンフィールドは、一九五〇年代を通してフィッシャーとの論戦を続けた。そして、観察されたデータから因果関係を打ち立てる際の証拠がどのような基準を満たすべきかを深く考え、ついに一九五九年に喫煙に関するフィッシャーの説を酷評する論文を発表した。その論文は、数学ではなく常識を使った弁論趣意書とでもいうべきものだった。コーンフィールドと五人の共著者はこの独創的な論文で喫煙と肺がんの結びつきに関するフィッシャーの対案を一つ残らず取り上げ、フィッシャーが仮定した遺伝因子に次々に反論を叩きつけていった。かりに喫煙者が非喫煙者の九倍がんにかかりやすいとすると、フィッシャーがいう潜在的遺伝因子はさらに大きくなるはずだが、そこまで大きなものはこれまでに見つかっていない。

コーンフィールドは、がんが喫煙を生むのかもしれないというフィッシャーの説を言下に退けた。「五〇歳を過ぎてから気管支のがんと診断された場合、そのがんが平均してたばこを吸いはじめるとされている一八歳より前に発生していたという見解を裏付ける証拠はどこにもない。したがって、この点についてはこれ以上論じない」というのがその主張だった。[5] コーンフィールドはフィッシャーのいう遺伝因子が次のような特徴を持つはずだと指摘した。その遺伝子は非喫煙者よりも喫煙者の間で迅速に広がり、しかも多く発現するはずで、マウスの皮膚には腫瘍を起こしても人間の肺には起こさず、喫煙をやめたあとは年とともに弱まり、そのうえ女性より男性に多く、一日に二箱吸う人間には六〇倍も多く広まっていて、パイプを吸う人と葉巻を吸う人でも異なっていなくてはならない。しかしこのような現象はまったく観察されていない。

けっきょくのところ、フィッシャーは道化を演じただけだった。コーンフィールドが冷淡に指摘したように「〔批判を受けて〕ひっきりなしに変更されていく仮説をまじめに考慮し難くなったときに……ある結論に到達する」[6]のである。観察されたデータの関連について成立し得る説明が一つしか見つからないのなら、科学者たちはその病因を見つけたといえるはずだ。一方ほかのやり方でも説明できるのなら、原因はまだ見つかっていないことになる。コーンフィールドはこうして、喫煙と肺がんの研究の未来のロードマップを明らかにしてみせたのだった。

この時点で、歴史学専攻だったコーンフィールドはアメリカでもっとも影響力の大きい医療統計学者になっていた。一九六四年にアメリカ軍医総監が「たばこの喫煙と男性の肺がんとは原因という形で結びついている」と結論したときに引き合いに出したのは、コーンフィールドの業績だった[7]。実験を伴わない研究が、喫煙と肺がんとの関係を確認する役に立ったのだ。コーンフィールドは、ラプラスが「過去の出来事から得られた、原因の確率と未来の出来事の確率」と呼んだベイズの法則の力を借りて、症例対照研究によって汚染や曝露と疾病の結びつきの強さを評価することの正当性を理論的に裏付けた。コーンフィールドのおかげで、今や症例対照研究は疾病学者が慢性病の原因を突きとめる際の主なツールになっている。

コーンフィールドの大活躍とベイズの復活

コーンフィールドは生物統計学者としての仕事を通じて、その時々の公衆衛生上の重要課題すべてに関わることとなった。しかも、喫煙にしろ、ポリオワクチンの安全性にしろ、糖尿病の治療の有効性にしろ、ほとんどの問題が激しい議論の的となった。

統計嫌いの医者や疫学者の気持ちを少しでも静めようと、コーンフィールドはおおらかでくだけた態度を保つよう心がけた。まじめなところは出さずに、人を笑わせて打ち解けた雰囲気を作り出すよう努めた。会話にはユーモアを織り込み、作り話で楽しませ、心から笑うことで絶大な信頼を得た。こうなると足取りも、さらには文体までがうきうきと弾むようだった。そしてじきに、議論の種を抱えた委員会の生体臨床医学者たちはこぞってコーンフィールドを委員会に加えたがるようになった。コーンフィールドは、みんなに共通する要素を指摘することで、きわめて類似点の少ないメンバーたちをまとめることができた。とりわけ重苦しい会合や報告が続いたあとで、ある委員がコーンフィールドに、「最近送ったサンプルの大きさに関するわたしの手紙は、届いていますか」と尋ねると、コーンフィールドはちょっと間を置いてから、にやりとして、「神よ、届いていますように」といった。また、委員会でようやく手続きに関する分厚いマニュアルがまとまったときには、そのマニュアルを頭上で振って「たとえみなさんが〔モーセの〕十戒に異論がおありでも、たった一〇しかないというのは美点だと、きっと思い直しますよ」と断言したという。

コーンフィールドは毎日五時に起きて、執筆したり手計算をしたりした。そしてラプラスのように巧みな近似法や計算のコツを編み出し、一本の棒石鹸を削り出すことによって特に難しい分布関数の形状を視覚的に表現してみせた。また、生化学者と共同研究を行うために生物学の基礎を学んだ。その講演はすばらしかったが、前の日の晩にようやくスピーチの準備に取りかかるのが常だった。議論の種になっているソークのポリオワクチンの試験について翌朝八時半にイェール大学で講演しなければならないというのに、前の日になってもまだぐずぐずしていた。「心配ないって」とコーンフィールドは友人のマックスにいった。「神様が、準備してくださるから」

コーンフィールドは飽くことを知らぬ読書家だったが、家にテレビはなく、大衆文化には見事なまでに疎かった。ある日ハリウッド・スターとデートすることになっていた生物統計学者が、頼むから朝の会合を早く終わらせてくれ、とコーンフィールドに頼み込んだ。「一二時にキム・ノヴァックとお昼の約束をしているんで、早くすませないとまずいんだ」するとコーンフィールドはきょとんとしていった。「キム・ノヴァック？　そいつは何者なんだい？」[8]ちょうど、キム・ノヴァックがマリリン・モンローの対抗馬としてコロンビア映画に担ぎ出されたころのことだった。

コーンフィールドは一九五〇年代に、もう一つ別の重要な医学研究に注目した。一九〇〇年以来、アメリカでは心臓血管系の病気による死亡率が着実に上がっていた。一九二一年以降、心臓病はアメリカ人の死因の第一位を占め、一九三八年からは心臓発作が第三位を占めるようになった。それなのに研究者たちは、二〇世紀の半ばになっても肺がんの場合と同じように心臓疾患や心臓発作の原因をまるで突きとめられずにいた。

心臓血管系の病気による死亡の原因をはっきりさせるには、一定の地域の住民を長期にわたって追跡調査する必要がある。そうはいっても、心臓疾患は肺がんよりはるかに多い病気だったので、将来にわたる追跡調査を行うことはできそうだった。コーンフィールドは一九四八年に、フラミンガム心臓研究の設計を手伝った。この研究では、その後三世代にわたってマサチューセッツ州フラミンガムに住む人々の健康を追跡調査している〔現在も継続中〕。

コーンフィールドはフラミンガムを拠点とする重要な研究として、まず一三二九人の成人男性を対象とする一〇年間の追跡調査を行った。するとこのうちの九二人が、一九四八年から一九五八年の間に心筋梗塞か狭心症を起こした。

フラミンガム心臓研究のような長期にわたる研究の設計では、さまざまな変数が発病リスクに単一ないし合同で及ぼす影響を調べることが目標になる。疫学者たちは従来、結果として得られる多重クロス分類のアレイを念入りに調べて——コーンフィールドによれば「熟慮して」——データを検討してきた。たとえば、三つのリスク因子がそれぞれ「低い」、「中程度」、「高い」の三つのいずれかに人々を分類する場合は三×三のシンプルなマス目ができる。ところが変数の数が増えて、しかもそれらの単独の影響だけでなく複合的な影響も考えるとなると、「熟慮」すべきマス目の数はすぐにふくれあがって手に負えなくなる。一〇のリスク因子をそれぞれ「低い」、「中程度」、「高い」のレベルに分けて行うクロス分類の研究では、検討すべきマス目の数は五万九〇四九〔三の一〇乗〕個になる。そして一つのマス目に一〇名の患者をあてるとすると、フラミンガムの全人口を上回る六〇万人の群《コホート》が必要になる。

ここでコーンフィールドは、「単純な調査ではなく、より探求的な形の分析」が必要だということに気がついた。[9] それには、観察したことを要約するための数理モデルを開発する必要がある。そこでコーンフィールドは、心臓血管疾患による死亡率を事前の知識としてベイズの法則を使うことにした。フラミンガムの研究からは、心臓疾患で死んだ人とそうでない人の二つのグループに関するデータが得られていた。各グループの、七つのリスク因子に関する情報である。そこでベイズの法則を使って計算してみると、ロジスティック回帰関数の形をした事後確率が得られたので、それを使って心臓血管の疾患のもっとも重要な四つのリスク因子を突きとめた。それによると、年齢そのものはさておき、問題なのはコレステロールと喫煙と心臓の異常、そして血圧だった。

コーンフィールドが具体的な特徴を持つ人が心臓病になる確率の観点からフラミンガムのデータを再構成することに成功したのも、ベイズがあればこそだった。コレステロールや血圧に関しては、それ以下であれば安全でそれを超えれば病気になる、という境界値は存在しなかった。また、コレステロール値と血圧がともに高い患者は、コレステロール値も血圧も低い人に比べて心臓発作のリスクが二三パーセント高かった。

一九六二年にコーンフィールドが心臓血管系の病気を引き起こす最大のリスク因子を確認したおかげで、公衆衛生分野における二〇世紀最大の成果が得られることとなった。アメリカの心臓血管系の病気による死亡率が劇的に低下したのだ。実際、一九六〇年から一九九六年までに死亡率が六〇パーセント下がったが、これは六二万一〇〇〇人が命拾いしたことを意味している。コーンフィールドの報告には、いくつかのリスク因子を一度に分析するためにベイズの法則の使い方が示されていた。コーンフィールドが考案した多重ロジスティックモデル〔リスク関数とも〕は、今も疫学におけるもっとも強力な方法論の一つとされている。

コーンフィールドはまた、具体的な治療の効果を調べるために、国立衛生研究所で行われた初期の多施設治験にもう一つ別のベイズ的概念――ハロルド・ジェフリーズにはじまる「相対ベッティング・オッズ」という概念――を導入した。これは現在ベイズ因子と呼ばれているもので、ある仮定の下で観察されたデータが得られる確率を、ほかの仮定の下で観察されたデータが得られる確率で割った値である〔これが一より大きいか小さいかで、二つの仮説を比較する〕。

マウスを使って抗がん剤の検査を行っている研究者との仕事に着手したコーンフィールドは、頻度主義の手法の厳格さに不意打ちを食らった格好だった。頻度主義のルールでは、たとえ最初の検定で仮説の反証が出たとしても、さらに六回の観察を行うまでは実験をやめることができない。しかも頻度主義の手法では、臨床実験が終わらないことには、患者の治療を別のよりよいものに取り替えることすらできなかった。頻度主義に基づく臨床実験では、実験の最中に結果を随時モニターすることも、患者の一部にどのような治療効果があったかを調べることも、計画になかった追加の分析で得られたデータを手がかりにすることもできなかったのだ。これに対してベイズ派の手法を使うと、完全に仮定に反する観察がたった二回得られただけで、その仮説を棄却することができる。このことに気づいたコーンフィールドは、すぐに宗旨替えをした。それまでは、ちょうど第二次大戦の最中に暗号学や潜水艦探索や砲兵射撃でベイズの定理が使われてきたときのように、具体的な問題を解くのに役立つツールとしてベイズの定理を使っていただけだったのが、ここにきてベイズの定理を情報や不確かさを取り扱うための広範な哲学の基盤にしようと動きだしたのだ。こうしてベイズを道具ではなく哲学として捉えはじめたコーンフィールドは、一九五〇年代から一九六〇年代にかけてジェフリーズやサヴェッジやリンドレーが経験したのと同じ深遠なる帰依を体験することとなった。フィッシャーが、仮説はそれが偶然起きたとは思えないときにこそ意味がある、と主張していたのに対して、コーンフィールドは軽やかに言い切った。「〔フィッシャーの〕有意水準を使う限り中間結果が公表できないというのであれば、有意水準にとってはじつにおあいにくさまというほかない」[10]

おもしろいことに、リーダーに続いてベイズ派の領域に踏み込もうという者は国立衛生研究所の統計学者のなかにはほとんどいなかった。コーンフィールドは統計学の主流雑誌にベイズ推定に関する科学的に重要な論文を発表していたが、自分の実験にベイズの手法を取り入れるにしても、主な結論を出すときは頻度主義の手法を使っていた。ちなみに国立衛生研究所がベイズを臨床試験に用いるようになるのは、この三〇年後のことである。サヴェッジにいわせれば、ベイズの方法論は受け入れずにベイズの定理のご利益だけを得て満足している研究者が多かったのだ。

それでもコーンフィールドは陽気に言い放った。「ベイズの定理は、かつて追いやられた墓場から戻ってきたのだ」[11]

一九六七年に国立衛生研究所を退職したコーンフィールドは、やがてジョージ・ワシントン大学に移る。そして統計学部の学部長になると、ベイズの法則を本格的な理論的数理アプローチへと展開していった。そしてある論文で、頻度主義のルールによれば事前確率に由来しない統計手順には必ず改良の余地がある〔つまり最善ではない〕ということを証明して、多くのベイズ派の溜飲を下げた。

コーンフィールドはベイズ派に転向したにもかかわらず、コンサルタントとして引っ張りだこだった。アメリカ陸軍には実験の設計に関して助言し、女性の性に関するベストセラー『キンゼイ・レポート』を批判する調査委員会にも助言をしたし、司法省には黒人有権者に不利に働く偏りをあぶり出すための投票記録のサンプリング調査に関して助言を行い、スリーマイル島の原子力発電所で事故が起きるとペンシルバニア州にも助言を行った。

歴史学士の称号を持つベイズ派の生物統計学者ジェローム・コーンフィールドは、一九七四年にアメリカ統計協会の会長となった。ユーモアと陽気さをふりまいて医者たちをなだめ、ランダム化試験でも大丈夫だと安心させ、疫学者にきわめて重要な方法論を提供し、さらに肺がんや心臓発作の要因を確定したこの人物は、着任の演説で次のように問いかけた。「知的水準が高く骨も野心もある人物が、誰か他の人の問題に〔統計学者として〕補助的な役割を果たしているだけで誇りを持つことができ、ほんとうの刺激や満足を得られるものなのでしょうか」そして自らの問いにほほえみで答えると、さらに続けた。「これまで誰も、統計が科学の女王だと主張した人はいません……では女王でなければ何なのかと考えた末に、いちばんよい言葉としてわたしの念頭に浮かんだのは、『同衾者《ベッドフェロー》』という言葉です。学術関係者たちの行進で『統計学――科学の同衾者』という横断幕を掲げて歩きたいとは誰も思わないでしょう。でもわたしにはそれが精一杯だと思えるのです[12]」

一九七九年、コーンフィールドは膵臓がんの診断を下された。この病気の余命がたったの六カ月であることは、国立衛生研究所のみんな同様コーンフィールドも知っていた。だがそれでも精一杯生きようと決意した。手術後に深刻な合併症が起きても、コーンフィールドのユーモアの感覚は健在だった。ある友人が「やあ、会えて嬉しいよ」というと、コーンフィールドはにっこりして、「いやそんなのは、こうして今君に会えていることでぼくが感じている喜びには及びもつかないさ」といった[13]。そして死の間際には、二人の娘に向かって、「ほんとうに必要なときのために、生涯ユーモアに磨きをかけていくんだよ」といった[14]。

第9章　冷戦下の未知のリスクをはかる　一九五七年～一九五八年

核配備が進行するなか、事故の確率をベイズで算出。対策を促し世界を救うこととなった。

未経験の危機に関する研究へと誘われた若者たち

一九五七年の夏になっても、ベイズの法則が軍関係で成功を収めたことはあいかわらず冷戦下の秘密だった。そんななか、ジミー・サヴェッジはまだ新しく活気に満ちたランド・コーポレーションを訪れ、二人の若者に水素爆弾が誤って爆発する確率を求めるという生死に関わる問題の計算に取り組むことを勧めた。

ランドは冷戦が生んだシンクタンクの典型だった。その一〇年前に戦略航空軍団（SAC）の司令官であるカーティス・E・ルメイ将軍のてこ入れでカリフォルニア州サンタモニカに作られたこの研究所は、一流の科学者たちを丸め込んで長距離空中戦にオペレーションズ・リサーチを応用させるための「仕掛け」だった。[1]だがこの研究所のスタッフは、「研究と開発《Research ANd Development》」、略してランド（ＲＡＮＤ）と呼ばれるこの組織は学生のいない大学であって、そこで働く一〇〇〇人は「国防情報担当」だと考えていた。彼らの使命は、数学や統計学やコンピュータを駆使して軍事に関する問題を解決し、不確かな条件下での意思決定を率先して行い、アメリカをソビエトの攻撃から守ることにあった。ランドに資金を提供していたアメリカ空軍は、研究テーマを研究者たちに一任していたが、アイゼンハワー大統領が軍事政策として「ニュールック」戦略を掲げ、ソビエトの攻撃に対するもっとも安価な反撃として早期に核爆弾を使うこと（「大量報復」）が決まると、ランドでも、核戦略や核攻撃を生き延びる術や敵に対する対応の選択肢などの研究が最重要課題となった。アメリカの核兵器を運搬するのはもっぱらＳＡＣの爆撃手で、そのうえルメイ将軍は世界の軍事力の頂点に立っていたから、ランドの発言はしばしば大きな影響を及ぼすことになった。

　サヴェッジがサンタモニカを訪れたころには、ランドはすでにＳＡＣの神聖にして犯すべからざる流儀を批判するいくつかの報告書を発表していた。マッチョな空軍パイロットたちにすれば、新式のＢ－52ストラト・フォートレス（成層圏の要塞）・ジェット爆撃機を使ってソビエトの目標物に核兵器を落としたいところだったが、ランドはもっと安くてありふれた飛行機で編隊を組んだほうがよいと進言した。あるいはまた、ＳＡＣが有人爆撃機を配備するために海外に展開している基地のことを、座してソビエトの攻撃を待つアヒルのようだと評した。さらにサヴェッジが訪れた一年後には、冷戦の定説に公然と反旗を翻し、一般に、相手を無条件降伏させるよりも交渉によって決着をつけたほうが勝者にとってははるかにうまくことが運ぶ、と主張することになる。そしてついには海軍に向かって、ルメイ将軍率いる空軍のB-52とバランスを取るために潜水艦搭載型ミサイルを持つべきだ、と強く勧めた。SACはこれらの報告への報復として、サヴェッジが訪れた一九五七年から一九六一年までの間に幾度かランドとの関係を断とうとしている。

サヴェッジは研究者たちと愛想よく交流を続けるうちに、フレッド・チャールズ・イクレと知り合った。このスイス生まれの若き人口統計学者は、核が都市人口に及ぼす社会学的影響を研究していた。イクレはサヴェッジより七つ下の三三歳で、サヴェッジが教鞭を執っていたシカゴ大学で一九五〇年に博士号を取得していた。そして、ランドでは今まで誰も研究していない未開の領域として、英米の核兵器では防げない核の大惨事――事故や、精神を病んだ人間が引き起こす惨事――を研究することにした。イクレはその数年後に、大量報復に関して「我々の考えている核戦争の予防手段は、暗黒時代から例外なく非難されてきた戦争の一形態、すなわち人質の大量殺戮を基本としている」と断じることになる。[2] SACが核を搭載した飛行の回数を増やす態勢を整えるなか、イクレとサヴェッジは、これらの飛行が核の事故に及ぼす影響をどう評価すべきかを話し合った。そしてついに、水素爆弾が事故で爆発する確率はどれくらいか、という問いにたどり着いた。

サヴェッジがさまざまな人と語り合って一夏を過ごし、再び大学に戻ろうと準備をはじめたころ、サヴェッジの統計学部で博士号を取得した二三歳のアルバート・マダンスキーがランドに到着した。マダンスキーは院生としての生活を支えるために、一時期保険業界におけるベイズ派の理論家アーサー・ベイリーのもとでパートタイムの仕事をしていた。実際マダンスキーはベイリーが死ぬまで、保険数理士として身を立てようと考えていたのである。サヴェッジはすでに『統計学の基礎』という著書を世に問うていたが、まだベイズの法則を全面的に受け入れたわけではなく、マダンスキーと水爆の問題を議論したときも、ベイズのことは念頭になかった。それでもサヴェッジはサンタモニカを去るにあたって、どう取り組むかは君に一任するという言葉とともに水爆問題の研究をマダンスキーに託した。マダンスキーはその後、独自のベイズ的アプローチを編み出すことになる。

このプロジェクトに関するランドの報告書はけっきょく機密扱いとなり、マダンスキーはその後四一年間、自分の仕事について語ることができなかった。だがサヴェッジはシカゴに戻ると、このプロジェクトに含まれる基本的な統計学の問題をテーマとする講演を行った。こうしてベイズの法則は第二次大戦や冷戦の秘密のなかから、ちらりちらりとその姿を見せはじめたのだった。

マダンスキーが取り組んだ水爆の問題には、政治的にも統計学的にも微妙なところがあった。事故で爆発した原爆や水爆は未だかつて一つもなかった。一九四五年夏のアメリカによる日本への原爆投下からの一二年間にいくつかの核爆弾が爆発したのは事実だが、それらはすべて兵器試験の一環で、わざと爆発させたものだった。国を指導する人々は、事故さえ起きなければ、核兵器をストックすることで核抑止力が働き、水素爆弾を使った戦争を回避できると信じていた。それに、これまでに事故が一つも起きていないのだから、この先も事故は起こらないはずだ。そうはいっても疑問は残る。不可能とされていることは、ほんとうに起きないのだろうか?

標準的な統計学の一〇〇年を超す歴史に照らしても、不可能なことは計算できないはずだった。ヤコブ・ベルヌーイは一七一三年に、とうてい起こりそうにもない出来事は事実起こらないと断言した。デヴィッド・ヒュームも同じ意見で、太陽は過去何千回と昇っているのだから、この先も昇り続けると主張した。一方トーマス・ベイズの友人で編集者のリチャード・プライスはこれに異を唱え、とうていありえそうにないことでも起こる可能性はあると考えた。一九世紀にはアントワーヌ・オーギュスタン・クルーノーが、物理的に不可能な出来事の確率は無限に小さく、その事象は「決して」起きないと結論した。そして二〇世紀はじめにはアンドレイ・コルモゴロフが、

「決して」という部分をもう少し厳密にして、ある事象の確率がひじょうに小さいとき、その事象がその次の試行で起きないことを事実上確信できるとした。

この問題に関しては、フィッシャーもまるで役に立たなかった。フィッシャーによれば、確率は試行を無限に大きな回数だけ行ったときの相対頻度でしかない。したがって実際に核爆弾の事故が起きない限り、今後事故が起きる確率は判断のしようがなかった。幸いなことにマダンスキーの手元には無限に多くの水爆事故の記録はなく、それに、実験を行うのは論外だった。フィッシャーのアプローチからは、これまでの事故はゼロで今後の事故の確率もゼロ、という陳腐な結果しか得られなかった。

マダンスキーは「確率がゼロになるはずだという観点にこだわっている限り、何があっても考えは変わらない。これまで毎朝太陽が昇ってきたのだから太陽は毎朝昇るんだ、と決めつけたが最後、ある朝太陽が昇らなかったということにでもならない限り、考えは変わらない」という結論に達した[3]。

マダンスキー自身は、過去に事故が一度も起きなかったのだからこの先も決して起こらない、という主張を受け入れる気になれなかった。そもそも、軍や政界の権力者たちはアメリカの武器庫に核兵器がふんだんにありさえすれば戦争は回避できると考えているようだったが、その土台はじょじょにぐらつきはじめていた。一九四九年から一九五五年までの六年間に、ソビエトははじめての原爆実験を成功させ、アメリカは世界初の水爆実験を成功させ、イギリスも原爆の実験を行っていた。一九五七年には、ソビエトが世界初の地球を回る人工衛星を打ち上げ、一方アメリカは北大西洋条約機構（ＮＡＴＯ）の加盟国を対象とする核兵器の発射訓練を行い、イギリスやイタリアやトルコに核ミサイルを提供した。かくして英米相互防衛協定が発効した一九五八年には、核兵器が拡散するのを防ぐ望みは跡形もなく消えていた。ちなみに一九六〇年には、フランスが初の原爆実験を行っている。

核兵器事故が起きる不安は募りつつあった

核兵器が急速に拡散している現状もさることながら、マダンスキーは、今後事故が起きる確率がゼロだという主張を疑うべき極秘の根拠を一六個も把握していた。ある機密指定のリストに、一九五〇年から一九五八年の間に起きた一六件の核兵器がらみの「より劇的な出来事」が列挙されていたのだ。[4] 過失による投下に、船外投棄に、飛行機の事故に、実験におけるミス等々。事故現場は、カナダのブリティッシュコロンビア沖、カリフォルニア州、ニューメキシコ州、オハイオ州、フロリダ州、ジョージア州、サウスカロライナ州、そして海外にも及んでいた。しかもこのランドの一覧には、世間の耳目を集めた事故しか載っていなかった。

原爆や水爆はケースに収められたウランかプルトニウムの小さなカプセル――「ピ

ット」とそのまわりを覆う強力な従来型の爆薬からなっていて、周囲の高性能爆薬が一気に爆発すると、ウランないしプルトニウムのカプセルにあらゆる方向から十分な圧力がかかって核爆発が誘発される仕組みになっている。二、三の事例では――通常は飛行機墜落の衝撃で――まわりにある従来型の爆薬は爆発したものの、核物質のカプセルが仕込まれていなかったので核の事故にはならなかった。SACはこのような事例から、現在の核兵器取り扱い手順は理にかなっていて核の事故は起きないという確信を深めていた。

それでも、核抜きの核兵器に仕込まれた高性能爆薬が爆発して多数の死者が出ているのは事実だった。一九五〇年はさながら事故の当たり年で、四月一一日にはB‐29が山に突っ込み、ニューメキシコ州アルバカーキ近郊のカートランド空軍基地で一三名が死亡した。このときには、一五マイル〔約二四キロ〕離れたところからも高性能爆薬の炎が見えたという。また、七月一三日にはB‐50がオハイオ州レバノン近くに垂直落下して、一六名が死亡した。八月五日にはカリフォルニア州で機械の故障によりB‐29が不時着し、ロバート・F・トラヴィス将軍をはじめとする一九名が死亡、近くのトレーラーキャンプにいた六〇名が負傷した。さらにこの年には、核カプセルを装填していない爆弾が二つ、太平洋のブリティッシュコロンビア沖の深海と、アメリカの領海外の特定不能な場所で機外投棄された。

はじめのうちは新聞の扱いも小さかったが、一九五八年にB－47の爆弾室のロックがきちんと閉められていなかったせいで、「わりと害の少ない」爆弾がサウスカロライナ州マース・ブラフのウォルター・グレッグ家の庭先に落ちると、それも一変した。[5]落下の衝撃で従来型の爆薬が爆発し、深さ三〇フィート〔約九メートル〕差し渡し五〇～七〇フィート〔約一五～二一メートル〕の穴があいてグレッグ宅は壊れ、近くの建物に損害が及んだほか、鶏が数羽死んだ。人命こそ失われなかったが、広く取材が行われ、ニュース・レポーターの多くが「TNT起爆装置」が爆発したと説明した。ランドは非難めいた調子で「タイム」紙のある記事が「びっくりするほど正確である」ことを指摘し、[6]一方アメリカ議会やイギリス労働党やラジオ・モスクワは政府を非難した。

海軍はグレッグ家に五万四〇〇〇ドルを支払い、新たな安全策が導入されるまでは、核兵器を積んだB－47とB－52の飛行はすべて中止となった。SACもまた、新たな指針を打ち立てた。核爆弾をわざと投棄する場合は大海か、指定された「水塊に投棄する……こうすれば、今後は管理できない投下だけが人々の関心を集めることになる」というのである。[7]

マスコミが事故への疑念を募らせるにしたがって、イクレと、やはりランドの研究者であるアルバート・ウォルステッターは不安になってきた。イクレは政府に、飛行機事故が起きた場合は核兵器の有無に関して沈黙を守るよう勧めた。イクレとマダンスキーが研究を進めている最中に、国際的なスキャンダルになりかねない大きな事故が起きた。フランス領モロッコのシーディ・スリマネにある空軍の給油基地〔であろうとされているが、正確なところは今も不明〕で、離陸中のB‐47の鋳造ホイールが落ちて、機体が火を噴いたのだ。高性能爆薬が爆発し、火は七時間燃えさかって、積んでいた核兵器とカプセルが破壊された。

これらはすべて核抜きの核兵器が絡んだ事故だったが、マダンスキーは、もはや水素爆弾が絡んだ事故が絶対に起きないというSACや頻度主義者たちの主張は信じられないと感じていた。マダンスキーには「別の神学……別のタイプの推論」が必要だった。事故の確率が必ずしもゼロではない理論が。

頻度主義はまるで役に立たなかった。「でも、でも、でも」と後にマダンスキーは述べている。「ほんのわずかな不信の念を容認する気さえあれば、ベイズの定理が使える……ベイズだけが、選択肢たりうる別の神学なんだ。この特定の問題に関しては、何というか……自然だ。少なくとも、当時わたしはそう考えていた[8]」デニス・リンドレーが論じたように、誰かがいったん月が「熟していないチーズでできている」〔ばかげたことを信じることのたとえ〕という仮説の事前確率をゼロと定めてしまえば、「宇宙飛行士が大挙して熟していないチーズを持ち帰ったとしても、その人物を納得させることはできない」。これに関連してリンドレーは、ピューリタンの指導者クロムウエルが一六五〇年にスコットランド教会に送った手紙にある「クロムウェルの法則」〔このように命名したのはリンドレー自身だった〕を好んで引用した。「後生だから、頼むから、自分がまちがっている可能性がある、と考えてみてくれ[9]」マダンスキーはクロムウェルの法則にしたがって、ベイズを「もう一つの神学」として受け入れた。

冷戦に関わる統計学者の多くが、ベイズをよく知っていた。なぜなら、最大の懸案事項の一つである新たな大陸間弾道ミサイルの信頼評価にベイズを使っていたからだ。マダンスキーによると、「ミサイルの信頼性がどの程度なのかがわからなかった。それに、評価の参考になる試験データにも限りがあったので、多くの人がベイズの手法を使って信頼性を調べていた。ノース・アメリカン・ロックウェル社からトンプソン・ラモ・ウールドリッジ社、そしてエアロスペース社に至るこの領域のすべての会社がこの評価に関わっていた。彼らの周囲にベイズのアイデアが浮遊していたのは確かだ。わたしたちみんながベイズのことを知っていた……なぜならそれが自然なことだったから[10]」。

マダンスキーはすぐに、今後認可されない投棄がいっさい起こらないという考えがどれくらい信頼できるものなのかを計算しはじめた。まず、「統計学的な見地からすると、投棄が起こらないという単純かつ常識的な考えは、与えられた機会に事故が起きる確率分布が先験的に存在するという考えに基づいているが、その分布はすべてゼロに集中しているわけではない」ということからはじめた[11]。つまり、事前確率に一抹の疑いを組み込むという決定が重要だったのだ。ベイズ派の手法では、過去一万回の機会に一回でもちっぽけな事故が起きた可能性があると考えたとたんに、今後事故が起こらない確率はがくんと下がる。

マダンスキーは、政治的にも数学的にもきわめて難しい問題に直面していた。一人の若き民間人が軍隊の冷戦に関する基本的な信念に楯突いて、これまで一度も大惨事になりそうな事態が起きていなくても今後起こる可能性はある、ということを軍の意思決定者たちにわからせなくてはならない。それには、専門家でない人々にベイズの手順を説明する必要がある。それに、軍隊というのは往々にして根拠のない示唆を行う民間人を疑ってかかるものだから、当初の仮定はなるべく少なくしておかなくては。そのうえ事故の件数が少なく、幸運にも壊滅的な事態に至らなかったということによる統計学上の問題もあった。

マダンスキーにすれば、みすみす危険を冒すつもりはなかったので、事前確率を半々よりかなり弱くすることにした。「何とかして、事前確率がどうあるべきかを明示しないですませようとした[12]」のだ。そして、最小限の情報しかない事前確率を改善するために、さらにもう一つ常識的な考えを加味した。この先事故が起こらない確率は、過去に事故が起こらなかった期間の長さとこの先の事故が起きる可能性がある機会の数の二つによって決まる、としたのである。核の事故はそれまでに一度も起きたことがなかったから直接の証拠は手に入らなかったが、軍は間接的なデータをたくさん持っていたので、マダンスキーはそれを使って事前確率を修正することにした。

軍がすでに核兵器を搭載した飛行の回数を大幅に増やす計画を展開していることは、マダンスキーも知っていた。SACは、核兵器搭載可能な爆撃機を一八〇〇機使ったシステムを考えていた。全体の一五パーセントの機体を武装させて、絶えずどこかの上空を飛ばしておき、いつでも攻撃できる状態を維持しようというのだ。当時のSACのB－52ストラトフォートレス・ジェット爆撃機は核爆弾を最大で四つ運ぶことができ、核爆弾一つの爆発力はTNT火薬換算で一〇〇万トンから二四〇〇万トン、広島型爆弾一八五〇個分に相当した。アメリカはまた、大陸間弾道ミサイルに熱核弾頭〔水素爆弾の弾頭〕を装備するつもりで、中距離弾道ミサイルの製造を加速し、ミサイル発射の権利や軍事基地についてNATO諸国と交渉を行おうとしていた。軍はじきに警告時間を短くし、警戒レベルを上げて、さらに武器を拡散するだろう。それらすべてが、破滅的な状況が起きる可能性を増やす要素となる。

マダンスキーは、武器の数と寿命、武器が飛行機に乗せられたり保管庫で操作されたりする回数に基づいて、[13]「事故が起きる機会」がどれくらいあるかを計算した。「事故が起きる機会」は、コイントスやサイコロ投げに対応していた。そして、その結果を数えあげることは、じつは重要なイノベーションだった。

「一回の作業で起きる確率がきわめて小さく、たとえば一〇〇万分の一だったとしても、これからの五年間にその作業を一万回行えば、全体としての確率の値はかなり高くなる可能性がある」とマダンスキーは記している。[14] 軍が集めた証拠からいって、「一定数の飛行機事故」が避けられないことは明らかだった。空軍の資料によると、SACの核爆弾を運ぶB－52ジェット機は、平均で一〇万時間につき五つの大事故を起こす。さらに、事故か故意かは別にして、核兵器を搭載した飛行一〇〇〇回あたり、ざっと三つの核爆弾が落下したり投棄されたりしていた。しかも、これらの飛行機事故の八〇パーセントが空軍基地から三マイル〔約五キロ〕以内の場所で起きているから一般市民が巻き込まれる可能性はさらに高い、といった具合だ。これらの研究には核爆発はいっさい含まれていなかったが、それでもベイズ派の目から見れば、十分不吉な兆候があるといえた。

実際の計算はランドにある二つの強力なコンピュータ、IBMの七〇〇シリーズとジョン・フォン・ノイマンの設計になる「ジョニアック」を使えば大丈夫だ、とマダンスキーは確信していた。しかしそれでも、できれば問題を計算機ではなく手計算で解きたかった。

一九五〇年代のコンピュータはまだ能力に限りがあって、コンピュータを使える機会もそう多くはなかったので、ベイズ派の多くの人々が計算をしやすくする方法を探っていた。マダンスキーは、さまざまなタイプの事前確率と事後確率が同じ分布曲線を描くという事実を利用することにした。一九四〇年代末にすでにベイリーが用いていたのと同じ手法で、やがてハワード・ライファとロバート・シュレイファーの「共役事前分布」と呼ばれることになる手法を使おうというのだ。マダンスキーは後にこの概念に関するライファたちの著書を読んで、自分の事前確率にちゃんと名前があって正当化されていたことを知ると、大いに喜んだ。「わたしは、その場しのぎでやっていただけだったから[15]」

事故の危険を予測した報告書は何を引き起こしたか

マダンスキーが、自前の扱いやすい事前確率と軍の機密データと情報に基づく推論を用いて得た結論は、驚くべきものだった。ＳＡＣが飛行機による警戒システムを拡張した暁には、「顕著な」兵器関連事故が一年に一九件起こる可能性が高いというのだ。

マダンスキーは、軍の高位の意思決定者にも理解できるような初歩的な要約をまとめると、それを一九五八年一〇月一五日付のランドの最終報告「事故あるいは認可されていない核爆発の危険について——ＲＭ－２２５１アメリカ空軍プロジェクト・ランド」に挟み込んだ。この報告の第一著者はイクレで、マダンスキーと精神科医のジェラルド・J・アロンソンが共同研究者になっていた。以前はランドの報告書の多くが自由に発表されていたが、ちょうど空軍の検閲官たちがシンクタンクへの締め付けを強めていたところで、この報告書も機密に指定され、報告書を読める人間は匿名の数名だけとなった。この報告書は四一年以上経った二〇〇〇年五月九日にようやく機密解除されたが、それでも黒塗りの箇所が多数残っている。

この数年後にスペインで起きた事故のことを考えると、報告書のかなりの部分が予知のように思えてくる。マダンスキーは、事故が起きる場所や日時までは見通せなかったが、二つのことを確信していた。第一に、事故が起きる可能性は増えていて、第二に、核兵器を安全にすることは軍の利益にかなう。メディアが核兵器がらみの事故の取材経験を積んで詳しい報道を行うようになっていることを考えると、そのうちにソビエトが宣伝活動を行い、市民が核爆弾の使用制限を求める運動を起こし、海外の政権がアメリカ軍の基地を自国の領土から引き上げるよう要請しはじめるはずだ。イクレはそう予測していた。ひょっとしたらイギリスで労働党が選挙に勝つかもしれないし、NATOが瓦解する可能性だってゼロとはいえまい？

イクレとマダンスキーはこのような予測に基づいて、核兵器の安全装置をはずす作業は最低でも二人がかりで行わねばならないとか、作動スイッチに触れたときにびりっとするように電気を通しておくとか、敵の領土の上でだけ兵器の安全装置をはずすとか、弾頭のなかに組み合わせ錠を設置するとか、事故によって高エネルギーのミサイル燃料が火を噴いても放射性物質が漏れないよう対策を取るとか、兵器のなかの核物質をプルトニウムから汚染範囲の狭いウランに変えるといった安全対策を提唱した。さらにこの報告書では、プルトニウムが放出されても人間にとっては案外危険が少ないことを示す研究があるという事実を広く知らせる必要がある、ついては科学雑誌に不安を和らげる記事を載せるべきだ、と勧告されていた。ただし、その研究に関する情報源はごまかしておくこと。

やがてSACが空中警戒プログラムを実施してかなりの数の核武装した飛行機を常時飛ばすようになると、イクレとマダンスキーは、数学的な要素を減らしてさらに手厳しくした事故発生率に関する要約をまとめた。内部閲覧用のこの文書は二〇一〇年現在も機密扱いになっている。ランドのコンサルタントである精神科医のアロンソンとイクレは第一の報告書の補遺で、核兵器を担当する軍関係者の精神疾患の問題に取り組むよう提言した。当時、このような懸念が世間に広がっていたのだ。アロンソンは、爆弾の近くで作業する人々を対象に、一人で部屋に閉じこめたり、数時間にわたって睡眠あるいは知覚刺激を奪ってみたり、LSD（リセルグ酸ジエチルアミド）のような幻覚剤を使うなどの心理テストを行うべきだと考えた。そして、「数時間を超えるテストに耐えられるのは、自ら志願した『ノーマルな』被験者のうちの三分の一から四分の一にすぎないだろう」と予測した[16]。後に、一九五〇年代にCIAが資金を提供して、被験者にまったく知らせず、あるいは合意を得ることもなくLSDを用いたさまざまな実験を行っていたことが明らかになったが、これはその当時ですら倫理規範に反する行為だった。

イクレはこの報告書を配ると、緊張で膝をがくがくいわせながら、「空軍の相当数の将軍たち」に状況を説明しにいった[17]。ランドの研究者たちは、ルメイ将軍が自分たちの結論を鼻であしらうだろうと思っていた。ルメイは第二次大戦で日本の都市への焼夷弾爆撃を指揮し、後にゴーストライターが書いた自伝によると、一九六〇年代半ばにベトナムを空爆して「石器時代に戻せ」と提案したという。さらに、映画『博士の異常な愛情《ドクター・ストレンジラブ》』に登場する「しゃれ男の」タージドソン——ジョージ・C・スコット演ずるところの、しじゅう葉巻をむしゃむしゃやっている戦争好きの気の触れた将軍——のモデルとされている人物でもあった。イクレ曰く、ルメイの核兵器に対する態度は「賢明とはいいかねるくらい戦闘的」だったのだ[18]。

ところがこの将軍は意外な行動に出た。ランドがワシントンに報告書を提出すると、その翌日にはルメイが報告書を一部寄越せといってきた。イクレによると、ルメイはやがて嵐のように命令を発しはじめ、二人体制についての規則や番号錠の使用についての件もそこに含まれていたという。陸軍や海軍もこれに追随し、かくしてイクレはルメイの対応を「わが人生の帳簿の『成功』の欄」に書きこむこととなった。[19]

だがほとんどの報告書によると、じつはジョン・F・ケネディーが大統領になるまで〔一九六一年就任〕に実際に核兵器に取り付けられた番号錠はごくわずかだった。ケネディーが大統領に就任した四日後に、飛行中のSACのB－52が空中分解して、積んでいた二つの二四メガトン水爆の片方がノースカロライナ州のゴールズボロという町のそばの沼地に落ちた。この濃縮ウランの塊は五〇フィート〔約一五メートル〕以上沈んで、今もそこにあるとされている。分析の結果、この爆弾の六つの安全装置のうちでまともに機能していたのがたった一つだったことが明らかになった。大統領は核兵器関連の事故の話をたくさん――「ニューズウィーク」誌によると、戦後六〇件を超す事故があったという――聞かされ、以来ケネディー政権は核兵器の安全管理を強力に推し進め、核兵器に番号錠を取り付けるようになったのだった。

イクレは、軍や外交政策の妥協なき専門家として有名になり、海軍の「公共サービスに特に貢献したことを顕彰するメダル」を二つと、「国防省のもっとも高位の民間人のための顕彰」を受けた。一方マダンスキーはシカゴ大学の教授になり、ベイズ派と頻度主義者の戦いにおいて中立的な実用主義者という評判を確立した。そしてランドはじょじょに空軍の資金から独り立ちし、社会福祉の調査などで多角化を図っていった。

マダンスキーがベイズの統計学を用いて軍の安全基準を強化させたのは、地球全体にとってありがたいことだった。というのも、ソビエトが核攻撃を仕掛けたという警報がじつは誤報だったことが確認されてSACの反撃が中止になったという事例が多数あったからだ。ちなみにこういった誤報の原因はオーロラや、昇る月や、宇宙ゴミや、アメリカのレーダーの誤報や、(一九八〇年にペンタゴンが発した、ソビエトのミサイルが飛来するという誤報のような)コンピュータの誤操作、さらにはチェルノブイリの事故以来ソビエトが行っていた日常的な保守作業や、ノルウェーの気象探査ミサイルや、「認可を受けていない行為に関するもっと秘密の問題」だったという。

第10章 ベイズ派の巻き返しと論争の激化

一九五七年～一九六〇年代半ば

リンドレーらの尽力もあり
勢いを増したベイズ派と、ネイマンら
頻度主義者との論争は最高潮に。

ベイズ理論の驚くべき多様化

水爆を巡るマダンスキーの報告書が極秘扱いになり、表舞台から姿を消したのとは対照的に、難攻不落の頻度主義者と成り上がり者のベイズ派との確執は派手になる一方だった。例によって諍いの原因は、トーマス・ベイズのやっかいな事前確率が主観的だという点にあった。反ベイズの二人組、フィッシャーとネイマンにいわせれば、手元にある統計データとは出所の異なる知識を取り込むという発想そのものが、破門に値する異端だった。この二人が事前確率を用いずにデータに関する結論や予測を導いていたことから、守勢に回ったベイズ派の理論家たちは、事前確率をまったく使わずに論を進めようと必死になった。

一九六〇年代に入るとまるで雨後の竹の子のようにベイズ派の理論が姿を現しはじめ、ジャック・グッドによると、ざっと勘定したところ地球上の統計学者の総数をはるかに超える「少なくとも四万六六五六種類の解釈があった」という[1]。主観ベイズに個人論的ベイズ、客観ベイズに経験ベイズ、疑似経験的ベイズに部分的ベイズ、認識様態的ベイズに直観主義的ベイズ、論理的ベイズにファジー・ベイズに階層ベイズ、そしてハイパーパラメトリックなベイズにハイパーパラメトリックでないベイズ等々。これらのバリエーションの多くは作り出した本人にしかその魅力がわからない代物で、統計学者のなかには、いくら屁理屈をこねても先駆的なベイズ理論が生まれるわけではない、と主張する者もいた。さまざまなベイズ派の理論をどうやって区別するのかと問われたある生物統計学者は、かすれた声で「汝らはその事後確率によってそれらを見分けるであろう」と答えたという〔マタイによる福音書7：16「あなたがたは、その実で彼らを見分ける」のもじり〕。

このどさくさに紛れるようにして、「逆確率」という古い言葉は姿を消し、「ベイズ推定」という言葉が取って代わろうとしていた。さらに、戦後の統計学の世界を英語が席巻したために、フランス語で書かれたラプラスの論文よりもイギリスの理論家が書いた論文のほうが重要そうに見えてきた。ラトガース大学のグレン・シェイファーは「確率論の歴史に関する著述の多くに、このような英語を中心とする視点によるゆがみが見られる」と述べている。[2] ひょっとするとこれは言語だけの問題ではなかったのかもしれない。齢八五のイギリス人デニス・リンドレーは二〇〇八年に、今ではトーマス・ベイズよりラプラスのほうが重要だったとほぼ確信していると述べている。「ベイズは狭い問題を一つだけ解いたが、ラプラスは――確率論の問題まで含めて――たくさんの問題を解いた……わたしがあのフランス人の業績に無知だったのは文化的な理由からであって、わたしが受けた数学教育では、ラプラスは著名な人物とされていなかった」そう述べた上で、いかにもリンドレーらしく直截《ちよくせつ》に「とはいえこのわたしに偏見があるのも事実だ。フランス人は第二次大戦で我々の期待を裏切ったし、あのおぞましいドゴールはフランス人なのだから」とつけ加えている。[3]

イギリスでは、ベイズの法則を巡る騒動がフィッシャーの家族にまで影響を及ぼすことになった。フィッシャーの義理の息子はジョージ・E・P・ボックスといって、じつは第二次大戦の最中にフィッシャーの助言を求めるために、馬を一頭引き取りにいくという口実をでっち上げて面会にこぎ着けたあの若き化学者だった〔第4章参照〕。ボックスはフィッシャー同様、統計学は数学より科学との関係を深めるべきだと考えるようになった。そしてこの信念は、イギリスにおける化学の巨人インペリアル・ケミカル・インダストリーズ（ICI）のために仕事をしたり、W・エドワーズ・デミングや日本の自動車業界とともに品質管理運動の仕事をするなかでさらに強くなっていった。

一九六〇年にウィスコンシン大学に統計学部を作ったボックスは、「統計学の基礎」という講座ではじめて教鞭を執ることになった。「毎週毎週、ごくごく慎重にノートを用意した。ところが準備を重ねるにつれて、エゴン・ピアソンのもとで学んだ標準的な内容はまちがっている、という確信が強まった。そのためわたしの講座はしだいにベイズよりになった……よく冗談の種にされて、まったくのナンセンスだといわれたものだ[4]」

ボックスはデータ不足の科学者たちの手助けをするうちに、従来の統計学を使うと不満足でめちゃくちゃな解しか得られないことに気づいた。それでも、データが釣鐘型の確率曲線に落ち着いて、その中央の値がアベレージ〔=平均であり代表値〕になると推定される特殊な例では、頻度主義が役に立った。つまりボックスの言葉によれば、「スタインが登場するまでは、アベレージ同士を比べることが正しいように思われた」のだ[5]。

反ベイズの立場の理論家も密かにベイズを使った

これらの代表値《アベレージ》に疑問を投げかけたのが、スタインのパラドックスだった。理論統計学者のチャールズ・スタインは、きわめて単純と思われる行為——すなわち平均《ミーン》を推定するという行為についてあれこれ考えを巡らしていた。統計学者は個々の情報には関心を持たない。彼らにすれば、膨大な情報が要約された「中央の値」が重要なのだ。さらに、数百年前からの懸案として、具体的な問題に対してどのタイプの「中央の値」が最適かという問題があった。スタインは研究を進めるうちに、皮肉なことに、単純な算術平均《アベレージ》による手法より正確な予測につながる手法を発見した。統計学者たちはこれを「スタインのパラドックス」と呼び、本人は縮小推定（シュリンケージ）と呼んだ。スタインは頻度主義に立脚した理論家だったので、この手法とベイズとの関わりに触れないように細心の注意を払った。

それでもスタインのパラドックスは、品種が異なる鶏の産卵状況や、さまざまな野球選手の平均打率や、屋根葺きの会社各社の労災などの互いに関連がある統計を比べる際に役に立った。たとえば、農家が五つの品種の鶏が産む卵の数を比べる場合、従来は品種ごとの平均を調べることによって産卵量を比べていた。だが、もしここで旅するセールスマンが、卵を一〇〇万個産むといってある品種の雌鶏を売り込んだらどうなるか。農夫たちは家禽について事前知識を持っているから、鼻で笑ってセールスマンを町から追い出すだろう。ベイズ派の人々は、スタインもこれらの農夫と同じように、ある種の鶏らしさに関する超事前分布〔事前確率の事前確率のようなもの〕、つまり各品種が生来持っている産卵能力に関する従来考慮されていなかった情報に基づいて、平均に重みをつけていると考えた。それに、そもそも一羽の鶏が一〇〇万個の卵を産むはずがないというのは養鶏業では周知の事実なのだ。

これと同じようにスタインのシステムでは、それまで平凡な成績だったバッターが新シーズンの頭にあっと驚く四割打者になることがあることを説明する際に事前の情報が使われていた。スタインのパラドックスによると、ファンは過去のそのスポーツに関する知識やほかの選手の平均打率を忘れてはならないのである。

一九六一年にこの手法を単純化したスタインとウィラード・D・ジェームズは、さらにもう一つ、驚くべき結果を得た。二〇世紀初頭にアメリカの保険数理士たちが労働保険の料率を決定する際に用いていたベイズ起源の式と同じ式が得られたのである。ホイットニーが保険数理のクレディビリティー定理で使っていたのは$x = P + z(p - P)$という式で、スタインとジェームズが使っていたのは$z = y + c(y - y)$という式なのだが、記号と名前こそ違え、この二つはまるで同じ形をしている。どちらの場合にも、関連する量に関するデータは凝縮（つまり縮小）されてより信頼性を増し、全体を平均した値のまわりに凝集するようになる。そのため保険数理士は、広範な産業部門で労働者福利の状況をより正確に予測できるのだ。この式がベイズの法則に基づいていること、そして保険以外の場面でも成り立つことに気づいていたのはアーサー・ベイリーだけだった。

ベイズ派は鬼の首でも取ったかのように、スタインが問題とする数値の事前の状況を使って解と思われるものの範囲を狭め、よりよい予測を得ていると主張した。しかしスタインはベイズの哲学的な枠組みに「否定的」で、主観的な事前確率は「まったく不適切だ」とする態度を変えようとしなかった[6]。

スタインは自分の手法がベイズ的であることを認めるべきだ。そう考えていたボックスは、すぐに同じような性質がある別の関係を思い浮かべた。月曜日一日の産卵量と、火曜日や水曜日や木曜日の産卵量は何らかの形で関係があるはずだ。この場合、個々の項目は時系列でつながっていて、観察を続けると、明日は今日と似た傾向があるといった具合に互いに関係している。ボックスは、この場合にベイズの手法で時系列を分析すると予測の質が上がるが、ベイズの手法なしでは時系列にスタインのパラドックスを使えないということに気がついて、大喜びした。ボックスの言葉を借りると、「誰かが研究室に何らかの数値を持ってきて、『これを分析してくれ』といったとして、その数値がどこから来て、互いにどのような関連があるのかを尋ねるのはじつにもっともな話なんだ。つまり、それらの数を比較可能にしている性質を考慮すべきで、数値を状況から切り離すことはできない」[7]。

スタインのパラドックスを巡る頻度主義者とベイズ派の戦いが長引いたのは、一つには、双方ともに完璧に正しくもなければ、完璧にまちがってもいないように思われたからだった。しかし確信に満ちたベイズ派のボックスは、「ショウほど素敵な商売はない」のメロディーを借りて、クリスマス・パーティーで歌う歯切れのよい替え歌を作った。

たとえばその一節は、

ベイズの定理のような定理はこの世にない。
わたしたちの知っているどの定理とも違って、
そのすべてが魅力的、
そのすべてが喝采を呼ぶ。
今まで固く隠していた事前の感触を
すべて解放させて、
……
ベイズの定理のような定理はこの世にない。
わたしたちの知っているどの定理とも違う[8]

という具合だった。

反ベイズの大物たちとの対立はどうなったか

ベイズ派の解釈がまるでウサギのように倍々で増えて、スタインのパラドックスのような意外な場所に姿を現していたちょうどそのころ、フィッシャーお気に入りのフィデューシャル確率〔推測確率とも〕の理論に亀裂が生じはじめていた。フィッシャーはカール・ピアソンと議論するなかで、一九三〇年にベイズの法則に代わるものとしてこの概念を導入していた。ところが一九五八年にリンドレーが、事前確率が一様であれば、フィッシャーのフィデューシャル確率でもベイズ推定でも同じ結果が得られることを示したのだ。

さらに、アラン・バーンバウムがもう一本楔を打ち込んだ。一般に受け入れられていた頻度主義の原理からジョージ・A・バーナードの尤度原理を導き、考える必要があるのは観察で得られたデータだけで実験で得られるはずだったのに得られなかった情報は考える必要がない、ということを示したのである。ある頻度主義者はバーンバウムについて、「時計の針を四五年分戻そうと提案している」と文句をいったうえで「それでも少なくともベイズ派の先を行くことにはなる。なぜならベイズ派は時計の針を一五〇年分戻したがっているから[9]」とつけ加えた。だがジミー・サヴェッジは、バーンバウムの業績を「歴史的な出来事」として称えた[10]。

サヴェッジもまた、フィッシャーのフィデューシャル確率の手法を強く非難して、ベイズの法則の一部を使っているにもかかわらず事前確率についてまわる不名誉を回避しようとしていると論じた。サヴェッジにいわせると、フィッシャーの理論は「ベイズの卵を割らずにベイズのオムレツを作ろうとする大胆な試み」だった。[11] ボックスの目には、義父フィッシャーのフィデューシャル確率が「ベイズ派のやり方を卑劣な形で取り入れる手段」のように見えはじめていた。[12]

一九五七年に、さらにもう一つベイズ派と反ベイズ派の不一致が表面化した。リンドレーがジェフリーズのある主張を詳しく調べて、この二つのアプローチが理論上まったく逆の結果を生み出す状況があることを明らかにしたのだ。リンドレーのこのパラドックスは、膨大なデータを使って厳密な仮説を検定するときに生じる。プリンストン大学の航空工学の教授ロバート・G・ジャーンは一九八七年に大規模な研究を行って、念動力の存在を肯定する結論を得た。具体的には、ランダムな事象を作り出す装置を使って試行を一億四四九万回行い、八フィート〔約二・四メートル〕離れたソファに座っている人間がその結果に及ぼす影響はランダムな偶然が及ぼす影響の範囲を超えないという仮説を検定したのである。ジャーンは、マイクロエレクトロニクスを使った敏感な装置で調べた結果、ランダム事象生成装置が生み出した結果には、偶然が引き起こす影響より一万八四七一回（〇・〇一八パーセント）だけ多く人間からの影響が見られた、と報告した。頻度主義者が、この結果を受けてまさにp値が〇・〇〇〇一五という小さな値になる〔ジャーンの結果が偶然で起こる確率はこの値以下だと計算される〕ことからこの仮説を却下する（そして、念動力に好意的な結論を出す）のに対して、ベイズ派はまったく同じ証拠に基づいて、心霊主義が誤りだという仮説はほぼ確実に正しいと断言するはずだった。

六年後、今度はミシガン大学のジミー・サヴェッジとハロルド・リンドマンとワード・エドワーズが、日常扱う程度の規模のサンプルデータでも、ベイズ派の推論で得られる結論とp値を用いた頻度主義の推論で得られる結論とがひどく異なる場合があることを示した。たとえば、ベイズ派が常識的な事前確率を用いてわずか二〇個のサンプルで推論を行ったとしても、p値を用いた場合の一〇倍かそれより大きな答えが出る場合がある。

リンドレーはフィッシャーの三冊目の著作を書評して、フィッシャーの逆鱗に触れた。リンドレーによると、「わたしは、きわめて基本的で深刻なまちがいと思われるものを見つけた。〔フィッシャーの〕フィデューシャル確率は、確率の要件を満たしていないんだ。本人は満たすといっているが、それはまちがいだ。そこでわたしは満たしていない例を示した。するとフィッシャーはカンカンになった」。好意的な同僚がリンドレーに、フィッシャーは激怒しているぞといったが、「フィッシャーの書簡集が刊行されるまでは、彼の怒りの激しさを実感していなかった。フィッシャーは理性的でない。誤りを認めるべきだったんだ。とはいえわたしも押しの強い若者だったから、あちらにも、腹を立てる理由がなくはなかったんだがね」。リンドレーは無神経の上塗りをするように、この発見を論文に仕立てた。雑誌の編集者は、正しいのだから発表すべきだという点には同意したが、あなたは自分が何をしようとしているのかわかっているのか、とリンドレーを質《ただ》した。「わたしたちは、フィッシャーの憤激を頭から浴びることになりますよ[13]」フィッシャーはそれから八カ月にわたって、友達宛ての手紙にリンドレーの「じつにひどい批評[14]」に対する不満を綴り続けた。

ネイマンも、ベイズには神経を尖らせていた。ネイマンが一九六〇年にカリフォルニア大学バークレー校でシンポジウムを開くと、リンドレーはそこで事前分布に関する論文を読み上げ、その結果「わたしの記憶にある限りでは、統計学で経験したあとにも先にも一回こっきりのおおっぴらで真剣な口論が始まった。ネイマンは人目もはばからず、わたしに激しい怒りをぶつけた。それでわたしもひどく心配になったんだが、サヴェッジが押っ取り刀でわたしを擁護して、取りしきってくれた。わたしにいわせれば、たいへん上手にね[15]」。

一九六〇年代半ばのある日、ボックスは気短な義父とあえて「同等な事前確率」について議論した。フィッシャーは生まれたばかりの孫娘に会いに来たところで、ボックスは友達から、その話を持ち出しただけでフィッシャーが爆発するぞと警告されていた。マディソン郡にあるウィスコンシン大学へ向かう丘を登りながら、ボックスは老人にいった。「わたしなら、同等の確率を与えますね。したがって、仮説が五つあれば、それぞれの確率は五分の一になります[16]」

フィッシャーはいかにもいらだった様子で、「今からわたしがいうことを聞いたら、おまえは黙れ」といわんばかりに「自分が知らないと考えることと、すべての可能性の確率が同じだと考えることとは同じではない」と切って捨てた[17]。後にはボックスも同意したこの差異があればこそ、フィッシャーにはベイズの法則を受け入れることができなかったのだ。ネイマン同様フィッシャーも、信じるに足りる事前確率がありさえすればベイズ－ラプラスの手法を使うことに賛成だったし、実際に使ってもいた。フィッシャーは、実験室で飼っている動物の何世代にもわたる血統を知っていたので、個別の異種交配における最初の確率を自信を持って指定することができた。このような実験では、フィッシャーもベイズの法則を使っていた。ボックスは後に悲しげに、フィッシャーの娘と離婚することになったのは、彼女が父譲りのかんしゃく持ちだったせいだと述べている。

ベイズに注目が集まり他分野にも影響を及ぼす

こうなると、ベイズ派の手法と反ベイズ派の手法の折衷案が魅力的に見えてくる。最初の確率は相対頻度に応じて決めて、その先はベイズの法則を使ってことを進めたらどうだろう。経験ベイズと呼ばれるこの手法は、大きな躍進のように思われた。一九二五年には早くもエゴン・ピアソンがこのような手法を試みており、第二次大戦中にはチューリングがこれとは少し形の異なる手法を使っていた。そして一九五五年にハーバート・ロビンズがこの手法を提案し、ネイマンがこの手法を奨励すると、立て続けに出版物が刊行された。そうはいっても、経験ベイズは統計理論の主流にさほど影響を与えることもなく、一九七〇年代の後半までは応用例もほとんどなかった。

同じころ、ほかの人々は、実際にベイズの法則を使うときに邪魔になるある障害に取り組んでいた。ラプラスが作った連続的な形のベイズの法則では、関数を積分する必要がある。ところがこの計算は複雑になる可能性があり、当時の計算能力からいって、未知数の数が増えると積分が難しくなり、ほぼ必ずといっていいほど解けなくなる。そこでジェフリーズやリンドレーやデヴィッド・ウォリスといった人々は、漸近近似を展開してもっと計算しやすくしようとした。

こうしてベイズの数理的な側面が熱を帯びるなか、一九六〇年代には、何人かの実践的な人々がきちんと腰を据えて、長年頻度主義者が享受してきた制度面での支援――毎年恒例のセミナーや雑誌や資金源や教科書など――を立ち上げはじめた。モリス・H・デグルートがまとめた意思決定の数学的分析をテーマとする世界初のベイズの意思決定理論の教科書は、国際的に評判を呼んだ。また、シカゴ大学のアーノルド・ゼルナーは資金を募っていくつかの会議を開き、標準的な経済問題を次々に取り上げて、ベイズ的なアプローチと反ベイズ的なアプローチで解きはじめた。サヴェッジの主観確率が経済学にきわめて大きなインパクトを与えることになったのは、ゼルナーのおかげである。このような制度を立ち上げるには何十年もかかり、実際に国際ベイズ分析学会やアメリカ統計学協会のベイズ部門が作られたのは、一九九〇年代初頭のことだった。

ベイズ理論を巡る興奮は、統計学や数学の外にも波及していった。一九六〇年代から一九七〇年代にかけて、医師やアメリカ国家安全保障局の暗号分析官やCIAの分析官、さらには弁護士までが自分の専門分野にベイズ統計を応用することを考えはじめた。

医師たちは、アメリカ国立標準局のロバート・S・レドリーとロチェスター大学医学校のリー・B・ラステッドの提案を受けて、一九五九年に診断へのベイズの法則の応用を検討しはじめた。ちなみに二人の論文は、医学誌が関心を示さなかったことから「サイエンス」誌に発表された。ソルトレイクシティーにあるユタ大学のラター・デイ・セインツ病院で小児心臓外科医をしていたホーマー・ワーナーはこの論文を読んで、一九六一年に世界初の症例診断用のコンピュータ・プログラムを開発した。このプログラムはさまざまな先天性心臓疾患を抱えた一〇〇〇名の子供の症例に基づくもので、これによってワーナーは、ベイズの法則を使えば潜在的な問題をきわめて正確に確認できるということを示したのだった。「年寄りの心臓学者たちは、何にせよコンピュータのほうが人間よりうまくできることがあるなんて信じられなかったんだ」とワーナーは振り返る。[18] ワーナーが計五四の検査を考案したのを受けて、その数年後にはアンソニー・ゴリーとオットー・バーネットが、患者の症状にきちんと対応した検査を正しい順序で一つずつ行えば七、八個の検査で十分であることを示した。しかしこのシステムを使ってみようという医師はほとんどおらず、診断のコンピュータ化は立ち消えになった。

国家安全保障局は一九六〇年から一九七二年にかけて、内部閲覧用の『NSAテクニカル・ジャーナル』の少なくとも六本の論文を使って、暗号分析官に高度なベイズ法を教えた。当初は高レベルの情報全般を意味する「トップ・シークレット・アンブラ」として機密指定されていたこれらの論文も、二〇〇九年の筆者による開示請求に応じて部分的に機密からはずされたが、六本のうちの三本の著者名は黒塗りにされていた（そのうちの少なくとも一本には、ジャック・グッドの論文の特徴が見られる）。これとは別の論文で、Ｆ・Ｔ・リーヒという国家安全保障局職員が『科学百科事典《サイエンティフィック・エンサイクロペディア》』に載っているヴァン・ノストランドによる断定的記述、「ベイズの定理は非科学的で、さまざまな矛盾を生じさせる不要のものだ」という文を引用している。リーヒはじつは一九六〇年に、ベイズは「暗号分析者が使うもっとも重要な数学技法の一つで……国家安全保障局で成功した暗号分析者はほぼ全員使っている……この技法によって」多数の仮説の比較が必要となる問題を含む「我々が扱わねばならない膨大な暗号分析問題を解くためのただ一つの正しい式が得られるのだ」と断言していた。[19] それなのに、「国家安全保障局のなかで、ベイズの使い方をすべて知っている数学者は一握りにすぎない」というのである。先ほど触れた六本の論文は、おそらくそのような状況を改善するためのものだったのだろう。

　ＣＩＡでは、分析官がベイズ法を用いて何十もの実験を行った。ＣＩＡは不完全だったり不確かだったりする証拠から推論で情報を得る必要があったのだが、一九六〇年代から一九七〇年代にかけて、破滅的な出来事を少なくとも一二回は予測し損なっていた。北ベトナムの南ベトナム侵攻も、ＯＰＥＣによる一九七三年の原油価格つり上げも予測できなかったのだ。ＣＩＡの分析官たちは、通常何らかの目処がついた時点で作業を終えていた。ありそうもない潜在的な大惨事は無視し、新たな証拠を取り入れて最初の予測を更新するわけでもなかったのである。CIAはベイズに基づく分析のほうが洞察に富んでいるという結論に達したが、それにしてもベイズに基づく分析には時間がかかりすぎると判断した。そして、コンピュータが非力だったために、実験は放棄された。

法律の専門家たちの反応は、また違っていた。ベイズの法則が法的な証拠の評価に役立ちそうだという声があちらこちらで上がりはしたものの、一九七一年にハーバード大学のロー・スクール教授ローレンス・H・トライブが発表したベイズの法則の応用に関する辛辣な論文が大きな影響を及ぼしたのである。数学士の学位を持つトライブは、ベイズをはじめとする「数学的装置や似非《えせ》数学的装置」は「法的な手順を数学的な曖昧さで覆い隠して重要な価値をゆがめ――ときには破壊する可能性がある」と糾弾した。[20] これを受けて、多くの法廷がベイズの法則を閉め出した。

一九五〇年代から一九六〇年代にかけてベイズ派が華々しく復活したにもかかわらず、意外なことに、どの分野でもベイズの理論を現実世界の問題に公然と応用した人間はほとんどいなかった。そのためベイズの法則に関する考察は、おおむね机上の空論となった。ベイズ法がいかに優れているかをおおっぴらに示せるようになるその日まで、ベイズ派の窮状は変わらなかったのだ。

第4部 ベイズが実力を発揮しはじめる

第11章　意思決定にベイズを使う　一九五七年〜一九六五年

経営における意思決定にベイズの手法を応用、「決定木」や「共役事前分布」などの発明で実用化は大きく前進。

ベイズ派も頻度派も現実の問題より理論だった

一九六〇年代に入って日々新たな統計理論が登場すると、これらの理論を実際に応用できそうな公的な舞台が少なすぎることが専門家たちの悩みの種になった。ハーバード大学のジョン・W・プラットは、ベイズ派も頻度派も等しく「現実問題や架空の問題から些細な進捗を抽出しては好ましくないところを削除し、厳密にしたり磨きをかけたりしてピカピカの数式に仕立てあげたうえで、さまざまな討論の場で発表している」といって嘆いた[1]。

とりわけベイズ派は、理論を現実の問題に応用する気がないように見えた。サヴェッジが考え出したウサギの耳や二〇ポンドの椅子を巡る問題はあくまで教科書に載せる見本であって、その三〇年以上も前にエゴン・ピアソンがひねり出した栗毛の子馬やパイプを嗜《たしな》む男性の問題〔第3章参照〕と比べても、ひどく現実離れしていた。後にハーバード大学ロー・スクールのベイズ派の一人が、こんなのは「ばかげている」と不満を述べたように、[2] これらの問題には現実世界が持つ真実の響きが欠けていた。かなりの量のデータを分析する必要が生じると、頑迷なベイズ派でさえ頻度主義的な手法を使った。当時すでにイギリス一のベイズ派だったリンドレーも、一九六一年にハーバード大学ロー・スクールに提出した試験の採点に関する論文ではいっさいベイズに触れていない。これと同じような問題をワインに関する統計を使ってベイズの手法で分析したのは、もっとあとのことだった。

数学的にも哲学的にも、ベイズの法則はごく単純だった。プラット曰く、「事前に意見を持ち、その意見に情報を加味して更新しない限り、事後の意見を持つことはできない」[3]。しかしその信念を厳密に量で表すとなると——これはやっかいだった。

論理的にはたいへん好ましいこのシステムにじつは実社会の統計でも問題を解決する強い力がある、ということが立証されるその日まで、ベイズ派は少数派の地位に甘んじるほかなかった。それにしても、専門家からタブー同様の扱いを受けている手法の可能性を探るために、やっかいで複雑で技術的にもとんでもない計算を引き受けてくれる人物がいったいどこにいるというのだろう。当時はまだ電気工学技術の黎明期だったので、強力なコンピュータはきわめて稀で、ソフトウェアのパッケージもどこにも存在しなかった。そして実際の問題をコンピュータで解くためのベイズ派の手法もないに等しかった。コンピュータ使用時間の代わりに腕力――それも膨大な腕力を使う必要があって、とても気弱な人の手に負える課題ではなかったのだ。

それでも幾人かのきわめて創意に富みエネルギーに満ちあふれた頑強な人々が、意思決定の必要に迫られた経営者や社会科学者やニュースキャスターたちのために、ベイズの方法を使おうとした。そしてこれらの人々の偉業から、ベイズの法則を使おうとする者が必ず直面する恐るべき障害物がくっきりと浮き上がってきたのだった。

情熱と好奇心のアウトサイダー、シュレイファー

最初にベイズで運試しをしたのは、ハーバード大学ロー・スクールの意外な二人組、ロバート・オシャー・シュレイファーとハワード・ライファだった。シュレイファーはロー・スクールの統計学の専門家だったが、いかにもこの時代の人らしく、受講したことのある数学の講座はあとにも先にも一つだけで、じつは古代ギリシャの奴隷制や近代飛行機のエンジンの権威だった。一方数学に通じたライファは、やがて伝説のミスター・決定木《デシジョンツリー》〔後述〕となって大統領の助言者を務め、東西の和睦を構築することになる。二人は力を合わせて、ベイズを意思決定の必要に迫られた経営者が使える

ツールにしようとがんばった。

　幸いなことにシュレイファーは、カミソリのような自前の頭脳と超人的論理性とアウトサイダーという立場を駆使して、正統派の信念や因習を打ち倒すのが大好きだった。かなりあとになってこの同僚はどういう人だったかと尋ねられたライファは、ただ二言「尊大で、ヒエラルキーを重んじる」と述べている。

　シュレイファーは頑固な完璧主義者だった。何かに没頭したとたんに、まるでまわりが見えなくなる。自転車のラックに情熱を傾けたときは、ハーバードの学部長を説き伏せて、大学キャンパスに自分がデザインしたラックを設置させた。また、古いエンジンが大好きで、毎週MITの物理学者がボランティアでシュレイファーの厳格な基準に合うようにA型フォードやハイファイセットを調整しにきたという。さらに消費者行動を研究しているときには、学部の同僚たちも、核融合を論じるかのように大まじめにインスタントコーヒーについて考えを巡らすことになった。シュレイファーは帝国の頂点に立つ専制君主のように、同僚たちにあだ名を授けた。ライファのあだ名は「ハワードおじさん」で、ジョン・W・プラットは「偉大なる男プラット」、そしてもっとも印象的だったのが、大学院生でよく似た名前のアーサー・シュライファー・ジュニアにつけた「ひよっこアーサー《アーサーチック》」というあだ名だった。ちなみにこの三人は、後にそろってハーバード大学の教授になっている。

何はともあれ、シュレイファーは堂々としていて陽気だった。当時は、シュレイファーのように日曜日の夕食に研究助手を招いて一九三八年物のクロ・ド・ヴァージョ〔ビンテージイヤーのバーガンディーワインの最高級品〕を振る舞うハーバード大学の教授はまれだった。また、丸々一カ月ないし一年のサバティカル休暇を取ってギリシャやフランスでくつろぐ教授もまれだったが、シュレイファーは、フランス生まれの妻ジュヌヴィエーヴ——シュレイファーはこの妻をおおっぴらにふかふかのいい子ちゃん《スナッグル・バッグル》〔ペッティングやセックスの意味がある〕と呼んでいた——とともに休みを取った。

シュレイファーは特に家柄がよかったわけではなく、一九一四年にサウスダコタ州のヴァーミリオンで生まれ、シカゴのそばの小さな町で育った。父はその町の学校の教育長だった。アマースト・カレッジでは古典と古代史を専攻し、経済学と物理学の講座を取った。公式の数学の講座に登録したのはあとにも先にも一度だけで、なぜその積分の講座を受けたかというと、成績一番の学生に多額の賞金が与えられたからだった。一九歳で優等学生友愛会《ファイベータカッパクラブ》の一員として大学を卒業すると、一九三七年から一九三九年にかけてギリシャのアテネにあるアメリカ古典学研究所〔アメリカの大学連合体が一八八一年に作った研究所〕に学び、一九四〇年にハーバード大学で古代史の博士号を取った。そしてそれから数年の間に、古代ギリシャの宗教カルトや奴隷制に関する論文を何本か発表した。飲み込みの早いシュレイファーは、さらに第二次大戦中にハーバード大学の歴史学や経済学や物理学の教員が国防の仕事に移るとその空席を埋めた。

結局ハーバード大学の水中測探研究所に着任したシュレイファーは、ソナーの開発を行うこの研究所で、理論物理学者のエドウィン・ケンブルとともにドイツのユーボートをより有効に攻撃するための対潜水艦用静音魚雷プロペラの開発に取り組む。科学の問題を十分理解することができたので、マーチャント社やフリーデン社の電気計算機を使って方程式を解いたり、テクニカル・レポートをふつうの文に直したりした。そして、戦争がきっかけで現実世界の実際的な問題にのめりこむようになり、古代史を捨てたのだった。

シュレイファーの物理学の知識に感銘を受けたハーバード大学ビジネススクールは、戦争が終わると、学部で開講することが決められていた飛行機のエンジン製造業の歴史研究担当としてシュレイファーを雇うことにした。するとシュレイファーはそれまで軽んじられていたこの任務から、飛行機の歴史に関する六〇〇ページにのぼる古典『飛行機エンジンの発展、飛行機燃料の発展』という華々しい成果を引き出してみせた。

シュレイファーは、戦争関連の仕事からこの著作の完成までの間に、ハーバード大学のキャンパスで物理学者としてのいささか威圧的で都合のよい評判を手に入れた。この評判は、後に「ニューヨークタイムズ」の死亡記事によって定着することになる。

さらに大学は、会計学と製造の講座を担当していたシュレイファーに、本人が受けてきた訓練とはまるで無縁な「統計的品質管理」の講座を割り当てた。統計について何も知らなかったシュレイファーは、当時もっとも有力な理論家とされていたフィッシャー、ネイマン、エゴン・ピアソンの著作を読んで知識を仕入れた。ビジネスにおいて広く問題となる在庫管理や輸送のスケジューリングの問題の解き方は、戦時下のオペレーションズ・リサーチの研究で数式化されていた。ところが新製品の投入や価格の変更などの問題には頻度主義がまるで役に立たない。

シュレイファーは後にまとめた著作で、「デイリー・レーシング・フォーム」という競馬誌の仕入れを何部にしたらいいのかを決めかねている新聞販売所の所有者や、一〇台ある配達用トラックを二つの倉庫にどう配置したらいいのかを決めかねている卸売業者の慎ましやかな嘆願を紹介している。事業主が正しい決断をできるかどうかは、まさに運次第だった。それにしても、このような単純な問題ですら不確定要素がつきまとうのに、いったいどうすれば可能ななかで最良の選択を系統的に行うことができるのか。シュレイファーはいぶかった。かりにサンプリングや実験でさらに情報を得ることができたとしても、果たしてそれが費用に見合うのだろうか。

頻度主義者によると、「客観的な統計」イコール「長期にわたる相対頻度」であって、価値があるのは反復可能な観察に基づく確率だけだった。頻度主義者たちは、直接関係があるデータをふんだんに扱い、サンプルを取って仮説を確かめ、未知のものについての推論を行う。何年かにわたる穀物の収穫高や遺伝学や賭博や保険、さらには統計力学のような標準化された反復可能な現象の場合にはこの手法が有効だった。

ところが企業の幹部たちは、きわめて不確かな条件のもとでサンプルデータもなしに決断を下さなければならないことが多かった。シュレイファーの理解したところによると「ビジネスマンは不確かななかで、事実上賭けることを強いられている……勝ちたいと望み、しかし負けるかもしれないと知りながら」[4]。幹部たちに必要なのは、頻度主義の手法に不可欠な繰り返し試行をせずに確率を評価する方法だった。シュレイファーは、頻度主義を教えているうちに自分がバカのように思えてきたと述べている。ようするに、頻度主義はビジネスの大問題である「不確実性の下での意思決定」には向いていなかったのだ。

この問題を熟慮したシュレイファーは、データがまったく無いなかで、幹部たちはどうやって意思決定をしているのだろう、と考えた。たとえば自社の製品に何が求められているのかという点について、まったく情報がないよりはどんな情報でもいいから何か事前の情報があったほうがよいに決まっている。となると今度は、サンプルデータをどう使うべきか、サンプルデータを得るのにどれくらいの費用をかけるべきかが問題になる。事前情報をサンプルデータに基づいて更新するとなると、ベイズの法則が使える。なぜならこの法則を使うと、主観的に評価した事前確率と客観的に得られたデータを組み合わせることができるから。根本に関わるこの洞察は、シュレイファーの人生を変えた。

シュレイファーはあまり数学に詳しくなかった。そのため、主観主義と客観主義の間に深い哲学の溝があることも知らずに、統計学の本を放り出し、一からベイズの意思決定理論を再構築することになった。ビジネススクールに所属する独学の統計学者たるもの、統計学の権威筋に恩義を感じる義理などない。かくして偶像破壊が大好きなこの人物は、平然と学界の巨人たちに挑みはじめた。シュレイファーはサヴェッジ同様、不確かさと経済学を組み合わせて意思決定を行おうとしていた。サヴェッジはシュレイファーのことを「ピストルのように熱く、ナイフのように鋭く、鐘の音のように明確で、鞭のように素早く、マラソンのように人を消耗させる人物」だと思っていた。[5]

シュレイファーは、自分の数学の能力が「ε〔イプシロン〕くらいの大きさ」すなわちほぼゼロに等しいことを自覚していた。[6]そこでそれを補うために、週に七五時間から八〇時間働き、フィルタなしのたばこを日に四箱ふかし、煙でいっぱいの研究室の黒板にさまざまな色のチョークで自分の考えを書き付けていった。現実世界に関係があると思われるものをひたむきに追い続け、ある理論によろよろとはまり込んだかと思うと、引き返して別の道を探り、今度はまた別の理論に駆け寄る。ほぼ一時間ごとに、固く信じていたことをほかの見方でひっくり返し、そのたびに「ああ、なんていうことだ!」とか「なんてバカだったんだ!」という声が廊下に響き渡った。常に好奇心でいっぱいのシュレイファーは、可能ななかで最良の絶対的な分析を追求した。そしてそれには数学の力を借りる必要があった。

コロンビア大学にハワード・ライファという若き隠れベイズ派がいるという話を聞くと、シュレイファーは自らその人物を探し出し、ライファを雇うようハーバードの大学当局を説き伏せた。それから七年間、ライファとシュレイファーは密接に協力することとなった。やがてライファは国際的な交渉人となり、アメリカや海外で教育やビジネスや法律や公共政策に強大な影響力をふるった。それでもライファは常々シュレイファーのことを「じつに偉大な人だ……あがめている、恐れているといってもいいだろう。……あの人はひじょうに積極的で、確信に満ち、自分の意見に固執するが、ひじょうに頭が切れる、じつに切れがいいんだ……〔あの人は〕男という感じだ。——本物の男——ベイズの思想を独自に発見し、自分と意見を一にしない人々をあざけり、理論化して哲学にしただけでなく、そのアプローチを実際の問題に応用した」と見ていた。ライファによるとシュレイファーは、「わたしの知的な発展において、唯一無二のもっとも重要な人物」だった。[7]

意思決定に頻度主義が無力だと悟ったライファ

シュレイファーもライファもエリート知識人であることに変わりはなかったが、シュレイファーのやり方は尊大で、一方ライファは、ある協力者の言葉を借りると、「親しみやすく、とても暖かくてオープンで、包容力がある人物」だった。[8] シュレイファーがアイビーリーグの優等学生友愛会に属していたのに対して、ライファはニューヨークのシティー・カレッジの出身だった。「ニューヨークの、収入でいうと中程度か貧しい学生が選ぶカレッジだ。わたしの家はどちらかというと貧しかった[9]」第二次大戦中に空軍の試験を受けたものの、算術と初等代数の試験評価の枠組みにミスがあったために、ライファは試験に落ち、後に大統領の助言者となるはずのこの人物は、シュレイファーが戦争中に在籍したような一流の調査研究所に入るのではなく、基礎訓練を三度受けさせられたあげくに、調理師学校、気象予報、レーダーによる計器着陸システムの下っ端仕事をすることになった。

ライファの職業選択の最後の決め手となったのは、じつは反ユダヤ主義だった。ライファは、自軍の軍曹たちが、アメリカのユダヤ人を浜辺に並べて射撃練習の標的にしちまいたい、といっているのを漏れ聞いたことがあった。また、フロリダ州フォート・ローダーデールの不動産屋からは、夫婦そろってユダヤ人では家は探せないといわれていた。だから友人に工学や科学でもユダヤ人差別があると聞かされたときも、過去の経験からいってさもありなんと思った。その後、保険数理士の世界では客観的な競争試験で評価が決まるということを知った。そこで、宗教より能力が重視される分野を探していたライファは、あのアーサー・ベイリーが在籍していたこともあるミシガン大学の保険数理プログラムに登録した。

本人もひどく驚いたことに、ライファは優秀で「我を忘れるくらい幸せな」学生となり、一九四六年から一九五二年までの六年で数学の学位と統計学の修士号と数学の博士号を取った。「統計を学んでいたころにベイズという言葉を聞いた憶えはない。ベイズは推定の方法としては存在していなかったんだ。ネイマン－ピアソンの古典的で客観的な（頻度に基づく）統計がすべてだった[10]」

シュレイファーがベイズを一気に受け入れたのに対して、ライファはベイズの主観性にしぶしぶにじり寄っていった。それでもライファは、ジョン・フォン・ノイマンとオスカー・モルゲンシュテルンの『ゲーム理論』（一九四四年）を読むと、自分自身の競い方を決めるために直感的にほかの人々の振る舞いを評価するようになった。「理論というようなものはまったく持たず、素朴に……判断の確率分布を評価し（はじめた。自分の振る舞いがいかに過激なのか気づきもせずに、いつのまにやら主観主義者になっていたんだ。そうするのが自然だったからね。別にたいしたことではなかった」[11]

ライファは、エイブラハム・ワルドが一九五〇年に発表した著作『統計的決定関数』をテーマとする連続セミナーを開き、そのなかで、この著書に頻度主義の枠組みで使えるベイズ派の意思決定の法則がぎっしり詰まっていることに気がついた。ワルドは国防研究委員会消防保安課に所属する統計研究グループと作業をするなかで、チューリングやバーナードとはまったく別に、弾薬試験のための逐次解析の手法を発見していた。ところが、正直正銘の頻度主義者だと見られていたワルドが妙な回り道をして問題を解いていることがあった。自前のベイズの事前確率を作って元の問題のベイズ版を解いてから、頻度主義的な特性を分析していたのだ。しかもワルドは、意思決定の優れた手順はすべてベイジアンだと述べ、統計学者のヒルダ・フォン・ミーゼスに、自分はベイズ派だが、あえてそのことを公けにする気はないと告白していた。ワルドのこの業績は、やがてライファをはじめとする多くの数理統計学者や意思決定論の専門家に大きな影響を及ぼすことになった。

ワルドの著書が登場するまで、「ベイジアン」という言葉は逆確率の問題を解くためのベイズの定理ではなく、トーマス・ベイズの同等な事前確率に関する問題含みの提案を意味していた。一九五〇年にワルドがインドで飛行機事故により命を落とすと、コロンビア大学の統計学部はライファを雇い、ワルドの講座を引き継がせた。ライファは学生たちの一歩先を行こうと、毎晩教科書を読んだ。そして、この国のほとんどの統計学部が——当然コロンビア大学の統計学部も——反対している観点へとじょじょに近づいていった。だが「科学的な」客観性を放棄して主観性を受け入れることは、決して容易ではなかった。

シュレイファー同様ライファも、はじめのうちは当時権威があるとされていたネイマン－ピアソンの理論や仮説の検定や信頼区間や偏りのない評価などをテーマに、ひたすら頻度主義を教えていた。しかし一九五五年にはすでにシュレイファー同様、これらの概念が統計の中心だとは思えなくなっていた。コロンビア大学の教職員がライファの講義を聴講していたために、隠れベイズ派となったライファは精神的に参ってしまったが、それでも自らの変節を告白しようとは思わなかった。なぜなら、心から尊敬する同僚たちがベイズの考え方を口をきわめて非難していたからだ。「おい、ハワード、いったい何をしようっていうんだ？」と同僚たちはライファを問いただした。「我々が科学だと考えているものに、感傷的で独善的で心理的な事柄を持ち込むつもりなのかい？」[12]

ライファが取り組んでいた問題とコロンビア大学の同僚たちが取り組んでいた問題は、まるでタイプが異なっていた。ライファやシュレイファーのような統計学者は、第二次大戦に後押しされて、統計学をデータ分析だけでなく意思決定にも使えないだろうかと考えるようになっていた。これに対してネイマンやピアソンは、さまざまな戦略や仮説につきものの誤りを考慮したうえで、それらの仮説を受け入れるべきか却下すべきかを決めていた。そのためネイマンたちは観察された結果のサンプルに基づいてどうすべきかを決める際にも、起きるかもしれなかったが実際には起きなかった結果のサンプルすべてを考慮しなければならなかったのだ。ジェフリーズが科学的な推論に頻度主義を用いることに反対したのは、このためだった。ライファはジェフリーズとは別の理由で頻度主義は使えないと感じていた。意思決定を「偽物ではない、本物の経済の問題」と結びつけたい、と考えていたのである[13]。

ライファが関心を持ったのは、一回こっきりの具体的な決定——製品をどれくらい備蓄するかとか、どれくらいの価格をつけるかといった素早い判断を必要とする決定だった。ハーバード大学のシュレイファー同様、不確かさを抱えた経営者が間接的に関係がある情報を生かして問題を解決する手助けをしたいと思ったのだ。ライファにいわせると、「反ベイズ派は決して——わたしにいわせれば金輪際、『〇・二〇から〇・三〇の区間にpの値が落ちる確率』といったものに確率を割り当てないはず」だった。

しかるにベイズ派の主観主義者たちは、答えを実際に確率で表したいと考えていた。仮説を受け入れたり却下するだけでは不十分なのだ。ライファも実感したことだが、事業主にすれば、「それまでの意見に基づいて……また、具体的なサンプル事象に照らして、pが〇・二五より大きい確率は〇・九二だと考えられる」というふうにいえるようになりたかった[14]。

ところがこれは頻度主義者にとってまさに禁句で、頻度主義者が認めるのは「有意性が〇・〇五レベル」のサンプル事象だけだった。ライファは頻度主義が「分布のごく浅薄な記述を中心に据えている」と見た。「わたしは学生に（pの分布全体について、また）確かとはいえないpがどのあたりにありそうか（について）確率を使って考えてほしかった。そのうえで意思決定の観点から見て、どのあたりに正しい行動があるのかを解明してほしかった。だから、仮説検定の問題全体が学生をまちがった方向に導くように思われたんだ[15]」

統計学の二学派の間に横たわる深淵がライファの目の前にはっきりと姿を現したのは、コロンビア大学の教授たちが社会学の学生ジェームズ・コールマンの口頭試問をしていたときのことだった。コールマンは口頭試問の間じゅう「混乱していて曖昧で……博士号に値しないことは明らかだった[16]」ところがコールマンの指導教官たちは、ふだんは目も眩むほどの才能を発揮するといって譲ろうとしない。ライファは新たに受け入れたベイズ派の展望に基づいて、その学生の素質に関する教官たちの事前の意見が確信に満ちているのだから、一時間の試験でその見方を大きく変えるべきではないと主張した。よって、コールマンの博士号を認めるべきである。コールマンはやがて強い影響力を持つ社会学者となり、ついには「ニューズウィーク」の表紙や「ニューヨークタイムズ」の巻頭ページに登場するようになる。

だがライファはこのときもまだ、自分がネイマン－ピアソン派からベイズ派に転向したのは知的に考えた末のことだと思っていた。心の底から転向するのは、まだ先のことだったのである。

一九五七年にフォード財団が、ビジネススクールの知的水準を上げる活動の一環として、ハーバード大学に数理統計学者を雇うための資金を寄付した。そこで大学はライファに、統計学部に新設されるポストとビジネススクールのポストを合わせて提供するという魅力的な提案を行った。ライファがベイズ派の思想に転向したことは統計学部にも伝わっていて、学部長のフレデリック・モステラーは、ライファの着任を拒みこそしなかったが、あまり乗り気ではなさそうだった。もう一人の著名な教授ウィリアム・コクランからは、「ま、君も大人になるだろう」といわれたが[17]、ビジネススクールでは、シュレイファーが諸手を挙げてライファを歓迎した。

ライファとシュレイファーがベイズを使えるものにした

ライファによると、シュレイファーは「わたしが会ったなかで、自分の意見にもっとも強く固執する人間だった」。はじめのうちは、「シュレイファーがどんなにすばらしい人物か」わからなかった。「……シュレイファーがあんなに偉大な人物であることに気づかなかった。彼はすでに仮説検定ではなく、本物のビジネスの意思決定問題に焦点を絞っていた。そして、みんながまちがった捉え方をしているといっていた。いや、待てよ、そうじゃない。そうはいわなかった。不確かさのあるビジネスの意思決定の観点からいうと、まちがった捉え方をしているといったんだ[18]」

ライファは毎朝シュレイファーに解析学や線形代数やベクトルや変換のことを教えた。するとシュレイファーは翌朝には新たな定理を立て、さらにその翌日には自分が得た知識を具体的な問題に応用した。ライファは、シュレイファーに「理解力があって、カミソリのようにシャープで粘り強く、継続的で創造性がある」ことを発見した[19]。どちらも仕事中毒だったが、とりわけシュレイファーは誰よりも長い時間仕事をした。ライファは、「彼はほんとうに途方もない探求者だった……どう役立てられるかを理解しさえすれば、荒削りな数学の能力を発揮したものだ[20]」と振り返っている。二人は一度も雑誌や本を参照せず、共同で行ったことはすべて自然に生まれたものだった。

シュレイファーは、統計学の知識の点ではとうていライファに及ばなかったが、ライファよりははるかに多くの書籍や論文を読んでいた。ライファは、ジェフリーズやフィッシャーやエゴン・ピアソンといった戦前の偉大な理論家の業績をあまりよく知らなかった。あとになってサヴェッジの業績に気づくと、その明快さに感嘆した。なにしろライファときたら、同僚の助言にしたがって自分のポストの後継者にフランク・ラムゼイを指名したときも、ラムゼイの論文を読みもしなかったくらいなのだから。

シュレイファーと共同で論文を書くときは、常にライファが第一稿をまとめた。そのうえでシュレイファーが「ありとあらゆる方法ですべてを分析し、際限なく文章を変更し、コンマを打ってはまた取った」とジョン・プラットはふり返る。ちなみにプラットは、二人とともに重要な論文を何本かまとめている。[21] シュレイファーは、ハーバード・ビジネススクール出版会の編集者が引用符を句読点の内側ではなく外側に置いたのはけしからんといって、すんでのところで著作の刊行を取りやめようとしたことがあった（"over."とすべきところを"over".としたのである）。

「いっしょにいて何となく落ち着かなかったのは……彼がじつに多くのことで筋が通っていたからなんだ――政治にさえ近づかなければね！」[22] だからライファは、この協力者と統計については論じたものの、相手が所得税を罵倒し、ハイチの問題を解決したければハイチの連中を全員アメリカで兵士に仕立てて送り返せばいいと主張しはじめると、耳を塞ぐのだった。

シュレイファーにとって、ベイズの法則は単に「使えるもの」ではなく、信じるべき対象だった――それも熱烈に。そして、心からの信者たるもの、問題へのアプローチがいくつもあるという可能性を受け入れることなどできるものか！　とばかりに「ハワード〔・ライファ〕が用いた論拠すべてに穴を見つけ、知的で粗暴なまでにしつこい論説を展開した」と、当時学生だったアーサー・シュライファー・ジュニアは回想している。「相手が提示した代替案を採用したが最後、およそ成り立つはずのないパラドックスに至るということを示して見せるんだ。……道はこの一つだけで、このやり方で行うしかない。ほかのやり方で行ったというのなら、どこがまちがっているのか指し示してさしあげましょう、というのがロバートのやり方だった」[23]

ライファは学生に、頻度主義とベイズ派のやり方を両方とも紹介しておきたかった。そうすれば、何かの折りに業界の権威筋の見解に触れたとしても、混乱しなくてすむはずだ。ところがシュレイファーは、それでは嘘を教えることになると考えた。そして見下すような口調で、「どちらにしても、ビジネスマンは文献は読まん」といった。[24]

一九五八年には、ライファも熱心な主観主義へと転向していた。それぞれに異なる四つの市場を相手にした四つの事業が同一の情報を用いた結果、互いに異なる四つの非統計的な事前確率が生じて、それぞれ違う結論が出るのは当り前だと思われた。この考え方にあいかわらず不安を感じる科学者や統計学者もいるにはいたが、そのほかの人々にすれば、最初の統計的でない事前知識を新たに入手した膨大な統計情報で圧倒できればそれでよかった。多くのアメリカ人がケネディー大統領の暗殺や9・11の攻撃のニュースをどこで耳にしたかをはっきり記憶しているのと同じように、ライファの世代のベイズ派には、抗いがたいひらめきとともに突然ベイズの重要な論理に打たれた瞬間を記憶している人が多い。かくして批判的な人々は、ハーバード大学ビジネスクールを「ベイズ派の温床」と呼ぶようになった。

同じ現象に異なる確率を割り当てる「賭け」を行うことは、ベイズ派の所信を形で表すものとされた。「(シュレイファーのグループの)まわりでは、日々選挙やスポーツなど、あらゆることについての賭けが五つも六つも行われていた。しじゅう一ドル札がやりとりされていたんだ。生活に染みついて、その一部となっていた。そういうことをほんとうに信じていたんだ」とシュライファー・ジュニアは述べている。[25]やがて、シュレイファーとライファは大義ある狂信者だという噂が立ちはじめた。

シュレイファーは、七〇〇ページに及ぶ初の教科書『ビジネスにおける意思決定のための確率と統計――不確実さのもとにおける経営経済学』を刊行すべく、マグロウヒル社に原稿を送った。それから、例によってまちがいや不適切な表現が山ほどあるのに気づき、初刷を引き上げて二刷と取り替えるよう出版社にしつこく迫った。これは、知的な厳密さをビジネスの経済性に優先させた古典的事例で、シュレイファーはこの戦いに勝利した。教科書は一九五九年に一一ドル五〇セントで売り出され、ハーバード大学の講師だったシュレイファーは経営管理の教授に昇進した。

『ビジネスにおける意思決定のための確率と統計』は、終始一貫してベイズの観点から心を込めてまとめられた、世界初の教科書だった。学生たちは、簡単な算術や計算尺、あとはせいぜい卓上型電卓があれば、棚卸しやマーケティングや待ち行列の問題を解くことができた。この本の謝辞には、過去の権威筋の名前はほとんど挙がっていない。シュレイファーは、ラムゼイやデ・フィネッティやサヴェッジの影響をいっさい受けることなく主観主義の立場に到達していた。これに対してサヴェッジも、シュレイファーが「まったく独立に」考えを展開し、「伝統に囚われることなく、より堅実に論を進めた」ことを認めている。[26]

ベイズの法則が置かれている状況に思いを巡らしたシュレイファーとライファは、頻度主義者と違って、ベイズ派の手元にすぐに使える数学的ツールがあまりないことに気がついた。そのためベイズ派の手法は複雑で実用に向かないと見なされ、なかでも数学の素養がないビジネススクールの学生たちからはややこしすぎると思われていた。サヴェッジやリンドレーといった理論家たちがベイズを数学的にきちんと整えようとしたのに対して、ライファとシュレイファーは、ベイズの手法をきちんと機能し日常の問題に簡単に応用できるものにするべく、一九五八年に作業を開始した。さらに二人はジョージ・ボックスばりにポピュラーソング——今回は、ミュージカル「アニーよ銃をとれ」のなかの一曲——のメロディーに乗せて、頻度主義者にできることはすべてベイズ派のほうがうまくできるという趣旨の替え歌を作った。

シュレイファーとライファは計算を簡単にするために、決定木《デシジョンツリー》（樹形の図を利用して観測結果によってどのように意思決定を行うかの分岐を表したもの）やツリーフリッピングや共役事前確率を取り入れた。「経営者が直面する意思決定問題には順を追って次々に起きるという性質があるので、それを表現するデシジョンツリー図を使いはじめた」とライファは述べている。「意思決定者として、今行動すべきか、それとも（サンプリングやさらなる処理によって）マーケティング情報がもっと集まるのを待つべきか。……デシジョンツリーが自分の発明だと主張したことは一度もないんだが……ミスター・デシジョンツリーとして知られるようになった」[27]ベイズの意思決定過程を表すこの図は、たくさんの枝がある本物の木のように、じきにビジネススクールの学部のカリキュラムにしっかりと根を下ろした。これらのツリーは、ベイズの法則のもっとも有名な実践応用例といえよう。

ツリーフリッピングの発端は、石油の試掘に関心を持つライファの弟子の院生を助けるための単純化だった。試掘者はふつう、特定の場所を調べるかどうかを判断してから、試掘するか否かを決める。ところがライファは面倒な代数を避けるために、試掘者の決定の順序をひっくり返した。試掘結果が吉と出るか凶と出るかの確率を計算してから、その場所を調べるかどうかを決めるのだ。デシジョンツリーの図を分析すると x に関する情報から y に関する情報が得られるが、ツリーフリッピングでは y が先にくる。この場合、けっきょくはベイズの法則を使っていることになる。というのも、yだとした場合のxの確率とxだとした場合のyの確率を扱うことになるわけだが、これらはベイズの式の重要な二つの要素なのである。

「つまり、ツリーをひっくり返す《フリップする》わけで」とライファはいう。「わたしたちはこれをベイズとは呼ばなかった。ベイズの定理を使うなんて最悪だ。複雑すぎる。でも常識を使ってこれらの事柄をいじくるだけならしごく簡単だった。ベイズを使えばできるはずのややこしいことはさせても、ベイズ自体は使わない。ツリーフリッピングを使ったんだ[28]」

さらにライファは、事前確率や事後確率を更新するのに便利な近道を開発した。共役事前分布と呼ばれるその手法では、事前と事後の確率分布の形や曲線が同じ形になる場合が多いという事実を利用する。このため分析を正規分布からはじめると、正規分布で終わるのだ。共役事前分布は、ベイズの手法に欠かせない反復更新の際に役立つ。アルバート・マダンスキーが水素爆弾の事故の問題を研究したときに使ったのも、これと同じような概念だった。しかしこの近道も、のちにマルコフ連鎖モンテカルロ法が取り入れられると不要になった。

ビジネス系のベイズ派のなかには、単純化をさらに推し進め、ベイズの法則につきものの事前確率を省く者もいた。シュレイファー曰く、「興味の対象となっているパラメータについてほんとうにたくさんのことがわかるような圧倒的な事前の証拠があれば話は別だが、そうでなければ事前確率のことは忘れる、というのがわたしの見解だった」[29]。

今ではラジオやテレビに解説者があふれていて想像するのも困難だが、一九六〇年代初頭には、専門家の意見を活用する人はほとんどいなかった。当時は、会社経営者たちが喜んで自分たちの意見を提供し数式に組み込ませてくれるものかどうか、誰にもわからなかったのだ。それに、専門家の主観的な判断が正しいと言い切れる人もいなかった。ジョン・プラットは、地方の映画館に映画を売り込む仕事をしていた妻のジョイに、毎日の観客動員数を見積もってほしいと頼んだ。はじめのうち、妻の見積もりの幅はあまりにも狭かった。ところがその見積もりを実際の動員数と比べるうちに――毎晩二つの劇場で計何百ものデータを取った――ジョイの予測はきわめて正確になり、ついに夫のジョンも、専門家の意見は確かに役に立つと考えるようになった。ベイズ派の人々は、プラットやシュレイファーが頻度主義の手法を使ってデータを分析しているというので異議を唱えたが、異なるジャンルや異なる上映時間や異なる出演スターの人気などをベイズ派の手法で比べるとなるとあまりに複雑だった。ちなみにこのような意思決定における専門家の意見の利用に関する研究は、後にひとつの大きな分野となっている。

やがて、ジョイとジョンのプラット夫妻が正しかったことが明らかになった。会社のマーケティング担当の幹部たちはごくわずかな情報に基づく判断に多額の金を賭けており、専門家としての判断を問われることは大歓迎だった。頻度主義的な研究が終わるまで自分の意見を口にせずにじっと待つことには慣れっこだったが、ほんとうは、自分たちの「経営者としての直感」や「状況から感じたこと」を事前の見積もりに盛りこみたいと思っていたのだ。

ライファとシュレイファーは、その道の専門家にどんなふうにインタビューして、彼らの経験をどのように測るかといった細かい問題に取り組みはじめた。一九六二年に新設する靴用の人造皮革製造工場の規模を決めようとしていたデュポン社は、喜んで新製品の需要に関する事前確率を見積もった。フォード・モーター社の設計技師たちも、自分たちの意見をベイズの事前確率に組み込めば意見サンプルをもっと減らせると知って喜んだ。ライファとシュレイファーのおかげで、ビジネス上のほとんどの問題を数理分析できるようになった。たとえば、ある工学上の問題に不確定要素が二〇あったとして、そのうちの一二個は一回の推測で処理できる可能性が高く、五つに関してはさらに検定が必要で、二つはきわめて重要なので専門家の意見を聞かなくてはならない、といった具合だった。こうしてベイズの法則は、頭の体操でしかなかったサヴェッジの耳が曲がったウサギの問題よりはるかに複雑な問題を解くのに使われるようになった。

一九六一年から一九六五年にかけて行われた毎週恒例の刺激的なセミナー（セミナーが終わると、たいていシュレイファーの研究室で飲み物が供された）では、不確実性のもとでの意思決定（decision making under uncertainty、略してDUU）が焦点となった。このセミナーでは、効用分析やポートフォリオ分析やグループ決定の過程やシンジケート理論や行動異常、さらには、不確かさや価値について尋ねる手法などが検討された。ライファ曰く、「わたしたちは一つの分野を形成する手伝いをしていた[30]」。この時期にライファとシュレイファーが共同でまとめた二冊の本とこのセミナーによって、一九六〇年代のベイズ派の復活に拍車がかかった。のちにライファは、シュレイファーと協力してもっとも多くを生み出した時期がたった四年でしかなかったことに気づいて驚いたという。

ライファとシュレイファーの手になる進歩的統計学者のための古典『応用統計意思決定理論』が刊行されたのは、一九六一年のことだった。そこで紹介された慎重で詳細な分析方法は、その後二〇年にわたってベイズ統計学の方向を決定づけた。この著作は、今でもほとんどの意思決定分析者の本棚に並んでいる。

ライファやシュレイファーとともに『統計的意思決定理論入門』をまとめることになったプラットは、すぐに、自分には楽々こなせる数学がシュレイファーにとってはひどく難しいことに気づいた。シュレイファーは数学を理解はできても、作り出すことができなかった。この本の編集準備が整うころには、シュレイファーとライファの関心は他のことに移っていたが、予備稿を手に入れたいという要望が多数寄せられたため、マグロウヒル社はこの著書を一九六五年にタイプ打ちの印刷物として刊行した。プラットとライファが最終的にこの著作を完成させてMITから八七五ページの本として出版したのは、その三〇年後のことだった。

ライファは、ビジネススクールの教授たちに数学的手法を紹介するために、一九六〇年と六一年にのべ一一カ月にわたってフォード財団のプログラムを実施した。その結果、ハーバード、スタンフォード、ノースウェスタンといった大学のビジネススクールの次世代の部長たちに意思決定のためのベイズ派の主観主義がたっぷりと注入され、その福音はほかの経営学大学院にも及ぶこととなった。ちなみにライファはこのとき「マルコフ連鎖入門」という八四ページの印刷物を学生に配っているが、統計業界がマルコフ連鎖を受け入れるのは、この三〇年後のことである。そして二〇〇〇年には、ベイズ派の手法に関する研究の多くが、大学の統計学部ではなくビジネススクールを中心として行われるようになったのだった。

ライファとシュレイファーは、一九六五年以降じょじょに距離を置くようになっていった。ライファはあいかわらず自分のことを「おおまかにいうと……意思決定問題の形式的な分析に主観的な判断や感情を直接導入したいと考える」ベイズ派だと思っていた。[31]そして、主観確率やゲーム理論やベイズの法則に関する知識の幅を十分広げると、ハーバード大学の統計学部を去ってビジネススクールと経済学部の合同ポストに就き、医学や法律や工学や国際関係や公共政策における、概して統計的というよりも社会的な問題を研究しはじめた。

ライファの転身はどこからどう見ても大正解だった。やがてライファは意思決定分析の先駆者としてハーバード大学の行政大学院にして公共政策大学院でもあるケネディー・スクールの四人の創設者の一人になり、ペレストロイカのはるか前に冷戦の緊張を和らげるための東西共同のシンクタンクを創設してその所長となり、ハーバード大学ロー・スクールの交渉に関するロールプレイの連続講義（この講義はあちこちで真似されることになった）を創設し、ケネディー大統領とジョンソン大統領の政権では、国家安全担当補佐官マクジョージ・バンディに科学面の助言を行った。さらにまた、ハーバード大学ではビジネスおよび経済の博士論文を九〇本以上指導し、一一冊の著作——著書のみで論文は含まない——をまとめ、そのうちの一冊は五〇年以上も版を重ねている。つまりライファは、ベイズ派として長い間影響を及ぼし続けたのだ。

二人はベイズの普及に成功したか

そうはいっても残念ながら、ライファやシュレイファーはビジネスのカリキュラムや統計理論やアメリカのビジネス生活にベイズの法則を普及させるという大胆な試みに成功したわけではなかった。シュレイファーは、経営経済学をハーバード大学ビジネススクールの強力なプログラムに仕立てたが、ベイズ派の意思決定分析はそのカリキュラムから姿を消し、アメリカの教室の「古い代物」にベイズの法則が取って代わることはついになかった。一九七〇年代以降、一流のビジネススクールがこぞってベイズの意思決定理論に力点を置くようになったときも、ベイズの法則はほんの数週間で学ぶものとされた。今やビジネス系の学生たちは自分で計算を行うこともなく、コンサルタントを雇ったりコンピュータ・プログラムを買ったりしている。

理論統計学者の多くが、どうせ連中はビジネススクールで働く部外者なんだからといって、ライファとシュレイファーの貢献をないがしろにした。イギリスにいたおかげで全体を見通すことができたリンドレーは、統計学者の共同体がシュレイファーにほとんど注意を払わないのを見てあきれた。「彼にはまったく恐れ入った。ライファとの本はじつにすばらしい」しかもシュレイファーが一九七一年にまとめた著作には、「時代の先を行く」コンピュータを使った手法が載っていた。リンドレーはシュレイファーが「今までに会ったなかでもっとも独創的な頭脳を持ち、図抜けて広い知識を有する人物の一人だった」と考えている。[32]

二人のベイズ普及活動が成功しなかったのは、一つにはシュレイファーがちがちの大学人理論家であり続けたからだった。シュレイファーは、解けない問題に出くわすと、それを脇に置いてほかのことに取りかかったが、経営者にはそんなことは許されない。しかもシュレイファーは、長期的な解やそれらの解がときとともにどうなるかといったことは考えず、短期的な結果だけを扱った。コンサルタントとしての仕事はほとんどせず、多忙な経営者に複雑なアイデアを売りつけることもしなかったので、ベイズの法則が現場のビジネスマンに与える影響はごく限られたものとなった。シュレイファーは、何週間もかけてカテージチーズの包装に関するマーケティングの事例をごく抽象的で複雑なところまで調べておきながら、乳製品の工場に現地視察に行ったケースワーカーが通常持ち帰るような組織環境に関する事実はすべて無視した。シュレイファーのところのたった一人の大学院生が、ＩＢＭの雑然としてはいても栄光に満ちた品質管理問題に関する論文をまとめようとすると、シュレイファーはその論文を二段階のサンプリングに関する理論的で無味乾燥なものにしてしまった。しかも、抽象的な問題をひどくたくさん盛りこんだものだから、シュレイファーがサバティカル休暇で留守にしている間にライファが介入して、どうにかこの若者の博士号を確保する始末だった。シュレイファーは情熱的な知性の持ち主で、狭い範囲のトピックスに深い関心を持ち、常に臨戦態勢にあったのだ。

　ライファが別のプロジェクトに移ると、シュレイファーは、ハーバード大学の経営経済学の初年度学生を対象とする新たな入門講座の立ち上げ作業に没頭した。この講座は当然、ビジネススクールではじめてのベイズの手法に基づいた講座になるはずだった。シュレイファーはこの講座で使う教科書をまとめて、『経営経済学《マネジリアル・エコノミックス》レポーティング・コントロール』、略してMERC《マーク》と呼んだ。学生たちはこの教科書を嫌ってマーク《かすみ》と呼び、ベイカー図書館の正面階段で燃やした。ハーバードの大学新聞のレポーターにコメントを求められたシュレイファーは、「そうだねえ、わたしは、本を燃やす側よりも燃やされる側にいたいと思うがねえ」と答えた。

　そしてぐっと身を乗り出すと、「ところで、一つとても気になっていることがあるんだが。あの本はきわめて上質なつやのある紙に印刷されている。だからひじょうに燃えにくいはずなんだが、いったいどうやって燃やしたのかな」と尋ねた。

「ええと、それはですね」学生記者は恭しく答えた。「一ページずつ燃やしたんです[33]」

　シュレイファーは最後の最後まで先見の明を失わず、複数の数学に詳しいプログラマのチームがすでにコンピュータソフトの分野を占拠していたにもかかわらず、残された日々を実践家向けのコンピュータソフトの制作に捧げた。そして一九九四年に肺がんで息を引き取った。享年七九。シュレイファーの死後、ライファとプラットは三人が三〇年がかりでまとめてきた著作、『統計的意思決定理論入門』を完成させた。プラットとライファはこの本をシュレイファーに捧げ、かつて同僚だったこの人物は「独創的で深く思考し、創造力に富み、不撓不屈で粘り強く、多芸多才で要求の高い、ときとして短気な学者で、わたしたち二人の創造力を刺激してくれた」と述べている。[34]

第12章　誰がフェデラリスト・ペーパーズを書いたのか　一九五五年〜一九六四年

単語の用法をベイズで分析して論文の著者を推定。ベイズへのコンピュータ利用を実現した。

非軍事分野における最大規模のベイズ手法実践例

アルフレッド・C・キンゼイの『人間男性の性行為』〔『キンゼイ報告　男性篇』とも〕が刊行されて爆発的なベストセラーとなったのは、一九四八年のことだった。この年、大統領選挙の世論調査は、ハリー・トルーマンがトーマス・デューイに勝つことを予測できなかった。世論調査はインチキだ、詐欺だ、堕落だという大衆の叫びのなかで、社会科学者たちは自分たちの職業の先行きを心配しはじめた。世論調査は社会科学者の基本ツールだったから、七つの専門家協会を代表する社会科学研究会議は、ハーバード大学の統計学者フレデリック・モステラーにこのスキャンダルを調査するよう依頼した。

モステラーはトルーマンの選挙に関する率直な報告書のなかで、ランダム・サンプリングの技法を使わずに時代遅れのサンプリング設計にしがみついたとして全国の世論調査会社を非難した。その結果、黒人や女性や貧困層を実際より少なく見積もることになったのだが、これらの人々のほうが世論調査会社が調査対象とした人々より民主党に投票する傾向が、はるかに強かったのだ。

キンゼイの研究に関しては、アイゼンハワー政権の国務長官ジョン・フォスター・ダレスや、「ニューヨークタイムズ」を発行しているアーサー・サルツバーガーや、プリンストン大学のハロルド・W・ドッズ総長、リベラルなユニオン神学校のヘンリー・P・ヴァン・デューセン学長といった有力な男性たちが、人間の性に関する調査に補助金を出すのをやめるよう求めた。だが、キンゼイの性の履歴に関する標準的インタビューを受けたモステラーは、感心しきりだった。キンゼイがランダム・サンプリングを行わなかったのは統計学の観点から見て致命的だったが、その分野での業績は群を抜いていて、このような調査をキンゼイよりうまく行える統計学者は、全米広しといえども二〇人に満たなかった。そこでモステラーは、キンゼイが次に女性の性について研究するときには、統計に関して国立衛生研究所のジェローム・コーンフィールドの力を借りられるようにこっそり手配した。

これら二つのスキャンダルには、世論調査や科学や社会科学や統計学の核心を突く判別の問題――またの名を分類問題――が絡んでいた。当時の研究者たちは、ややもすると人や物事をカテゴリーに振り分けていくときに、振り分けが正確であるかどうか、カテゴリーがきちんと定義されているかどうかといったことの確認をなおざりにしがちだった。世論調査会社は人々を共和党か民主党かで分け、マーケティング会社はある洗剤を使っているかどうかで消費者を分ける。科学の世界でいえば、生物学では植物を分類し、人類学では頭蓋骨を分類する。そして社会学者たちは、性格に基づいて個人を分類する。

キンゼイ委員会の仕事が終わると、モステラーは分類問題が絡む研究テーマを探しはじめた。おそらく離婚した母に育てられたからでもあるのだろう、モステラーは実際的な人間だった。母は高校を出ていなかったが、前夫の反対を押し切ってまで息子に教育を受けさせようとした。モステラーはピッツバーグにあるカーネギー工科大学（現在のカーネギー・メロン大学）で数学の学位と修士号を取得し、プリンストン大学のごく抽象的な数学研究科の大学院に入ると統計学を専攻した。しかし、プリンストン大学とコロンビア大学で軍事研究に従事する統計学者たちの主な連絡係を務めるうちに、期限を切られた現実世界の問題に取り組むほうが自分の性に合っていることに気がつく。そして戦争が終わると、一九四六年にプリンストン大学で博士号を取得し、健康や教育や野球に対する関心を追求すべくハーバード大学に移った。大統領選に関する世論調査や性に関する研究の調査も終わって、今度はいよいよ自分で選んだ問題に取りかかる番だった。

モステラーは、なんらかの大規模なデータベースを使って二つの場合を判別する手法を開発しようと考えた。そしてまず、ベイズの法則ではなく、『フェデラリスト・ペーパーズ』〔『ザ・フェデラリスト』とも〕を巡る歴史学の些細な謎に着目した。合衆国の三人の建国の父、アレグザンダー・ハミルトン、ジョン・ジェイ、ジェームズ・マディソンは、一七八七年から一七八八年にかけて匿名で八五本の論文を書いていた。言論で合衆国憲法を批准するようニューヨークの有権者たちを説得しようと試みたのだ。歴史学者たちはこの『フェデラリスト・ペーパーズ』の大半の論文で筆者と思われる人物の名前を突きとめていたが、筆者がマディソンかハミルトンかで意見が一致していない論文がまだ一二本残っていた。

モステラーがこの問題を知ったのは、一九四一年の夏に大学院生として研究をしていたときのことだった。心理学者のフレデリック・ウィリアムズとともにフェデラリスト・ペーパーズの一つ一つの文に出てくる単語の語数を数えていたモステラーは、「経験上重要な原則を発見した。人間は数を数えられないものなのだ、少なくとも、ひじょうに多くなると」。そしてまた、ハミルトンとマディソンの文体がまるで双子のようであることもわかった。二人とも、一七〇〇年代のイギリスでもてはやされた複雑な美文調が得意だった。モステラーは「一般的な文体を問題にするのはあまりよい手ではないので、単語に注目する」ことにした[1]。単語を一つ一つ選り出していって、何千もの変数のストックを作ろうというのだから、これは実に手強い仕事だった。この夏の仕事が終わったところで第二次大戦が勃発したために、モステラーはフェデラリスト・ペーパーズのことを忘れた。

戦後、モステラーはフェデラリスト・ペーパーズの問題が分類問題を研究課題とする際に必要な要件を満たしていると判断した。一九五五年には満を持してシカゴ大学の若き統計学者デヴィッド・L・ウォリスを誘いこんだ。愛嬌のある何気ない口ぶりで、「この夏ニューイングランドに来て、しばらく滞在してみたらどうかな。わたしがはじめたこのちょっとしたプロジェクトを、いっしょにやってみないか？」とウォリスにいったのだ[2]。二人が論文を調べるのに費やした時間は、ハミルトンとマディソンがフェデラリスト・ペーパーズを書くのに費やした時間よりはるかに長かった。後にウォリスは、「まったく、考えただけでもぞっとする」と述べている。

ウォリスは、このプロジェクトにぜひベイズの法則を使うべきだとモステラーに強く進言した。ウォリスは一九五三年にプリンストン大学で数学の博士号を取得しており、シカゴ大学の教授になる予定だったのだが、シカゴでの最初の年――つまり一九五五年に、サヴェッジがベイズの法則に関する出来たての著作を題材にして教えているところに出会《でくわ》した。そして、アメリカのほとんどの統計学者が敵視していたにもかかわらず、ベイズ派の考え方を受け入れたのだった。

ウォリスは、フェデラリスト・ペーパーズの問題はベイズを応用するのにうってつけの素材だと考えた。「初等統計学の本にあるようなわりと単純な問題にこだわっている間は、ベイズの手法でもそうでない手法でも解くことができて、得られる答えもあまり変わらない」というのである。ちなみに一八〇〇年代の初頭にこのような問題を調べたラプラスも、同じことに気づいている。「わたしは本物のベイズ派ではない。フェデラリスト・ペーパーズの問題は別にして、さして多くの例を手がけたわけでもないし……だが、扱わなければならない未知数やパラメータが多くなると、ベイズ派と非ベイズ派の差はきわめて大きくなる」

モステラーは、人の助言に耳を貸す人間だった。それに、サヴェッジやリンドレーやライファやシュレイファーと違って、熱狂的なベイズ派でもなかった。役に立つ技法を好む折衷派の問題解決者だったのだ。さらに、信念の程度としての確率と相対頻度としての確率はどちらも正当だと考えていた。モステラーの見るところ、問題は、「ハミルトンが五二番の論文を書いた」というような一回きりの出来事をサンプリング理論で処理するのは難しいという点にあった。ベイズ的な信念の度合いのほうが、具体的に述べるのは難しくても、応用範囲は広いはずだ。

おまけにモステラーは、矛盾を避けて教科書の例に逃げるよりも、重要な社会問題に取り組むことを好んだ。問題にリアリティーがあるほうが緊張感が増す。本人曰く、「安楽椅子に座ったままで」見つけた困難と、現場や化学実験室で見つけた困難が似ていることはめったにない。あとになって、どうしてフェデラリスト・ペーパーズの問題にこんなに長い時間を費やしたのかと尋ねられたモステラーは、ハーバード大学ビジネススクールの「ベイズ派の温床」を指さし、それからライファやシュレイファーが複雑なデータや困難な問題を取り上げなかったことを指摘した。モステラーにすれば、ベイズ派の理論ばかりが多くて実際の応用が乏しいことが気になっていたのである。

モステラーとウォリスはサヴェッジの励ましを受けて、「二〇〇年の歴史を持つ数学の定理を一七五年来の歴史の問題に応用する」という冒険の旅に出た。そしていつの間にか、赤ん坊に関するラプラスの研究やジェフリーズの地震の分析以来もっとも大規模な非軍事の問題にベイズの法則を応用することとなった。ウォリスとモステラーがいわゆる「高速コンピュータ」の助けを借りたのは、決して偶然ではなかったのだ。

現実の問題を扱うなかで明らかになったベイズの困難さ

二人の手元にあるデータはいかにも膨大だった。ハミルトンが書いたことがはっきりしている単語が九万四〇〇〇に、マディソンが書いたことがはっきりしている単語が一一万四〇〇〇。そのうちの「戦争」や「行政官」や「議会」といった名詞は無視することにした。というのも、これらの単語の使われ方は小論文のテーマによって異なっていたからだ。「in」や「an」や「of」や「upon」といった文脈とは無関係の冠詞や前置詞や接続詞は残すことにしよう。ところが作業を進めるにつれて、二人はこの「どちらかというと行きあたりばったりな方法」に不満を抱くようになった。そしてついに重大な決断を下した。この歴史学上の些細な問題を使って、ベイズ派と頻度主義のデータ分析手法を経験に基づく形で真剣に比較することにしたのだ。判別方法としてのベイズの法則の力を、フェデラリスト・ペーパーズを用いて吟味しよう。

一九六〇年には、ウォリスはフェデラリスト・ペーパーズのベイズ解析を展開し、自分たちのデータの数学モデルの詳細を詰めようとフルタイムで働いていた。変数がここまで多くなると、まるで質の悪い原鉱を掘っているようなもので、対象を絶えず変えながら次から次に文書を処理していって、役に立たない単語をはじくことになる。二人は、たとえば「ハミルトンが五二番の論文を書いた」という言明に対する信念の程度を確率の数値で表し、そのうえでさらなる証拠に基づいてベイズの定理による確率の修正を行っていった。

はじめは、一つ一つの論文の著者に関する確率をちょうど半々にした。そのうえで三〇個の単語の頻度を一度に一つずつ参照して、確率の値を更新していく。分析は二段階に分かれていて、まず著者がわかっている五七の論文を調べてから、その情報に基づいて著者不詳の一二本の論文を分析する。計算がどんどん複雑になっていったので、ウォリスは難しい積分を処理するために新たな代数的手法を編み出した。ウォリスの漸近近似法は、やがてこのプロジェクトの統計面の核となる。

モステラーとウォリスは、さらにもう一つ重要な単純化を行うことにした。確率に関する数学的な専門用語ではなく、勝算を巡って日常的に用いられている言葉を使おう。二人とも数学の専門家だったが、直感的にも計算上もオッズ〔＝可能性。統計学では、ある事象が起きる確率と起きない確率の比を指す〕という言葉のほうが受け入れやすいことに気づいたのだ。

フェデラリスト・ペーパーズの分析には一〇年かかったが、モステラーはその間もさまざまな方面で忙しく働いていた。トルーマンの選挙とキンゼイ報告を立て続けに調査したために、何か問題が起こると声がかかるようになっていたのだ。ハーバード大学からは、何年かの間に全部で四つの学部のポストを提供するという申し出があった。社会関係学部の議長代理に、統計学部の発起人に、大学の公衆衛生大学院の最初は生物統計学、そして健康政策と経営のポスト。

モステラーはハーバード大学の学校当局を(友人に宛てた手紙によると「きわめてゆっくりと」[3])説き伏せて、統計学部を作らせた。そして、一九五〇年代から一九六〇年代にかけて盛んだった数理モデルを社会問題に応用する運動に加わると、ゲーム理論や賭博や学習の研究を行った。これらの分野では、ベイズの定理自体は使われていなかったが、新たなアイデアを考えたり調整したりする際の象徴になっていた。しかしけっきょくはこれらの分野への関心も衰え、モステラーはさらに別の分野に移っていくことになるのだが、それでも教育はモステラーにとって大きな関心の対象であり続けた。ソ連がスプートニクを打ち上げると、政府は生徒たちにその学齢に応じた形で確率を教えるという方針を打ち出した、モステラーはその一環として、高校生向けの頻度主義とベイズの法則の教科書をまとめた。一九六一年には、NBCが早朝に放映するコンチネンタル・クラスルーム・シリーズの番組で確率と統計を教えた。この講義を視聴した人は一〇〇万人を超え、単位取得を念頭に置いて受講した人も七万五〇〇〇人にのぼった。モステラーは、医学の研究ではメタ分析〔複数の独立した研究結果を統計的に統合して行う分析〕の先駆者となり、ランダム化した臨床試験や治療の公正な検定やデータに基づく薬物療法を強く推した。さらに他に先駆けてプラセボ効果の大規模な研究を行い、たくさんの医療センターを評価し、医師と統計学者の協力を実践し、大型汎用コンピュータを利用した。

研究を指揮したモステラーの並はずれた能力

これらのさまざまなすばらしい仕事に加えて膨大なベイズ推定まで手がけるとは、いったいどのような秘策があったのか。見た目はずんぐり、髪はくしゃくしゃといった具合のモステラーは、しかし超一流の組織者で、まったく論争を恐れることがなかった。陽気で、ちょっとしたユーモアで批判的な人々をも魅了し、相手にも自分が同意しかねる意見を持つ資格はあると考えているようだった。しかも辛抱強く、「おやおや、おやまあ、よしてくれよ、にっこり」といった調子で幾度となく説明を繰り返す。[4] ただし、文法と句読点に関してはきわめて独断的で、ある学生の論文を本人に評するなかで「わたしは一人ホテルの部屋にいて、魔女《ウイッチ》ならぬwhichに囲まれている」と記したことがあったという[5]〔モステラーは関係代名詞のwhichを嫌っていた〕。

モステラーはまた、じつによく働いた。一度などは研究室に「わたしは今日これまでの時間で、統計学のために何をしたのか」という掲示を貼ったこともあり[6]、あるいは短期間だったが、一日中一五分ごとに自分の行動を記録したこともあった。しかもモステラーは――これは自身が指摘していたことだが――古い時代の慣習のおかげをこうむっていた。妻がモステラーの専門家としての仕事以外のあらゆる生活の面倒を見ており、ハーバード大学には長年秘書を務めた女性や五〇年以上統計学の助手を務めたクレオ・ヤウツのように、職を賭してでもモステラーの成功に貢献しようという女性が複数いたのである。

さらにモステラーは、研究室の半径五〇フィート〔約一五メートル〕以内に足を踏み入れた学生をすべて自分の研究に参加させるといわれていた。一四歳で家出して数年間プロの手品師をしていたパーシ・ダイアコニスは、大学院生になったその日にモステラーに出会った。モステラーは低く親しみやすい声でダイアコニスに話しかけた。「君が数論に関心を持っていることはわかった。じつはわたしも数論に興味があるんだ。というわけで、この問題を解くのを手伝ってくれないか？」[7] 二人はその成果を共同で発表し、やがてダイアコニスはスタンフォード大学で華々しいキャリアを積むこととなる。モステラーの地球上における最後の協力者は山の頂に住む隠遁者で、モステラーはその頂に登って共同で著作をまとめるよう説き伏せた、という噂もあった。だがじつはモステラーが手を組む相手は、ダイアコニスにしろ、ジョン・テューキーにしろ、後に合衆国上院議員になったダニエル・パトリック・モイニハンにしろ、経済学者のミルトン・フリードマンにしろ、サヴェッジのような統計学者にしろ、自分の時間を割くに値すると考えた人物に限られていた。そして最後には、自分は「キャリアのどこかで、こういった少人数のグループで学究的な仕事をする新たな方法を身につけた」から成功した、と考えるようになった。[8] 同僚や研究助手はモステラーに興味深いトピックを割りふられ、毎週あるいは二週にいっぺん集まってはメモをやりとりし、四、五年のうちに本にまとめた。モステラーは同時並行で四つから五つのグループと仕事をして、共著ないし単独著として五七冊の本と三六の報告書と三六〇を超す論文――自分の子供とも一つずつ――をまとめた。

著者判別の手がかりとなる単語の発見

フェデラリスト・ペーパーズのプロジェクトが四年目に入ったところで、モステラーとウォリスの研究に大きな進展があった。歴史家のダグラス・アデールが、一九一七年に発表された研究によると、ハミルトンが「while」という単語を使うところでマディソンが「whilst」を使っているらしい、と耳打ちしてくれたのだ。だったら、著者不詳の一二本の論文で使われている単語をふるい分ければうまくいくはずだ。

やっかいなことに、「while」や「whilst」はそれほど使われておらず、これだけでは一二本の論文の著者を突きとめることはできなかった。それに、編集者の手が加わっていたり、印刷所の誤植があったりすると、この証拠もねじ曲げられている可能性が出てくる。ある単語がぽつりぽつりと見つかるくらいではだめで、「while」や「whilst」

のような標識となる単語をたくさん集めてきて、フェデラリスト・ペーパーズの各論文でそれらの単語がどれくらいの頻度で使われているのかを確認しなくては。

モステラーがフェデラリスト・ペーパーズのプロジェクトに着手したとき、手元にあったのは、計算尺と、ロイヤル・タイプライター社製の手動タイプライターと、キーが一〇個ある電気式の加算機と、自動で掛け算と割り算ができる一〇列の電気式モンロー計算機だけだった。そしてモステラーは心から、MITで使っていたオーバーヘッドプロジェクターがあればいいのにと思っていた。ところがじきに二人はコンピュータを使わねばならないことに気がついた。ハーバード大学には自前のコンピュータ設備がなく、MITとの協力協定が頼みの綱だった。けっきょくモステラーとウォリスは、ハーバード大学に割り当てられた計算時間のかなりの部分を使うことになった。おそらく現在のデスクトップコンピュータよりもまだ遅かったはずで、そのうえフォートランができてまだ二年しか経っておらず、この未熟な言語で単語を扱うプログラムを書くのは至難の業だった。そのため作業はますます遅れた。二人は「単語を数えあげるにあたって、コンピュータと昔ながらの人力の二股をかけたのだが、どちらにも不都合があった」。

モステラーは、コンピュータの力の代わりに学生の腕力を使うことにして、学生八〇名とその他二〇名からなる計一〇〇名の手伝い軍団を組織した。これらの兵士たちは、その後数年にわたって高速であるはずのコンピュータのためにカードに穴を開け続けた。

プログラミングが遅々として進まなかったので、ヤウツは標識となる単語の調査を加速しようと、手作業でその場しのぎの用語索引を作った。学生たちは、電動式のタイプライターに加算機用のテープを通して一行に一語打ち込んではテープを切るという方法で一語ずつの紙切れを作り、それをアルファベット順に並べて枚数を数えた。一度などは、氏名不詳の誰かが深々と大きなため息をついたせいで、統計学のデータが紙吹雪となって舞い上がったという。それでもヤウツが指揮するタイピストたちは数日のうちに、ハミルトンが一論文に二回の割合で「upon」という単語を使っているのに対して、マディソンがめったにこの単語を使っていないことを突きとめた。

そのすぐあとで、今度はコンピュータ・カードに穴を開けていた学生たちが四つ目の標識語を発見した。ハミルトンは「enough」という単語を使っていたが、マディソンは一度も使っていなかったのだ。こうしてモステラーは、問題の文書の著者がマディソンだということを示す四つの単語を手に入れた。とはいえ、もしもハミルトンとマディソンが互いの文書に手を入れていたとすると、二人の文体が融合している可能性がある。モステラーとウォリスが結論したように、「我々が直面しているのは白黒のはっきりした状況ではないし、我々も絶対的な結論を提供するつもりはない……

この調査に期待できるのは、せいぜい強い信頼性を持った結論」だった。こうなると、さらに証拠を集めて、それがどれくらい信頼できるものなのかを測る必要がある。

今や二人は、ベイズ統計のもっとも単純な応用どころか、「その場しのぎと近似の寄せ集め」に膝までどっぷりと浸かった格好だった。ベイズ統計のデータ分析の手法はまだ揺籃期にあったので、新たな理論やコンピュータ・プログラムや単純な技法――頻度主義者たちが一九三五年には開発し終えていたような技法――を自力で編み出さなければならなかった。そこで二人は使えない手法を除外しながら、技術に関する二五もの難問に取り組み、中身の濃い論文を四本発表した。それらはすべて、ベイズ派のアプローチと、頻度主義のアプローチと、二つの単純化したベイズ派のアプローチを比べた対比研究の論文だった。そのうちに計算がひどく複雑になり、とうとう主に計算尺を使って人力でチェックしなければならなくなった。ハミルトンは「upon」をマディソンの一八倍使っており、この単語は単独では最良の判別因子となった。優秀なマーカーとして、ほかには「whilst」「there」「on」があった。「どうひいき目に見ても、『may』と『his』には差異がある」とモステラーは記している。

なんといっても意外だったのは、ベイズの法則のなかでもっとも疎《うと》まれていた事前分布があまり大きな意味を持たないという事実だった。「これには恐れ入った」とモステラーは述べている。「わたしたちは、事前分布にどのようなタイプの情報を使うかによってすべてが違ってくるにちがいないと思っていた。ところが結果的には、統計学者は事前情報の選択にあまり集中せず、むしろデータを当てはめるべきモデルをどう選択するかに注意を払うべきだということがわかった[9]」

けっきょくのところ、二人はベイズの定理には欠かせないからというだけの理由で事前確率を取り入れることにした。そして、マディソンとハミルトンに同等な確率を割り当てた。だが実際には事前確率は何であろうと変わりはなく、まさに論文の読者に決めさせてもかまわないくらいだった。モステラーは当時の時流をうまく取り入れたたとえ話として、月面上で宇宙飛行士が測定したデータが一つでもあれば、専門家が事前に月面のチリの深さをどう予測していようが問題ではなくなると指摘した。それならなぜ事前確率を取り入れるのか。何となれば、データが乏しかったり矛盾をはらんでいたりする場合には、問題に決着をつけるために膨大な観測材料が必要になるかもしれないから。

モステラーとウォリスは一九六四年に報告書を発表するにあたって、晴れ晴れとした調子で、「ベイズ分析の問題に徹底的に取り組み、議論の種となっていたフェデラリスト・ペーパーズの問題を解決した」と宣言した。一二ある論文すべてをマディソンが書いたというオッズが「十分に高」く、いちばん根拠が弱い五五番の論文でも、二四〇対一のオッズでマディソンが書いたものと推定される。

ベイズの法則に関する論文は、二人が論文を発表するまでの三年間に、ジェフリーズ、サヴェッジ、ライファおよびシュレイファーによって三本発表されていた。しかし、ベイズ統計と近代的なコンピュータを使ってあえて現実的な問題を取り上げたのはこの論文だけだった。モステラーはフェデラリスト・ペーパーズについて二三年間考えを巡らせ、一〇年をかけてこの問題に取り組んだ。そしてこの問題はその後も長い間、ベイズ法を公然と用いて攻略された最大の問題であり続けたのだった。

二人の業績は、難しい問題を深いところまで分析したということで、今も賞賛されている。批評家たちは、「理想的」「感銘深い」「非の打ちどころがない」「ヘラクレスを思わせるひじょうに勇敢な」といった言葉でこの業績を称えた。実際一九九〇年になってもまだ、この業績はベイズ法を用いた単一の最大規模の事例研究だった。

こうした大騒ぎにもかかわらず、この問題を追跡調査しようという者は一人も現れず、当の本人たちですら、同じ資料をベイズ法と別の手法で再分析して結果を確認しようという気にはならなかった。そのためだけにわざわざ学生軍団や協力者の委員会を組織して、一九六〇年代当時のコンピュータで巨大を使って複雑な問題を解ける人間が、モステラーのほかにいようはずもなかった。

ところで、モステラー自身はどう感じていたのだろう。むろん満足はしていた。しかし同時に、ある友人曰く、「おい、ここにいいアプリケーションがあるぞ、いい技法だ。さあ、試してみよう。それから別の技法も見つけよう」という感じでもあった。モステラーは多くの著書でベイズの技法について述べており、今でもダイアコニスはモステラーは献身的なベイズ派で、社会科学者にベイズ派の方法を受け入れさせようと懸命に努力したと見ている。しかしモステラーはそれ以後一度として、一つのプロジェクトを丸ごとベイズ法に捧げようとはしなかった。上院議員のモイニハンとともに有名な貧困の研究を行い、公共政策にも影響を及ぼしたが、その研究でベイズの法則が果たした役割はそれほど大きくなかった。ある学生がベイズ統計の博士論文で賞を取ると、モステラーは「今こそベイズ法は離陸しようとしているのだろう。だがそれをいえば、わたしはもう二五年間もそういい続けてきたのだが」という祝いの言葉を贈った。[10]

第13章 大統領選の速報を支えたベイズ　一九六〇年〜一九八〇年

諜報業界の大物でもある学者テューキーが
選挙速報にベイズを使って成功。
だがなぜかその事実の公表は禁じられる。

テレビ業界の熾烈な競争と世論調査

フェデラリスト・ペーパーズのプロジェクトは、まだ小規模だった統計の専門家業界に感銘を与えただけに終わったが、やがて冷戦下のスパイ業界の大立て者ジョン・テューキーが、二〇〇〇万人にのぼる全米のテレビ視聴者の目の前でベイズの法則の優れた技量を披露することとなった。だが、この一件がきっかけで統計業界もベイズ統計が一人前になったことを認めたかというと……そうはいかなかった。

名声を得るビッグ・チャンスが訪れたのは、一九六〇年のことだった。この年に、ケネディー上院議員と副大統領のリチャード・M・ニクソンがアイゼンハワー大統領の後継の座を巡って競ったのだ。この選挙は予断を許さぬ僅差の接戦で、全国ネットの三大テレビ網が、勝利宣言を最初に放映するのはわが局だとばかりにしのぎを削った。この競争に勝てば、名声も広告費もうちのもの。それにNBC(全国放送会社《ナショナル・ブロードキャスティング・カンパニー》)にすれば、親会社であるRCA（アメリカ・ラジオ会社《ラディオ・コーポレーション・オブ・アメリカ》）が作った最新のコンピュータを見せびらかす絶好のチャンスでもあった。

当時全米一のテレビニュース番組だったNBCのハントリー・ブリンクリー・レポートの平日夜の視聴者数は、二〇〇〇万人を超えていた。ニューヨークのチェット・ハントリーとワシントンのデヴィッド・ブリンクリーがキャスターを務めていたのだが、どちらもケーリー・グラントやジェームズ・スチュワートをしのぐ著名人になった。NBCのテンポの速い構成と「お休み、デヴィッド」「お休み、チェット」という放送終了時のくだけた挨拶が、テレビのニュースを変えた。

この番組は絶大な人気を誇っていたものの、一九三六年や一九四八年の選挙で世論調査業界がお粗末きわまりない仕事をした記憶はまだ消えておらず、しかもニクソンとケネディーが異様なまでの接戦を繰り広げたこともあって、NBCの重役たちはかなり神経質になっていた。大統領選の投票日が迫るなか、NBCは勝者予測に力を貸してもらえそうな人物を物色しはじめ、意外なことにプリンストン大学の教授ジョン・W・テューキーに連絡を入れた。

テューキーは、今では「ビット」や「ソフトウェア」という言葉を作った人物として知られているだけで、統計学や工学の業界の外ではほぼ無名に近いが、じつは軍事研究のスパイの世界、とりわけ暗号解読やハイテク兵器の分野で膨大な成果を上げていた。プリンストン大学で統計学の教授を務めながら、三〇マイル〔約五〇キロ〕離れたＡＴ＆Ｔのベル研究所――当時は世界一の工業研究所とされていた――でも仕事をしていた。そしてこのような立場を生かして、五代にわたる大統領や国家安全保障局やＣＩＡに助言を行った。

軍事関連研究の大物、テューキー

ＮＢＣの依頼がいかに図々しいかを理解するには、テューキーが冷戦関係の秘密にどこまで深くかかわっていたかを知る必要がある。テューキーは、一九三〇年代後半にはトポロジー研究を、一九四〇年代には軍関係の分析を行っていた。第二次大戦当時、まだ若者だったテューキーはプリンストン大学で、ヨーロッパ上空を高速で飛ぶ爆撃機Ｂ－29の爆撃手がどのようにして機関銃の狙いを定めればよいかを計算するオペレーションズ・リサーチのグループと仕事をした。そして冷戦下では、初の地対空ミサイルシステム「ナイキ」のために航空力学や軌道や弾頭の概略を作った。スパイ飛行機Ｕ－２を作るようアイゼンハワーを説き伏せるのにも一役買った。一九五六年から運用がはじまったＵ－２は、一九六〇年にソ連上空でパイロットのフランシス・

ゲアリー・パワーズもろとも撃墜されるまで、空を飛び続けた。

一九六〇年にＮＢＣニュースから連絡が入った時点で、テューキーはすでに八年間、ＣＩＡの科学技術諮問委員会と国家安全保障局の科学諮問委員会の委員を務めていた。また、前年には核実験停止に関する米ソの会議に派遣されて、地震計の記録データを解析すれば地下核爆発と地震を区別できることを示してソ連の代表をあっといわせ、一躍その名を馳せていた。互いに相手が条約を遵守しているかどうかを監視できることを知った米ソは、一九六三年に大気中や宇宙や海における核実験を禁止する部分的核実験禁止条約に調印する。

テューキーはまた、プリンストン大学が超極秘暗号学シンクタンクを立ち上げるのに一役買った。こうして防衛分析研究所（ＩＤＡ）のコミュニケーション調査部門は、高さ八フィート〔約二・四メートル〕の煉瓦塀に囲まれた新設のフォン・ノイマン・ホールという建物に移ったのだった。暗号学上の高度な問題を解くために作られたＩＤＡと国家安全保障局の間には、「きわめて親密な絆」があった。[1] じつはテューキーは、履歴書にこそ書かなかったが、何十年もの間ＩＤＡの評議委員を務めていたのである。やがて学生が大学内で秘密の研究が行われていることに抗議の声を上げると、テューキーのロバート・Ｆ・ゴヒーン総長への直訴もむなしく、一九七〇年に研究所はプリンストン大学のキャンパスを追われることになる。

一九五〇年代から一九六〇年代にかけて、じつは多くの大学の学部が、通常の職務の一環として機密の研究を行っていた。たとえば、ジョン・プラットとスティーブン・フェインバーグはこのような仕事をシカゴ大学で行う許可を得ていた。フェインバーグ曰く、「一九六八年にわたしが統計学部に加わった時点で、学部は海軍と二つの研究契約を結んでいた。一つ目は基本的な統計研究を支える契約で、もう一つは統計に関して助言をするという契約だった。地下に機密の相談に関する研究を納めた金庫があったのは事実だが、どの学科がその仕事を行っていたのかはわからない[2]」。

テューキーはまた、プリンストン大学の物理学部の人々とよく仕事をしていたが、この学部は「原爆の設計、そして後には水爆の設計に深くかかわっていた[3]」一九四五年にアメリカが日本に原爆を落とすと、マンハッタン計画を指揮していたレズリー・R・グローヴズ将軍は、プリンストン大学の物理学部長ヘンリー・スミスに「軍事目的のための原子力エネルギー」と題する公式の原爆の説明をまとめるよう依頼した。さらにプリンストン大学は一九五一年に、近くのフォレスタル・リサーチ・センターで密かに熱核爆弾〔水爆〕を設計するマッターホルン計画を発足させた。テューキーはその年のはじめに、エドワード・テラーとスタニスロー・ウラムが手がけた世界初の水爆の設計を評価しており、本人の履歴書にも、「管理者、軍のシステムアナリスト」として一九五一年から一九五六年までフォレスタル・リサーチ・センターに在籍していたと記されている。[4] この熱核爆弾プログラムを率いた物理学の教授ジョン・A・ウィーラーによると、「思うにこの国全体が――科学の面でも産業の面でも財政の面でも――テューキーのおかげでよい状態になっており、そこここにその影響を見ることができ」[5]た。

テューキーは、プリンストン大学で軍事研究に携わるだけでなく、いくつかの講座を受け持ち、五〇名を超す大学院生を指導した。一見「活発でがっしりした外向的な人物」で「物腰は愛想よく無邪気」に見えたが、講義のスタイルは、お世辞にもわかりやすいといえなかった。一九七七年にロンドンのインペリアル・カレッジに招かれて講演を行ったときには、古いだぼパンをはいた巨大な熊のような恰好で仏陀のように足を組んで演台に腰を下ろすと、悠揚迫らざる態度で次のように尋ねた。「コメント、質問、提案はありませんか？」[6] そしてみんながじっと待っている間に、一つ、また一つと計一二個もプルーンを食べ、ついに聴衆の一人が、何か説明をしていただけないだろうかというと、おもむろに講演をはじめたという。また、ある大学院生が博士論文のことを相談したいので一月にお時間をいただけませんか、というと、テューキーはスケジュール帳を調べて、向こう二カ月の間にある会合に行くことになっているから、そこまで車を運転していってくれればその道中で話せる、といった。

テューキーは軍事のほかにも、空気の質や化学汚染やオゾン層の現象や酸性雨や、国勢調査の方法論や教育における試験の問題といった広い範囲の問題について政府に助言を行っていた。

いったい全体どうやって、こんなにたくさんの仕事をこなしたのだろう。セミナーのときに、後ろの列に腰を下ろして居眠りしたり、郵便物を読んだり、新聞にざっと目を通したり、論文に手を入れたりしていたテューキーが、発表が終わったところでおもむろに立ち上がって論評を加えた、という類《たぐい》の伝説は山ほどあった。また、バロックの管楽合奏のレコードを聴きながら鉛筆で論文を認《したた》め、一番上に「～とジョン・W・テューキー著」と書き加えたうえで長いつきあいになる二名の秘書のどちらかに手渡し、それからおもむろにその論文を完成させるための共著者を探しに行ったという話もある。テューキーは約八〇〇の刊行物に名前を残し、一〇五名以上の著者と共同で著作を発表したが、共著者のなかには国立衛生研究所のジェローム・コーンフィールドも含まれており、もっとも頻繁に共著者となったのはハーバード大学での友人のフレデリック・モステラーだった。

テューキーが軍や教職で膨大な仕事をこなしているのを知っていた未来の義父は、この男なら祭壇の前で結婚式がはじまるのを待っている間に懐から鉛筆と紙を取り出しても決しておかしくないと考えた。花嫁となったエリザベス・R・ラップは、創設三年目を迎えた教育テストサービスの人事部長だった。後にラップは「わたくしは熱心な仕事中毒人間の妻ですから、『すべてをうまく進めるために』は無私無欲の愛や傾倒が必要で、調整も必要なら情緒を遮断する必要もあるということを承知しております」と打ち明けている。一九九八年にエリザベスが亡くなると、テューキーは「一は二よりずっと少ない」といった。[7]

エリザベスによると、テューキーは個人としての生活を「とことんニューイングランド人らしく」極限まで単純化し、組織化していた。[8] 注意深く穏やかに会話を運んで、個人的なコメントや無駄話はいっさいしなかった。甥のフランク・R・アンスコムが力説するところによれば、テューキーはほとんど何も望まなかったが、海の近くの家とオープンカーと小さなカタマラン・ヨット〔双胴船〕とクラシック音楽のレコード、さらにミンスパイかアップルパイをほしがった。旅行に行くときは専用の卓球のラケットを持参し、推理小説やSF冒険小説のペーパーバックを一万四〇〇〇冊集め、ランチはいつも一握りのチーズとコップ六杯のスキムミルクですませ、一九三六年型のウッドパネルのステーションワゴンを乗り回していたが、とうとう助手席のドアがはずれて、プリンストンのナッソー通りに論文をぶちまけることになった。四〇年間、まったく同じ形の黒いポロシャツを着続け、そのシャツがあまりにしわくちゃだったので、学生に用務員とまちがえられたこともあった。しかしテューキーは、自分が魅力を感じるプロジェクトでありさえすれば、必ずスケジュールのどこかに押し込めるようだった。

なぜテューキーは大統領選速報の仕事を受けたのか

とまあ、かくも多忙で有名なテューキーに、NBCはいったいどうやってハントリーとブリンクリーのニュース番組に注目しても決して損はしないと納得させたのか。第一に、社会科学の頼みの綱であるはずの世論調査の評判はきわめて悪かった。サンプリングこそが統計学の基礎だというのに、民間世論調査会社は確率論的ランダムサンプリングを取り入れるのがあまりに遅すぎた。モステラーとともにキンゼイ・レポート研究委員会に加わったテューキーは、わたしならキンゼイが集めたサンプル三〇〇よりもランダムなサンプル三つを取ると述べた。キンゼイの妻はそれを聞いて「あの人を毒殺してやりたい」といったという。もしもテューキーに世論調査業界における統計の使い方を向上させたいという気持ちがあるのなら、NBCニュースは人目を引く出発点になるはずだった。

第二に、ひょっとするとRCAが作成したNBCのコンピュータに魅力を感じたのかもしれない。NBCの提案を受け入れれば、学生軍団を雇って加算機用の紙切れを切り取らせなくてもよくなる。RCAはコミュニケーション業界の巨人であるとともに大手の軍事契約企業でもあり、軍や大手企業向けの大型汎用コンピュータで高い評価を得ていた。実際、一九四〇年代にはRCAの大きな研究所で、フォン・ノイマンが作った「ジョニアック」をはじめとする初期のコンピュータに組み込むセレクトロン管のメモリーチューブが設計製造されていたくらいだった。

テューキーにとって、RCAのコンピュータを使って選挙のデータを分析できるという話にはかなりの魅力があったはずだ。テューキーはずいぶん前からコンピュータと統計学は密接につながるはずだと考えていた。一九四五年の末にフォン・ノイマンがプリンストン高等研究所のために電子計算機を設計したとき、テューキーはプリンストン大学のただ一人の代表としてその委員会に参加し、コンピュータのアーキテクチャや電子式の加算回路の設計を手伝っていた。それにしても、「テューキーとコンピュータとの関係はじつに印象的だった。というのも、テューキーはコンピュータを使わなかったのだ」[9]テューキーのハードウェアは、紙と鉛筆だったのである。

とはいえ、世論調査の改革や強力なコンピュータの魅力も、NBCの膨大な投票データが放つ魅力の前ではすっかり色あせて見えたにちがいない。テューキーはブラウン大学の学部で化学を専攻し、物理と地学を少しかじっていた。さらに一九三九年にはプリンストン大学で抽象数学のもっとも純粋な分野であるトポロジーで博士号を取った。そして、第二次大戦中に軍事研究を進めるなかで、純粋数学や抽象統計学の「知的柔軟性の欠如」や「固定化」と懸命に戦い、数学と科学の橋渡しに尽力する「データ分析者《アナリスト》」となった。[10]「受け身な観察者」である統計学者になるはずが、戦争のおかげではるかに積極的な役回りを引き受けることになったのだ。

戦争が終わるとテューキーは、「架空の前提や恣意的な規範や現実とは無関係な抽象的結果が敷き詰められた平坦な道ではなく、現実問題が突きつけるでこぼこ道を」進もうと心に決めた。[11]そしてそのために、往来に三〇分はかかるプリンストン大学とベル研究所の兼任教授のポストを引き受けた。その後、ほかの大学からぜひ教授にという申し出があると、テューキーは決まって「その場合、ベル研究所に相当する場所はどこにあるのかな?」と尋ねたという。[12]モステラー同様、テューキーも事実を調べるほうが好きで、ＮＢＣニュースにはその事実がたっぷりあった。

だが、ＮＢＣが約束した餌のなかでも特に——世論調査の評判を立て直すとか、高速コンピュータを使うとか、現実のデータがふんだんにあるといったことよりなにより——効いたのは、たぶん追撃のスリルだったのだろう。ほかのネットワークの先手を打つには、世界中がじっと見守るなかでトップスピードで仕事をこなし、膨大な数の不完全で不確かな情報の意味を理解する必要がある。後に本人がいった言葉を借りると、それは「リアルタイムの統計を学ぶうえで願ってもない最高の経験」になるはずだった。[13]かくして大統領の軍事コンサルタントを務めたこの人物は、ＮＢＣのハントリー・ブリンクリー・レポートに加わることとなった。

一九六〇年一一月八日の夕方、テューキーの仕事は順調に滑り出した。ケネディーとニクソンは、一九一六年の選挙戦以降はじめてというきわどいつばぜり合いを繰り広げ、最後にはケネディーが計七〇〇〇万票のうちの一二万票差で勝利した。それでもテューキーとその同僚たちは、午前二時半にはケネディーを勝者と呼んでよいと確信していた。ところがNBCの幹部たちは、万一違っていたらという不安に耐えられず、その発表をためらった。そして、チーム全員を電話のない部屋に押し込めて鍵をかけ、朝の八時まで外に出さなかった。そのためチームは一晩中暇をもてあまし、結果を発表することができたのは、朝になってケネディーの勝利がはっきりしてからだったという。それでもテューキーたちは、NBCがニクソン勝利というまちがった宣言をするのを防いだわけで、この成果にすっかり感心してほっと胸をなで下ろしたNBCは、一九六二年の議会選挙でもチームを組んでくれ、とテューキーに頼んだ。こうしてテューキーはその後一八年間、NBCニュースのために仕事をすることになった。

テューキーが自ら厳選したメンバーには、最終的にENIAC《エニアック》〔アメリカで開発されたもっとも早い時期のコンピュータ〕の共同発明者であるジョン・マクリー、国立衛生研究所のコーンフィールド、テューキーの最初の大学院生で世論調査会社ルイス・ハリスの主任統計学者リチャード・F・リンク、イェール大学の心理学の教授ロバート・エイベルソン、後にバークレーの統計学の教授となったデヴィッド・ブリリンガーが名を連ねた。さらにデヴィッド・ウォリスも、モステラーと共同で行っていたフェデラリスト・ペーパーズの分析が終わるとこのグループに加わった。

テューキーのベイズ派と頻度主義に対する態度

ウォリスにすれば、これでようやくベイズの法則から離れて一息つけるはずだった。なぜならテューキーはベイズの法則を見下していると思われていたからで、テューキーがベイズの法則を使って著作をまとめたという話は聞いたことがなかったし、本人の「さまざまな種類の問題で、ベイズ解析を使ったほうが合理的なんだろうが、あいにくその類の問題をほとんど知らないんでね」という言葉もしばしば耳にしていた。[14] その類の問題とは、たとえばハワード・ライファとロバート・シュレイファーが得意としたビジネスでの意思決定の分野の問題のことだ。テューキーはベイズの法則の最初の事前確率を定量化する方法論がないことに特にいらだっており、公けには、反ベイズ派で確率論とも対立するデータアナリストとされていた。

そんなわけで、一九六四年にテューキーのNBCチームに加わったウォリスは、計算プログラムにベイズの法則がしっかりと埋め込まれているのを見てびっくり仰天することになった。「わたしはすぐに、これではまさにベイズ統計じゃないか、と思った。

しかも、それから一〇年半の間にさまざまなモデルのためにたくさんのコーディングを行ったんだが、少なくともわたし自身が使ったのはベイジアンの手法だった」[15]この意見には、テューキーの論文を編集し後にテューキーの伝記を執筆したブリリンガーや、ハーバード大学のプラットや、カーネギー・メロン大学から来たフェインバーグも賛成している。フェインバーグによると、NBCの世論調査には、「過去の結果を使って事前分布を構築するある種の経験ベイズ」が使われていた。[16]

それでもテューキーは、約二〇年にわたる選挙予測の間に一度としてベイズの法則を使っていることを認めようとしなかった。ベイズの法則をおおっぴらにさげすんで見下していると思われていた人間が、どうしてその法則をアメリカの次の大統領の名前を告知するという重要な使命に使ったのか。

多くの同僚が力説するところによると、テューキーは見かけによらず「きわめて孤独癖の強い人物」だった。甥っ子はテューキーを「黒いポロシャツを着た、不思議で謎めいたデルフォイの神託」と呼んでいた。これにはウォリスも同感で、「テューキーはぴたりと口を閉ざすことができた……飛び抜けた力と才気の人だったが、ある意味で謎めいたところがあった……自分の左手がしていることを常にみんなに見えるようにしていたわけではないんだ。彼に聞いたら、NBCの世論調査のどこにもベイズ統計は使われていないといったはずだ」と述べている。[17]

テューキーには高飛車なところがあり、ときとして威圧的になることがあった。ジョージ・ボックスがプリンストン大学でセミナーをしたときには、自分にはボックスのいわんとすることがわかっていると思い込み、ボックスの話にしじゅう割り込んでは自分のコメントを述べ立てた。そこでボックスはついに挙手による採決を取ることにした。テューキーに口を挟み続けてほしい方《かた》は手を挙げて。では、やめてほしい方は手を挙げて。ボックスが勝つと、テューキーは驚いたような顔をした。「あの人はある意味、たいへん賢い八歳児だった」とボックスはいう。「人間関係については、あまり多くを理解していなかったようだ」同僚のなかには、幼いころに神童扱いされて家で母親に教育を受けていたことを指摘したうえで、妻のエリザベスがテューキーの「気持ちを盛り上げる」のを助けていた、という者もいた。ベル研究所のエドガー・ギルバートは、「テューキーはたいへん人好きのする性格だが、理解するのは難しい」という結論に達した。また、シカゴ大学のアイルランド人統計学者のピーター・マクラーフはテューキーを評して、「建設的で科学的な無政府主義者だな……いわば一つの文化現象で、あがめる者もいれば恐れる者もいるが、理解できる人はほとんどいない」と述べている。プラットによると、「テューキーは何によらず両方の立場で論じられるので、どちらの立場に立っているのかが自分にもわからなくなる」ところが問題だった。[18]

そのうえテューキーが、サヴェッジの教義のなかでももっとも異論が多い「主観性」を受け入れたものだから、この混乱にますます拍車がかかった。テューキーは、客観性は「過去の遺産」であって「誤った考えだ……議会の委員会で、経済学者が全員まったく同じ助言をするとは誰も思っていない。エンジニアが、寸分違わぬ同じ橋や構造物を設計するとは誰も思っていない。だったらなぜ統計学者だけが、同一のデータ・セットを調べた末にまったく同じ結論にたどり着かなくちゃいけないんだ？」と述べている。[19]

テューキーがベイズの法則に辛くあたったというのなら、フィッシャーに対してはさらに手厳しかった。テューキーは、頻度主義に基づくフィッシャーの着想は「統計学の幼年期にできたもので……実験を扱う統計学にとっての子供時代——農学校で過ごした子供時代のものだ……ほぼすべての場合において、細かく見ると、データはこの（頻度主義で）標準とされる仮定にしたがっていないものなのだ。正しい問いに対する近似的な答えは往々にして曖昧だが、誤った問いに対する厳密な答え——これは必ず正確に求められる——よりはるかにましだ」と考えていた。そして、フィッシャーやネイマンやエゴン・ピアソンの技法は正規分布モデルからほんの少し逸脱しただけでむちゃくちゃになる可能性がある、と公言していた。なかでも頻度主義者たちの「有意性評価および信頼性確立の手法」を軽蔑していて、「……〔頻度に基づく〕統計学での大きな革新は、おおむねデータ分析にそれに見合うだけの影響を与えていないようだ」と論じた。これはじつに辛辣な言葉だった。[20]

では、テューキーはどこに立脚していたのだろう。反ベイズ派でしかも反頻度主義なのだろうか。友人たちによると、テューキーはモステラー同様、融通の利かない統一的な哲学には反対だったという。ブリリンガーの見るところ、テューキーは「ベイズ派の主張そのものではなく……ベイズ派の一部に」いらだっていた。テューキーにいわせると、「ベイズ派の技法をすべて捨ててしまうのは本物の過ちだが、わたしにいわせれば、ベイズ派の技法をありとあらゆるところで使おうとするのはそれ以上に大きな過ちだ」った。つまり、いつどこで使えばいいかを知っているかどうかがポイントなのだ。テューキーはしばしば「どの場合にも通用するアプローチを作ろうとする自然ではあるが危険な欲望」に不満を漏らし、「わたしの見るところ、ベイズ解析にとって最大の脅威となるのは、重要なものすべてを単一の定量的な枠組みにはめ込むことができるという信念だ」と述べている。[21]

フィッシャーがベイズに代わるものとして提示したフィデューシャル確率に関しても、テューキーはこれとほぼ同じことをいっている。じつは、テューキーは妻を口説いたときに、実験科学における分析技法を開発してフィッシャーと肩を並べることがわたしの使命だと打ち明けていた。ところがフィッシャーのフィデューシャル確率の論理的基礎を確立するために筆を執り六四ページまで書き進めたところで「どのような場合にも通用する推論の方法があるはずだと信じることは、危険な形の傲慢でしかない」と確信した。テューキーがイギリスにあるフィッシャーの自宅を訪れて方法論について質問しはじめると、フィッシャーはすっかり腹を立ててつかつかと部屋を出てゆき、取り残されたテューキー夫妻は自分たちで出口を探す羽目に陥ったという。あるいは、フィッシャーが若きテューキーに向かって、君の論文はやたらと長ったらしい、「君がいったん強情を張るのを止めて思考することができれば」確率に関する叙述が理解できるだろうに、といって研究室から放り出したという説もある。どちらにしても、テューキーという名の止めようのない力がフィッシャーという名の不動の物体と鉢合わせしたことに変わりはない[22]。

テューキーにとって重要だったのはただ一つ、データだった。計算も数式化も確率も理論もはぎ取った生のデータ。そして自らのアプローチを探索的データ解析（EDA）と命名した。だが、このアプローチに賛同した者の多くはベイズ派同様バカにされ、仕事を見つけるのにも苦労する始末だった。

では、テューキーはいったいどうやってベイズの法則を認めることなく利用するという自己矛盾を解消したのかというと……別の名前をつけたのだ。ブリリンガーとウォリスが、NBCの世論調査はベイズ的だというのに対して、テューキーはそれを「説得力の借用」と呼んだ。[23]
ウォリスの話によると、たとえきちんと確立されたわかりやすい名前があったとしても、「あの人〔＝テューキー〕は、自分がしたことすべてに、なにかしら別の名前をつけた」。新たな名前をつければそのアイデアに注目が集まるというので、ある同僚が数えてみたところ、テューキーは五〇もの用語を作り出していたという。そのなかの定着したものとしては、たとえば線形計画法やANOVA〔分散分析〕やデータ解析といった用語がある。モステラーはある論文をまとめる際に、シャープやフラットやナチュラルといった音楽の記号を使うのをあきらめるようテューキーを説得するのに苦労したという。さらに別の同僚は、頻度《frequency》でなく「フンド《quefrency》」だの、分析《analysis》ではなく「プンセキ《alanysis》」だの、「バカ分解《saphe cracking》」といった妙な造語をするんなら、君のことをテューキーでなくJ・W・キューティー《かわいこちゃん》と呼ぶぞ、といってテューキーを脅した。ウォリスがいうように「〔こういう造語は〕必ずしも友達を作ったり人に影響を及ぼす最良の方法ではなかった……それでもテューキーと話すときは、基本的に彼の言葉を使うように心がけた」。
どんなに名前を変えたとしても、ベイズの法則の中身は変わらない。それに、テューキーもモステラーも、必要とあればどんな統計のツールでも――たとえそれがベイズ派のツールであっても――喜んで使うつもりだった。ウォリスは投票日のはるか前に作業をはじめ、初期情報の基盤を作るために、投票前世論調査のデータと政治学者の専門家としての統計的ではない意見や過去の投票に関する地区別、郡別、年別、州別の事実を組み合わせていった。選挙前の意見調査では必ずしも正しい質問がなされるとは限らず、必要な情報が欠けていることが多かった。一般の人を対象とするサンプリング調査を行い、その答えを分析して結果を要約する作業は、決して単純ではなかったのだ。

投票日の夜に、郡の投票結果が一部集まり、あらかじめ選んでおいた投票区からの完全な投票結果が入ってくると、テューキーと同僚たちは、それらが過去の投票行動や政治学者の意見からどれくらいずれているか、どれくらいの揺れがあるかを調べた。そしてこれらの新たな情報を使って最初の確率を修正した。

ウォリスはその瞬間を思い起こして、次のように述べている。「今、郡レベルでのデータの流入に対処しているとしよう。ある郡からはまったく報告が上がってこない。この場合、厳密な反ベイズ派だったら、『あそこについては何もいえないな』というだろう。だが少しでもベイズがかった人なら、『A郡で何が起こっているのかはわからない。でもとてもよく似たB郡で共和党側に五パーセント振れているのはわかっている』というだろう。そのためA郡でも同じような動きがある可能性が出てくるわけだが、大きな重みはつけられない。だって数字をひねり出さないといけないからね……『わかった』とテューキーはいう。『低めにいこう、似た郡をいくつか集めてきて、そこで得られたデータに重みをつけるんだ。データがない郡の重みはゼロにしておいてグレードアップする、絶えず更新すればいいんだ』」テューキーはハーバード大学ビジネススクールのシュレイファーと同じように、情報が十分ではないなかで意思を決定しなければならないのだから、どんな知識でもないよりはあったほうがましだと考えていた。

ウォリスはさらに、「入手できるところから情報をとって、誤り限界を大きく取ったうえでそれを使った計算をしてデータのないところに入れる……まず田舎の郡から手をつけて、それから都市部、北部地域、南部地域、あるいは逆に。それぞれ個別に計算して、内陸の地方や州全体へと進んでいく。これが『説得力の借用』なんだが、わたしだったらベイズ統計と呼ぶところだ……過去の選挙での古いデータに基づいて郡同士のばらつきを明らかにし、それを使って事前確率を決めるんだから、きわめてベイズ的だ。階層モデルもあれば、過去に基づいた事前分散もあるんだから」と述べている。

何週間も前から計画を練ってリハーサルしたからといって、選挙当日の夜の進行が思い通りにいくとは限らない。ハントリーが着席しているロックフェラーセンターのスタジオ8Hはいわば聖域で、特別なIDバッジがある人間しか入れなかった。ところがブリリンガーは、IDタグがNBCの社員食堂の砂糖の小袋とよく似ていることに気づき、ペーパークリップで砂糖の小袋をシャツに止めつけると、楽しそうに我が物顔で歩き回った。NBCは一九六四年のリンドン・ジョンソン対バリー・ゴールドウォーターの選挙の際に、スタジオ8Hの舞台に据えた七台の大型汎用コンピュータ――RCAの初期の301モデルが数台と、新型のひじょうに高速な3301を二台お披露目した。その晩テレビを見た人は全員、ハントリーのうしろにある黒く巨大な堂々とした箱を目にしていたはずだ。しかし残念ながら、その晩それらが動くことはなかった。オペレーションシステムが未完成だったからか、あるいは収録スタジオの明かりで熱がこもって故障したからなのか……チームの一員だったリンクは、まるでぐんにゃりしたぼろ切れの山みたいに一晩中あそこに鎮座ましましているなんて、印象的ではあっても役立たずだな、と思った。国じゅうから投票結果が流れ込んでくると、テューキーのチームはすさまじい勢いで古風な手動の計算機や加算機に数字を打ち込んでいった。幸いなことに、その晩の作業はごく単純だった。なぜならリンドン・ベインズ・ジョンソンが必ず勝つことがわかっていて、実際に六一パーセントという記録的な得票率で勝ったからだ。

これとは別の大統領選で、NBCのチームが早々とカリフォルニアとニューヨークの勝者を予想したところ、あとから届いた数字がその予想と食い違っていたことがあった。それでも、張り詰めた二時間が過ぎたところで、投票パターンはチームが予想していた線に戻った。さらに別の大統領選はきわどい接戦で、チームは水曜日の午後から木曜日の午後までぶっ通しで働かねばならなかった。そしてテューキーとウォリスは、技法を改良しなければと痛感したのだった。

ウォリスは「候補の獲得票のパーセンテージを反映させることよりも、投票率を反映させることのほうが難しい」ことに気がついた。「得られたデータの質は疑わしく、郡のある部分からの報告は明らかに偏っていて、それらが運よくランダムになっていたとしても、機械を使った投票所の投票結果は機械を使わないところより早く入ってくるものだ。しかもときにはごまかしがあったりする。どれくらいの人が投票に行くかを予想するのはきわめて難しく、それでいて大いに結果に響く。そのため、何から何までベイズで行うわけにはいかなくなった。別の全国ネットの放送会社でコンサルタントをしていた学生と話していたときに、『いやあ、なんてすばらしいんでしょう。だって、統計学史上はじめて、すべての前提が完璧に正当なんですから』といわれてね。いやまったく、ぞっとしたよ……じつはサンプルはきわめて偏っているのに。そこに気がつかないと、とんでもなくやっかいなことになる[24]」

テューキーは一九八〇年の選挙までNBCで仕事を続けたが、その後NBCは、地区の投票所から出てきた投票者へのインタビューに基づく出口調査に切り替えた。出口調査のほうが経費もかからず絵になり、個人的な感じでくだけた雰囲気を作り出すことができる。つまり、数式化されたきわめて複雑なテューキー秘伝のアプローチとは正反対なのだ。

次なる展開には、全員が唖然とした。チャーチルがブレッチリー・パークで働いた人々に戦後箝口令を敷いたように、テューキーがすべての同僚に、世論調査の手法については話しても書いてもいけないといったのだ。もちろん本人も、何も執筆していない。なぜならこれらの手法はRCAが所有しているから、というのがテューキーの弁だった。

ベイズの手法は安全保障のために隠されたのか?

なぜ秘密にしたのだろう。テューキーはどうしてベイズの法則をおおっぴらにさげすみながら、二〇年もの間こっそり使い続けたのか。テューキーは晩年「ベイズ分析を使う口実としては……ほかのデータに基づく情報や専門家の一般的な見解などを目の前のデータに含まれる情報と組み合わせるのに必要だから、というのがベストである」ことをしぶしぶ認めている。[25] そしてさらに、サヴェッジによる主観主義の福音——すなわち同じ情報を得た人間が異なる結論に達する可能性があるという主張を擁護して「客観性の呪縛」を放棄すると宣言した。[26] テューキーはまた、議会で証言したときにもベイズ派の主張を使って、アメリカの国勢調査にはマイノリティーを少なく見積もりすぎている地域が存在しており、別の同じような地域の情報を組み込んでこの点を是正する必要があると主張した。しかし二〇一〇年現在、国勢調査局はまだこの是正を行っていない。

ではなぜテューキーは、ベイズ、ベイズ、ベイジアンといったBのつく言葉を使わなかった――あるいは、使えなかった――のか。ブリリンガー曰く、「ベイズという言葉は敵意をかき立てる」[27] 確かにテューキーは「説得力の借用」のおかげで敵意を避けることができた。たぶんベイズという言葉を脇に置くことによって、中立的な作業空間を確保することが可能になったのだろう。あるいは、他人の業績にも自分の刻印を押さなくては、と感じていたのかもしれない。それとも何かほかの理由があったのか。テューキーの性格を考えると、真相を知ることは難しそうだ。RCAは、NBCでのテューキーの仕事が半ばを過ぎたあたりでIBMと競うのをあきらめ、コンピュータ部門をスペリー・ランド社に売却した。したがってRCAにすれば、その後テューキーのシステムが公けになったとしても痛くもかゆくもなかったはずだ。あるいは、RCAの軍関係出資者がテューキーの手法を機密にしたのか。さらには、テューキー自身が機密扱いの暗号学研究にベイズの法則を使っていたのか。

国家安全に関係するテューキーの経歴の細部には、「はっきりしないところがたくさんあるが、これは本人がわざとしたことだった」と甥のアンスコムはいう。[28]だがウォリスがいうように、「秘密暗号を扱う部署に行ってみれば、ベイズにもっと大きな歴史があることがわかるはずだ。わたし自身はそのことを話せる立場にないが、I・J・グッドはベイズ派のグループに大きな貢献を行っており、しかもそれについて話せる立場に立とうとしていた」[29]。ちなみにグッドは、第二次大戦下でアラン・チューリングの暗号学関係の助手を務めた人物である。だったらテューキーも、国家安全保障局のためにベイズの法則を使って暗号を解読していたのか。そしてそこでの仕事の秘密を守るために、ベイズ派の手法と距離を置いたのか。

テューキーとベイズと極秘の暗号解読の間には、たくさんの密接な関係がある。暗号解読者は、最初の推測から結論にいたるまでの時間と経費を最少にしなくてはならず、その点でベイズの法則を使うことは理にかなっている。ブレッチリー・パーク以降、暗号解読では広くベイズの法則が使われ、テューキーとアメリカの暗号学のつながりは特に強固だった。当時ベル研究所のトップだったウィリアム・O・ベイカーによると、テューキーは、第二次大戦中はドイツのエニグマ・システムの解読を手伝うグループの、冷戦中はソビエトの暗号解読を手伝うグループの一員だった。それにテューキーは、暗号学を専門とする国家安全保障局の科学諮問委員会に加わっていた。これは大学や企業研究所やシンクタンクの科学者一〇名からなる委員会で、年に二回、メリーランド州のフォート・ミードで会合を開き、暗号解読や暗号学や科学技術の盗聴への応用について議論する。テューキーの親友のベイカーは、どうやらこの委員会のもっとも重要なメンバーであったらしい。ベイカーは国家安全保障局のためにアメリカの暗号作成および解読の手段に関する長期計画を束ねる地位にあり、資源はマンハッタン計画のような極秘の研究に集中すべきであって、誰でも自由に結果が入手できるおおっぴらなものに割くべきではないと訴えた。テューキーが実際に暗号学の作業に手を染めたかどうかは定かでないが、専門的な委員会の客員コンサルタントだったので、当然使われている統計手法はすべて知っていたはずだ。

テューキーと一九五〇年代から六〇年代にかけて活躍した一流のベイズ派で暗号学者でもあったグッドとの関係からも、さまざまなことが浮かび上がってくる。テューキーは一九五五年一〇月にイギリスにいたグッドを訪ね、ベル研究所での講演を依頼した。グッドは講演を行った翌日に、床に横になってくつろいでいたテューキーがすべてを理解しているのを知って驚いた。しかもテューキーは、グッドが用いたベイズ派の手法が気に入り、さっそく国立衛生研究所のコーンフィールドに、この人が研究所の統計的手法について力を貸してくれるはずだといってグッドを紹介している。ちなみにコーンフィールド自身は、後に卓越したベイズ派となった。

クロード・シャノンもまた、グッドのこの講演を聴いていた。シャノンは第二次大戦中にベル研究所で、ベイズを用いた暗号書記法とコミュニケーションに関する先駆的研究を行っていた。テューキーはシャノンと親しく、一九四六年にはシャノンの「バイナリー・デジット」に代わるものとして「ビット」という言葉を作った。テューキーとシャノンとジョン・R・ピアースは、一九四八年に共同で陰極線装置の特許を出願している。

ジュディス・タナウやリチャード・リンクといったテューキーの同僚は、さまざまな証拠に照らして、おそらくテューキーがベル研究所でベイズの法則を使って暗号を解読していたのだろうと考えている。NBCの世論調査をともに行いテューキーの伝記をまとめたブリリンガーは、「彼が〔ベイズの法則を〕使っていたと考えることに、まったく抵抗ない」と述べている。[30]

動機はさておき、テューキーの秘密保持命令はベイズの法則の歴史に多大な影響を及ぼした。ウォリスの観察によると、どうやら、「ベイズ統計の発展にとって、多くのことを秘密にすることが重要である」ようだった。[31] テューキーが、NBCニュースのために編み出した世論調査手法に関して箝口令を敷いたこともあり、また、第二次大戦中から戦後にかけてベイズを使った暗号学が高度機密に指定されていたこともあって、ベイズの法則がいかに広範に利用されているかを知る人間はほとんどいなかった。

ベイズ統計を用いたテューキーの世論調査は、当時もっとも人気が高かった二人のテレビキャスターのために鳴り物入りの国際的な宣伝付きで行われていた。したがってこの調査がきっかけでベイズの法則の威力や有効性が広く世に知れ渡り、法則そのものが定期的に補強されていくという展開もあり得たのだが、テューキーがこの調査について語ることも書くことも禁じたために、ほとんどの統計学者はベイズの法則がテレビで二〇年近くもスター並みの役割を演じてきたことを知らずに終わった。

その結果、ベイズ派が復活した一九六〇年代に実際的な問題にベイズ統計を適用して大規模な計算をした研究として世間に知れ渡った例はただ一つ、一九六四年に発表されたモステラー－ウォリスのフェデラリスト・ペーパーズ・プロジェクトだけとなった。次にベイズ統計を応用した大規模な研究が発表されたのは、その一一年後のことだった。しかも、一九八〇年にテューキーがNBCのコンサルタントをやめてから二八年間、大統領選の世論調査にベイズ派の技法が使われることはなかったのだ。

二〇〇八年一一月の大統領選で538.com〔ウェブ上にある世論調査のデータや政治に関するデータを集積して分析するサイト〕のネイト・シルヴァーが階層ベイズモデルを使ったときには、人口が少ない地域の小規模なサンプルには外部の地域情報を組み合わせ、回答率が少ない地域には出口調査の結果を組み合わせて補強した。さらに、ほかの世論調査の結果にも調査の実績やサンプルの大きさやデータの更新の仕方に応じた重みをつけて、これらを過去の世論調査データと組み合わせた。シルヴァーはこの月に四九の州で勝者予想を見事的中させたが、これは世論調査としては前代未聞の記録だった。もしもテューキーがNBCの仕事で使ったベイズ統計の技法を公開していれば政治世論調査の歴史は変わり、アメリカの政治も変わっていたのかもしれない。

第14章　スリーマイル島原発事故を予見　一九七〇年〜一九八一年

ベイズ派が停滞する一方で、皮肉にもベイズの手法による原発事故リスク評価の精度が実証されることに。

ベイズ派が停滞期に陥った理由

古くからの友人で長く仕事をともにしてきたフレッド・モステラーとジョン・テューキーは、一九六七年に次のように振り返っている。「ベイズの戦いは二〇〇年以上も続いてきた。精力と疑念の組み合わさった戦いが……ときには荒々しく、ときにはまずまず穏やかに」トーマス・ベイズは、自分が作った法則に背を向けた。その四半世紀後、ラプラスはこの法則を称揚した。さらに一八〇〇年代に入ると利用され、同時に土台を崩された。一九〇〇年代初期には嘲笑され、第二次大戦中はひた隠しにされながらもうまく使われ、戦争が終わると思いがけず精力的に、そのくせ妙に見下した態度で利用された。[1]ところが一九七〇年代の初頭になって、ベイズの法則は停滞期に入った。

指導者が不在となり、幾人もの転職者が続き、あるいは地理的に移動したことによる沈滞だった。アメリカではベイズが論理的で包括的なシステムであると強く主張してきたジミー・サヴェッジが、一九七一年に心臓発作でこの世を去った。ハロルド・ジェフリーズやアメリカの物理学者エドウィン・T・ジェインズは、フェルミの死後、物理科学でもベイズの法則をもっと利用するよう働きかけたが、それも徒労に終わった。応用問題に取り組む前には必ずラプラスの業績をチェックするといっていたジェインズは、いかにもベイズ派らしい情熱ゆえに多くの同僚と袂《たもと》を分かった。イギリスではデニス・リンドレーがゆっくりとベイズ統計の学部を作っていたが、そのリンドレーも一九七七年に管理職を辞して、単独で研究をはじめた。イギリスの極秘暗号政策解読部門にいたジャック・グッドは、バージニア工科大学に移った。使える技法でありさえすればいっさいえり好みをしないアルバート・マダンスキーは、ランドから民間の会社に鞍替えし、さらにシカゴ大学のビジネススクールに移った。本人の話では、統計学部よりビジネススクールのほうが多くの応用例を見つけることができたのだという。ジョージ・ボックスは製造業における品質管理に興味を持ち、W・エドワーズ・デミングなどとともに日本の自動車産業に助言を行った。ハワード・ライファも公共政策の協議に舵を切り、一方あまり数学的でないベイズ派のロバート・シュレイファーは、コンピュータ・プログラムを作ろうとしていた。

一九七〇年代にジェームズ・O・バーガーがベイズ派に加わった時点では、ベイズ派の共同体はまだ非常に小さく、ほぼすべての活動を追うことができた。実際、一九七九年にスペインのバレンシアで開かれた初のベイズの法則に関する国際会議にはベイズ派の著名人がほぼ全員姿を見せたが、それでも計一〇〇名ほどだった。

ベイズの法則が頻度主義に取って代わるかもしれないという熱烈な夢はすでに消えて、陣営を異にする実践家たちは、ベイズ派と反ベイズ派の手法をどう統合するかを論じていた。もっとも異論が少なかったのは――モステラーやテューキーもこの点では意見が一致していたのだが――頻度に基づく事前確率か、または信念に基づきながらも新たな情報に圧倒されることをよしとする「優しい《ジェントル》」事前確率だった。

ボックスとJ・スチュアート・ハンターとウィリアム・G・ハンターは一九七八年に『実験者のための統計――設計、データ分析、モデル構築入門』という著書をまとめるにあたって、ベイズの法則にはいっさい言及しないように気をつけた。なぜなら異論が多すぎて、本が売れなくなりそうだったからだ。Bではじまるベイズ関連の禁句をすべて刈り込んだこの著書は、ベストセラーになった。一方、オクスフォード大学の哲学者リチャード・スウィンバーンはこのようなためらいをいっさい感じることなく、この一年後に、事前の直感とベイズの手法でも客観的であるべきデータの両方に個人的な意見をあてはめて、神は五〇パーセント以上の確率で存在すると結論した。さらに、イエスが蘇った確率は「約九七パーセントだ」と主張した。聖職者だったトーマス・ベイズ師もリチャード・プライス師もこんな計算をする気はさらさらなかったはずで、統計学者でない人々のなかからも、スウィンバーンが慎重な測定を行わなかったためにベイズそのものが汚されたという声が上がった。

イェジ・ネイマンがカリフォルニア大学バークレー校に築いた頻度主義の要塞は、一九七〇年代を通してアメリカ一の統計学センターだった。マッカーシー旋風のなかで忠誠の誓いに署名することを拒んだチャールズ・スタインを始めとするカリフォルニア大学の教授たちに支えられたスタンフォード大学の大規模な統計学部も熱烈な頻度主義の牙城で、教授たちの研究室の扉には反ベイズの標識が掲げられていた。

一方ベイズ派は、伸び悩んでいた。立ち泳ぎをしながら、それとは知らずにコンピュータの進歩が追いつくのを待っているような恰好で、使いやすくて強力なコンピュータもソフトウェアもなかったことから、ベイズ派の多くが——さらには反ベイズ派の人々も——統計を現実に応用することは不可能だと考えて理論的な数学に引きこもった。海軍研究事務所の問題に触発されて統計学の業績を上げることが多かったハーマン・チャーノフは、入念な一般化を目指して邁進する理論家たちにすっかりいらだち、一九七四年にはスタンフォード大学からＭＩＴに移り、さらにハーバード大学に転じた。「ついに、我々がさらに集中的にコンピュータと向き合わなければならない時代がやってきた。それはまた、より多くの応用研究をしなければならない時代でもあった……わたしは、この先我々が目指すべき方向に関してなにがしかの洞察を得たいのであれば、理論に磨きをかけることに集中するのではなく、現実への応用との接点をもっと増やすべきだと考えた」チャーノフはベイズ派ではなかったが、当時研究者として第一歩を踏み出したばかりだった統計学者スーザン・ホルムズに、難しい問題に直面したときの構えを次のように説いている。「その問題について、まずベイズ流のやり方で考えてみる。すると正解が得られるから、あとはそれが正しいことを、好みの方法で証明すればよろしい[2]」

ベイズ派内における著しい見解の相違

ベイズ派の仲間内では、あいかわらずそれぞれが熱心に自説を擁護していた。一九七六年にはじめてベイズ派の会議に参加したジェームズ・バーガーは、部屋の半分が残りの半分に向かってわめいているのを見て仰天した。みんな仲がよさそうなのに、こと事前分布の話になると、サヴェッジのような個人的主観的な事前確率とジェフリーズのような客観的な事前確率に二分されていて、この問題に決着をつける決定的な実験は存在しなかった。そしてグッドは、折衷派として両陣営の間をうろうろしていた。

互いに対する非難が渦まくなかで、ジョン・プラットが、当時のコンピュータではとうてい扱いきれないというので頻度主義の手法を使って妻の映画館の入場者データを分析したことを知ったパーシ・ダイアコニスは、ショックを受けて腹を立てたのだが、バークレーのある喫茶店でさらに落ち込むことになった。論文のゲラ刷りを直しているところにリンドレーがやってきて、なぜ頻度主義の手法を使って論文を書くのか、とダイアコニスを責めたのだ。「君は、我々の先頭に立つベイズ派ではなかったのか！」[3]ところがそのリンドレーも、頻度主義ではなくベイズ統計を使った大きなプロジェクトを実行するチャンスを逸して、モステラーを動転させることになった。ベイズ統計を擁護するチャンスが一つ失われるたびに、ベイズの大義の傷が一つ増え、非難の理由が一つ増えるのだった。一九七八年には、ネイマン－ピアソンの頻度主義者がベイズ派よりも「不安定ながら優勢」で、第三の規模を誇るフィッシャー派の小グループが「両翼を中傷」しているという状況だった。[4]

このような歴史を持つ定理は、まずほかになかった。ベイズ派の人々は、理論面でも方法論としても広範な体系を展開していたが、ではこの定理が実際に役立つことを証明できるかというと、見通しは暗かった。デ・フィネッティの予想では五〇年後に、すなわち二〇二〇年以降にベイズ派の手法へのパラダイムシフトが起きるはずだった。

一方スタンフォードの頻度主義者ブラッドリー・エフロンの見積もりによると、二一世紀がベイズ派の天下になる確率はたったの〇・一五だった。

イギリスのベイズ派のために政治力を発揮していたリンドレーは、「変化は、わたしが思っていたよりもはるかに遅い……時間がかかる仕事なのだ……わたしはある意味物知らずで、分別ある統計学者にベイズの主張を一時間語って聞かせれば、こちらの主張を受け入れて宗旨替えすると思っていた。しかしそうはならなかった。人はそういうふうには動かない……変化が起きるとすれば、理論家を通してではなく、応用統計学者を通してだろう」。ベイズ派の理論をどうやって振興するかと尋ねられたリンドレーは、「[反論者たちの死を待って]葬式に参列する」という辛辣な答えを返している。[5]

ベイズの手法による分析で原発事故を予見

ベイズの理論は忘却のかなたに消え、表舞台にはほとんど姿を現わさなくなった。その結果、アメリカ議会が原子力発電所の安全に関する初の包括的研究を委託したときに、ある問題が生じた。あえてベイズの名前を口にする者が、はたしているのか。ましてや実際にベイズの法則を使う者がいるのだろうか？

アイゼンハワー大統領は一九五三年に「平和のための原子力」と題する演説を行っ

て、原子力産業の展開に着手した。そしてその二〇年後のアメリカでは、環境や国民に対する安全リスクについての包括的研究はいっさい抜きで、計五〇基の原子力発電所が稼働していた。議会が、事故の際にこれらの発電所を所有する私企業やオペレータの責任を全面的に免除すべきかどうかを議論しはじめると、アメリカ原子力委員会はようやく安全性に関する研究を行うよう指示した。

その研究を率いる人物として指名されたのが統計学者ではなく物理学者でエンジニアだったことが、結果としては大きな意味を持つことになった。ノーマン・カール・ラスムッセンは一九二七年にペンシルバニア州ハリスバーグで生まれ、第二次大戦が終わったあとで一年間海軍に所属し、一九五〇年にゲティスバーグ・カレッジを卒業して一九五六年にMITで実験低エネルギー核物理学の博士号を取った。その後MITで物理を教え、一九五八年にはMITが作った全米初の核工学部に移っていた。

ラスムッセンが原子力産業の安全性評価を任された時点で、原子力プラントでは一件の事故も起きていなかった。技術者たちは、プラントで事故が起きたが最後、破滅的な事態に至ると信じて堅牢な設計を心がけ、政府も厳しい規制をかけていた。

炉心溶融に関するデータがまったくなかったので、ラスムッセンは、マダンスキーがランドで水爆事故を研究したときと同じ方法を取ることにした。つまり、報告をまとめる委員会のメンバーとともに、ポンプやバルブなどの装置に欠陥が発生する割合を調べたのだ。ところがこれらの欠陥率に関する統計データも不十分だったので、次に、政治的なもめ事の種になりかねないもの――すなわち、専門家の意見とベイズ解析――に目を向けた。

エンジニアたちは長年専門家の判断を頼りにしていたが、頻度主義者たちは、専門家の判断は主観的で再現性に欠けるから分析には使うべきでないと主張していた。しかもそのうえ、ベトナム戦争のせいで専門家やシンクタンクのご託宣は往年の輝きを失っていた。リーダーへの信頼は急降下し、「制度に欠陥があるのではないかという極端な推断」が力を得ていた。技術に対する信仰も弱まり、一九七一年には議会が超音速旅客機SSTへの参加を取りやめることを決議した。これは、アメリカが重要な新技術を拒絶した希有な例の一つである。さらに、国じゅうで「反核」活動家がデモを行っていた。

ラスムッセンのチームは、原子力発電所の事故に関する直接的証拠がない以上、専門家の意見を求めるしかないと考えた。それにしても、得られた専門家の意見をどうやって装置の欠陥率と組み合わせればよいのだろう。ふつうならベイズの定理を使うところだが、ラスムッセンの調査団は、原子力を扱うということですでに論争の種をたっぷりかかえ込んでいたから、そのうえ方法論を巡る悶着の種までかかえ込むことはなんとしても避けたかった。

そこでベイズの方程式を使う代わりに、ライファのデシジョンツリーを使うことにした。ライファはベイズ派の伝道師で、そのツリーの根っこも実はベイズ統計にあったのだが、この際起源はどうでもよかった。調査団のメンバーは「ベイズの法則」という言葉も敬遠し、自分たちの手法を「主観的アプローチ」と呼ぶことにした。ベイズの定理に近づかなければベイズ派の汚名を着せられることもない、と考えたのだ。

この委員会が一九七四年に発表した最終報告には、装置の故障率や人的ミスに関するベイズ的な不確定性や確率分布がたっぷり盛りこまれていた。頻度主義では、未知のものには確率分布を割り当てない。それでいて、この報告書がベイズの法則に言及しているのはたったの一カ所、それも補遺Ⅲの目立たない隅っこにするりと紛れ込ませてあるだけだった。曰く、「データをランダムな変数として扱うことは、ときとしてベイズ派のアプローチと関連づけられている……ベイズ的な解釈を用いることも可能である[6]」

しかし、ベイズという言葉を避けたからといって、非難を回避できたわけではなかった。その後、この報告書で「主観確率」を使ったことを肯定する研究がいくつか発表されはしたものの、この報告に含まれるいくつかの統計は痛烈に非難された。そして五年後の一九七九年一月には、アメリカ原子力規制委員会もこの研究への支持を撤回した。ラスムッセン報告は、どうやら忘れ去られる運命にあるようだった。

だがそれも、支持撤回の二カ月後に深刻な事故が起きて、スリーマイル島にある第二原子力ユニットの炉心が損傷するまでのことだった。ちょうどこの直前に、ジェーン・フォンダが主演した原子力発電所の事故隠蔽を題材とする超大作映画「チャイナ・シンドローム」が公開されたところだった。この映画では、アメリカ資本主義史上一、二を争うとんでもない大失敗によって民間の原子力発電所が崩壊するさまが描写されている。二〇〇三年にはアメリカの全電力の二〇パーセント相当が一〇四基の原子力発電所で作られていたにもかかわらず、一九七八年からこれを執筆している今〔二〇一〇年から二〇一一年にかけて〕までに、原子力発電所を新設せよという命令は一度も出されていない。

スリーマイル島の事故によって、ラスムッセン報告とそのなかで使われていた主観的分析は再び息を吹き返した。事故後に振り返ってみると、委員会の洞察はまさに予見そのものだった。それまで専門家たちは、炉心の深刻な損傷が起きる可能性はきわめて少ないが、炉心が損傷した場合には壊滅的な影響があると考えていた。ところがラスムッセン報告はその逆の結論を出した。炉心が損傷する可能性は案外高いが、その結果は必ずしも壊滅的ではないというのである。さらにこの報告では、スリーマイル島事故にも登場した二つの重要な問題、すなわちヒューマン・エラーと建物外への放射能の放出が指摘されていた。しかも、最終的に事故の原因となった出来事の流れも特定されていた。

一九八一年になると、原子力業界が支持する二つの研究でついにベイズの定理が使われ、業界も、その事実を認めた。アナリストたちが、実際に存在する二つの発電所――シカゴの北のザイオン原子力発電所とニューヨーク市の北二四マイル〔約四〇キロ〕にあるハドソン川沿いのインディアン・ポイント原子炉に関する具体的な情報とそこで使われている装置の故障率とを組み合わせる際に、ベイズの定理を使ったのだ。そしてそれ以来、安全性を巡る定量的なリスク分析や確率論を使った安全研究では、頻度主義的手法とベイズ統計の手法の両方を用いた分析が行われるようになった。対象となったのは、化学工場や原子力発電所や危険廃棄物貯蔵施設の安全性や、原子力発電所からの放射性物質の放出や、地球微生物による火星の汚染や、橋の破壊や鉱床の探査などである。産業界にとってはありがたいことに、このようなリスク分析では同時に破棄できそうな「不必要な安全規制」を特定することができる。

　科学において客観的な情報と主観的な情報を混ぜるのは好ましくない、とする大勢の物理科学者やエンジニアたちからすれば、主観的な判断は今も悩みの種である。しかしもはや「ベイズ」という言葉を避ける必要はない――というよりも、避けるという選択肢はもはや存在しないのだ。

第15章 海に消えた水爆や潜水艦を探す 一九六六年～一九七六年

海軍の探索作戦で幾度もベイズの手法が試みられる。やがて手法の洗練と計算機の発達により大きな成果が。

爆撃機が空中爆発して載せていた水爆が行方不明に

米海軍は、第二次大戦中の対ユーボート戦でベイズ統計を使って成果を上げていたにもかかわらず、なぜかこの手法を積極的に取り入れようとしなかった。高位の将校たちがベイズに目を向けたのはほぼ偶然といってよく、はじめは統計的なお飾りがいくつかほしいといった程度のことだった。だがそのうちに自信を深め、コンピュータが強力になったこともあって、この手法に磨きをかけて対潜水艦作戦に使えるようにしようと動きだす。一方沿岸警備隊は、この手法を使えば海難事故にあった人々を救助できると考えた。ベイズの法則に関してはよくあることだが、ここでもいくつかの劇的な緊急事態が海軍に決断を迫ることとなった。

海軍がベイズ統計に秋波を送るきっかけとなったのは、一九六六年一月一六日に端を発するある出来事だった。この日の夕暮れに、ノースカロライナ州の州都ローリー近くのセイモア空軍基地から四つの水爆を積んだジェット機B－52が飛び立った。この爆弾は長さ一〇フィート〔約三メートル〕、太さがゴミバケツくらいで、一個の破壊力はざっとTNT火薬一〇〇万トンに相当した。コックピットでコーンパイプを吸うので有名だった機長と六名の乗組員は二四時間連続で勤務し、幾度か空中給油を行うことになっていた。

当時物議を醸していたクローム・ドーム作戦という作戦では、ソビエトの攻撃に対する防御として、カーティス・ルメイ将軍率いる戦略航空軍団（SAC）が常に核兵器を搭載したジェット機を飛ばせておくことになっていた。ジェット燃料は空中給油機から補給することになっていたが、これは危険な作業で金もかかった。

さて、件のジェット機は一月一七日の朝にSACのKC－135給油機と落ち合い、三度目の給油を行うことになっていた。爆撃機と給油機は見事な縦列編隊で、スペインの南東海岸にあるパロマレス（スペイン語で「鳩の場所」）という孤立した村の上空六マイル〔約一万メートル〕を飛んでいた。双方ともに伸縮ブームを使いながら、毎時六〇〇マイル〔約一〇〇〇キロ〕の速度で三、四メートルの距離を保ちつつ、最大で三〇分間飛び続けなくてはならなかった。ところが一瞬の判断ミスが原因で、給油機の燃料吹き出し口が金属でできた爆撃機の背にあたり、現地時間一〇時二二分に四万ガロン〔約一五〇キロリットル〕の燃料が爆発、計一一名の乗務員のうちの七名が命を落とした。

この爆発によって、乗組員と四つの爆弾と二五〇トンの飛行機の残骸が空から降り注いだ。幸い休日だったので、その地域に住む一五〇〇人の人々のほとんどは畑に出ずに休んでいて、死者は出なかった。さらに重要だったのは、核爆発がまるで起こらなかったことだ。爆弾の「打ち金は起こされていなかった」——つまり作動していなかったのだ。それでもパラシュートが開かなかった爆弾が二つあって、地面にぶつかった衝撃で従来型の爆薬が爆発し、周囲に放射性プルトニウムの粉末をまき散らした。計四つの爆弾のうちの三つは事故後二四時間以内に発見されたが、最後の一つは影も形もなかった。

これだけでも十分深刻な事態だったのだが、さらにやっかいなことに、（公表こそされていなかったが）それ以前にも空軍と核兵器の絡んだ深刻な事故が少なくとも二八回起きていた。このうちの八つで計一〇個の核兵器が海や沼地に投げ出され、あるいは廃棄されており、どうやら今もそこにあるらしい。また、爆発せずに行方不明になった兵器としては、たとえば一九五〇年に水上でなくなった核爆弾が二つ、一九五六年に地中海で行方不明になった飛行機に搭載されていたケース入りの核カプセルが二つ、一九五七年にアトランティック・シティーに近いニュージャージー沖の大西洋に投棄された爆弾が二つ、一九五八年にジョージア州のタイビー・ビーチのサバンナ側の河口に残されたものが一つ、一九五八年にサウスカロライナ州フローレンスに近いウォルター・グレッグ宅の庭に落ちたものが一つ、一九五九年にワシントン州のピュージェット・サウンドに残されたものが一つ、一九六一年にノースカロライナ州ゴールズボロに埋まったままのウランが一つ、そして一九六五年に航空母艦から飛行機ごと太平洋に転がり落ちたものが一つあった。だが、メディアがすぐにこの好ましからざる記録に注目したわけではなかった。

ＳＡＣのジェット機に搭載されていた最新式の水爆が地中海に落ちたことが明らかになると、アメリカ国防総省《ペンタゴン》は海軍のスペシャル・プロジェクト・オフィスに所属する民間の主任科学者ジョン・ピーニャ・クレイヴンに電話を入れた。

クレイヴンはコーネル大学の海軍科学訓練プログラムで学位を取り、カリフォルニア工科大学で物理学の修士号を取っていた。そして、アイオワ大学で応用物理学の博士号取得のための研究を行う傍ら、空き時間にジャーナリズムや科学哲学や偏微分方程式など、ありとあらゆる種類の上級講座を取っていった。その後のクレイヴンの経歴を考えると、統計学の講座でＣという成績をもらったという事実はなかなか興味深い。クレイヴンは一九五一年に、「いわばすべてに関する教育を受けて」卒業した。[1]

当時、海軍は突貫工事で航行衛星の利用計画や弾道ミサイル作成計画、ソビエトへの反撃を行うためのミサイル誘導システムの計画を進めていた。このような雰囲気もあって、アメリカ国防総省はカリフォルニア工科大学を卒業したすべての若者をテクノロジーの達人と見なしていた。

こうして三一歳のクレイヴンは、本人曰く、海軍の「デルフォイの神託……すなわち、手に負えない使命や装備の問題について助言する応用物理学者」となった。そして初仕事として、朝鮮戦争の際にソビエトが元山《ウオンサン》湾を封鎖するのに使った機雷の在り処を突きとめる技術を開発した。さらにその三年後には、ポラリス艦隊弾道ミサイル潜水艦システムの開発に携わるスペシャル・プロジェクト・オフィスの主任科学者になった。そして一九六三年にケープコッド沖で一二九名が乗り組んだ原子力潜水艦スレッシャーが爆発して沈没したときには、深海に沈んだり行方不明になったりしている物を見つける方法を開発するよう命じられた。そんなわけで、地中海に沈んだ水爆を見つける必要に迫られている軍にすれば、クレイヴンはまさにうってつけの人物だった。

「たった今、わが軍の水素爆弾が行方不明になった」原子力エネルギー担当の国防次官補W・M・「ジャック」・ハワードは、クレイヴンに電話を入れるとそういった。

「おやまあ、水素爆弾を紛失したんですか」クレイヴンの記憶によると、そういったという。「それはあなたの問題であって、わたしの問題ではありませんね」

国防次官補はしつこかった。「ところが、そのうちの一つが大海原に落ちてしまって、どうやって見つけたらいいのかわからないんだ。ほかの三つは地上にあるんだがね」

クレイヴンはぴしゃりとやり返した。「海軍に電話をしたところまでは正解でしたが、呼ぶ相手をまちがえましたね。海難救助管理官の担当です」それでも数時間のうちに、海難救助主任のウィリアム・F・サール・ジュニア大佐とともに投棄物に関する合同委員会を立ち上げた。クレイヴンは海軍兵学校に二度入り損ね、一方サールはアナポリスの海軍兵学校を卒業したところまではよかったが、視力が落ちたので海中での救助活動に転じていた。海中では、誰でも多少は目が見えにくくなる。

「クレイヴン、何はともあれ、探査の『原則』が必要だ！」とサールは吠えた。「原則」とは計画を意味する海軍用語で、これさえあれば、翌朝には船をはじめとする諸々の物資をスペインに送る作業をはじめられる。その晩クレイヴンは、ひたすら自分に言い聞かせた。「たいへんだ、探査の『原則』をひねり出さなくては」

仮説をいくつも立てて確率を付与する

クレイヴンはベイズの原理について、すでに多少は知っていた。一九五〇年から五二年の朝鮮戦争のときに、海軍の物理学者で応用数学者のルーファス・K・リーバーに地雷除去についていろいろと教わったことがあり、リーバー自身がベルナール・クープマンのベイズを使った対潜水艦研究を翻訳して機雷探査除去を計画する艦長向けの機密指定の実用的な表を作っていたのだ。しかもクレイヴンは、政府の機密研究に携わっているMITの教授を訪ねて、ベイズについて教えを請うたことがあった。そしてなにより重要なのが、ハーバード大学で先頭を切ってビジネスでの意思決定や作戦分析やゲーム理論に主観的確率分析を用いていたハワード・ライファに関する話を耳にしたことがあったという事実だ。[2]

クレイヴンの理解によると、ライファはベイズの確率を使って、競馬に賭ける人々が一着、二着、三着になる馬のオッズを正確に予測していることを明らかにした。さらにクレイヴンは、ライファが紹介した競馬場文化では「何が起ころうとしているのかほんとうのところを知っており、それを言語にはできないが、直感力を使ってそこに賭けられる人々」のさまざまな意見を組み合わせたものへの信頼が鍵になっていると見ていた。後にライファは、クレイヴンがわたしの影響で主観的な確率を評価して広く専門家から意見を集めるようになったのだとすれば、これはひじょうに喜ばしいとコメントしている。ただしライファは、これらの主観的な見解を新たな情報で更新してはじめてベイズになるという点を強調したうえで、たしかあの時の話は競馬ではなく天気予報の例だったはずだと述べている。

「わたしは概念を把握するのがひじょうに得意でね」クレイヴンはあとになってこう語っている。「細かいところに関してはお粗末なものだが。確率に賭けるということはわかったし、もう一つ、ベイズの条件付き確率との関係も理解できた。しかし同時に、海軍で物事を進めるときにどう動くべきかも承知していたので、これは探査の『原則』をひねり出さなくては、ということになったんだ」

意見を聞く相手はいくらでもいた。B－52に詳しい専門家もいれば、水素爆弾の特徴をよく知っている者もいた。機内における爆弾の保管、飛行機からの爆弾投下、飛行機事故で爆弾が機内に残るかどうかという問題、爆弾についている二つのパラシュートが両方とも、あるいは片方だけ開く確率、風の流れや速度に、爆弾が土に埋まるかどうか、パラシュートにくるまれたときにどれくらいの大きさに見えるかという問題等々。クレイヴンは、これらの専門家であれば爆弾が落ちる地点に関する仮説を立ててそれらの仮説に付与する確率を決めることができるはずだ、と考えた。

これが大学人の統計学者だったら、さっさとさじを投げていたにちがいない。フィッシャーやネイマンの追随者たちは、情報源を立証可能なサンプルデータで確認する必要があると信じていた。むろんクレイヴンは再実験などする気はなかった。今必要なのは、爆弾を見つけることだ。「その時点で、わたしは数学のほうは見ていなかった。ただ、ライファから得た知識を思い出していたんだ」

ここで現実が割り込んできた。実際には、ほんの数時間の間にたった一人の技術者の助けを借りて、自分自身が「これらの専門家に面談して、どう考えたらいいかを聞き出す役割」をこなすしかなかった。「わたしは、誰を賭け手にするかを決める役で、しかも――ありていにいえば――連絡が取れなかった場合はその人物に成り代わって相手がいいそうなことを想像する役回りでもあった。つまりわたしは、アイデアをひねり出してはそれに現実的な形を与えるイマジニアリングをたくさん行っていたわけだ。……これらの人々を一堂に集める時間はなかったからね」クレイヴンは、専門家の推測をきわめて主観的に使うことになった。

そして、急ぎの電話で専門家から得た情報と現場での目撃報告と本人の「イマジニアリング」をこき混ぜて、自身が「シナリオ」と呼ぶ七つの仮説をひねり出した。

1　行方不明の水素爆弾はまだ爆撃機のなかにあって、機体の残骸内部で見つかるはずだ。
2　爆弾は、機体が地面に衝突するまでの経路に沿って散らばった爆弾の残骸に混じっているだろう。
3　爆弾は機体から落下していて、機体の残骸の内部では見つからない。
4　爆弾の二つのパラシュートの片方が開いて、海に運ばれた。

5　爆弾のパラシュートが二つとも開いて、沖合の海中に運ばれた。
6　以上のどれでもない。
7　スペイン人の漁民が一人、爆弾が水中に入るのを見ていた（この仮説は、後に海軍司令官がフランシスコ・シモ・オルツと話したことで浮上した）。

原則からいうと、ここまできたら「これらすべてのシナリオとこれらの猫（意見を聞いた専門家）を一堂に集めて賭けをさせるべき」だった。ところが、何が何でも一晩で探索の「原則」を作らねばならないのだから、「自分でシナリオをひねり出したうえで、それらのシナリオに専門家がどう賭けるかを推し量るしかない」ということに、クレイヴンは気がついた。

こうなると、積年のベイズの理論に対する疑惑を払いのけるしかなかった。ベイズの事前確率を打ち立ててその成功の確率を見積もることについて四の五のいってもはじまらない。「ところが疑念を払いのけたとたんに、この分野の相当なやり手たちにこの概念を売り込むことはとうてい不可能だということに気がついた。そこでわたしは、おい、これからいったいどうするつもりなんだ、と自問した。まずは、この推論がベイズの主観確率に基づいているということを彼らに話す。それから数学者を何人か雇って、ベイズの定理を使っているという事実を覆い隠して信憑性を持たせてくれと頼むことにする……というわけで、わたしはダニエル・H・ワグナー社を雇った」

数学者のダニエル・H・ワグナーにはかなりぼんやりしたところがあって、一日に三度も車のガソリンを切らしたことがあるという。一九五七年にブラウン大学で純粋数学——事実、ワグナーのこのときの成果はいっさい応用されていない——の博士号を取得した。そして、軍産企業で数年間働くうちに、厳密な数学を対潜水艦作戦の探査作業や検出作業に応用できると確信するに至る。この二つの問題には無数の不確定要素が絡んでいたので、ベイズの法則はなかなか魅力的だった。ワグナーにいわせると、「ベイズの法則はあらゆる種類の情報に敏感だ……しかし、どのヒントにも何らかの誤差がつきものだ。誤差がなければ、探索の問題そのものが存在しないことになるからね。その場合は、目標物がある地点へまっすぐ向かって、探索はすぐに終わる。問題は……誤差の期待値がわかっていることはまれで、そのため位置に関する誤差がどれくらいなのかをほかの情報から推定しなければならないということなんだ[3]」

オペレーションズ・リサーチの歴史はまだ浅かったが、それでもワグナーは二人の権威筋から推薦を得ることができた。一人は、沈没した原子力潜水艦スレッシャーの探索〔沈没事故は一九六三年〕を指揮した将校のフランク・A・アンドリュース（元）大佐で、もう一人はクープマン。クープマンはこのころすでに、大学を拠点として機密の軍事研究を行う学者のための組織、「国防分析研究所」で部長として影響力を行使していたのである。

ワグナーは、クレイヴンのところに行方不明の水爆に関する情報を聞きに行くにあたって、三人いるスタッフのなかでいちばん若くて経験が浅いヘンリー・R・「トニー」・リチャードソンを連れて行った。その七カ月前にブラウン大学で確率論の博士号を取ったばかりだったリチャードソンは、やがてパロマレス問題におけるベイズ統計の中心人物となる。

クレイヴンは、状況を再構成しているワグナーに興味深いパロマレス沖の海図を見せた。海底がいくつもの正方形に区切ってある。クレイヴンは空軍の専門家にあれこれ質問した結果、前提として七つのシナリオのうちの最初の六つを採用することにした。そして統計理論に則って、各シナリオに相対尤度に基づく重みをつけていった。各地点に明確な数値を与えるのではなく、等高線図のように、確率が高い山の部分とうていありそうにない谷の部分の地図を描こうというのだ。さらにこの段階では、それぞれの仮説の理由を明らかにするつもりもなかった。リチャードソンは、クレイヴンにとっては自分もワグナーもただの計算要員でしかないことに気がついた。

リチャードソンは、クレイヴンの確率地図がまだ調査がはじまっていない段階での初期情報だけに基づいているという点に惹かれた。クレイヴンが作っていたのは、ベイズの法則の第一の要素である経験則に基づく事前確率だったのだ。リチャードソンはクープマンの探査理論を熟知していたが、クレイヴンが作った複数のシナリオに基づく事前確率をベイズ更新するという展望はなかなか魅力的だった。クレイヴンは、確率分布が釣り鐘型になると仮定することによって、手持ちの事前情報に基づき計算尺やデスクトップの電動機械式計算機を用いて爆弾の沈んでいそうな場所を示す地図を展開できるようにしていた。そしてクレイヴンもラプラス同様、各シナリオに重みの異なる確率を割り振っていた。

ワグナーとリチャードソンはペンシルバニア州のパオリにある会社の本部に向かい、クレイヴンのおおざっぱな計算を裏付けてさらに精密にする作業に取りかかった。同僚のエド・P・ローンは、紙テープに打ち込んだデータを公共の電話線経由で近所にあるバロース・コーポレーション〔アメリカの計算機・コンピュータ企業。ユニシスの前身〕の営業所にある電子計算機に送りこみ、水爆の位置に関するより厳密な確率分布を構築した。テレタイプマシンでタイプライターの文字を使ってグラフを表示するのはかなり困難だった。できあがった確率地図は、おそらく次のようなものであったはずだ。

##$##&
&$&&#

#$##$

ちなみに、たとえば#は確率が〇から〇・〇五であることを、$は確率が〇・〇六から〇・一〇であることを表すといった具合だった。ローンはペンシルバニア大学で応用数学の定時制の大学院生をしながら、フルタイムでワグナー社に勤めていた。そして、何が何でもリチャードソンの代わりにパロマレスに行きたいと考えていた。一方クレイヴンは、国防総省からデータを集めて、リチャードソンにスペインに持っていかせるつもりだった。リチャードソンは、クレイヴンをはじめとする高官たちがあれこれ動き回って仕事の道を開いてくれるのを、あっけにとられて見ていた。

毎日のように開かれる軍との計画会議で、数学者たちはすぐに軍の真意に気がついた。ベイズの法則および更新を使って水爆を発見するために自分たちを雇ったというのはあくまでも表向きの話で、じつは、ベイズの法則は体裁を繕うためのものでしかなかった。海軍は、水爆が見つからなかった場合に、水爆がそこになかったことを統計的に証明できるようにしておきたかったのだ。「どうやら、水爆が見つかることを期待して先に進むのではなく、水爆を見つけることは不可能だということを大統領に確信を持って保証したかったらしい。[4]我々が働くことになったのも、主にそのためだった」というのがワグナーの結論だった。

この見方にはリチャードソンも賛成だった。「あのときのことを思い返してみると、わたしが受けた進軍命令は、実施された探査を統計の面から裏付けて、爆弾が見つからない場合は、打てる手はすべて尽くしたこと、しかもそれらが科学的で正確かつ慎重に行われたことを大統領や議会に保証できるようにする、というものだった。わたしが送りこまれたのも、そのためだったんだ。わたしはクープマンの論文を読み、ベイズ派の着想に基づく『最適検索』が存在することを知っていたから、最善を尽くしたことを保証するだけで終わる気はなかった」[5]

リチャードソンにすれば、失敗した探索の数学的いいわけにベイズを使うことには興味がなかった。それより爆弾を見つけたい。そこでリチャードソンは、アンドリュース元大佐とともにスペインに飛んだ。元大佐はイェール大学で物理の博士号を取り、原潜スレッシャーの探索の一件ののちに海軍を辞めてカソリック大学の教授になっていた。アンドリュースは、国防総省が海軍の探査チームにはとうてい爆弾は見つけられないと考えていることを知っていた。さらにアンドリュースは前もって警告を受け、もしも爆弾の在り処を突きとめられなかったら、探査チームは「プロとして失敗した」ことを世界中に知らせることになるんだぞ、といわれていた。ようすることは当然、わたしたちに立たされ、みんなの職がかかっていたのである。「ということは当然、わたしたちが兵器を見つけなければ、誰も見つけられないということだった」後にアンドリュースはそう振り返っている。[6]

　スペインへ向かう機内で、リチャードソンがアンドリュースにざっとベイズ統計の探索理論を説明すると、アンドリュースは「何とまあ、スレッシャーを探したときに、その方法を知っていればなあ」と叫んだ。[7] 大規模な探査領域を小さなセルに分割しておけば、あるセルで対象物が見つからなかった場合、ベイズの法則によって別のセルで見つかる可能性が高くなる。ベイズ推定で数学的な言葉を使って述べられていることは、じつはふだん行われている行方不明の靴下探しと同じなのだ。行方不明の靴下はないかと寝室を徹底的に探し、それでも見つからずにそそくさと浴室を探して、それでも見つからなければ、洗濯室にある可能性が高くなる。だからベイズ推定では、探索がうまくいかなくても有益な情報が得られるのだ。

水爆探索の現場で何が起きていたか

　パロマレスに到着した二人が目にしたのは、電話もなく、スペインの国勢調査にも地図にも載らないくらい小さくて貧しい村だった。このあたりでは紀元前三五〇〇年以降、荒れ野のそこここに露天の縦坑を掘って、掘り出した鉛や銀を溶かす作業が行われていた。年間降雨量は八インチ〔約二〇〇ミリ。ちなみに東京では年間一三〇〇～一八〇〇ミリ〕に満たず、水に塩分が含まれているため、冬場に輸出用トマトを作るくらいが関の山だった。件のB－52が空中で爆発したときにはちょうど風が吹いていたので、町とその周囲の畑の五五八エーカー〔約二・三平方キロ〕に放射性プルトニウムが降り注いだ。

そのうえやっかいなことに、村はさまざまなものに囲まれていた。七五〇名のアメリカ人を擁する軍の駐屯地――この駐屯地には、屋外洗濯場やパン屋や映画館があった――と最大で一八隻にのぼる沖合の船団と、公海上をこそこそうろつくソビエトのトロール船と報道管制にいきり立つ世界各国からの大勢の報道員に包囲された恰好だったのだ。この状況下でベイズの法則を適用するとなると、教科書の抽象的な練習問題とはまるで異質の、強烈な詮索の目にさらされながらの綱渡りのような作戦になる。

アメリカ政府とスペイン政府は四日間、問題の爆撃機が何らかの核兵器を積んでいたという可能性を否定し続けた。核爆弾や放射能のニュースが漏れたのは、米軍の軍曹が現場に最初に駆けつけたレポーターに「おい、そこのおまえ。スペイン語はしゃべれるか」と叫んだからだった。

「もちろんさ」

「だったらあそこの百姓どもに、畑から出るようにいってくれ。頼むから。あいつらときたら、何にもわかっとらん。あそこには放射能があるから、人を近づけないようにしなくちゃならんのだ」

軍の広報活動は破綻しかけていた。放射性物質が広く拡散する事故はかつて一度も起きておらず、世界中のメディアがきわめて批判的な詮索の目を注いだ事故も、これがはじめてだった。三日も経たぬうちに、パロマレスのレポーターたちは爆弾が一つ行方不明になっていることを知った。だがアメリカ国防総省がその事実を認めたのは、六週間後のことだった。スペインでは独裁者フランシスコ・フランコが検閲制度を敷いていたので、国内のラジオ局はこの放射能のニュースを流さなかったが、東欧の共産主義国からの報道が世界中に広まった。ラジオのモスクワ放送は「爆弾は今も海中にあって、海水と魚を放射能で汚染し続けている」と報じ、ソビエト政府は、アメリカが一九六三年の核実験禁止条約を破ったと抗議した。一方現場にいた報道関係者たちは、モスクワ放送や国防総省を拠点とするレポーター、さらには軍関係者を対象とする新聞「スターズ・アンド・ストライプス」紙にまでスクープを「抜かれた」ことに怒り心頭だった。

現地の人々は当然恐れおののいた。スペインを訪れる観光客も、輸出される果物やトマトも激減した。メキシコ・シティーやフランクフルトやフィリピンで行われたデモの参加者たちは、ミュージカル「マイ・フェア・レディー」の有名な劇中歌をもじって、「スペインの爆弾は主に排水溝のなかに横たわっている」という替え歌を作った。[8] しかもちょうどそのころベトナム戦争が激しさを増し、世界中のアメリカ軍基地が問題視されていた。猛烈な圧力にさらされたジョンソン大統領は探索に関する新たな情報を得ようと、毎日国防総省に電話を入れさせた。

一触即発の現地に到着したアンドリュース元大佐は、すぐにリチャードソンを海軍の爆弾探索機動部隊司令官ウィリアム・S・ゲスト大将に引き合わせた。第二次大戦中に敵の船を最初に沈めたアメリカ軍の空母搭載機パイロットとして名を馳せていたこの司令官はひじょうに頑固で、陰ではブルドッグと呼ばれていた。しかも、飛行機や予算のことは知っていても、ベイズに関する知識はなかった。それでもゲストは、「君はリチャードソン博士に耳を貸し、我々も博士に耳を貸す。したがって基本的には……それゆえ君は自分自身に注意を払わねばならない」というワシントンからのメッセージをきちんと理解していた。そして、てっきり堂々たる権威筋が登場するものと決め込んで、この数学者に指揮官の特別室とスチュワードを提供しようと決めていた。ところが実際にリチャードソンに会ってみると、二六歳という実年齢よりさらに若く見えた。だからブルドッグは咳払いをしていった。「まさか一〇代の若者が来るとは思っていなかった」

ゲストが最初にリチャードソンに話したことは、からかい半分の本気半分だった。数学者先生は、行方不明の爆弾が陸にあることを証明することになりますな。なぜならわたしの仕事は海のなかを探索することであって、爆弾が陸にあるとなれば、探索は別の人間の仕事になりますから。するとリチャードソンは即座に切り返した。「このわたしに、そんなことができるとは思いませんが」

ゲストは、一二五名のスイマーとダイバーに海岸線の浅いところをよく見て回るよう命じ、掃海艇には、重い波がくるもっと深いところを巡航させた。さらに、海軍の人員が三〇〇〇人と海軍船舶が二五隻と調査潜水艦が四隻と多数の民間研究者と軍産企業がゲストの指揮下にあった。地中海航空機サルベージ作戦と呼ばれたこの探索には、最終的に計一二〇〇万ドル（ただし、一九六六年当時の貨幣価値〔二〇一二年のドルでいうと約七倍〕）が注ぎ込まれることとなった。

ゲストは、経費を節約するためにも、ここぞというところに限って装置を使い、できるだけ早く引き返させたいと思っていた。ようするに、実際には水爆がなさそうな場所を調査したかったのだ。

クレイヴンの最初の仮説はどれも卓越風に基づいていたので、はじめのうちはパロマレスの沖合のアルファ2と呼ばれる巨大な長方形の領域で集中的に爆弾探しが行われた。ゲストはスイマーやダイバーや掃海艇に、この領域を繰り返し調べるよう命じた。

リチャードソンはすぐに仕事に取りかかり、まず、過去の調査で得られたチャートをしらみつぶしに調べていった。そして、これらのチャートにある欠点があることに気づいた。船が行き来した形跡があるのに、調査が有効だったかどうかがどこにも書かれていないのだ。「いくら行き来しても、海底が見えない場合はさして効果が上がらない。そしてまさにこの場合も、海底は見えなかった。センサーのなかには深海に届かないものもあって、いくらそのあたりを走り回っても、基本的に探索の効果はまるで上がらなかった。……といっても、別に非難しているわけではないんだが。とにかく、じつに恐ろしい状況だった。世界中が注視しているなかで、船をドックにつないで、こんな船は役に立ちません、というわけにはいかなかったからね」そこでリチャードソンは、アンドリュースとの会話にヒントを得て、「探査有効性確率（ＳＥＰ）」という言葉をひねり出した。

リチャードソンは小さな正方形の格子に分けられた海底の地図を見ながら、一つ一つの正方形について、かりに爆弾がそこにあった場合にその領域ですでに行われた探索作業で爆弾が見つかったであろう確率を計算した。「探査有効性確率が九五％になったら、海軍大将に向かって『この領域はかなり徹底的に探しましたから、ほかに移ってよいでしょう』といえる」というのがリチャードソンの主張だった。

そのころには、リチャードソンは目の前で進む探索について誰よりもよく知っていた。陸に詰めかけた興味津々のレポーターとの接触を断ち、夜ごと船の資料室で仕事をした。レーバーの掃海艇用の表（機密指定解除ずみ）やさまざまな参考図書を詰め込んだ手荷物はマドリッドで行方不明になっていたので、苦労していくつかの表を作り直し、紙切れを何枚も重ねて曲線を写し取った。ほかに方法はなかった。持ち運べるコンピュータはまだ存在せず、IBMの大型汎用コンピュータ《メインフレーム》のメモリーですら三二キロ語《ワード》（ギガバイトでもなければ、メガバイトですらない）しかなかったのだから。リチャードソンは切り抜きと計算尺と掛け算ができる加算機を駆使して、日々作戦行動の効果を計算した。朝になるとブルドッグ・ゲストに新たな確率を伝える。頑固な司令長官はリチャードソンの子供っぽい風貌を嬉しそうにからかったが、確率の値を知ると動揺した。

「わたしは、爆弾がそこにあった場合に発見されている確率、つまりSEPを計算しはじめた。ところが、ゼロがたくさん並んだということは、かりに爆弾がそこにあったとしてもこの作業に見合う能力がこちらにないせいで見つからなかったということだった」SEP尺度のゼロとは逆の端にある「一」は、爆弾がそこにあれば見つかっていたことを意味している。しかし、リチャードソンの計算には一がほとんど出てこなかった。「ゼロばかりだった。ゲストに見せると——この確率の話をしているのがどこかの若造だったということを思い出してほしいんだが——ゼロの列を見たとたんに、遠慮なく疑問を口にした。『どうしてゼロばかり見せるんだ？　もう二週間も探しているというのに』」

ゲスト海軍大将は、探索有効性評価の数値を参考にして装置を動かすことにした。とはいえ、装備を使った調査が徹底的に行われたという証拠がほしかっただけで、ベイズ更新を行って爆弾が見つかる可能性のもっと高い場所をつきとめるつもりはなかった。そのため水素爆弾がある確率が高い箇所が明らかになっても、あいかわらず自分の「正方形計画」にこだわり続けた。

後にクレイヴンは「現場の指揮官であるゲスト海軍大将は情報通でもなく聡明でもなかった」と不平を漏らしている。大将はカンカンだった。「だってあの人は、ぼくたちが何にもしてないと思っていたからなあ」一方リチャードソンは、それほどゲストに厳しくない。「ゲストにはほかにも心配事があったからね。ベイズはちょっとばかり仰々しかった。SEPは理解できても、ベイズの更新に踏み込んで事前や事後といった妙な単語が出てくると、司令官たちは辛抱をなくしがちだった」こうして、探索の効果を評価することが水爆探索の焦点となり、当初のベイズ的な要素——クレイヴンがあらかじめ調べたシナリオ——を有効なデータで更新するというアイデアは忘れ去られていった。

目撃証言と潜水艇による探索で水爆にたどりつく

そうこうするうちに、経験豊富な漁師フランシスコ・シモ・オルツの目撃証言が急速に信頼度を増していった。オルツは爆発があった朝に、小舟の上を大きなパラシュートが横切り一〇〇ヤード〔約九〇メートル〕先で水しぶきが上がったのを見ていた。本人曰く、「腹わたが飛び出した、半分に千切れた人間だった」いっていることは奇妙だが、どうやらほんとうのことらしかった。空中では妙に硬直した感じで、パラシュートもすべて三〇秒以内に沈んだという。さらにオルツの証言によると、灰色がかったパラシュートだったというのだが、海軍のパラシュートは乗員用はオレンジと白で、爆弾につけるパラシュートは灰色がかっていた。海軍の職員は衝突の直後にオルツに話を聞いていたが、オルツが標準的な三角法では場所を特定できなかったので、その証言を無視した。オルツは若いころからずっとこのあたりで魚を捕って暮らしており、漁師たちがよくやるように、海岸沿いの見慣れた山や村との関係から目算して位置を特定していたのである。

深海潜水艦の業務最高責任者副官J・ブラッド・ムーニー少佐は、オルツ自身は自分が何のことをいっているのかわかっていると感じた。後に中佐に昇格して海軍研究主任となったムーニーはニューハンプシャーの出で、そのあたりのロブスターを捕る漁師たちも、同じようなやり方で沈めておいた壺を見つけていた。ムーニーと商業ダイビング・コンサルタントのジョン・リンドバーグはジープを一台接収し、バルでオルツを見つけると、海に連れて行った。そしてオルツが掃海艇を二度にわたって地中海の同じ地点に導くと、オルツを信じることにした。

すぐに、オルツの目撃証言をもとにしたかなり可能性の高い仮説が立てられた。おそらく爆弾のパラシュートが片方だけ開いて海のほうに流れ、かつて鉛鉱山で出たくずを投棄していた深海の切り立った谷のなかに落ちたのだろう。ムーニーはオルツが指し示した地点を中心とする半径一マイル〔約一・六キロ〕の円を描き、そこをアルファ1と呼ぶことにした。

クレイヴンの回想によると、「爆弾を見つけるのに、ずいぶんかかった。というのも、もっとも可能性が高い場所にはたどり着けなかったから。裂け目は狭く、あまりにも深かった」軍の深海探査用装置のほとんどが役に立たなかった。航海用の海図は一九〇〇年代初期に作られたもので、そのうえ探知装置は誤差が一〇〇〇ヤード〔約九〇〇メートル〕にものぼる「ひどく不正確」なものだった。こうなると、もっと有用な装置を民間企業か研究機関から借りるほかなかった。外部から借りた装置のなかに、三つの小さな潜水艇があった。ウッズホール海洋研究所から借りたミニ・アルヴィン、レイノルズ・アルミニウム・カンパニーから借りたアルミノートと、小さな黄色い潜水艇、ペリー・カブである。

ゲストが率いる一団のなかで、爆弾がある確率がもっとも高いごつごつした裂け目に入って深海に潜れるのは、二、三人乗りの潜水艇アルヴィンだけだった。ところがアルヴィンのバッテリーは劣化しており、電源を交換するには、潜水艇を水から上げて長い間ドックに入れる必要があった。

問題の飛行機事故の六週間後、アンドリュースはアルヴィンの乗組員とともに裂け目に降りてみた。直径五インチ〔一二センチ強〕の舷窓から外を見ていた一行は、奇妙な跡が斜面を下っているのに気づいた。「そのあたりのほかのものとはまるで違っていた」とアンドリュースは回想している。「ちょうど、誰かが重い丸太か樽を引きずった跡のようだった」アルヴィンのバッテリー残量がまた落ちてきたので、奇妙な跡はひとまずおいて、海面に上がるほかなかった。その後二週間にわたって激しい嵐が荒れ狂い、アルヴィンはそのまま足止めを食うこととなった。

この間も、ジョンソン大統領は国防総省に毎日電話を入れていたが、「いつになったら爆弾を回収できるのか、お知らせすることはできません。お伝えできるのは、いつごろになる確率がどのくらいかということだけです」という言葉が返ってくるだけだった。カンカンになったジョンソン大統領は、確率などどうでも構わん、ほしいのは日付だ、と言い返した。クレイヴンは「彼のあの反応はほんとうに下品だと思った」とこっそり言い添えている。

そしてついに、ジョンソンのかんしゃくが派手に爆発した。「トップレベルの学者を集めてこの探索計画の見直しをさせ、何が悪いのか教えてくれ。確率がどうのこうのという話はどうでもいい。あの爆弾がどこで見つかるのか、正確にわかる計画がほしい」

クレイヴンはコーネル大学やハーバード大学やMITの教授を招集して、一九六六年三月一五日の朝に国防総省で委員会を開くことにした。委員会では、ワグナー社の計算要員たちが「複雑すぎて、そんじょそこらの人間には理解できない数理モデル」を提示した。[9]集められた教授たちはベイズ統計を使った計画を承認して、昼食の休憩に入った。

昼食から戻ってきた委員たちは、パロマレス沖で一九回目の潜水を行っていたアルヴィンの乗務員たちが先ほど爆弾と岩の上に広がる巨大なパラシュートを発見したことを知らされた。アルヴィンから海上の船への通話によると、水爆は「まるで幽霊のような……経帷子をまとった巨大な遺体のようだった」という。[10]水深一三〇〇フィート〔約四〇〇メートル〕のところで海底にぶつかり、そこからさらに海流によって急な斜面を水深約二八五〇フィート〔約八七〇メートル〕まで引きずられていったのだ。爆弾が見つかった場所とオルツが指さした場所との距離は一マイル〔約一・六キロ〕もなかった。

爆弾が無事回収されると、オルツは引き上げにかけられていた賞金の五〇〇万ドルを求めて訴訟を起こした。リチャードソンは政府の要請を受け、またぞろベイズの法則に基づく最適探索理論を用いてオルツの証言にどれくらいの価値があるかを評価し、最低でも一年はかかる厳しい仕事から政府を救った。ニューヨークの海事審判所は一九七一年に、オルツに一万ドルを与えるという裁定を下した。アメリカはすでにパロマレスの住人に六〇万ドルを支払い、町に二〇万ドルの脱塩プラントを供与していた。

八年前にランド・コーポレーションがベイズ統計を使った研究に基づいて警告した通り、パロマレス上空でのSACの事故によってアメリカ空軍の権威は地に落ちた。軍用機がスペイン上空を通過することは禁じられ、SACの空中警戒プログラムでの飛行数は半減し、それまでSACが管轄していたスペインのアメリカ軍基地は、ドイツにあるアメリカ戦術空軍司令部が管轄することになった。さらにフランコは、スペインにあるアメリカ軍基地を今後も維持させる代わりに、スペインのNATOやヨーロッパ共同市場への参入を後押ししろと迫った。

パロマレスの事故の二年後に再びSACの核兵器が絡んだ事故が起きると、さすがのクローム・ドーム作戦ももはや持ちこたえることはできなかった。グリーンランドのツーレにあるアメリカ軍基地の外で、核爆弾を四つ搭載したB－52が海氷に衝突したのだ。兵器は火に包まれ、パロマレス同様あたり一帯が放射能に汚染された。この二つの事故によって飛行機を飛ばすのに必要な経費が押し上げられたことと、ちょうどこのころに大陸間弾道ミサイルが登場したこともあって、ロバート・マクナマラ国防長官は一九六八年にSACの空中警戒プログラムの終了を宣言したのだった。

スペイン当局は、パロマレスの事故から四〇年近く経った二〇〇二年に、この一体の地表に放射能による危険はいっさい見られなかったと発表した。また、スペインおよびアメリカの防疫官は、パロマレスの住人は一人も放射能関連のがんにならなかったと報告した。そしてさらに、一〇〇〇立方メートルに及ぶパロマレスの土を四八一〇個の金属ドラム缶に入れて運び出し、サウスカロライナ州に埋めたのだが、この作業に従事した一六〇〇人の空軍職員が被曝した放射能はごく微量で、現在の放射能を使った仕事に従事する労働者の被曝限度の一〇分の一でしかなかったと発表した。一般に、プルトニウムは飛び抜けて危険な放射性物質だと思われているが、政府の研究によると、プルトニウムのアルファ線はきわめて弱くて皮膚や衣類を通さない。また、たとえ飲み込んで摂取されても便に混じって排出される。プルトニウムは、吸い込んだときがもっとも危険なのだ。公式の報告書によると、プルトニウムに汚染された環境で三〇年以上生活し仕事をしてきたにもかかわらず、パロマレスの住民たちが吸い込んだプルトニウムの量は、国際放射線防護委員会が定めた最大安全量よりはるかに少ないという。

そうはいっても、二〇〇六年には放射性のあるカタツムリが見つかって、地下に危険なレベルのプルトニウムがあるのではないかという恐怖が高まった。これを受けて米西合同の研究がはじまり、子供たちは爆発現場近くの野原で遊ばぬよう、また、この地方のごちそうであるカタツムリを食べぬよう警告が発せられた。

ベイズ統計を使う次なる機会――潜水艦探索

ところで、ベイズ統計はどうなったのだろう。この水爆探索にどう貢献したのか。リチャードソンは「わたしが計算したのは、ある領域に関して、〔ゲストが〕この領域はカバーしたといえるようにするための数値だった……わたしにとっては、科学的にいってベイズが水爆探索のための補足的情報になるということが重要だった」と結論している。[11]

この水爆探索は、うまくすれば独り立ちしたベイズ推定の練習問題になっていたはずだった。探索の前にクレイヴンが作ったシナリオの事前確率をリチャードソンが船上で得たデータで更新し、得られた結果を参考に探索が進んでいてもおかしくなかった。だが、これらの要素が組み合わされるタイミングは遅く、行方不明の爆弾の位置を突きとめる役には立たなかった。更新なくしてベイズなし。この一件のヒーローは、ベイズではなくオルツとアルヴィンだった。この水爆探索のおかげで（後に「局地有効性確率（local effectiveness probability、略してLEP）」と呼ばれるようになる）SEPを計算する方法は開発されたものの、リチャードソンは、学術雑誌に発表できるような確率を用いた水爆発見に関する論文を書くことができなかった。この水爆探索の一件からも、行方不明の核爆弾というきわめて具体的で恐ろしいものが絡んでいる場合ですら、ベイズの法則を作戦に取り入れるという合意を取り付けるのがいかに難しいかがよくわかる。

パロマレスではベイズ更新こそ行われなかったが、この探索の成功を踏まえて、クレイヴンは科学的な探索やベイズの法則の力をさらに強く信じるようになった。クレイヴンとそのチームは、探索前の主観的な仮説を計算して重みづけを行う手法を身につけることができた。そして、ベイズを使った探索手法の未来がひとえにコンピュータの能力と電子化された情報の携帯化にかかっていることを実感した。これは決して些細な認識ではない。リチャードソンが所属していた純粋数学の大学院講座では、コンピュータの講座を取っているのはリチャードソンだけで、あいもかわらずコンピュータを使って計算をするのは卑怯なことだと思われていた。だがワグナー社はこの数カ月後に穿孔テープ式の端末を購入し、はじめて電子計算に直接アクセスできるようになった。おかげで次にお呼びがかかったときには、もっと上等なツールを使うことができるようになっていたのである。

二年後の一九六八年春、海軍はベイズの法則を大々的に使えそうな機会に遭遇した。数週間の間に一つはソビエトの、もう一つはアメリカの計二隻の攻撃型潜水艦が乗組員もろとも姿を消したのだ。クレイヴンは沈船捜索救助計画のトップとして、この二隻の探索責任者となった。水爆の探索ではベイズはごく限られた役割しか果たせなかったが、それでもこの手法が科学的に正しいというリチャードソンとクレイヴンの確信はゆらがなかった。

最初に姿を消したのは、ミサイルを搭載したディーゼルエンジンのソビエトの潜水艦K－129だった。後にトム・クランシーが発表したベストセラー小説『レッド・オクトーバーを追え』のモデルとなった潜水艦である。なぜアメリカ海軍がこの潜水艦の消失に気づいたかというと、ソビエトが、潜水艦の主要航路に沿った太平洋のカムチャツカ半島沖あたりで大規模な探索を行ったからだ。しかもちょうどそのころに、アメリカの水中センサーが「かなりの規模の轟音」を記録していた。潜水艦が内破したときの音にしては小さすぎるその音は、ソビエトが探索した領域からはるか遠く、北緯四〇度東経一八〇度の国際日付変更線の上というじつに奇妙な場所で発生していた。日付変更線が人間の作った人工物であるからには、その音も人為的なものと思われた。この「極秘」情報を知り得たアメリカ政府職員はほんの一握りだったが、そのうちの一人だったクレイヴンはワグナー社を雇い、何を捜しているのかは伏せたまま本格的な確率解析をはじめた。そのため実際に解析を行ったリチャードソンは、四〇年経ってもソビエトの潜水艦探索の仕事をしていたことを知らなかったという。

クレイヴンにすれば、K－129の消失を巡るシナリオは三つしか考えられなかった。「行方不明の潜水艦とあの音とは無関係だというのが第一のシナリオ。次に、あの音は潜水艦の音だが沈んだわけではなく、ジュール・ヴェルヌのノーチラス号のように今も海中を音もなく進んでいるというシナリオ。そして、何らかの事故で潜水艦の防水部分が開いて船体に素早く水が入ったために船体は潰れなかったというのが第三のシナリオだ」クレイヴンは、国際日付変更線上で発生した音が潜水艦のものだとすると、「むろん本来潜水艦がいるべき場所ではなく、そのためソビエトは潜水艦を見つけることができなかったのだろう」と推理した。

潜水艦が見つかる可能性は少なかったのだが、それでも任期最後の騒然とした数カ月に気もそぞろだったジョンソン大統領は、軍の規律を無視するはぐれ者たちが関係している可能性があると考えてロシア潜水艦の探索を許可した。クレイヴンは最終的に、弾道ミサイルを搭載して約一〇〇名が乗り組むあの潜水艦が、実際に「勝手に航路を離れ、重大な命令違反をしたはぐれ者で、……（ハワイを攻撃しようとしていた可能性がある）と考えた。ソビエトは、あの潜水艦が主要航路からどれくらいはずれていたかを知るはずもなく、こちらから伝えない限り、あの船が統制破りのはみだし者だとは考えもしないはずだ」と結論した[12]。アメリカ当局はソビエトの指導者レオニード・ブレジネフに爆音の発生位置を伝えた。軍が制御不能になっているという証拠を突きつければ、ブレジネフの目にも緊張緩和《デタント》が魅力的な選択肢と映るだろう。アメリカ側は後にK－129を写真に収めたが、引き上げることはできなかった。

ソビエトの潜水艦が沈んだ数週間後の一九六八年五月、今度はアメリカ海軍の攻撃型原子力潜水艦スコーピオンが大西洋で九九名の乗組員もろとも姿を消した。スコーピオンは、母港に向かってスペインとアメリカの東海岸を結ぶ三〇〇〇マイル〔約四八〇〇キロ〕に及ぶ潜水艦航路のどこかを西に進んでいた。しかも、核魚雷を二発積んでいたという報告が上がってきた。一九八九年にまとめられた研究によると、これまでに沈んだ原子炉と核弾頭は、スコーピオンも含めて原子炉が最低でも八基、核弾頭が五〇個あると見られている。そのうちの四三個はソビエトの潜水艦ごと沈み、八つはアメリカ軍の軍事行動によるものだった。スコーピオンの永眠の地をつきとめようと、軍は全力を挙げてこの潜水艦の探索をはじめた。

今や世界をリードする探索の専門家となっていたクレイヴンとアンドリュースは、すぐに水爆探索のときのメンバーを集めた。当初、探索は大西洋をまたいで行われていた。ところが、いかにもお役所仕事的な追跡がしばらく続いたところで、クレイヴンは「名前を明かせないある機関」のための超機密の聴音哨が、アゾレス諸島の南西約四〇〇マイル〔約六四〇キロ〕のきわめて深い海中で生じたピンという不思議な音を記録していたことを知った。その音の位置が潜水艦が通ったと思われる経路の上だったことから、それまで一辺の長さが三〇〇〇マイルの長方形だった探査の対象領域は、三～四マイル〔約四・八～六・四キロ〕四方の正方形にまで狭まった。クレイヴンのおかげで、調査は大きく前進したのである。

潜水艦探索で使われた先進的手法「モンテカルロ法」

クレイヴンは最初から、ベイズを本格的に使ったスコーピオン探索を組織するつもりだった。スペインの海岸で水爆が行方不明になったときは、探索に失敗した場合に議会の不興をかわせるかもしれないというのでたまたまベイズに頼ることになった。しかし今回海軍は、おずおずとではあるが、この手法が役に立つという確信を深めつつあった。

「クレイヴンはそもそものはじまりから科学的なアプローチに信頼を置いていたが、どう見ても、みんながみんな科学的なアプローチに信頼を置いていたわけではなかった」とリチャードソンは述べている。クレイヴンを描写するときにもっともよく使われるのが「タフ」という言葉だが、一九六八年六月から一〇月までの五カ月間、クレイヴンは断固たる態度でベイズを懐疑主義者の攻撃から守り通した。そして、パロマレスでの水素爆弾探索ではベイズの事前確率とSEPを組み合わせることに失敗したが、今回はこの二つを組み合わせてみようというリチャードソンの提案に夢中になった。アメリカ国内にある強力なコンピュータを使って、探索前のさまざまな仮説の確率を計算しよう。そして船上で日々の探索結果とその事前確率を組み合わせて更新するのだ。

潜水艦が姿を消すと間もなく、リチャードソンはアゾレス諸島に飛んだ。スコーピオンの海上探索に立ち会い、海中での作業を仕切る研究船ミザールを訪れるつもりだった。ミザールには、海軍研究試験所やアメリカ海軍海洋学局の人間だけでなくさまざまな装置の製造元が派遣した人間が乗り込み、一二時間シフトで昼夜の別なく作業を進めていた。ミザールはその後五カ月間に、広角カメラやソナーや磁力計を載せたそり型のプラットホームを海底に引きずりながら一回数週間の航海を幾度か繰り返し、問題の海域を調べていった。ミザールに乗り組んだ主任科学者チェスター・L・「バック」・ブキャナンは、スレッシャー探索のための装置を設計した人物で、すでにその装置に大幅な改良を加えていた。ブキャナンは、スコーピオンが見つかるまではひげを剃らないと誓った。

スコーピオンの探索者たちが直面した不確定要素の数は、地中海沿岸で水素爆弾を探索したときの比ではなかった。問題の領域は、陸地に拠点を置く航行支援システムから四〇〇マイル〔約六四〇キロ〕も離れていて、大洋の底までは二マイル〔約三キロ〕あり、そのうえスコーピオンの正確な位置を指し示す目撃証言もなかった。さらに、航行支援システムには誤差や不確定要素がつきものだった。陸を拠点とする電波ネットワークのシステム「ロラン」もそれより新しい地球規模の「オメガ」も、曖昧で使い物にならなかった。衛星による位置情報は不定期にしか確定できず、海底に錨で固定されているトランスポンダー〔無線通信の中継機〕からの信号も、どの信号がどのトランスポンダーのものなのかはっきりしないことが多かった。

ミザールに乗船したリチャードソンは、船がワシントンの命令にしたがってポイント・オスカーの沖を繰り返し探索していることに気づいた。クレイヴンが初期に行った聴覚データの分析で、スコーピオンがオスカーのそばに沈んでいる可能性が高いという結果が出ていたのだ。しかし、ポイント・オスカー近辺の探索に集中するあまり、スコーピオン発見の確率がきわめて小さくなっていることに気がついたリチャードソンは、その事実をベイズを使って図で表すことにした。そして見事に図示してみせたのだが、それでもオスカー近辺の探索は続いた。こうなったら、ワシントンに作戦を変更するよう指示してもらうしかない。だがそれには、詳細な確率の地図を見せて高官を説得する必要がある。つまり、ベイズの事前確率を計算するのである。

「わたしがかかわった作戦すべてに自分の考えを持った強い個性の人が集まっていて、こうなると論争を避けて通れない。ワシントンにいる〔クレイヴンのような〕誰かが全員に無理強いでもしない限りはね」とリチャードソンは述べている。「さもなくば、説得するか。彼らが自力でそうするのが正しいという結論にたどり着くようにする必要があるんだ」クレイヴンにさんざん責め立てられたワシントンの当局者たちは、ついに事前確率地図を探索の重要なツールとして扱うべし、という命令を出した。

スコーピオンの行方不明から一カ月後の一九六八年七月一八日、クレイヴンはリチャードソンとワグナー社の新たな従業員ローレンス・D・(「ラリー」・)ストーンにこれまでにわかっているすべてのことを「ぶちまけ」た。実際にクレイヴン自身は専門家から学んだことをすべて伝え、アンドリュースは潜水艦乗りの目で、さまざまな状況下で潜水艦がどう動くかを示した。ワシントンで働いていたクレイヴンとアンドリュースは、スコーピオンの沈没を巡る九つのおおざっぱなシナリオをまとめ、それぞれの信憑性に応じて重みをつけた。これはクレイヴンが水素爆弾の探索で取ったのと同じ手法で、各シナリオにスコーピオンの動きやコースや速度、ピンという音がした時点での位置などの複数の不確定要素がシミュレートされていた。

優先順位が高いシナリオの一つに、ある謎めいた金属のかけらに基づく仮説があった。ミザールは系統立てた探索がはじまる前に対象領域をざっと調べており、そのときに妙な形に曲がった金属片を発見していた。その金属には光沢があってとても長時間海底にあったとは思えず、しかも見つかった地点は、過剰な調査が行われているポイント・オスカーからかなり離れていた。

リチャードソンとストーンは、ワグナー社の本部に大量のメモを持ち帰り、クレイヴンとアンドリュースの仮説を数値で表して、海底の潜水艦の位置に関する事前「確率地図」を作ろうとした。まず、クレイヴンがスコーピオンの爆発現場だとにらんでいたピンという音の発生地点の周囲に探索のための格子《グリッド》を設定する。グリッドのなかの一つのます《セル》は南北一マイル〔約一・六キロ〕、東西〇・八四マイル〔約一・四キロ〕で、これらの格子が計一四〇平方マイル〔約三六〇平方キロ〕をカバーする。

米国内の探索チームはリチャードソンの提案を受けて、モンテカルロ法を使って潜水艦の事故前とあとの動きのモデルを作るという重要な決定を下した。モンテカルロ法〔乱数を用いてシミュレーション・数値計算を行う方法。マンハッタン計画では中性子がランダムな動きをすると仮定してシミュレーションを行った〕は、マンハッタン計画に携わった物理学者たちが開発した手法で、当初は核の連鎖反応による爆発で想定される中性子の経路を追うために使われた。リチャードソンは、追跡すべき中性子を「架空の小さな潜水艦」に置き換えた。ちなみに学術界のベイズ派がモンテカルロ法を受け入れたのは、この二〇年後のことである。

大型汎用《メインフレーム》コンピュータを使って、クレイヴンが爆発（ピンという音）の現場と考えている地点を始点にして、断末魔の苦しみにのたうち回る潜水艦がコースを変えてランダムな方向のいずれかに――たとえば一マイル〔約一・六キロ〕進む確率がどれくらいになるかを計算していく。リチャードソンはまず、トーマス・ベイズの単純化にしたがって、どの方向に進んだ確率もすべて同じだと考えることにした。そうやって潜水艦の到達地点と思われる場所をプロットし、同じ手順を何度も繰り返して新たな点をはじき出していく。この手順を一万回繰り返すと、潜水艦が沈んでいそうな地点が一万カ所プロットされることになる。

探索前にクレイヴンが作ったシナリオと重みづけに基づいてモンテカルロ法で数値を割り出したことによって、探索作業は大きく進展した。リチャードソン曰く、「モンテカルロ法のどこがいいって、『さあ、～のふりをしよう』というゲームをするようなものだからね。まず第一に確率の異なるシナリオが一〇あるんだから、何はともあれ一つの可能性を取り上げよう、といった調子なんだ。この場合、サイコロにあたるのがコンピュータに組み込まれた乱数製造器で、サイコロを振って取り上げるシナリオを決める。それからまたサイコロを振ってスピードを決め、もう一度振ってどの方向かを決める。そして最後に、海底にぶつかった時間もわからないから、その時間もサイコロで決める。こうすると、速度と方向と出発点と時間が手に入る。そしてこれらがすべてそろえばどこで海底にぶつかった〔はずなの〕かが正確にわかる。そこでコンピュータにその地点をプロットさせる。サイコロを振るときには、シナリオごとに与える係数を変える。辛抱強い人間なら手計算でもできるだろう。こうやって一万個の点を計算した。つまり、海底には潜水艦が沈んでいる可能性がまったく等しい地点が一万カ所あるというわけだ。そこでここにグリッドをかぶせて、それぞれのセルに含まれている点の数を数える。かりに、こっちのセルには全体の一〇パーセントの点が、あっちのセルには一パーセントの点が収まっているとすると、このパーセンテージをそのままそれぞれの分布の事前確率として使うんだ」。

これら一万カ所の点は、機密データを暗号化して穿孔テープに打ち込む仕事をしていたプリンストンの小さな会社の大型汎用コンピュータによって計算され、プロットされた。一九六〇年代には、このようなコンピュータはアメリカ本土でしか手に入らなかった。いわゆるポータブルモデムは――電話線にダイヤル・インするための重さが四五ポンド〔二〇キロ強〕もある代物ですら――登場していなかったのだ。

今となってはずいぶん面倒に思われるが、それでも時分割システムの大型汎用コンピュータを使えばベイズの反復計算を行うことができた。そうやって、スコーピオンがあると思われる一万カ所の座標を計算し、探索グリッドのそれぞれのセルにそのような地点がいくつ含まれているかを数えていく。当時のコンピュータにはディスプレイ類がいっさいなかったから、数値はごくふつうのテレタイプ用の紙テープにプリントアウトされ、そのデータが、不安定な公衆電話線を経由してペンシルバニア州パオリにある本部のリチャードソンとストーンのもとに送られる。クレイヴンとアンドリユースがワシントンで探索開始前に集めたデータをもれなく組み込んだ詳細な確率地図を作るには、これしか方法がなかった。

後になってリチャードソンは、たったの一万カ所しか計算しないとはずいぶん「しみったれた話だ」と後ろめたく感じたが、当時はこれでもずいぶん大きな数に見えた。今のコンピュータなら、確率が低い領域に関してももっと細かく調べられたはずだ。やがて一万カ所をプロットした地図が完成し、一四〇平方マイル〔約三六〇平方キロ〕をカバーする計一七二個のセル一つ一つの初期の確率が明らかになった。改めて地図を見てみると、E5とB7の二つのセルがまるでスポットライトを浴びたロックスターのように目立っていた。探索をはじめる前のシミュレーションに基づく「ヒット」数は一二五〇と一〇九六で、スコーピオンとその乗組員たちがそれらのセルにいる確率はきわめて高かった。続く一八個のセルは、確率が高いといっても数値はがくんと落ちて、一〇〇から一〇〇〇のあいだだった。そしてこのほかのほとんどのセル（数値が一〇〇に満たないセル）は、まず無関係だと思われた。この地図のもとになったのは、クレイヴンとアンドリュースの何時間にもわたる会話であり、二人が作ったシナリオであり、重みづけだった。潜水艦の動きを計算するのにモンテカルロ法が使われたという事実一つをとっても、二年前に行われた水素爆弾探索のときの分析と違って、この地図には科学の本物の進歩が刻まれていたといえる。

七月下旬には地図もできあがり、ワシントンからも、この地図を探索の重要な要素とすべし、という命令が届いた。ついに、各セルでの潜水艦探索作業の有効性に関するデータを使ってこの地図をベイズ更新するときが来たのだ。

ワグナー社の数学者たちはミザールに乗り込み、日々その日の探索の有効性を記録し、蓄積していった。ストーンとあとから加わった二人の若い学生――MITで数学の博士号を取ろうとしていたスティーブン・G・シンプソンとドレクセル大学の学部の産学協同学生〔講義を基本とする教育と現場での就労経験を組み合わせたカリキュラムを選択した学生〕ジェームズ・A・ローゼンバーグ――は、クレイヴンがシナリオで確認したブキャナンの光る金属片から二〇〇〇ヤード〔約一八〇〇メートル〕ほど離れた領域を調べた。船舶のカメラやソナーや磁力計の能力を手計算で評価し、それらを組み合わせて各セルでの探索の有効性を示す数値――最終的にベイズの公式の二番目の要素になるはずの数値――をはじき出す。二人の学生には、毎朝大勢の海軍司令官たちに探索の効率に関して如才なく助言を行うという、できれば遠慮したい任務が託されていた。「はい、そうですね。それではなくて、こちらをやったほうがうまくいくと思われますが……」

探索は、心理的に難しいものになることがある。なぜなら目標物が見つかるその瞬間までは、日々失敗を繰り返すことになるからだ。ストーン曰く、「ベイズによると、目標物を発見できずに探索を続ける時間が長くなればなるほど、見通しが悪くなる。なぜなら、目標物を発見するまでにかかる時間が短くならずに長くなるからだ[13]」しかしその一方で、ベイズの法則に信頼を寄せている人々は、自分たちの進展を追うことができた。リチャードソンによれば、「調べ終わった領域の確率は下がり、まだ調べていないところの確率が上がる。だから、更新後にはまだ見ていない場所の確率が高くなる……それにおおまかにいうと、いちばん確率が高い領域を見ていくのがベストなんだ。その翌日にはそれとは別のところ――たぶんまだ探していないところの確率が高くなり、そのまた翌日にはまた別のところの確率が高くなる。だから作業をひたすらやって、やって、やって、やり続ける。するとよほどのミスがない限り、いつかは探し物が見つかる」。

水素爆弾の探索でもそうだったのだが、センサーの能力を過大評価することが最大の問題だった。件の金属片が探知機の左右どちらにあるのかをどのくらい探知できるのか、といった能力を系統立てて検定評価してあるセンサーはほとんどなかった。この問題について考えを巡らせたリチャードソンは、あることに気がついた。「これはつまり、不確定要素が二つあるということなんだ。最適な資源配分を数学的に表現することを目指すのであれば、これはおもしろいポイントだ」

海軍司令官たちが来ては去り、ミザールが五回にわたって探索領域を訪れるうちに、ベイズの法則はこの探索集団全体の記憶となり、調整の原則になった。ベイズはここにはじめて、長期間の探索で最初から最後まで使われることとなった。残念ながら、みんながみんなモンテカルロ法を用いた事前確率地図にミザールの探索を方向付ける力があると考えていたわけではなかった。ベイズ更新を行うために地図を探索現場に持ち込むだけでも一カ月近くかかった。しかも、陸と海とのコミュニケーション手段がひどく貧弱だったので、けっきょくはストーン自身が八月一二日にこの地図をアゾレス諸島に持っていくことになった。こんな調子だったので、クレイヴンとアンドリュースのシナリオに基づく詳細な事前分布を使うことができたのは、潜水艦の失踪から五カ月後の一〇月に行われた第四回および第五回にあたる最後の航行だけだった。

当初ミザールは五度目の航行でセンサーの試験を行い、海中追跡システムを改良して、海底の等高線を調査することになっていた。クレイヴンはすでに、極秘センサーが記録したピンという音の発生地点をさらに正確に絞り込むべく、音響の反射に関する研究を立ち上げていた。大海原の正確に位置がわかっている場所で小さな水中爆雷を爆発させて、その音に関するデータに基づいて潜水艦の最後の瞬間に海軍の聴音哨が記録した情報をさらに細かく解析しようというのである。クレイヴンが音響反射の分析を進めていくと、潜水艦が沈んでいる可能性がいちばん高い地点は、日一日とブキャナンの金属片が見つかった地点に近づいていった。

一〇月下旬、今やあごひげをみっちりと蓄えたブキャナンは、ついに辛抱しきれなくなって、光沢のある金属があった場所を調査する許可を取った。そして、ミザールの引くそりが七四回目の海底走行を行っていたそのとき、F6というセルで磁力計のデータが幾度か異常な値に跳ね上がった。探索船は一〇月二八日にその領域に戻り、異常があった地点を何とか突きとめようとした。そしてついに、カメラが半分砂に埋もれて海底に横たわる潜水艦スコーピオンの姿を捉えた。ミザールに搭載されていたソナー探知機の機能がお粗末だったために、それまでずっと潜水艦を検知することなくその真上を通過していたのだ。すぐに、ブキャナンがひげを剃っているという知らせがアメリカ本土に届いた。

アメリカに戻っていたリチャードソンは、電話で報告を受けた。「位置は暗号化されていたので、それをプロットしてみた。はじめは、確率が高いセルの真ん中をどんぴしゃでプロットすることになると思って大いに興奮した」ところが実際には、探索をはじめたころに妙な光沢のある金属片が見つかった地点の近くで、高確率のセルからは二六〇ヤード〔約二四〇メートル〕離れていた。後に、この金属片は潜水艦の破片だと断定された。リチャードソンは沈んだ様子で、一四〇平方マイル〔約三六〇平方キロ〕の大海で二六〇ヤードずれていたとしても、「政府の仕事としては十分近いんだがね」と冗談をいった。

アンドリュースは後になって、ベイズはブキャナンに一日と半マイル〔約〇・八キロ〕しか後《おく》れを取っていなかったと主張している。あの日ブキャナンが光沢のある金属が見つかったあたりにミザールを戻さなければ、クレイヴンが探索前に算出した確率を音響反射研究のデータで更新して得た資料を手がかりとする探索で先に潜水艦が見つかっていたはずだというのである。

探索開始から五カ月後の一一月一日、ドレクセル大学の産学協同学生ローゼンバーグがアメリカにスコーピオンの写真を持ち帰った。磁性を帯びた船体の形の岩を調べるのに費やした時間をのぞけば、探索そりは一ノット〔毎時一・八五二キロメートル〕の速さでのべ四三日かけて一〇二六マイル〔約一六四〇キロ〕の海底をスキャンした末に、ベイズ派が予測したよりも二日早く潜水艦の位置を突きとめたのだった。

ジョンソン大統領には、「潜水艦内での事故により沈没した確率がもっとも高い」と報告された。[14] このときばかりはジョンソンも、確率の意見に従ったはずだ。

スコーピオンが発した音を分析してみると、沈没したときには西ではなく東に進んでいたようだった。クレイヴンは二〇年後に、問題の潜水艦が「暴走した魚雷」によって破壊されていた可能性があることを知った。同じ艦隊に所属するほかの潜水艦は欠陥があることが判明した魚雷のバッテリーを取り替えていたのだが、海軍はスコーピオンに、まず使命を完遂することを求めた。スコーピオンが欠陥のある魚雷を発射したとすると、目標物に達することなく、くるりと向きを変えてスコーピオンに命中したはずだ。

海軍研究局（ONR）は、スコーピオンの探索に使われた手法をぜひ裏付けたいと考えて、ストーンに『最適探索理論』をまとめるよう依頼した。一九七五年に発表されたこの著書は、応用数学や統計学、オペレーションズ・リサーチや最適化理論やコンピュータ・プログラムを合体させた堂々たるベイズ派の著作だった。より安価で強力なコンピュータが登場したおかげで、それまで数学や分析の問題だったベイズ検索は、ソフトウェア・プログラムのためのアルゴリズムになった。そしてストーンのこの著書は、軍や沿岸警備隊や漁師や警察や原油探索者にとって重要な古典となった。

ストーンがこの著作をまとめていたころ、アメリカはエジプトの不発弾除去を手伝うことに合意した。スエズ運河には、一九七三年の対イスラエル第四次中東戦争〔ヨム・キプル戦争〕の置き土産ともいうべき不発弾が沈んでいた。爆発物なので、浚渫するのは危険だ。パロマレスの一件で開発されたSEPを使えば、爆弾があった場合にその爆弾が発見されている確率がわかり、探索の効率を上げることができる。それにしても、そもそも爆弾がいくつあったのかもわからないのに、残っている爆弾の数を見積もることができるのか。ワグナー社は、三つの異なる事前確率分布を使って高い数値と中間の数値と低い数値を表すことにした。そして、一九六一年にライファとシュレイファーが発表した便利な共役事前分布のシステムを使って、どの場合も事前確率と事後確率の分布のタイプは同じになると断言した。こうして、統計学には不可欠の平均値と標準偏差がそろった三種類の扱いやすい分布（ポアソン分布と二項分布と負の二項分布）が得られた。したがって計算は「朝飯前」になった、とリチャードソンは報告した。だが、作業で指を失ったこともある爆発物処理の専門家たちにこのシステムを説明することは、とうてい不可能だった。かくしてスエズでは、誰もベイズの名前を口にしなくなった。

探索の理論が漂流船を救助するシステムに応用される

戦後のベイズ派はこの頃まで、運河に落ちている爆弾や大洋の底に沈んだ水爆や潜水艦といった動かないものだけを探してきた。技術的にいうと、これは単純な問題だ。ところが、スエズ運河の不発弾が除去されて『最適探索理論』が世に出るとすぐに、動く目標物の探索にベイズの手法を応用すべく懸命な努力がはじまった。予測可能な海流と風のなかを漂流する民間の船を、ベイズを使って見つけようというのだ。

沿岸警備隊の救助コーディネーター、ジョセフ・ディシェンザにとって、ベイズはまさにどんぴしゃりの技術だった。一九六〇年代の終わりころ、ディシェンザは「夫が息子といっしょに釣りに出て、戻ってこないんです」といった電話への応対を担当していた[15]。相談の電話を受けると、まず問題の船がその海域の港に入っていないかどうかを確認し、それから沿岸警備隊の捜索救助マニュアルにしたがって船の位置と流程を手計算で見積もる。

ディシェンザは、「骨をくわえた犬のように」粘り強く、沿岸警備のマニュアルをコンピュータ化しはじめた[16]。探索理論を学び、カリフォルニア州モントレーにある海軍大学院で修士号を取り、ニューヨーク大学で博士号を取得するなかで、沿岸警備隊が第二次大戦以降一貫してベイズ探索理論を使ってきたことを知っていたのだ。あの、クープマンが大戦中に大海原のユーボートの居場所を突きとめるために開発した理論である。つまりディシェンザは、一九四〇年代から一九七〇年代までの集団記憶の穴を埋めたのである。「沿岸警備隊はきわめてベイズ的で、手計算の場合にもベイズを使う」とストーンは述べている。しかしディシェンザが登場するまでは、初期の保険数理士同様、沿岸警備隊も自分たちがベイズの法則を使っていることに気づいていなかった。

ワグナー社はディシェンザと力を合わせて、ベイズ統計の原理に基づく沿岸警備のためのコンピュータ探索システムを設計した。水爆やスコーピオン探索の自然な副産物であるこのシステムでは、船舶のもとの位置に関する手がかりとその後の動きを組み合わせて筋の通ったシナリオをいくつか作り、各シナリオに可能性に応じた重みをつけていく。

沿岸警備隊のルールでは、確率の見積もりや重みづけは集団で決定することになっていた。関係するひとりひとりがシナリオに重みをつけ、合議の上でそれらを平均したり組み合わせたりする。そしてその際には、いかなるシナリオも決して捨ててはならないとされていた。「主観的な情報を除外するということは、その情報を定量化する一意的な方法あるいは『科学的な』方法がないという理由で貴重な情報の破棄を正当化するに等しい」とストーンは力説している[17]。

かりに危険に直面した船が無線でその位置を知らせたとして、その一時間後に小型機が一〇〇マイル〔約一六〇キロ〕離れたところでその船を見たと報告したらどうなるのか。どちらか一方の位置がまちがっていることは確かだが、この場合も片方の報告を無視するのではなく、両方に相対的な信頼度を振り分ける。ストーンがいうように、「情報の断片を一つ破棄すると、じつはその情報の重みがゼロでもう片方の重みづけが一だ、という主観的な判断を下すことになる」のである。

一九七二年には、沿岸警備のシステムにベイズ更新と（リチャードソンの強い主張によって）モンテカルロ法が組み込まれることになった。大学の理論家たちがこの手法や「フィルタ」という言葉を広める二〇年も前のことである〔第16章参照〕。モンテカルロ法では、行方不明の各船舶について緯度や経度や速度や時間や重さを巡る膨大な数の評価を行い、その船がいると思われる一万カ所の位置をあぶり出す。

ストーンはさらに、ベイズ統計の手法の一つである初期型のカルマン・フィルタを用いて、明確な基準に照らしてデータやシグナルを分離凝縮し、目標物がたどっている可能性がある経路の一つ一つに信頼性に応じた重みをつけていった。この技法が高等教育に携わる人々の間に広まったのは、さらに下った一九九〇年代のことだったが、一九六〇年代には、すでに軍や宇宙関係の請負業者に重用されていた。というのも、当時のコンピュータはメモリーも馬力も貧弱で、この手法を使うと時間を大いに短縮できたからだ。一九六一年にルドルフ・E・カルマンとリチャード・ビューシーがこの手法を発明するまでは、新たな観察結果を得るたびに、もとの観察を一から計算し直さなければならなかった。ところがこのフィルタを使うと、毎回最初からやり直さなくても、新たな観察結果を付け足すだけですんだ。カルマンは、自分の発明はベイズの定理とはまったく関係がないと言い張っていたが、一九六七年に青木正直によって、ベイズの法則から直接カルマンのフィルタを導けることが数学的に証明された。この手順は今日、カルマン・フィルタ、あるいはカルマン－ビューシー・フィルタと呼ばれている。

ひとたびモンテカルロ法とフィルタを受け入れてしまうと、可能性がきわめて低くとうていあり得ない経路からも貴重な情報を得ることができるようになり、探索者たちも、残る経路のうちのどれの可能性が高いのかを判断しやすくなった。センサーや沿岸警備の飛行機や天気予報、潮汐表や卓越流や卓越風の図などに基づく新たな情報が届くと、それらのデータを尤度関数に変換して、それを目標物の動きに関する事前確率と組み合わせ、目標物の現在位置と思われる場所を予測する。この手順を繰り返すたびにデータが蓄積され、フィルタは可能性が高い少数の経路に集中していく。

沿岸警備隊のシステムが稼働しはじめた一九七四年、一隻のマグロ漁船がカリフォルニア州ロングビーチの沖で沈没した。二日後、貨物船がたまたま救命ボートに乗り込んだ一二名の生存者を発見した。そこで沿岸警備隊はこの新たな技術を使って、偶然の救出劇が起きた場所から逆算してマグロ漁船が転覆した地点を割り出し、そこから今度は海流に関する確率地図とベイズの更新を使って時間に沿う形で漂流者の位置を計算した。そしてこのベイズの確率地図のおかげで、翌日にはさらに三名を救助したのだった。さらに、この二年後には太平洋を横断中に転覆沈没した船の探索にも成功している。五名の乗組員は二隻の救命筏に分乗したが、二二日後に、これまた偶然二名の生存者を乗せた筏が発見された。そこで同じプログラムを使ってその六日後に三人目の生存者を発見したのである。その乗組員が漂流しはじめてから、じつに二八日目のことだった。

ソビエト潜水艦の発見・追尾に応用され成功

ベイズを使うと、海底で静止している物を見つけたり、ある程度予測可能な海流や風に漂う船を追跡することができる。では、ソビエトの潜水艦のような逃げ回るターゲットや、人間の操縦で動いている目標物の位置を調べたり追跡することはできるのか。果たしてベイズに人間の行動を取り込むことは可能なのだろうか。

「冷戦の最中だったので、海にはアメリカを脅かす潜水艦がいた」とリチャードソンは振り返る。「潜水艦は動く目標物だ。だったら対潜水艦作戦でもベイズを使わない手はない……作戦は一九七〇年代から二〇年間続き、わたし自身も大西洋や地中海でずいぶん潜水艦の捜索作業に携わった」

後に副提督となるジョン・「ニック」・ニコルソンは、一九七五年に地中海のアメリカ潜水艦隊の指揮官に就任すると、ナポリ〔の統連合軍指令本部〕で一年間リチャードソンを雇っておくために、海軍研究局（ONR）から一〇万ドルの補助金を引き出した。これはONRとしては最大規模の契約の一つで、海軍の会計士たちはまったくの浪費だと思っていた。そのころ、地中海にはソビエトやNATOの船や潜水艦がたくさんいて、互いに監視し合っていた。ソビエトだけでも潜水艦一〇隻を含む計五〇隻の船がいて、一九七〇年代初頭には、地中海がひどく混み合ってきたために、ついにアメリカとソビエトの政府が衝突を減らすための協定に署名したほどだった。一九七六年にアメリカ海軍が地中海で日常的にソビエトの潜水艦を追尾しはじめると、ニコルソンは、今こそリチャードソンとベイズの法則の出番だと考えた。

すべてをゼロからはじめることになったリチャードソンは、ナポリにある時代遅れのコンピュータにさまざまな秘密情報を入力していった。以前の潜水艦の追跡記録や、どの種類のソビエト潜水艦はどのルートを取ってどんな作戦行動を取る傾向があるかといった情報や、飛行機から海中に投下される音響聴音装置ソノブイからの情報など。クープマンが第二次大戦中に無線や潜水艦の追跡をごく客観的に分析したのに対して、リチャードソンはソビエトの将校たちの行動を主観的に評価した。そしてさらに、即座にフィードバックされる実際の探索結果を活用した。第二次大戦のときに潜水艦を追尾した人間からすれば、まさにSFのような話だろう。しかもリチャードソンはこういった諜報データに加えて、島や海山や閉ざされた領域の細い水路といった情報まで取り込んだのだが、これらの自然の障害物は案外役に立つ特徴となった。

その定義からいって、追跡には理想からはほど遠い推定や不確定要素が絡んでくる。新たなデータが手に入るにつれてパラメータが変わり、「しかもまずいことに、そのデータが見事なまでに無益だったり、たくさんの異なる情報源から得られていたりする」とストーンは記している。[18] 遠くで潜望鏡が水面の約一フィート〔約〇・三メートル〕

上に一〇秒間出たのを光学スキャナで捉えながら、それが潜水艦であることを確認できない可能性もあった。そうかと思えば、コンピュータのスクリーン上に現れるレーダー信号を監視しているオペレータが潜水艦と水上の船を混同する恐れもあった。海底には潜水艦が発する低周波の音響信号を捉えるための音響水中聴音機の列が何百マイルにわたって設置されていたが、そこから得られるデータは往々にしてきわめて曖昧だった。たとえば、異なるターゲットが同じ波長、あるいはほぼ同じ波長の音響信号を発することもあった。さらに、大海原そのものによっても音がゆがめられる。水の温度が変わるたびに音は曲がり、しかも、くだけ波のとどろきが対騒音信号比に影響を及ぼす。それでも、ベイズの共通通貨ともいうべき確率を使って、さまざまなところから得られたこれらの情報が一つに融合された。かくもはかなく曖昧な報告のまったただ中で、いよいよベイズの法則が本領を発揮することとなった。

一九七六年の夏のある日、ソビエトの原子力潜水艦が一隻、ジブラルタル海峡をすり抜けて地中海に入った。五六〇〇トン・エコーⅡクラスのその艦には、水面から発射できる巡航ミサイルが配備されていた。アメリカ艦隊はその潜水艦を追尾したものの、イタリアで見失った。問題の潜水艦がいつシチリア海峡を抜けて東地中海に入るのか、誰にもわからなかった。

ニコルソンは、指揮下の潜水艦のほかに、四隻の対潜水艦駆逐艦を動かすことができた。これらの駆逐艦は、トレーリング・ワイヤー・ソナー探知機を載せた実験的なそりを引いていた。そこでニコルソンは、駆逐艦がソビエト潜水艦の海峡通過を探知できるようにシチリア海峡に戦力を配備したうえで、じっと待つことにした。「このときの待機は、作戦情報担当の連中が思っていたよりずっと長かった」と数年後にニコルソンは述べている。「トニー・リチャードソンはプログラムを走らせては『まだ抜けていない可能性が x パーセントあると思うんだ』といい続けていた」[19]

上司たちはニコルソンに、潜水艦や駆逐艦を東地中海に移動させて、そこで潜水艦を探すよう圧力をかけた。しかしニコルソンは、圧力には慣れっこだった。なにしろ副長として、また航海士として原子力潜水艦の指揮を執り、北極圏の氷冠の下を抜けて北極に二番乗りを果たしたこともあれば、太平洋から冬季の北極への一番乗りを果たしたこともあったのだから。

リチャードソンはあいかわらず古いコンピュータに向かってじっと考えこみながら、上官の命令を無視するようニコルソンを説得し続けた。「少なくとも、あと一日か二日は待たないと」リチャードソンは、潜水艦がまだ海峡を通っていない確率を約五五パーセントと見ていた。リチャードソンのシステムをどれくらい信頼していいものか、ニコルソンにはわからなかった。人間の行動に関する主観的評価を組み込んだ未だかつてないシステムが、リアルタイムで意思決定を行っていた。とはいえリチャードソンが埋めようとしている穴を、ほかの情報担当や作戦行動担当のエキスパートが埋めることは不可能だった。結局ニコルソンは、キャリアを賭して大胆な決断を下した。このまま待機を続ける。「するとなんとまあ、接触があって、海峡を通る連中を追尾できるようになったんだ」第六艦隊は大喜びで、高級将校たちの反応はといえば、リチャードソン曰く、「ほぼ全員がベイズの検索手法の信者になった」。

トレーリング・ワイヤー・ソナー探知機のおかげで、ソビエトの潜水艦は東地中海の海面に出るたびに、すぐそばを航行するニコルソン配下の駆逐艦に出くわすことになった。駆逐艦の乗組員は、潜水艦に接近しすぎないよう命令されていたのだが、ニコルソンもいうように、「あの駆逐艦の連中は、話をあまりよく聞いていないんだよなあ……」。

あるかなりよく晴れた日曜の朝のこと。ソビエトの潜水艦が浮上し、セイル〔潜望鏡とマストを覆う金属製の構造物〕が水面の上に四フィート〔約一・二メートル〕ほど飛び出した。潜水艦のすぐそばにはニコルソン配下の駆逐艦、三四〇〇トンのヴォーグ号が待ち構えていた。ところがこのソビエトの潜水艦がヴォーグに向かって全速力で突っ込んできたものだから、みなあっけにとられた。

ニコルソンの話によると、「船上にいた全員が、そいつの写真を撮っていた。潜水艦はセイルを水から出して、約二〇ノット〔時速約三七キロに相当〕の速さで動いていた。とそのとき、どういうわけか駆逐艦の乗組員が速度を落としたんだ。潜水艦の乗組員はきちんと見張りをしていなかったらしく、あっという間に潜水艦がヴォーグに突っ込んだ。我々の見るところでは、たぶんソビエトの艦長が、忌々しいトレーリング・ワイヤー・ソナーを切断しようとしたんだろう」。

潜水艦はひどく損傷し、潜水艦の艦長はその晩に指揮権を解かれた。一方ヴォーグ号は、修理のためにフランスに曳航された。この事故で、リチャードソンの追尾と海上の船から降ろしたトレーリング・ワイヤー・ソナーの威力が証明された。ベイズの手法はその後も大西洋や太平洋でソビエトの潜水艦を追尾するのに使われたが、一九九一年にソビエトが崩壊すると、ロシアは自国海域外に配備する潜水艦の数を大幅に減らした。

「あの対潜水艦作戦は、真にベイズ的なものを際立たせたといっていい」とリチャードソンは振り返る。「……まるで、またスペインに戻ったようだった。一〇か一五ほど年を食ったこのわたしが、一晩中机に向かってコンピュータを走らせ、朝には司令長官に概略を報告する……ある意味で、究極の幸せだった。自分の考えに基づく世界で物事を動かせるんだから」

一方、ベイズ派の探索理論をなかなか受け入れようとしなかった将校たちも、このころには、地球に近づく小惑星を特定したり、宇宙空間の軌道を回っているソビエトの衛星の位置を突きとめたりするのにベイズの理論が使えないかどうか探っていた。NATOは一九七九年にポルトガルで、ベイズの手法を使った「現実の問題」の解決を推進するためのシンポジウムを開いた。

参加者の大半は軍関係者だったが、リチャードソンやストーンは自分たちがかかわった潜水艦追尾について話し、ほかの講師たちも捜索救助活動や石油の埋蔵量の調査について語った。この会議に参加した民間人の一人に、動物学の博士号を取ったばかりのレイ・ヒルボーンがいた。世界の海における魚の保護に関心を持っていたヒルボーンは、すでにその六年前にライファがウィーンで運営した東西間のシンクタンクでベイズの単純な応用に感化されていた。

ヒルボーンは、NATOの会議に出席した人々が意思決定を必要とする現実問題を扱っていることに深く心を動かされた。ヒルボーン自身は、特定の種類の魚の漁を規制する法律の制定に関係する仕事をしていた。そして、さまざまな講演を聴きながら、ひとりごちた。「おやまあ、わたしが問題提起するときも、こういうふうにやればいいんだ。現実世界とじかにかかわっている人はみな、ベイズのアプローチを採用している。実際に何かを決定する必要に迫られてはじめて〔頻度主義の〕アプローチの限界が明らかになるんだ。必要なのは『自然の状態としてはほかにどのような状態があって、それらはどれくらいほんとうだと信じられるのか』という問いかけができるようになることだが、〔頻度主義では〕この問いを発することができない。ところがベイズ派なら、複数の仮説を比較できる」[20]ヒルボーンがベイズを使える漁業問題に出会うまでにはほぼ一〇年の年月が必要だったが、ヒルボーンは忍耐強い男だった。

第5部

何がベイズに勝利をもたらしたか

第16章　決定的なブレークスルー　一九八〇年～二〇〇八年

ベイズを実用化するうえで障害となっていた積分計算を克服する方法が開発され、一気に地平が開ける。

コンピュータが発達しても、統計学者たちの足踏みはつづいた

コンピュータ革命によって社会にデータがあふれはじめたころ、ベイズの法則は二五〇年の歴史における最大の危機に直面することとなった。まだ統計的な事実が乏しくて計算がひどく時間と労力を食う仕事だった時代に発見された「一八世紀の理論」は、そのまま忘れ去られる運命にあったのだろうか。ベイズの理論はすでに五度、ほぼ致命的な打撃を受けながらもかろうじて生き延びてきた。ベイズ自身はこの理論を棚上げにし、プライスは世に問うたものの無視された。ラプラスはこの理論を自力で発見したがけっきょくは自分が作った頻度主義を好むようになり、頻度主義者たちは事実上この理論を禁じた。そして軍は、この理論を隠し続けたのだった。

一九八〇年には、環境や経済や健康や教育や社会科学を研究するすべての人々が、大型汎用コンピュータにつながった端末にせっせとデータを打ち込んでおり、元来コンピュータに入力するデータを意味する「インプット」という単語は動詞になっていた。また、医療記録には患者ひとりひとりの年齢や性別や人種や血圧や体重や心臓発作や喫煙の来歴といった何十もの測定値が記載され、ワインの統計にはすべてのワイン醸造業者、品種、醸造年度毎の化学的な測定値や品質を表すスコアが記載されるようになっていた。

それにしても、二〇項目以上もある患者の属性やワインの属性のなかの、いったいどれが重要なのか。研究者たちは、複数の未知数を一度に分析し、さまざまな変数の間にどのような関係があるのかを計算で求め、どれか一つの変数を変えたときにほかの変数にどう影響するのかを判断する必要があった。ところが実際に起きる出来事はこぎれいな釣り鐘型の曲線にはとうてい収まりきらず、変数を緻密に扱おうとすればするほど未知数の数は増えていった。コンピュータが多変数革命を引き起こし、「〔高〕次元の呪い」と呼ばれる未知数の大量発生が始まったのだ。この新たな世界に果たして二、三枚の金貨を投げあげた場合を扱うのに最適な手法を適用してよいものかどうか、統計学者たちは疑わざるを得なかった。

一九八〇年代の初頭には、ベイズ派は依然として敵に取り囲まれた一〇〇人ほどの小さな集団でしかなかった。計算にひどく時間がかかるため、ほとんどの研究者は、あいもかわらず「ちゃちな」問題や些細な問題をいじり回すのが関の山で、複雑なモデルを扱うことはできなかった。一九八二年には「実際的なベイズ統計」と銘打った会合が開かれたが、この名前自体が矛盾をはらんだお笑いぐさだった。リンドレーの弟子の一人でロンドンのユニバーシティー・カレッジ・ロンドンにいたA・フィリップ・ダヴィドは、この会議を組織はしたものの、「複雑な問題をベイズ統計に則って計算することは、依然として本質的に不可能だった……哲学としての信頼性はさておき、当時のベイズ派はまったく実用的でないと非難されることが多かったのだが、これは実に正当な批判だった」ことを認めている。[1]

ベイズ派も頻度主義者も、次元の呪いには大いに悩まされた。大学人統計学者の世界では、あいかわらず多くの人々が、そもそもコンピュータを駆使した分析におぼれてもよいものかどうかを議論していた。この当時の統計学者はたいてい数学者で、古きよき手動式のブルンスビガや電動式のファシットなどの計算機と新たに登場した電子計算機をごっちゃにする者が多かった。その結果、新たなデータを旧式の計算道具用の手法で分析しようとしたのである。ある統計学者などは、自分にとって計算手順とは、大学の計算機センターにつかつかと入っていって「これを行え」ということでしかない、と自慢していたくらいだった。[2]ベイズ派は、ロバート・シュレイファーやハワード・ライファといった先駆者たちのおかげでビジネススクールや理論経済学の世界でこそ幅を利かせていたが、大学の統計学部は、あいもかわらず未知数がごまんとあるデータではなく未知数がほとんどないデータセットに重きを置く頻度主義者たちの牙城だった。

その結果、多くの統計学部が、プレート・テクトニクスやパルサーや進化生物学、汚染や環境や経済や健康、法律や社会科学などのデータを分析している物理学者や生物学者たちをただ傍観することとなった。エンジニアや計量経済学者やコンピュータ科学者や情報科学者たちはじきにマンネリに陥った統計学者たちには無縁な名声を手に入れ、統計学部は孤立して守りに入り、もはや下り坂だと鼻であしらう声が上がる始末だった。統計学の一流雑誌はあまりに数学的でほとんど読める人がおらず、現実とかけ離れすぎていて読もうとする人すらいないといわれた。そしてもっと若い連中は、コンピュータとアルゴリズムがありさえすれば数学はまったくの用済みになる、と考えているようだった。

リンドレーと弟子のエイドリアン・F・M・スミスはベイズ派に、科学における複雑な過程を階層と呼ばれる段階に分割してモデルを展開する手法を紹介した。これは、計算における大発見ともいうべきもので、事実、後にたいへん便利なツールとしてベイズ派に重宝されることになるのだが、発表当初は誰ひとりとしてこのシステムに手を出そうとしなかった。モデルがあまりにも特殊化、様式化されていて、応用できる科学の問題がごく限られていたのである。階層モデル〔後出〕がベイズ派の教科書に載るまでには、二〇年の時が必要だった。学界主流の統計学者や科学者たちは、とにかくベイズが実用に耐えると考えていなかった。オクスフォードの『英国人名辞典』に聖職者だったトーマス・ベイズの祖先たちの名前は載っていてもベイズ本人が載っていなかったという事実からも、彼らの姿勢がよくわかる。

ところが驚いたことに、こうして大学人たちが疑いの目を向けるなか、アメリカ空軍のある契約業者が、ベイズの理論を使ってスペースシャトル・チャレンジャーの事故のリスクを分析した。空軍はアルバート・マダンスキーが冷戦中にランド・コーポレーションで行ったベイズ派の研究に資金を提供していたが、それでもアメリカ航空宇宙局（NASA）は、不確定要素を主観的に表現するのはいかがなものかという態度を崩さなかった。そのためNASAが一九八三年にスペースシャトルの打ち上げ失敗の確率を評価する報告書をまとめたときも、資金を出したのは空軍だった。NASAの契約業者テレダイン・エネルギー・システムは、計一九〇二回のロケットモーター発射で三二件の失敗が確認されたという事前の経験に基づいてベイズ解析を行い、「主観的な確率と運用経験」からしてロケットブースターが故障する確率を三五分の一と見積もった。当時NASAはブースターが故障する確率を一〇万分の一としていたが、テレダイン社は「事前の経験と確率分析に基づく保守的な故障評価を基本とするのが賢明だ」といって譲らなかった[3]。けっきょく、チャレンジャーは二五回目になる一九八六年一月二八日の打ち上げで爆発し、七名の乗組員は全員死亡する。

各分野でベイズの手法を使った成果が出はじめる

軍がときにはベイズを受け入れたのに対して、大学の統計学者たちは断固としてベイズを受け入れようとしなかった。この態度の違いが何に由来するのかは、未だに謎である。軍がこの手法を信用するようになったのは、第二次大戦や冷戦の間に極秘にベイズを使っていたからなのか。それとも、軍がコンピュータを使うことをあまり恐れなかったからなのか。あるいは、軍のほうが強力なコンピュータを使いやすかったというだけのことなのか。第二次大戦や冷戦を巡る情報の多くが今なお機密扱いであることを考えると、これらの謎はこの先も解けずに終わるのかもしれない。

一九八〇年代に入ると、公衆衛生や社会学や疫学や画像復元などの分野でそれまで難解とされていた問題に取り組む何人かの民間研究者たちが、コンピュータでベイズの手法を使ってみた。最初の試みのきっかけとなったのは、ディーゼルエンジンの排気が大気の質やがんに及ぼす影響を巡る大論争だった。がんの専門家たちは、当時すでにたばこが人や実験動物や個々の細胞に及ぼす影響に関する確かなデータを入手していたが、ディーゼルの排気に関しては、正確な情報がほとんどなかった。MITの数学科に所属するウィリアム・H・デュムシェルと経済学部のジェフリー・E・ハリスは、一九八三年にマサチューセッツ総合病院とチームを組み、「人間ではないものについての情報を借用し、それに基づいて人間に関する推論を行うことは可能か」という問題に取り組んだ。[4] 同種の試みの結果を組み合わせるこのような「メタ分析」はあまりに複雑すぎて頻度主義者の手に余る。しかしデュムシェルはスミスの弟子で、スミスがリンドレーとともに紹介した階層モデルを知っていた。ハリスは統計学者でなかったので、どんな手法を使おうと、疑問が解ければそれでよかった。二人は、ネズミやハムスターの胚細胞や化学物質を使った臨床試験の情報を借用して、階層ベイズモデル〔複数の種についての事前分布がまったくばらばらでもなく、かといって種による差が皆無でもないという状態を反映させるために、これらの事前分布がなんらかの事前分布にしたがってばらついているとした統計モデル。分布（のパラメータ）の分布（のパラメータ（＝ハイパーパラメータ））を考えるので階層という〕を使うことにした。そのうえで、人間と人間でない生き物が生物学的にどう関係しているのか、たばことディーゼル排気にはどのような関係があるのかといった問題に関する専門家の意見も取り入れよう。こうして、種を超えた情報を組み合わせることにまつわる不確かさを形式に則った形で明確にできたのも、ベイズのおかげだった。

当時マイクロコンピュータは、まだそれほど普及していなかった。そのため、たとえば新たに発見された後天性免疫不全症候群（ＡＩＤＳ《エイズ》）を研究する疫学者の多くが統計につきものの計算を手で行っており、あいかわらず手計算を楽にする数学的な近道が発表されていた。ハリスは、行列の演算に使われるＡＰＬという言語を使ってディーゼルの排気に関するプロジェクトをプログラムし、それをテレタイプでＭＩＴの計算機センターに送った。図表を作るのも一仕事で、厚紙に図を描き、ワックスに文字を押しつけてキャプションを作ってＭＩＴのカメラマンにその写真を撮らせる、といった具合だった。

こうしてデュムシェルとハリスは、ネズミやハムスターの実験結果に基づいて、軽量ディーゼル車が今後二〇年以上市場の二五パーセントを占めたとしても、典型的な都市居住者の肺がんのリスクはたばこを一日一箱吸う喫煙者の肺がんリスクと比べて無視できる程度に留まる、と結論したのだった。ちなみに、喫煙者が肺がんになるリスクはその四二万倍だった。このようなベイズ派のメタ分析は、今日では統計学の観点から見て時代遅れだが、ベイズ派の人々はデュムシェルとハリスの研究を見て、より大きなデータを扱うための手段とそれを処理できるコンピュータの出現を心待ちにするようになった。

肺がんの研究者たちがベイズ統計を活用していたころ、ダブリンにあるトリニティー・カレッジのエイドリアン・ラフテリーは、一九世紀イギリスの炭鉱における悲惨な炭塵爆発に関する有名な統計資料を調べていた。それまでの研究者たちは、頻度主義の手法を用いて、炭鉱での事故発生率がときとともに変化してきたことを明らかにしていた。ただし彼らは、事故発生率がゆっくり変化していると考えていた。そこでラフテリーは、この変化が突然起きたのか、それともじょじょに起きたのかを確認することにした。そしてまずデータを分析するために、きわめて頻度主義的な数学手法をいくつか開発した。そのうえでまったくの好奇心から、ベイズの法則を使ってさまざまな理論モデルを比較し、事故発生率が実際にいつ変わったのかを確認できる確率がもっとも高いのはどのモデルなのかを調べてみた。「じつに簡単だった。まったく、あっという間に解けたんだ」とラフテリーは述べている。そしてその結果、それまでイギリス史に埋もれていた驚くべき事実を発見した。ベイズ解析の結果、一八八〇年代末ないしは一八九〇年代初頭に事故発生率が突然急降下していることが明らかになったのだ。ラフテリーの友人のある歴史家は、この変化の理由を次のように推理した。イギリスの炭鉱夫たちは一八八九年に攻撃的な鉱山労働者連盟（のちの全国鉱業労働組合）を結成し、安全をその最優先課題とした。そのため炭鉱は、ほぼ一夜にして安全になったのだ。

「わかったぞ！《ユーレーカ！》」という感じだった」とラフテリーは述べている。「まったくぞくぞくしたよ。それに、ベイズ統計を使わなければ、この仮説を検定するのははるかに困難だったはずだ」[5]ある仮説がもう一方の仮説の特別な場合で、双方ともにゆっくり振る舞うと考えられる場合は、頻度主義に基づく統計が有効だ。ところが仮説同士が競合し、片方がもう片方の特別な場合ではないケース——とりわけ攻撃的な組合の結成のような突然の変化を含むデータでは、頻度主義はあまり役に立たない。

けっきょくラフテリーは一九八六年に、事故発生率の急激な変化のモデルに関する論文を二本発表することになった。頻度主義を用いた一本目の論文は、長くて難解でほぼ誰にも読まれなかった。ベイズ理論を用いた二本目の論文は、短くて単純ではるかに大きな影響を及ぼした。また、ラフテリーが一九八六年に発表した三本目の論文は一ページと四分の一というごく短いものだったが、社会学者には効果てきめんだった。ちょうど多くの社会学者たちが、異論が多い頻度主義のp値を使うのをやめようと考えていたところに、この論文が登場したのだ。社会学者は通常何千人分にものぼる個人データを扱い、しかも一人ひとりのデータには、年齢や人種や宗教や地方や家族構成といった何百もの変数がついて回る。ところが、これらの変数の関連を突きとめようと、五〇から二〇〇の事例にカール・ピアソンやR・A・フィッシャーが開発した頻度主義の手法を適用すると、往々にして奇妙な結果が得られる。不明瞭な作用が重要になったり、正反対のことを指し示したり、得られた結果が後の研究で否定されるといった具合なのだ。頻度主義では、大規模なサンプルに対してただ一つのモデルを選ぶので、モデルの不確定要素が無視されるのだ。しかし、調査や実験をまったく同じ条件でやり直せる社会科学者はまずいない。一九八〇年代のはじめには、多くの社会学者たちが、仮説を検定する際には頻度主義の手法より自分たちの直感のほうが正確な結果が得られる、という結論に達していた。

これに対してベイズ理論を使うと、社会学者の直感にはるかに近い結果が得られるように思われた。ラフテリーは同僚に「いくつものモデルを比べることが重要なんだ。どれか一つのモデルとデータとのちょっとした食い違いを探しているようではだめだ」と述べている[6]。研究者たちがほんとうに知りたいのは、与えられたデータに対して自分たちが考えたモデルのうちでどれがいちばん正しそうなのか、ということなのだ。ベイズの理論を使うと、ある安定した形状から別の形状への突然の遷移を研究することができる。具体的な研究対象は、生物学における成長期でも、貿易赤字でも、経済活動でも、考古学遺跡におけるその場所の放棄と再定住でも、臓器移植における拒絶反応とそこからの回復でも、パーキンソン病における脳波などの臨床症状でもかまわない。こうしてベイズ仮説検定は社会学や人口統計学を席巻し、ラフテリーの短い論文は今なお社会学でもっともよく引用される論文の一つとなった。

ベイズが画像解析に革新をもたらす

一方、軍隊や工業オートメーションや医療診断では、画像処理や画像分析がきわめて重要になっていた。軍用機や赤外線センサーや超音波装置や、光子放出型コンピュータ断層撮影や核磁気共鳴画像法（ＭＲＩ）の装置や電子顕微鏡や天体望遠鏡によって撮影された画像は、ぼけたりゆがんだりして不完全なことが多かった。このためこれらの画像に信号処理やノイズ除去を施して不鮮明さを取り除き、認識できるようにする必要があったのだ。そしてこれらの問題は、いずれもベイズ解析におあつらえ向きの逆問題だったのである。

ベイズを用いた初の画像処理復元の試みが行われたのは、ロス・アラモス国立研究所の核兵器実験絡みのケースだったとされている。ロバート・Ｒ・ハントが研究所にベイズ理論を使ってはどうかと進言し、一九七三年と七四年に実際にベイズ理論を使ったのだ。この事例自体は機密に指定されたが、ハントはちょうどこの時期に、ハリー・Ｃ・アンドリューズとともにその基本的な方法論を取り上げた『デジタル画像修復』という著作をまとめていた。そして一九七六年には、研究所もこの著作の機密を解除して公表することを了承した。アメリカ議会は一九七七年と一九七八年に、ケネディー大統領狙撃の画像を分析するためにハントを雇った。ハントは議会での証言ではいっさいベイズに触れず、後に「〔ベイズは〕あまりに専門的で、議会の公聴会向きではなかった」と述べている。

ハントが軍のために画像解析の仕事をしていたのとほぼ同じころ、イギリスのダラム大学に所属するジュリアン・ベサグは、病変したトマトの苗を使って疫病の拡散を研究していた。ベイズを使うと、ピクセル〔＝画素。画像を構成する最小の単位要素〕によく似た格子状のシステムのなかで育つ植物の局所的な秩序と隣接相互作用とを識別することができた。ベサグは、一つのピクセルを見れば隣のピクセルが同じ色に染まる確率を評価できる、ということに気がついた。これをうまく使えば、画像の質を高めることができるはずだ。しかしベサグは筋金入りのベイズ派ではなく、その業績もはじめのうちはほとんど注目されなかった。

ブラウン大学のアルフ・グレナンダーたちの研究グループは、一つのピクセルがその近くの複数のピクセルに及ぼす影響をうまく利用して、医療用画像の数学モデルを作ろうとしていた。この計算には軽く一〇〇万の未知数が絡んでくる。グレナンダーは、ベイズが現実的な問題の解決に組み込まれれば、ベイズに対する哲学的な反論も消えるだろうと考えた。

グレナンダーのパターン理論に関するセミナーに参加していたスチュアート・ジーマンは、弟のドナルド・ジーマンとともに、道路脇の標識を写した不鮮明な写真を復元しようと試みた。ジーマン兄弟は、ノイズの低減方法や規則性を捉える方法、それらを利用して焦点が合っていない画像の線や縁をはっきりさせる方法に関心を持っていた。学部の専攻が物理学だったスチュアートは、モンテカルロ・サンプリングの手法を知っていた。そこで二人はモンテカルロ法に手を加えて、多数のピクセルや格子がある画像の問題に特化した技法を作った。

ドナルド・ジーマンはパリでテーブルに向かって、自分たちのシステムにどんな名前をつけようかと考えていた。当時はホイットマン・サンプラーというチョコレートボンボンの詰め合わせが母の日の贈り物として人気で、蓋の内側にはそれぞれのボンボンの中身が図示されていた。ジーマンには、その図が魅力的な未知の変数の行列のように見えた。「これをギブス・サンプラーと呼ぼう」とドナルドはいった〔ギブス・サンプラーはマルコフ連鎖モンテカルロ法の一種。変数がたくさんある場合に、各ステップでただひとつの変数に注目するという形で、順次着目する変数を変えてサンプリングを繰返す〕。ギブスとは、一九世紀アメリカの物理学者で、物理系に統計的手法を使ったジョサイア・ウィラード・ギブスのことである。[7]

こうしていくつかの点が線でつながりはじめたわけだが、ベサグ同様ジーマン兄弟が活動していたのも、空間統計学という狭い隙間分野《ニッチ》でしかなかった。そのうえこの兄弟は、自分たちの問題を一ピクセルずつかじるのではなく、丸ごと呑みこもうとしていた。六四×六四セルの写真の断片をピクセルレベルで扱おうとすると、当時のコンピュータでは処理しきれないほどの大量の未知数が生じる。二人は自分たちのサンプラーをとてつもなく難解な論文にまとめて、一九八四年に「IEEE　トランザクション・オン・パターンアナリシス・アンド・マシンインテリジェンス〔アメリカ電気電子学会：パターン解析人工知能紀要〕」に発表した。画像処理やニューラルネットワークやエキスパートシステムの専門家たちはすぐにこの手法を取り入れ、コンピュータの能力が年々増すなかで、統計学者のなかにもこの手法に興味を持つ者が出はじめた。こうして論文を発表した翌年には、二人で世界中を駆け巡り各地で招待講演を行うことになった。

ドナルド・ジーマンはギブス・サンプラーを使って衛星画像の質を上げ、スチュアートは医療スキャンの画質を向上させた。そしてその数年後、空間イメージングというちっぽけな共同体の外の統計学者たちが、この手法をもっと一般的な形にすれば、さらに有用性が増すことに気がついた。こうして柔軟で信頼性に富むギブス・サンプラーは、もっとも人気のあるモンテカルロ・アルゴリズムとなった。やがて西側諸国の研究者たちは、ロシアの反体制派の数学者ヴァレンチン・フェドロヴィッチ・トゥルチンが一九七一年にギブス・サンプラーを発見していたことを知った。トゥルチンがその仕事を発表したのがロシア語の雑誌で、しかもその論文にコンピュータが登場していなかったために、見過ごされていたのである。

一九八五年には、ベイズ派と頻度主義者の古くからの論争は勢いを失おうとしていた。ラトガース大学のグレン・シェイファーは、この論争が「何度もくり返されすぎて硬直化した不毛な議論」になったと見ており、パーシ・ダイアコニスの見立てもこれに似ていたが、それでもダイアコニスは、ベイズ派とカール・ピアソン、ロナルド・フィッシャー、イェジ・ネイマンとの戦いをよく知っている人間にとっては驚くべき意見を披露した。「我々の分野がそれほど競争的でなくてよかった。ほかの分野、たとえば生物学にいこうものなら、みんなが互いを切り刻みあっているんだから[8]」

とはいうものの、もっと強力で使いやすいコンピュータともっと利用者に優しくて安価なソフトウェアがなければ現実的な問題をベイズの手法で計算することはできない、という確信は残っていた。

ベイズの手法に革命をもたらす数値積分法の発明

リンドレーは一九六五年以降自分自身のコンピュータのプログラミングをしており、ベイズはコンピュータを使った計算にもってこいだと考えていた。「公理とデータを入力しさえすれば、あとはコンピュータを算術の法則にしたがわせるだけですむ」リンドレーにいわせれば、「ベイズのクランクを回す」のだ。しかるにリンドレーのもとで学んでいたエイドリアン・スミスの目には、師には見えないものが見えていた。ベイズを仕事に役立つものにするには、より洗練された理論ではなく計算の容易さが鍵になる。リンドレーは後に「数学的な分析ではなく数値計算が必要とされているということをきちんと認識できなかったのは、わたしの職業人としての重大な過ちだったと思う」と記している。[9]

スミスは、多くの統計学部が守りの姿勢に入っているのには知らん顔で、まったく新たな方面に向けて攻撃を開始した。友達の目には、スミスは実際的で生き生きしている男、世慣れていて人の扱いに長けていてやる気がある人間、そして大学人らしい服装よりもランニングパンツをはいているほうがくつろげるタイプと見られていた。その男が、ベイズを実際的なものにするのに欠かせない汚れ仕事を進んでやろうというのだ。スミスはイタリア語を習い、デ・フィネッティの『確率論』と題する二巻本を英訳して世に問うた。こうして多くの英米の統計学者たちははじめて、デ・フィネッティの主観主義的アプローチを使えるようになったのだった。さらにスミスはフィルタを開発した。この実際的な計算の工夫は、後にベイズの計算を大いに楽にすることとなる。

次にスミスはリンドレー、ホセ・M・ベルナルドとモリス・デグルートの三人と力を合わせて、ベイズ派のためにスペインのバレンシアで一連の国際会議を組織した。

この会議は一九七九年以降、定期的に開催されている。スミスは「わたしが何をいおうと、反ベイズ派からはお決まりの批判がくるだろう」と予測していたが、あんのじょう頻度主義者たちは、ベイズ派が派閥的な動きをするといって責め、会合をへんぴなところで開くといって文句をつけ、まるでベイズ派を主題とする寸劇や歌が呼び物のキャバレーではないか、といって非難した。むろん、これらの言葉はそっくりそのまま他派にお返しできるわけで……。この国際会議は、攻撃対象となった小さな分野に友情を培ううえで重要な役割を果たすこととなった。

スミスは一九八四年にマニフェストを――それも、わざわざ字体を変えて強調したマニフェストを発表した。「ベイズの手法がさらに広く使われるかどうかは、効率的な数値積分法の手順の有無によって決まる」[10]データの収集や蓄積にコンピュータが使われるようになると、データが多くなりすぎて手作業での分析は不可能になった。ディスプレイ上で図を表示したり膨大なデータを集積したりすることができる高速ネットワークに接続されたマイクロコンピュータが登場すると、ついに、データ解析を紙と鉛筆を使った分析と同じように即興で易々と行えるようになるかもしれないという望みが出てきた。スミスはいかにも実際家らしく、自分が所属するノッティンガム大学の学生たちに、空間統計や疫学におけるベイズ統計の問題を解くのに必要なユーザーフレンドリーで効率的なソフトウェアを開発させることにした。

スミスのプロジェクトに魅力を感じたコネチカット大学のアラン・ゲルファンドは、ノッティンガムで一年間のサバティカル休暇を過ごしてもかまわないだろうか、とスミスに申し入れた。ゲルファンドが大学に着くと、スミスはいっしょに新しいことをはじめようといった。ゲルファンドによると、スミスは「例のタナーとウォンの論文を差し出して、『こいつは何というか、おもしろい論文でね。これにはまだ、きっと何かがあるはずだ』といった」。シカゴ大学のウィン・ハン・ウォンは遺伝子の結合を確認するための空間画像解析に関心があり、ウィスコンシン大学のマーティン・A・タナーは陽電子放出型断層撮影法（PET）を使って脳をスキャンするための空間画像解析に関心があった。ウォンは、第二次大戦中か冷戦の初期に国家安全保障局が秘密裏に開発した双方向システムのEMアルゴリズムに手を加えて、ベイズ統計で使えるようにしていた。さらにその三〇年ほど後には、ハーバード大学のアーサー・デンプスターとその学生のナン・レアードが独力でEMアルゴリズムを発見し、一九七七年には民間で利用できるようにこの手法を公表していた。ギブス・サンプラー同様EMアルゴリズムでも、反復によって小さなデータサンプルから全体に関する正しいと思われる推定を得ることができる〔期待値最大化法ともいわれるEMアルゴリズムでは、暫定値からはじめて、大きく二段階にわかれた計算を反復することで、よりよい推定値を得る〕。

ゲルファンドがウォンの論文を調べていると、レスター大学のデヴィッド・クレイトンが立ち寄って、「おや、確かジーマン兄弟の論文も、この論文と関係があったんじゃなかったかな」といった。クレイトンはかつて——けっきょくは公表しなかったのだが——ギブス・サンプリングに関する専門的な報告を書いていた。ジーマン兄弟の論文を見た瞬間、ゲルファンドの頭のなかで、ベイズ、ギブス・サンプリング、マルコフ連鎖、反復というパズルのピースがぴたりとはまって一つになった。マルコフ連鎖は非常に多くの連鎖によって構成され、そのそれぞれの鎖についてさまざまな変数候補をサンプリングして逐次計算する必要がある。まれに見られる微妙な作用を研究する場合は、それぞれの鎖を何度も繰り返し計算して、希少性を明らかにできるだけの大きな値を得なくてはならないのだ。そのため扱う数が膨大になり、ほとんどの研究者が長く単調な計算にげんなりすることになる。

ところがゲルファンドとスミスは、難しい積分をサンプリングで置き換えるというこの手法が、ベイズ派にとってすばらしい計算ツールになることを見てとった。「統計学入門の講座で学んだもっとも基本的な事柄に立ち戻ることになるんだが、かりに分布や母集団について知りたければ、そこからサンプルを取ることになる。ただし、標本を直接抽出してはいけない」とゲルファンドはいう。画像統計学者や空間統計学者たちが局所モデルをまとめて見ていたのに対して、ゲルファンドとスミスは長い鎖を作ったほうがよいということに気がついた。一度に一、二個ずつ次々に生み出される一連の観察からなる長い鎖だ。ゲルファンド曰く、「単純な分布を一度に一つずつ見ていって決して全体を見ない、というのがコツなんだ。おのおのの値は前の値だけに依存している。問題を簡単に解ける小さな部分に分けておいて、何百万もの反復を行う。一度きりの高次元の抽出の代わりに、低次元の抽出をたくさん行うほうが簡単だ。技術はすでにそろっていた。こうすれば次元の呪いを破ることができるんだ[11]」。

スミスとゲルファンドは大急ぎで論文をまとめた。このシステムを構成する要素はどれも既知のものばかりだったが、それらを統合すると、まるで新しい全体像が見えてきた。他の人々も、このシステムについて考えを巡らしただけで、この手法の重要性を理解することができた。

スミスは一九八九年六月にケベックで開かれたワークショップでの講演で、このマルコフ連鎖モンテカルロ法をほぼすべての統計の問題に応用できることを示した。これはまったく思いもかけないことだった。ベイズ派は「この手法の途方もない幅の広さを知って、ショック状態に陥った[12]」。積分をマルコフ連鎖に置き換えることで二五〇年来の懸案がついに解決され、現実に即した事前確率や尤度関数を計算することや、事後確率を求めるのに必要な難しい計算を行うことが可能になったのだ。

マルコフ連鎖モンテカルロ法がもたらしたインパクト

部外者の目から見れば、物理学者や統計学者たちが何十年も前からマルコフ連鎖を知っていたというのはベイズの歴史の驚くべき特徴のように思える。この奇妙なずれを説明するには、過去の出来事を少し振り返る必要がある。モンテカルロ法がはじまったのは、ロシアの数学者アンドレイ・アンドレヴィッチ・マルコフが変数のマルコフ連鎖を発明した一九〇六年のことだった。だが実際に計算するとなるとひどく時間がかかり、当の本人でさえ、この連鎖をプーシキンが作った詩（「エフゲニー・オネーギン」）の母音と子音に適用するに留めたほどだった。

その三〇年後、一九三〇年代に核物理学という分野が生まれると、イタリアの物理学者エンリコ・フェルミは衝突反応における中性子の研究をはじめた。そして不眠症に悩まされながらも衝突反応における中性子の経路を記述するためのマルコフ連鎖の計算を暗算で行い、翌朝行われる実験の結果を予測して同僚をあっといわせた。さらにフェルミは、ちっぽけな機械式加算機を使ってほかの問題を解くためのマルコフ連鎖も作った。物理学者たちはこの連鎖を「統計的サンプリング」と呼んだ。

フェルミはこの手法を公けにしなかった。さらにジャック・グッドによれば、第二次大戦中、マルコフ連鎖の存在は政府の検閲によって厳重に伏せられていた。戦争が終わると、フェルミはジョン・フォン・ノイマンとスタニスワム・ウラムがペンシルバニア大学の新たなＥＮＩＡＣコンピュータを使って水爆開発者のための技術を開発するのを手伝った。後にノーベル賞を受賞した物理学者マリア・ゲッパート＝メイヤーは、中性子によって熱核爆発を引き起こすのに必要な臨界質量を算出するために、問題の過程をマルコフ連鎖でシミュレーションした。つまり、中性子を一度に一つずつ追っていって、さまざまな場所で中性子が吸収されるか、逃げるか、消滅するか、分裂するか、この四つのうちのどの可能性がいちばん高いかを決定したのだ。この計算はひどく複雑で既存のＩＢＭの装置では扱いきれず、コンピュータの能力を超えていると考えた人も多かった。しかしメイヤーは「ＥＮＩＡＣの能力の限界まではいっていない」という報告を上げた[13]。そして一九四九年には、物理学者が従来機密扱いだったさまざまな応用例の概略を数学者や統計学者に説明するという趣旨の規格基準局とオークリッジ国立研究所とランドの主催になるシンポジウムで講演を行った。

同じ年にニコラス・メトロポリスは、かの有名な「アメリカ統計学会誌」に、ウラムの賭博好きな叔父にちなんでモンテカルロ法と命名したこのアルゴリズムの論文を投稿した。ところがこの論文には統計学者向けの一般的な言葉を使った説明しか載っていなかった。問題のアルゴリズムを近代的な形で表現したときにどうなるかという詳細は、一九五三年に「ジャーナル・オブ・ケミカル・フィジックス」に発表された詳しい論文でようやく明らかにされたのだが、この雑誌は通常物理学図書館か化学図書館にしか所蔵されていなかった。しかも、メトロポリスも共著者のアリアナとマーシャルのローゼンブルース夫妻やオーガスタとエドワードのテラー夫妻も正方形のなかを動く粒子にしか関心がなく、この方法をほかにも応用できるように一般化するところまではいかなかった。こういった事情により、他の分野に先駆けて物理学者や化学者がモンテカルロ法を使うようになっていたのだ。当時はメモリーが四〇〇〇から八万バイトしかない初期のコンピュータで作業をしていたので、メモリーにロスが出たり、テープが読めなかったり、真空管に欠陥があったり、さらにはアセンブリ言語でプログラミングしなければならないといった問題が生じた。一度などは、プログラミングのちょっとしたエラー一つを突きとめるのに、文字通り何カ月もかかったことがあったという。一九五〇年代にはランドがモンテカルロ法に関する一連のレクチャーを展開し、特別に作られたシミュレーション実験室で、複雑すぎて数学的な公式を作ることができない問題をモンテカルロ法を使って次々に検証していった。

この困難な時期に、統計学者たちはさらに幾度かコンピュータか手計算でモンテカルロ法を使ってみてはどうかという助言を受けていた。一九五四年には二人の統計学者がイギリス原子力研究所と組んで、「王立統計学会誌」の読者に紙と鉛筆の計算に「経済的な《プア・マンズ》モンテカルロ法」を使うよう勧めた。実際ジョン・M・ハマースリーとキース・W・モートンは、モンテカルロ法は「簡単な編み物」みたいに楽だと述べている。また、リンドレーは一九六五年にカレッジ学生向けの教科書でマルコフ連鎖について述べている。

なかでも感動的なのが、トロント大学の数学者W・キース・ヘイスティングスのケースだろう。そもそもヘイスティングスに話をもちかけたのは、外部からの力にしたがいながら相互作用する一〇〇個の粒子を研究している化学者だった。ヘイスティングス自身の話によると、この研究で変数が六〇〇にのぼるのを知ったとたんに、マルコフ連鎖を統計学の主流に加えることが重要だと痛感し、持てる時間すべてを費やしてこの問題に取り組んだという。「その下敷きとなる着想はメトロポリスまでさかのぼれるというのだから、これにはわくわくした。重要だと気づくやいなや、行動を起こした。とにかく手を打つのみ。やるしかないと思った」一九七〇年、ヘイスティングスは「バイオメタリカ」という統計学の雑誌にメトロポリスのアルゴリズムを一般化した論文を発表した。ところがベイズ派は、この論文も無視した。今では、コンピュータでメトロポリス－ヘイスティングス法〔代表的なマルコフ連鎖モンテカルロ法。複雑で直接サンプルを取りにくい確率分布関数について、モンテカルロ法を行うためのサンプル列を作るのに有効。乱数を使ったアルゴリズムでサンプリングする点を逐次移動させることで、マルコフ連鎖を得る〕を使って五〇万以上の仮説と何千もの並列推論が絡む問題を扱うといったことが日常的に行われている。

ヘイスティングスは時代の二〇年先を行っていた。もしもこの論文が強力なコンピュータが普及している時代に発表されていたら、その後のヘイスティングスのキャリアはまるで違うものになっていたはずだ。本人が振り返っているように「当時は数値計算を志向しない統計学者が大勢いた。理論に関する講座を取り、理論についての論文をじゃんじゃん生み出して、なかには厳密な答えをほしがる者さえ」いたのである。[14] メトロポリス－ヘイスティングス法は、正確な数値ではなく見積もりを提供する。ヘイスティングスは一九七一年に研究の第一線を退き、ブリティッシュ・コロンビア州のビクトリア大学に落ち着いた。ヘイスティングス自身が自分の業績がいかに重要かを知ったのは、一九九二年に引退した後のことだった。統計学者たちが古くからある手法の意味するところを理解するのに、なぜこんなに時間がかかったのか。さらにいえば、なぜゲルファンドとスミスが最初に理解することになったのか。「わたしたちに関していえるのは、なにしろ出くわしたっていうことくらいだ。わたしたちはついていた」とゲルファンドは述べている。「いわば、腰を下ろしてみんながパズルのピースを組み上げていくのを待っていたようなものなんだ」

もう一つ、タイミングの問題もあった。ゲルファンドとスミスが統合案を発表したのは、ちょうど安くて高速なデスクトップ・コンピュータの性能が上がり、異なる変数間の関係を調べることができる大きなソフトウェアパッケージを入れられるようになった時期だった。どうやらベイズは、コンピュータを必要とする理論であるようだった。一七八〇年代にラプラスをいらだたせた計算――頻度主義者が変数の少ないデータセットを使うことによって避けてきた計算が問題なのであって、理論そのものには問題がないらしい。

それでもスミスとゲルファンドは、モンテカルロ法は複雑な事例を解くためにやけくそでひねり出した苦肉の策にすぎないと考えていた。二人は、一二ページの論文のなかに登場するベイズという言葉を五回に抑え、控えめな調子で通した。「ベイズという言葉を使うことには、常に懸念があった。ベイズ派の人間は、ことを荒だてないようにごく自然に防御の姿勢を取るものなんだ」とゲルファンドはいう。「わたしたちは常に抑圧された少数派で、何とかして人に認めてもらおうとしていた。それに、物事を正しい方法でやっていると思っていたとしても、統計学の共同体のちっぽけな部分でしかないから、科学の共同体に広く手をさしのべることはできなかった」[15]

ベイズ派のクリスチャン・P・ロバートとジョージ・カセーラが書いた記事によると、ゲルファンドとスミスの論文は「統計の世界における顕現」だった。ロバートとカセーラは誰でも理解できるように、さらに次のようにつけ加えている。「定義――顕現　名詞、精神的な出来事……突然認識が訪れること」二人は数年後もあいかわらず、この論文の衝撃を「火花」「閃光」「ショック」「インパクト」「爆発」といった言葉で表現していた[16]。

ゲルファンドとスミスは内気さを振り捨てて、六カ月後にスーザン・E・ヒルズやエイミー・ラシーヌ＝プーンとともに二本目の論文をまとめた。今回は、数学のそこここに、「驚くべき」とか「普遍性」とか「万能」とか「満たされていることは自明で」といった言葉をふんだんにちりばめたうえで、「この方法の潜在的な能力はきわめて大きく、これまでベイズ派の観点からは扱いにくいとされてきた多数の問題の分析を容易にした[17]」と華々しくぶち上げた。カーネギー・メロン大学のルーク・ティエニーはこの技法とメトロポリスの手法を結びつけ、物理学者がモンテカルロ法と呼んでいた過程全体を改めて「マルコフ連鎖モンテカルロ法」、つづめてMCMCと命名した。爾来ベイズとMCMCの組み合わせは、「データや知識の処理のために作り出されたメカニズムとしては、ほぼまちがいなく最強」とされている[18]。

一九九一年初頭にオハイオ州立大学でMCMCのワークショップを開いたゲルファンドとスミスは、八〇名近くの科学者が参加したのを見てびっくりした。彼らは統計学者ではなかったが、考古学や遺伝学や経済学などの分野で長年モンテカルロ法を使っていたのである。

ベイズの手法がソフトウェア化され多分野で大活躍

それに続く五年は、熱狂的な興奮のなかで飛ぶように過ぎていった。悪夢のように思われていた問題が、オムレツを作るために卵を割る《クラック》ように、いともたやすく解決《クラック》された。一二年前に開催された国際会議の「実践的なベイズ統計」というタイトルはジョークでしかなかったが、一九九〇年以降、ベイズ派の統計学者たちはゲノムのなかのデータセットや気候学のデータセットを調べて、最初にモンテカルロ法を開発した物理学者たちが想像もしなかった巨大なモデルを作れるようになっていた。ここにはじめてベイズの理論は、単純化しすぎた「おもちゃのような」前提を必要としなくなったのだった。

その後一〇年以上にわたり、数理科学の論文のなかでもっとも頻繁に引用されたのは、遺伝学やスポーツやエコロジーや社会学や心理学に実際にベイズ統計を応用することをテーマとしたものだった。さらに、ＭＣＭＣを使った出版物も猛烈な勢いで増えていった。

ＭＣＭＣとギブス・サンプリングは、一瞬にして統計学者が問題に取り組む際の手法をがらりと変えた。トーマス・クーンの言葉を借りると、これはパラダイムシフトだった。[19] ＭＣＭＣを使うと、定理ではなくコンピュータのアルゴリズムで現実の問題を解くことができた。ＭＣＭＣは統計学者や科学者たちを、コンピュータの反復運用が数式に取って代わり「正確な」という言葉が「シミュレーションによって得られた」ということを意味する世界へと導いたのだ。これは、統計学における画期的な前進だった。

スミスとゲルファンドがＭＣＭＣに関する論文を発表した時点では、ベイズを使ってできることよりも頻度主義を使ってできることのほうがはるかに多かった。ところが数年のうちに、両者の立場は逆転した。スミスたちが巻き起こした熱狂の渦のなかで、生物学者のチャールズ・Ｅ・ローレンスとともに研究を進めていたスタンフォード大学の統計学者ジュン・Ｓ・リウは、ベイズやＭＣＭＣを使えばタンパク質やＤＮＡのモチーフ〔特徴的な塩基配列やアミノ酸配列〕を解明できるということをゲノム分析に携わる人々に示してみせた。一九九〇年に発足したヒトゲノムの配列順序に関する国際プロジェクトからは膨大なデータが生み出されていたが、ベイズ統計と双方向のＭＣＭＣサンプリングをプログラムしたワークステーションを使えばタンパク質や核酸の配列順序に見られる密接に関連した捉えにくいパターンもものの数秒で突きとめられるということを示したのだ。さらにローレンスと共同で、共通の祖先や構造や機能を示唆する重要な欠測データを推定してみせた。じきに研究者たちがゲノム生物学や計算生物学に蝟集《いしゅう》しはじめ、ついにゲルファンドは、別の研究プロジェクトを求めて他分野に目を向けることになる。

ベイズ派は一九九五年から二〇〇〇年までに、カルマン・フィルタや粒子フィルタ〔逐次モンテカルロ法とも。複雑な確率分布を粒子で近似して、それらの粒子の変化をシミュレートすることで予測分布の計算を行う推定手法〕や、金融のリアルタイム・アプリケーションや画像解析や信号処理や人工知能などの開発を行った。バレンシアで開催されるベイズ派の会議の出席者数は、二〇年で四倍になった。そしてトーマス・ベイズは死後二〇〇年以上が経った一九九三年に、ついに親戚筋の聖職者たちと並んで『英国人名辞典』の項目となった。さらにMCMCやギブス・サンプリングを巡るベイズ派共同体の熱狂のなか、あるパッケージソフトウェア・プログラムが、ベイズの着想を科学の世界やコンピュータの世界に運んでいった。

幸運なる偶然《セレンディピティー》とはこういうものなのか……一九八〇年代末にスミスとゲルファンドとは別のグループがスミスたちの拠点であるノッティンガムから八〇マイル〔約一三〇キロ〕離れた場所でまったく独立して、しかも違う側面から同じ問題に取り組んでいた。スミスたちがMCMCの理論に取り組んでいたころ、スミスの弟子であるデヴィッド・シュピーゲルハルターは、ケンブリッジ大学の医学研究審議会の生物統計学ユニットで研究を行っていた。シュピーゲルハルターは、コンピュータ・シミュレーションにベイズを用いることについて、他の人々とはかなり異なる見解を持っていた。

統計学者たちはいまだかつて、他人が使うソフトウェアを作ることが自分の仕事の一部だと考えたことがなかった。ところがシュピーゲルハルターは、コンピュータ科学や人工知能の影響もあって、ソフトウェアを作成することも自分の仕事のうちだと思っていた。そして一九八九年には、シミュレーションでグラフィカルモデル〔ベイジアンネットワークなどのグラフで表現した確率分布〕を使いたい人のための包括的なソフトウェア・プログラムを開発しはじめた。ここでもまた、クレイトンが大きな影響を及ぼし、シュピーゲルハルターは一九九一年に無料ですぐに使えるBUGS（「ギブス・サンプリングを使ったベイズ統計」の略）プログラムをお披露目した。

BUGSのおかげで、ベイズは一躍人気者となった。BUGSは今なおベイズ解析のソフトウェアとしてはもっとも広く普及しており、ベイズの手法はこのソフトのおかげで世界中に広まった。

「ひじょうに大きなプロジェクトというわけではなかった」ことをシュピーゲルハルターは認めている。「でも、ギブス・サンプリングをグラフと関連づけて包括的なプログラムを書くというのは、とんでもなく基本的で強力なアイデアだった」[20]その単純なコードは、一九九一年以降今日までほとんど変わっていない。

生態学者や社会学者や地質学者はさっさとBUGSを、そしてマイクロソフトのユーザー向けのWinBUGSやLinuxのユーザー向けのLinBUGS、Ope nBUGSなどのBUGSの変種を受け入れた。また、計算機科学や機械学習や人工知能の分野も嬉々としてBUGSを受け入れた。以来このソフトウェアは、疾病地図、ファーマコメトリクス〔薬理学、生理学と疾病に基づく数学的なモデルによる薬と患者の相互作用の定量分析〕、生態学、医療経済、遺伝学、考古学、計量心理学、海岸工学、教育効果研究、行動学的研究、計量経済学、自動採譜、スポーツモデリング、水産資源量の評価、数理保険科学などに応用されてきた。あるベイズ派の学者が臨海実験所を訪れたところ、驚いたことに、統計学者は一人もいないのに、そこにいる科学者が全員BUGSを使っていたという。

医学分野でもベイズが使われはじめる

医学研究や診断試験もまた、ベイズ人気の恩恵をもっとも早くから享受した分野だった。MCMCを取り巻く熱狂が少し落ち着いてきたころ、ブリストル大学のピーター・グリーンはベイズ派の人々に、科学者がモデルと呼ぶ精巧な仮説を比較する方法を示した。一九九六年までは、発作のリスクを予測するにしても、モデルを一つ一つずつ順繰りに取り上げるしかなかった。ところがグリーンが紹介したのは、一つ一つのモデルに無限の時間を費やすことなく、モデルからモデルへとジャンプする方法だった。さらにグリーンは、それまでの研究で心臓発作に関係がありそうだとされていた一〇の因子のなかで、収縮期の血圧と運動と糖尿病と日常的なアスピリンの摂取が上位四項目であることを突きとめた。

ベイズ解析の恩恵が特に大きかったのは、臨床検査だった。臨床検査には画像が含まれることが多い。ベイズ派の物理学者エド・ジェインズの弟子であるラリー・ブレットホーストは、一九九〇年に核磁気共鳴（NMR）の信号検出の精度を何桁か上げることに成功した。ブレットホーストは、じつは昔、陸軍のミサイル部隊が使うレーダー信号の検出精度を上げるために画像問題を研究したことがあったのだ。

一九九一年には、AIDSの流行を恐れる人々のために広くヒト免疫不全ウィルス（HIV）のスクリーニングを行う必要があるのでは、という話が持ち上がった。これに対して生物統計学者たちはすぐにベイズを使って、まれな病気を見つけるために全人口をスクリーニングするのは非生産的であることを示した。ウェスリー・O・ジョンソンとジョセフ・L・ガストワースは、HIVウィルスの検査のような敏感な検査では、じつはHIVに感染していないのに陽性と判定される患者が多数出る可能性があることを明らかにした。メディアはHIV検査で陽性になったことが理由で自殺した何人かの例を紹介したが、これらの人々は、検査結果が陽性でもウィルスを持っているとはいい切れないということを理解していなかった。健康な人々を不安にさせておいてさらに精密な再検査を行うとなると、その社会的なコストは莫大なものになる。

ベイズ推定によるこれと似たある研究の結果――HIVの場合より異論が多かったのだが――家族に乳がんの患者が多い女性に高価なMRI検査をするのは正しいが、四〇歳から五〇歳までの全女性に検査を受けさせるには及ばない、ということが明らかになった。毎年マンモグラフィーを受けている女性は、ほぼ全員が一〇年に一度陽性という誤った検査結果を告げられており、その結果を受けて行われる生検には一〇〇〇ドルから二〇〇〇ドルもかかるのだ。前立腺がんの場合は、前立腺特異抗原（PS）の血液レベルが高い人を対象にしてスクリーニング検査を行うと、その男性ががんかどうかをきわめて高い精度で確認できる。ところが乳がんはまれな病気なので、陽性という検査結果が出たとしてもほぼ全員ががんでないことが判明するのである（乳がんに関するベイズ統計の問題の計算法については補遺bを参照）。

その一方でベイズ推定によると、乳がんや前立腺がんの検査結果が陰性だからといって、安心してよいともいいきれない。前立腺がんのPS検査はひじょうに鈍感なので、陽性でなかったとしても、その男性が実際に前立腺がんでないという保証はないに等しいのだ。また、マンモグラフィーについてもある程度同じことがいえる。この検査の精度は八五パーセントから九〇パーセントなので、検査結果は陰性だったが数カ月後にしこりが見つかったという場合には、やはりすぐに医者にかかる必要がある。

厳密なベイズ推定でわかるのはがんである確率であって、絶対的なイエスやノーではない。

遺伝学には、まれな疾病や不完全な検査やデータや計算の些細なまちがいによって決定が左右される複雑な問題が絡んでくるため、臨床検査の評価では、今後もさらにベイズ確率が重要になると思われる。

シュピーゲルハルターは一〇年以上かけて、経験から学ぶ数学的手法としてのBUGSを医学界に売り込もうとした。本人曰く「健康管理の分野における前進は、通常パラダイムシフトによる大躍進ではなく、地道な知識の獲得によって起きる。したがってこの分野は特にベイズ派の観点となじみやすい」シュピーゲルハルターはさらに、「標準的な統計手法は、単一の研究で得られた証拠を要約したり、同じような複数の研究で得られた証拠をプールするために設計されたもので、異質な証拠を考慮に入れるなどしてより複雑になった問題は扱い辛い」と主張している。[21] 頻度主義者は限られた問いしか発することができないが、ベイズ派はどのような問いでも発することができるのだ。

一九八〇年代に高性能のワークステーションが登場すると、ベイジアンネットワークを使って、医学における多数の相互依存した変数——たとえば、体温が高い患者は通常白血球の数が増えているといった事例——を扱うことができるようになった。ベイジアンネットワークはグラフで、そのノード間を結ぶリンクが因果関係を表している。この「ネット」では特定のパターンを探して、パターンの部分部分に確率を付与し、ベイズの定理を用いてそれらを更新する。ベイジアンネットワークの開発にはたくさんの人々が力を貸し、一九八八年にUCLAのコンピュータ科学者ジュディア・パールが発表した著書によって広く社会に浸透することとなった。パールは因果関係を数値で表せるベイズ的信念として扱うことで人工知能の分野の復活を助けたのだった。

ロン・ハワードは、ハーバード大学にいたころにベイズに興味を持ち、スタンフォード大学の経済工学部でベイジアンネットワークの研究をしていた。一方医学生のデヴィッド・E・ヘッカーマンもベイズに関心を持っており、病理学者向けのリンパ節の病気の診断支援プログラムで博士号を取得した。診断のコンピュータ化は何十年も前に試みられたものの、一度は放棄されていた。ヘッカーマンがまとめた生物情報工学の博士論文は医学と関係があったのだが、ソフトウェア自体は一九九〇年に計算機科学分野の専門組織であるアソシエーション・フォー・コンピューティング・マシナリー（ACM）〔計算機械学会とも〕の権威ある国内賞を受賞した。そしてその二年後、ヘッカーマンはベイジアンネットワークを研究するためにマイクロソフト社に入った。

アメリカ食品医薬品局（FDA）は、医療機器の製造者が最終的にFDAの承認を申請する際に、ベイズ統計を使うことを認めている。対象となるのは、合成ゴムの手袋や眼球内レンズ、乳房インプラント、体温計、家庭用のエイズ検査キットや、人工股関節、人工心臓といった、医薬品と生物学的製剤をのぞくほぼすべての医療関係の製品である。これらは段階を追って部分的に改良されていくものなので、新型製品にも必ず客観的な事前情報が備わっているのである。

ところが製薬となると話は別だ。調合薬は装置と違って、通常一挙に全体が発見されるものなので、製薬会社がベイズ統計の事前の直感を主観的に偏らせる恐れがある。そのためＦＤＡは長い間、アメリカでの薬の販売認可を申請する際にベイズ統計を使わせてほしいという製薬会社からの圧力に抵抗している。

ところがシュピーゲルハルターによると、どうやらイギリスではこれと同じ戦いが終息したらしく、製薬会社が自社の薬剤の還付申請をイギリス国民保険サービスに提出する際には、広くＷｉｎＢＵＧＳを使っているという。ＷｉｎＢＵＧＳでは薬の費用対効果に関する事前判断が使われており、シュピーゲルハルター曰く、「ベイズの名前こそ登場しないがきわめてベイズ的」だという。さらに国際ガイドラインでも薬の申請にベイズ統計を使うことが認められているが、一般には、これらのガイドラインは漠然としすぎていて実は用をなさないとされている。

診断や医療機器の検査はさておき基本的な臨床研究や実践には、ベイズを用いた数学的手法の影響がほとんど見られない。しかし現場の医師たちは、常々患者を診断する際に数学的でない形の直感的ベイズ推定を行ってきたということもできる。医学ではけっきょくのところ、何が患者の症状を引き起こしているのかがもっとも大きな問題なのだ。従来の教科書は、たとえば、はしかにかかっている人はおそらく赤色斑が出る、といった具合に疾患別に組み立てられていた。だが、斑点が出ている患者を前にした医師が知りたいのは、教科書とは逆の、赤い斑点がある患者がはしかである確率だ。医師免許国家試験に、運動して心エコー図を取った場合にどれくらいの確率で心臓疾患を予測できるかといった単純なベイズの問題が登場したのは、一九九二年のことだった。

医者がベイズ推定の計算をすることは稀だが、患者に致命的な心臓発作や深部静脈血栓症や肺塞栓症などの症状が見られれば話は別だ。そのような事例では、患者の一つ一つのリスク因子にポイントを割りふり、そのポイントを加算してリスクを見積もる。心臓発作に関するアルゴリズムでは、ポイントの総計によって、その後二週間に患者が死ぬ確率、心臓発作を起こす確率、冠状動脈切開が必要になる確率が決まる。また血栓症や塞栓症の場合には、ポイントの総計から、凝血塊ができるリスクが高いか、中程度か、低いかがわかり、どの検査が診断にもっとも適しているのかが明らかになる。さらに、具体的な検査の結果が診断に及ぼす影響を医師と患者に自動的に告知するソフトウェアがもうじきできるだろうといわれている。

海洋ほ乳類保護でもベイズが活躍

医療以外の分野でベイズを使った新たな計算の恩恵をもっとも早くに享受したのは、大海原にいる絶滅寸前の魚や鯨などのほ乳類だった。一九七二年に海洋ほ乳類保護法が成立したにもかかわらず、保護の対象はよく知られている二、三種類のクジラやイルカなどの海洋ほ乳類に限られていた。南極圏の数種類のクジラをはじめとする「有用」ほ乳類の頭数は、「管理」されているにもかかわらず急激に落ち込んだ。問題の種に関する強力な情報がふんだんに手に入る場合は、頻度主義でもベイズでも同じような結論に達するが、海洋ほ乳類ではよくあることが、証拠が貧弱な場合はベイズを使わないと手元のデータの不確かさを組み込むことができず、さらなる情報の必要性を明らかにすることができないのである。

一九八〇年代にはほとんどのクジラの頭数が増加に転じたが、一九九三年には二人の政府関係の生物学者バーバラ・L・テイラーとティモシー・ゲロデットが「大型クジラの〔過去における〕派手な乱獲については、不確かさを取り扱う明確な方法に関して合意できなかった科学者たちも、少なくともその責任の一端を担うべきである……状況によっては、有意な減少が検出される前に絶滅してしまう可能性がある」と述べている。[22] ビル・クリントン政権では野生生物保護法に、自然保護活動家にもっとデータが必要である旨を早めに警告するベイズ解析の結果を受理するという修正条項がつけ加えられた。

国際捕鯨委員会に助言を行う科学者たちが特に心配したのは、測定値が不確かであるという点だった。委員会は、毎年北極海でエスキモーが絶滅危惧種のホッキョククジラを何頭捕獲できるかを決定しており、科学者たちは、ホッキョククジラが今後もずっと生き長らえるように、毎年クジラの頭数と増加率の二つの数値を計算している。地球上でもっとも長い歴史を持つほ乳類とされるクジラは、長さ六〇フィート〔約一八メートル〕以上、重さ六〇トン以上に成長し、一日に二トンの餌を食べる。一度に三〇分も潜っていられるので、海面で過ごす時間は全体の五パーセントだけで、呼吸するときは、巨大な頭で氷をたたき割って海面に頭を出す。春になると、科学者のチームがアラスカのポイント・バロウに設けられた高い見晴らし台に立って、毎年恒例の西北極海への大移動の途上にあるホッキョククジラの頭数を数えるのだが、この勘定はきわめて不確かだった。

グリーンピースから捕鯨国まで、あらゆる意見を代表する科学者たちがそろってホッキョククジラの頭数に関する信頼できるデータがないせいでこの種が大きなリスクに直面しているのではないかと懸念していた。一九九一年には一週間にわたりこの問題を討議するための会合が開かれた。しかしその場で委員長が「何ができるだろうか」と問いかけると、会場はしんと静まりかえった。[23] 出席者は世界有数のホッキョククジラの専門家ばかりだったが、誰もこの問いに答えられなかったのだ。

委員長のジュディス・ジーは、シアトルにあるワシントン大学統計学部に戻ると、最近ダブリンから移ってきたラフテリーと話をした。炭鉱事故を分析したことのあるラフテリーは、当然、ベイズが役に立つかもしれないと考えた。ベイズを使えば、委員会のデータすべての不確かさを決めることができるだろうし、水中聴音機の近くを通過したクジラの声の録音記録によって、クジラの目視観察を補強することができるはずだ。

ありがたいことに、一九九三年の春にはホッキョククジラの頭数を勘定する作業が報われることとなった。目視と音声録音によって、このクジラがほぼ確実に健全な割合で増えていることが明らかになったのだ。この回復例から見てほかの大型クジラでも、商業捕鯨から守ることができれば種の個体数は回復すると思われた。

手法としてのベイズ派と頻度主義がしのぎを削り、しかも捕鯨に関する意見が根っ子から違う党派が絡んでいるとなると、このプロセス全体がひどい論争に発展しても決しておかしくはなかった。しかし、時代は変わろうとしていた。現実主義が優勢で、目撃情報と音声データを組み合わせた全面的ベイズ解析を行うとなると相当な経費がかかるのと、頻度主義に基づくそれまでの研究結果がベイズ解析で確認されたこともあって、ベイズ解析は中止となった。そしてラフテリーは研究の対象を、ベイズを使った四八時間天気予報に移したのだった。

ラフテリーたちのほかにも、野生生物の研究に大々的にベイズを採用する研究者が現れはじめた。ポール・R・ウェイドは一九八八年に博士論文にベイズを使うと決めたときに、次のように述べている。「海洋ほ乳類の生物学という小さな分野に足を踏み入れてみたら、まるで科学における革命の中心にいるような感じだった」その一〇年後、ウェイドはアメリカ海洋大気庁でベイズによる解析結果と頻度主義による解析結果を比較していた。解析の対象となったのは、北極海および北極海に近いアラスカのクック湾の海域にいる二〇〇頭から三〇〇頭の孤立したシロイルカの群れについてのデータだった。法律では、先住民の狩人は年間約八七頭を捕ることが許されていたが、頻度主義の分析では、この捕獲数で種を維持していけるかどうかを判断するには、七年間データを収集する必要があった。ところがベイズを用いたところ、データを五年間取った時点でシロイルカの頭数がほぼ確実にかなり減ることが明らかになったので、その時点でこの「実験」を止めることができた。「頭数が少ない場合は、たった二年遅れただけで重大なことになりかねない」とウェイドは述べている[24]。この結果を受けて、クック湾のシロイルカの狩猟は一九九九年五月から一時禁止されることとなった。

一方、アメリカ科学アカデミーの全米研究評議会の委員会は、海洋の魚種資源評価をさらに正確なものにするために積極的にベイズの手法を使うよう強く勧告した。委員会のメンバーは一九九八年に、広大な大海原ではすべてがすっきりと見通せるわけではないので、野生生物を管理する人々には観察やモデルについて回る不確かさを測る実際的な尺度が必要だと強調した。それをしないことには、政策立案者は野生生物がどのようなリスクに直面する可能性があるのかを評価することができない。今では漁業分野の多くの論文誌がベイズ解析を行うことを求めている。リンドレーは、ベイズの法則の優れた論理が頻度主義に基づく手法を圧倒し、二一世紀はベイズの時代になるだろうと予見した。しかしカリフォルニア大学バークレー校のデヴィッド・ブラックウェルはこれに異を唱えて、「統計の世界でベイズ的なアプローチが伸びていくとしたら、それはベイズ派の統計学者の影響ではなく、保険数理士やエンジニア、実業人などの実際にベイズのアプローチを好んで用いる人々の影響によるものだ[25]」と述べており、どうやらブラックウェルが正しかったらしい。プラグマティズムがパラダイムシフトを引き起こす場合もある。そうはいっても科学の哲学が変わったわけではなく、ついにベイズが機能するようになっただけの話なのだが……。

ダイアコニスは長年「いつになったら我々の時代になるのだろう」と考えてきた。

そして一九九七年に「ついに我々の時代になった」と判断した。[26]

スミスは一九九五年に、王立統計協会初のベイズ派の会長となったが、その三年後には統計学をやめてロンドン大学の理事となり、友人たちをあっといわせた。スミスは科学的根拠に基づく医療を支持しており、科学的根拠に基づく公共政策の展開を後押ししたいと考えたのだ。同僚たちは狼狽し、ベイズの法則を放棄したといってスミスを激しく責めたが、スミスはリンドレーに、「統計の問題はすべて解決された」といった。「わたしたちには理論的枠組みがあり、MCMCを使えば、それをどうやって実行するかがわかる」さらにダイアコニスには、「統計学の問題に関していえば、コンピュータにつないでベイズのクランクを回す以外に、もはやなすべきことはない」とも述べている。

二〇〇八年にスミスがイギリスの「イノベーション、大学および職業技能省」の科学顧問になると、ロイヤル・ソサエティーのスポークスマンは質問を受けたわけでもないのに、これまでに三人の統計学者が大英帝国の首相になっていると述べた。[27]

第17章　世界を変えつつあるベイズ統計学　現在～未来

ベイズは今や人工知能や機械翻訳から、DNA解析に脳研究、自動運転車まであらゆる分野で利用されている。

ベイズは受け入れられ活用され、論争は沈静化した

ベイズやラプラスがきわめて不確かな状況に数学的推論を応用する術を見つけてから二五〇年が経った今、彼らの手法は科学やインターネットの天空高く舞い上がり、わたしたちの日々の生活に入りこんで言葉の障壁を溶かし、わたしたちの脳をも説明しようとしている。何人かの人が取り憑かれたように孤児院の記録を捜したり、メッセージをコード化してデータにしたり、女性や学生の一団を組織して単調な計算をさせたりしていた日々は遠く、今やベイズ派は、インターネットのデータや既製品のソフトウェア、ＭＣＭＣのようなツール、そしてただ同然の安価な計算力を大いに享受している。

ベイズ派と頻度主義者の戦いは落ち着き、包括的な枠組みとしてのベイズ主義は実用的なアプリケーションや計算方法に取って代わられた。ベイズ派の共同体に加わった計算機科学者にとって大事なのは、理論や哲学ではなく結果なのだ。そして今や、基本原理に厳密にこだわり続けなくてはと言い張ってきた理論家ですら、一九五〇年代のジョン・テューキーの観点を受け入れている。曰く、「正しい問いへの近似的な解のほうが……まちがった問いへの正確な答えよりもはるかによい」かくして研究者たちは、自分たちのニーズにもっとも適したアプローチを採用する。

このような普遍的気運のなかで、長年敵対してきたベイズの法則とフィッシャーの尤度アプローチの冷戦も終りを告げ、大きな統合体として、モデリングにおける革命を支えてきた。近年登場した統計手法の現実への応用は、その多くがこの休戦の賜《たまもの》なのである。

今なおベイズの法則は、計算や統計を行う装置の集合体としてのベイズの原動力であり続けている。「ベイズ」という言葉には今も、デ・フィネッティやラムゼイやサヴェッジやリンドレーが共有していた「確率とは信念の尺度なり」という考えが、そしてリンドレーの言葉によれば「確率は、反復の枷を逃れて一度きりのものになる」という考えが継承されている。とはいえ現代のベイズ派のほとんどが、今なおフィッシャー、ネイマン、エゴン・ピアソンの頻度主義がたいていの統計の問題に――単純で標準的な分析にも、仮説がデータにどれくらいあてはまるかといったチェックにも、機械学習などの分野に現れたたくさんの今風な技術の基礎としても――有効である、という事実を受け入れている。

著名な頻度主義者たちもまた、態度を軟化させた。アメリカ国家科学賞を受賞し、一九八六年に頻度主義を擁護する有名な文章を書いたこともあるブラッドリー・エフロンは、近年あるブロガーに「わたしは常にベイズ派だった」と告げている。エフロンは筋金入りの頻度主義者でありながら、経験的ベイズ法の開発にも力を貸しており、ベイズは「統計推定の偉大な部門の一つだ……近ごろはベイズ派も寛容になり、頻度主義者もベイズ的な推論を使う必要があることを理解している。したがって我々はおそらく何らかの収束に向かっているのだろう」と筆者に述べている。

ベイズの法則は、先駆者たちが思いもしなかった形で影響を及ぼしている。「ベイズもラプラスも、自分たちのアプローチがきわめて根本的な結果をもたらすことになるということを認識していなかった」とカーネギー・メロン大学のロバート・E・キャスは述べている。「進取の気性に富む観察者たちは、データを蓄積することで合意に達し、真実に収束していく。近代の科学研究のためのベイズ推定を打ち立てたハロルド・ジェフリーズには、自分の作ったものが意思決定にとってきわめて重要だということがわかっていなかった。そして一九六〇年代から一九七〇年代にかけてのベイズ信奉者たちも、けっきょくはベイズが受け入れられることになるという明確な見通しを持っていたわけではなかった。それに、ベイズの理論が受け入れられるのは、そちらのほうが頻度主義より優れているからではなく、そこで用いられる確率モデルが現実世界のデータの変動を見事なまでに真似ているからだということも理解していなかった」

ベイズ統計の幅は広がり、一部がコンピュータ科学や機械学習や人工知能と重なるようになった。そして、数十年にわたる不遇な時代に熱心なベイズ派が開発したテクニックや最近のコンピュータ革命以降にどちらの派にも与しない人々が開発したテクニックのおかげで、力もついた。ベイズを使えば、何千何百もの理論モデルを考える際にその不確かさを評価することも、異なる情報源から得られた完全とはいえない証拠を組み合わせることも、モデルとデータの妥協を図ることも、コンピュータによる集約的なデータ解析や機械学習に取り組むことも、混乱した観察結果の奥深くに潜むパターンや体系的な構造をたちどころに見つけることも可能になる。ベイズは数学や統計学の範疇をはるかに超えて、巨額の金融取引や天文学、物理学、遺伝学、イメージングやロボット工学、軍事行動や対テロ政策、インターネットでのコミュニケーションや商取引、音声認識や機械翻訳に浸透した。そして、学習に関する新たな理論の指針となり、人間の脳の働きのメタファーとなった。

意外なことに、今ではベイズという業界用語が流行になっている。スタンフォード大学の生物学者スティーブン・H・シュナイダーは、自分用に特別にあつらえたがん治療が必要だったので、自らのベイジアンと称する理論を使って治療法を作り、症状が寛解するとその経験を本に仕立てた。一方スティーブン・D・アンウィンは、個人的な「信仰因子」として二八パーセントという数値をひねり出し、神が存在する「ベイズ派の確率」を六七パーセントから九五パーセントに押し上げたと主張し、その著書はベストセラーになった。「今やわたしたちはみなベイズ派《ベイジアン》だ」というはやり文句は、かなり前にミルトン・フリードマンやリチャード・ニクソンが述べた「我々は今や全員ケインズ学派《ケインジアン》だ」というコメントのもじりである。[1]　また、ロバート・ラドラム〔有名なスパイ冒険小説作家〕のスリラーに登場するＣＩＡのエージェントは主人公を「運がいいだと？　おまえさん、俺がいったことを何も聞いてなかったんだな。そいつは条件付き確率を見積もるためにベイズの定理を応用するってことなんだぞ。事前確率にふさわしい重みをつけて……」と諭している。

　むろん、誰もがこのような熱狂を分かち合っているわけではなく、いくつかの重要な活動分野は今もベイズに反対し続けている。なかでもいちばん皮肉なのは、アメリカの人口調査がその党派性ゆえに、未だに反ベイズの立場を取り続けていることだろう。蒙《もう》を啓《ひら》いた政府ならベイズを受け入れる、とラプラスは見込んでいたのだが……。

英米の司法もまた、概してベイズに門戸を閉ざしている。一九九四年には、ニュージャージー州の騎馬警官がアフリカ系アメリカ人の運転手だけを選んで交通取り締まりを行ったことを立証するのにベイズが使われたが、これは数少ない例外である。一方イギリスでは、一九九〇年代にあるレイプ裁判で弁護士たちが判事や陪審員にベイズの確率を使った証拠の評価法を教えようとしたところ、判事たちはこの手法が「陪審員を不適切で不必要でもある理論や複雑さの領域に陥れる」と結論した。[2] ところが大英帝国やヨーロッパの法医学となると、また話が別で、アメリカのＦＢＩ研究所と違ってイギリスの法医学サービスは、リンドレーの忠告にしたがって広くベイズの手法で物的証拠を評価している。さらに大陸ヨーロッパの研究所では、異なるタイプの証拠の価値を数値で表すための尺度が開発されているが、これはチューリングやシャノンがベイズを使って開発した暗号学やコンピュータの尺度単位、「バン」や「ビット」に相当するものなのだ。さらにベイズは——法医学の仲間内では無用な摩擦を避けるために「論理的」アプローチとか「尤度比《ゆうどひ》的」アプローチと呼ばれているのだが——数値を得ることができる事例、なかでもＤＮＡプロファイリングに適用されて成功を収めている。ＤＮＡデータバンクによるプロファイリングには、二〇〇〇万分の一とか一〇億分の一といった想像を絶する小さな値の確率がつきものであることを考えると、けっきょくは司法もベイズの手法に門戸を開くことになるのだろう。

ニュースとなり、賞を生んだベイズ統計

二〇〇〇年にはベイズが新聞の見出しを飾った。DNAの証拠を統計的データで補強した結果、トーマス・ジェファーソンが自身の奴隷だったサリー・ヘミングスの六人の子供の父親だったことはまずまちがいない、という結論が得られたのだ。すでにその前にジェファーソンとヘミングスの親族のDNAを調べた結果、独立宣言の起草者で第三代大統領でもあるジェファーソンがヘミングスの末息子の父親であるという有力な証拠が得られていた。これに対してモンティチェッロにあるジェファーソンのプランテーション史跡の考古学主任フレイザー・D・ニーマンは、ヘミングスがほかの子供を妊娠した時期と、ジェファーソンがたまにモンティチェッロを訪れた期間とが重なっていたり近かったりするかどうかを調べた。そのうえでベイズを用いて、歴史的な事前証拠やDNA鑑定の結果とジェファーソンの行動日程に基づく仮説とを組み合わせてみた。すると、事前証拠が正しい確率が半々だとして、ジェファーソンがヘミングスの六人の子供の父親であることはほぼ確実——つまり九九パーセントの確率で正しい——という結果が出たのである。

経済や金融の世界では、理論的な数学や哲学から実際的な金儲けまで、さまざまなレベルでベイズが登場する。特に目につくのが、一九九〇年と一九九四年と二〇〇二

年にノーベル経済学賞の対象となった三つの理論経済学の業績がベイズの手法と関係していたという事実だ。最初のノーベル賞はイタリアのベイズ派、デ・フィネッティと関係があった。デ・フィネッティは、このとき受賞対象となったハリー・マーコウィッツの業績を一〇年以上前に予見していたのだ。また、一九九四年の受賞者である数理経済学のゲーム理論学者ジョン・ハーサニとジョン・ナッシュ（ナッシュを描いた作品としては、『ビューティフル・マインド』という本と映画がある）はベイズ派だった。ハーサニは、人々が互いのことや規則に関して不完全ないしは不確かな情報しか持たない競争状況を研究するときに、よくベイズを使っていた。そしてさらに、情報が不完全だったり欠陥があったりするゲームでの「ナッシュ均衡」がベイズの法則の帰結であることを示している。

二〇〇二年には、ベイズがノーベル賞を丸々一つとまではいかないものの、一部勝ち取った。二〇〇二年のノーベル経済学賞受賞者ダニエル・カーネマンは、ノーベル賞の対象になる前に死去した心理学者のエイモス・トベルスキーとともに、人間が合理的なベイズ推定の手順にしたがって意思決定するわけではないことを示した。調査票の質問に答えるときにはその言い回しに影響されるし、医師たちがガンの治療として手術を行うか放射線を照射するかを決めるときも、選択肢を死亡率と関連づけるかそれとも生存率と関連づけるかで判断が違ってくる。トベルスキーは広く哲学的ベイズ派と見られていたが、本人は研究成果を頻度主義的な手法でまとめていた。デューク大学のジェームズ・O・バーガーがトベルスキーになぜかと尋ねると、そのほうが都合がよかったから、という答えが返ってきたという。一九七〇年代にはベイズ派の研究を発表することはきわめて難しかったので、「彼は楽な道を選んだのだ」とバーガーは述べている。

アメリカ連邦準備制度理事会の理事長だったアラン・グリーンスパンは、通貨政策のリスクを見積もる際にベイズ統計の概念を用いたと述べている。実際二〇〇四年のアメリカ経済学会で、「通貨政策立案へのリスクマネージメントの観点からのアプローチは、基本的にベイズの意思決定の応用といってよい」と論じている。[3] 大学人や政府のエコノミストたちは、これを聞いて息をのんだ。なぜなら、金融界にはベイズを使って実証的なデータを分析する専門家はまずいなかったからだ。

この会合で、ハーバード大学の経済学の教授マーティン・フェルドシュタインが立ち上がってベイズの理論に関する特訓コースをはじめたときも、エコノミストたちは息を潜めていた。ロナルド・レーガン大統領の経済関係の主任顧問で一流の研究機関である全米経済研究所の所長を務めたこともあるフェルドシュタインは、一九六〇年代にハーバード大学ビジネススクールのハワード・ライファ＝ロバート・シュレイファーのセミナーでベイズの理論を学んでいた。フェルドシュタインの説明によると、連邦準備制度理事会はベイズを使って、起きる確率は高いがダメージの少ない出来事よりも起きる確率は低いが大災害につながる出来事のリスクのほうに、より大きな重みをつけているという。フェルドシュタインはベイズを、雨の確率が低い場合も雨傘を持っていくべきかどうかを決断しなければならない男性に喩えてみせた。傘を持っていったのに雨が降らなければ、不自由な思いをする。だが、傘を持っていかずに土砂降りになったらずぶ濡れだ。「よきベイジアンは、雨が降らない日でも雨傘を持っていくことが多い」というのがフェルドシュタインの結論だった。[4]

四年後、金融市場と銀行業界は大洪水に見舞われた。すでに連邦準備制度理事会を引退していたグリーンスパンは議会で、二〇〇八年に不動産ローンバブルがはじけるとは予測できなかったと述べた。そして、まちがっていたのは自分が使っていた理論ではなく、自分が使った経済データのほうで、「概して過去二〇年という多幸症の時期だけをカバーし……それより古いストレスの多い時期をカバーしていなかった」からだと主張した。[5]

それにしても、グリーンスパンは実際にベイズ統計を使って経験的な経済データを数値で表していたのだろうか。それとも不確かさに関するベイズ派の概念を手軽な比喩として使っただけなのか。かつて連邦準備制度理事会の理事だったプリンストン大学のアラン・S・ブリンダーは後者だと見ており、ある講演でそのように述べたことがあるが、その会場にいたグリーンスパン自身はそれを否定しなかったという。

金融市場の予測から自動運転車にまで応用されるベイズ

ノーベル賞におけるベイズが抽象的な存在で、連邦準備制度理事会でのベイズが哲学だったとすれば、アメリカでもっとも成功したヘッジファンドの裏には実際的なベイズの法則が存在した。ルネサンス・テクノロジー社（レンテク社）は、一九九三年にＩＢＭからピーター・Ｆ・ブラウンとロバート・Ｌ・マーサーが率いるベイズ派の音声認識研究者グループを引き抜いた。このグループはレンテク社のポートフォリオとテクニカル・トレーディングの共同管理者となり、数年にわたって、現在および過去の従業員だけを対象としたメダリオン・ファンドで平均年間利益約三五パーセントという数字を叩きだした。一九九七年には、一日のうちにきわめて迅速に株を売り買いしたために、このファンドの取引高が当日のＮＡＳＤＡＱ市場の取引の一割強に達したことがあったという。

レンテク社は、市場を予測するのに役立つランダムでない動きやパターンを見つけるために、できるだけ多くの情報を集めた。そして、価格の歴史や価格が一進一退したり互いに関連したりする様子に関する事前の知識から出発して、この基盤を絶えず更新していった。マーサーによれば、「レンテクは、新聞やＡＰ電、すべての取引や相場の情報、天気予報、エネルギー報告書や政府報告書などから一日に一兆バイトのデータを得ているが、その目的はただ一つ、あれやこれやの価格が将来の各々の時点でどうなるかを割り出すことにある……我々が知りたいのは三秒後のこと、三日後のこと、三週間後のこと、三カ月後のことなんだ……今日手にしている情報には、翌週の価格のあるべき姿がゆがんだ形で現れている。市場がどれほどノイズの多い場所なのか、ほんとうのところはわかっていない。情報を見つけるのはきわめて難しいが、どこかにあるのは事実で、ものによっては長い間そこにあり続けてきた。科学の世界における『干草の山から針を探すような問題』〔正解の見通しをつけるのはきわめて困難だが、正解が見つかれば確認は容易であるような問題〕にとてもよく似ているんだ」

レンテク社の投資家と同じように、天文学者や物理学者や遺伝学者もベイズを使って未知数のなかに埋もれかけている曖昧な現象を判別しようとしている。何十万もの変数を目の前にした科学者が、どの変数が最良の予測を生み出すのか見当もつかず、途方に暮れる場合もあるだろう。このときにベイズを使うと、科学者たちが求めたい未知数の数値としてもっとも可能性の高いものを推定することができる。

一九八七年に超新星１９８７Ａが爆発したとき、天文学者たちはニュートリノを一八個だけ検出した。星の奥深くから発せられたこれらの粒子は星の内側の状態に関する唯一の手がかりだったので、天文学者たちはこのごく微量なデータからなるべく多くの情報を引き出したいと考えた。そしてシカゴ大学の大学院生トム・ロレドに、これらの粒子から何がわかるか調べるよう指示した。超新星は一回こっきりの出来事だから、頻度主義の手法は使えない。そこでロレドは、リンドレーやジム・バーガーといったベイズ派の第一級の論文に目を通しはじめた。すると、ベイズを使えば観察に基づくさまざまな仮説を比べてもっとも可能性の高いものを選ぶことができるということがわかった。そしてけっきょく一九九〇年に取り組みはじめた博士論文で、天文学に近代的ベイズの手法を導入することになった。

こうしてベイズは、高エネルギー天体物理学やX線天文学やガンマ線天文学や宇宙線天文学やニュートリノ天体物理学や画像解析といった分野の隙間に心地よく収まっていった。一方物理学では、とらえどころのないニュートリノやヒッグス・ボソン粒子やトップ・クォークの行方を追うのにベイズが使われている。これらの問題はいずれも、いわば干草の山のなかから針を探すような問題なのだ。そして現在コーネル大学にいるロレドは、天文統計学という新たな分野でベイズを使っている。

遺伝的な変異を研究する生物学者の場合もこれとよく似た状況で、手に入るのは限られた断片的な情報だけで、しかもそれらは染色体のなかの大量のきわめて多様で無意味なデータに埋もれている。計算機生物学者は、遺伝のパターンや特徴的な塩基配列やマーカー、さらには疾病の原因となる〔ゲノムを構成する文字列の〕「書きまちがい《ミススペリング》」

を突きとめるために、一見情報とも見紛う背景ノイズから弱くて重要な信号を抽出する必要があるのだ。

スタンフォードの統計学部教授スーザン・ホルムズは、コンピュータを使ってアミノ酸を対象とする分子生物学的研究を行っている。アミノ酸配列のなかにはきわめてまれなものがあって、頻度主義の手法ではこれらのアミノ酸配列の確率をゼロと置くことになる。しかしホルムズは、チューリングやグッドがブレッチリー・パークで用いた暗号技術を取り入れて、見つかっていない種類のものにもわずかな可能性を付与することで遺伝子暗号を解こうとしている。

すべての生体細胞のＤＮＡに体内の全種類のタンパク質を作るための完璧な仕様書が含まれているとすると、腎臓の細胞と脳の細胞の違いはどこから来ているのか。その違いは、実は特定の遺伝子がオンになっているかオフになっているか、遺伝子がいっしょに働くか働かないかといったことによって生み出されている。そこでホルムズは、オンになった重要な遺伝子のシグナルを隠す可能性があるノイズその他の紛らわしい遺伝情報でいっぱいの一連の大規模なＤＮＡマイクロアレイ群を作成した。各マイクロアレイは小さなスライドガラスや薄膜のうえの規則的なパターンに並んだたくさんの遺伝子の列からなっており、これを使えば一度に何千もの遺伝子の発現の状態を解析することができる。

「DNAマイクロアレイはじつに漠然としています。人口密度がひじょうに高くて建物がたくさんあるトロントやパリのような都市の夜景を想像してください。午前二時に、すべての建物でどの明かりがともっているかを調べる。続いて、三時と四時にも調べる。そうやって部屋の明かりのつきかたのパターンを把握して、そこからその町の誰が誰を知っているのかを推理するんです。信号はきわめてまれで、ひどく離れていて、どの遺伝子がどの遺伝子といっしょに機能しているのかを確認するには遠くまで飛んでいく必要があります。いわば電話もつながっていないような状態なのです。でも、明かりがともっているというイメージは、DNAマイクロアレイのイメージとどこか似ています。DNAマイクロアレイにはたくさんのノイズが含まれていて、ほとんど気が触れたような感じです。サラサラいう音、ささやくような信号音、そしてたくさんのノイズ。長い時間をかけてたくさんのデータを見ていくことになります」ちなみに、この遺伝子発現のネットワークを組み立てるには事前情報が必要なので、多くのDNAマイクロアレイがベイズの手法で解析される。

スタンフォードの人工知能および計算機生物学のリーダーであるダフネ・コラーもDNAマイクロアレイを研究している。その研究の狙いは、遺伝子のオンオフだけでなく、何が遺伝子を制御、調節しているのかを突きとめることにある。コラーは酵母の遺伝子の活動レベルを調べて、酵母がどのように調節されているのかを割り出した。

そこで今度は対象をマウスや人間の細胞に切り替えて、健康な人とがんやⅡ型の糖尿病――なかでもメタボリック（インスリン耐性）症候群――の患者の遺伝子調節にどのような違いがあるのかを突きとめようとしている。

悩ましい事前確率の問題に関しては、コラー自身はリラックスした中道派を自認しているが、カリフォルニア大学バークレー校のマイケル・I・ジョーダンやケンブリッジ大学のフィリップ・デヴィッドのような純粋なベイズ派からは、「ベイジアンネットワーク」という名称に対する反発の声が上がっている。ジュディア・パールが作ったこの術語は誤称だというのである。なぜならベイジアンネットワークには事前確率がない場合があるが、事前確率がないベイズはベイズと呼べないから。しかしコラーは、自分のネットワークでは、ネットワークの変数に対して慎重に事前確率が構築されているのだから、どこからどう見てもベイズという名にふさわしいと力説する。

不確かさというものにすっかり魅せられたコラーは、研究対象を遺伝学からイメージングやロボット工学へと移した。画像にはばらつきがあったり曖昧な特徴があるのがふつうで、そのような画像ががらくただらけの背景に埋めこまれている。人間の視覚系は毎秒一〇〇〇万のシグナルを脳に送り、脳では一〇億個のニューロンがそれらのシグナルからランダムな断片や関係のない情報や曖昧な情報を取り除き、形や色や風合いや濃淡や表面の反射やざらつきなどの特徴を浮かび上がらせる。だから人間は、パターンがぼやけていたりゆがんでいたりノイズが入っていたりしても、すぐにトマトの苗や車や羊を判別することができる。ところが車や羊を認識できるように作られた最先端のコンピュータですら、無意味な長方形を思い浮かべているにすぎないらしい。なぜコンピュータにできないことが人間にできるのかというと、人間の脳には事前知識があって、新たに得た画像をその知識と統合できるからだ。

「まさに信じられないようなことです」とコラーはいう。問題はコンピュータのハードウェアではなく、ソフトウェアを作ることにある。「コンピュータを訓練して、砂漠と森を区別できるように持っていくのは簡単ですが、道があるところと、崖の縁でそれ以上進むと落ちてしまう場所とを区別させるのははるかに難しい」のだ。

スタンフォード大学のセバスチャン・スランは、このようなイメージングの問題について調べるために、スタンレーという自動運転車を作った。国防高等研究計画局（DARPA）は自動運転車のコンテストを行い、優勝した自動運転車に二〇〇万ドルの賞金を提供することにした。軍の狙いは、有人の乗り物ではなくロボットに戦闘を行わせることにあった。スタンレーがネバダ砂漠を横断する一三二マイル〔約二一〇キロ〕のコースを七時間かけて走破し、二〇〇五年のコンテストの勝者となったことは、ロボット工学にとって大きな転機となった。

スタンレーが時速三五マイル〔約五五キロ〕で走っている間じゅう、搭載されたカメラはルートの画像を撮り続け、コンピュータがそこからさまざまな障害物の存在確率をはじき出した。ロボットが鋭い曲がり角や崖をうまくクリアしてほぼコースからはずれずに走っている間に、コンピュータは、九〇パーセントの確率で近くに壁が立っていて一〇パーセントの確率でそばに深い溝があると推定した。万が一スタンレーが溝に落ちでもしたら、車は大破してしまう。そのためスタンレーは、晴れた日でも傘を持ち歩くベイズ派のエコノミストさながらに、ありそうにない災害を避けようとスピードを落とした。ちなみにスラン率いる人工知能チームは、スタンレーのセンサーや機械学習アルゴリズムや特注のソフトウェアをあらかじめ砂漠や山道で訓練しておいた。

スランによると、スタンレーが勝ったのはカルマン・フィルタのおかげだという。「あの車は、ボルト一本とってもベイズ派なんだ」ダイアコニスは誇らしげにいった。コンテストが終わると、栄光に包まれたスタンレーは引退して、ワシントンにあるスミソニアンのアメリカ歴史博物館に設けられた展示室に納まった。

その翌年、今度はカーネギー・メロン大学とゼネラル・モータースのベイズ派による合同チームが、交通規則にしたがってほかの車をきちんと避けながら町を走ることができるロボット自動車を作り、ＤＡＲＰＡの賞金二〇〇万ドルを勝ち取った。都市計画の立案者たちは、自動運転車が実用化されれば交通マヒを解決できるかもしれないと考えている。さらにカーネギー・メロン大学の別のチームは、ベイズの法則とカルマン・フィルタを使ったロボットを作り、複数の敏速なロボットによるチームを対象とする国際ロボット・サッカー選手権で優勝した。

アメリカ軍も、イメージングの問題に深く係わっている。軍の自動標的認識（ATR）技術にはベイズ技法がふんだんに使われていて、軍用ロボットや軍用電子機器や戦闘車両や巡航ミサイルや高等航空電子工学やハイテク武器や情報活動などに応用されている。このシステムでは、レーダーや衛星などのセンサーを使って、たとえば民間のトラックとミサイル発射台を判別する。ATRのためのコンピュータ・プログラムには、よりよい情報が入手できるかもしれず、しかもまれな出来事に強いインパクトを与える可能性がありながら異論が多いベイズの五分五分の確率を出発点にしたものが含まれているが、この点に関しては、ATRの少なくとも一人の匿名アナリストが昔からの批評に同調するように、ベイズは「ぶしつけで安上がりで簡単なごまかしだ。何しろ最初の直感に頼っているのだから。それなのに、この世界の多くの問題を解決できそうな効率的近似だということが明らかになっている。だからベイズの法則はまちがいなのだ……実際に機能するという事実を別にすれば」と述べている。早い話が、ほかのアプローチを取ると、計算の費用だけが増えて結果が改善されないのである。

軍はイメージングの問題だけでなく、追尾や兵器試験やテロ対策にもベイズを使っている。レーガン政権が着手した弾道ミサイル防衛では、向かってくる敵の弾道ミサイルの追尾にベイズのアプローチが使われていた。本物のミサイルを探知した可能性がある程度高ければ、ベイズを使うことによって、時々刻々ゼロからすべての計算をやり直さずとも、各センサーから最新のデータだけを得ればよくなる。全米科学アカデミーのアメリカ学術研究会議はアメリカ軍に、兵器システム――なかでもストライカーと呼ばれる一群の軽量装甲車の検査にベイズの手法を使うよう強く勧告した。軍が使っているシステムでは、頻度主義の手法に必須の大規模な試験を行えない場合が多い。ところがベイズのアプローチを使うと、類似のシステムや構成部品に関する情報や、開発の過程で行われた試験の情報といったものと検査のデータを組み合わせることが可能になるのだ。さらに、テロの脅威を評価する際にも、広くベイズの技法が使われている。バージニア州タイソンズ・コーナーにあるデジタル・サンドボックス社は二〇〇一年九月一一日のテロ攻撃が行われる前に、ベイジアンネットワークを使ってペンタゴンが攻撃目標になりうることを明らかにしていた。過去に一度も起きたことがないが起きる可能性のある出来事に関する専門家の意見や主観的意見を組み合わせるには、ベイズが必要だったのだ。

テロを予測しようと試みているのは、アメリカだけではない。かつてイギリスで、テロリストと思われる人物をあぶり出すために全国規模のデータバンクを作るという案が浮上したことがあるが、ベイズの手法で調べたところ、大規模なＨＩＶスクリーニングと同じような危険があることが判明した。テロリストはきわめてまれな存在なので、テロリストの定義を途方もなく正確にしないことには、じつはまったく害のない圧倒的多数の人々を危険人物だと識別することになりかねないのである。

スパムメール除去やWindowsヘルプにも

インターネットの世界では、現代生活を織りなす一本一本の糸にベイズが浸透している。スパムメールをフィルタではじいたり、音楽や本や映画を販売したり、ウェブサイトを探したり、外国語を翻訳したり、しゃべった言葉を認識したりするのをベイズが助けているのだ。ベイジアンネットワークを使ったリンパ節の診断をテーマに博士論文をまとめたデヴィッド・ヘッカーマンは、現代の実践家らしく、偏見抜きでベイズを受け止めている。「ベイズ派であるということは、あらゆる確率が不確かさを表していると捉えて、不確かさが見つかったら必ずそれを確率で表すということに尽きる。そしてこれは、ベイズの定理よりはるかに重要なことなんだ」

ヘッカーマンは一九九二年にスタンフォード大学からマイクロソフト社に移り、マイクロソフト研究所で機械学習と応用統計のグループを立ち上げて、今もその運営を続けている。「この二つの場所が抱える問題は、じつに対照的だ」とヘッカーマンはいう。スタンフォード大学では、専門家は大勢いるのにデータが少なかったので、専門家の意見に基づく事前確率を作ってベイジアンネットワークを構築した。「ところがマイクロソフトでは、データはたくさんあって専門家が数人しかいない。だから専門家の知識とデータを組み合わせる必要がある」マイクロソフトがはじめて作ったベイズのアプリケーションとしては、たとえば病気の子供を持つ親が子供の症状をコンピュータに打ち込んで最適な行動指針を学ぶのを支援するソフトがある。一九九六年には、マイクロソフトの共同設立者ビル・ゲイツがマイクロソフト社はベイジアンネットワークに関する専門技術や経験のおかげで競争で優位に立っていると宣言したことから、新聞の見出しにベイズの文字が踊った。

同じ年に、ヘッカーマン、ロバート・ラウンスウェイト、ジョシュア・ゴッドマン、エリック・ホーウィッツなどが、ベイズを使ったスパムメール対策を検討しはじめた。みなさんも、vVi-@-gra、10w mOrtg@ge、PARTNERSHIP INVESTMENT、!!!!PharmmcyByMAILといったタイトルあるいはアドレスのメールに心当たりがおありだろう。今や何百万人もの人に、詐欺やポルノまがいの広告が一方的に送りつけられている。スパムメールはすぐにインターネットのメールの半分以上を占めるようになり、毎日三〇分もかけてスパムメールを除去する電子メールユーザーが出てくる始末だった。

ベイズの手法では、メッセージに含まれた単語や言い回しから、そのメッセージが望まれていない確率をはじき出す。たとえば、電子メールに「当社価格」とか「もっとも信頼されている」といった言葉が含まれていたり、「genierc virgaa」のような暗号化された言葉や大文字の言葉、！！！　＄＄＄といった句読文字が含まれていると、そのメールのスパム・スコアは「ほぼ確実」を示す〇・九九九九に跳ね上がる。そして得点が高いメッセージは自動的に迷惑メールのフォルダに追っ払われる。利用者が点数が低いメッセージに目を通して、そのメールを保存するか、ゴミ箱に移すか、迷惑メールのフォルダに移すかを決めると、このフィルタにさらに磨きがかかる。ベイズ最適分類器のこういった使い方は、フレデリック・モステラーとデヴィッド・ウォリスがフェデラリスト・ペーパーズの著者を突きとめる際に用いた手法とよく似ている。

ベイズ理論は、マイクロソフトのOSであるＷｉｎｄｏｗｓに深く埋めこまれている。しかもそれだけでなく、マイクロソフトの手書き文字認証や「お勧め」システムや、オフィス製品のウィンドウの右上角にある「ヘルプ」質問応答ボックスや、ビジネスの売り上げを追跡するためのデータマイニング用ソフトウェア・パッケージ、ユーザーがほしがりそうなアプリケーションを推察してあらかじめ組み込むプログラムや、車で通勤する人のために事前に交通渋滞を予測するソフトウェアにも、さまざまなベイズの技法が組み込まれている。

ヘッカーマンやホーウィッツにいわせればじつに不当な話だが、マイクロソフトのペーパークリップのキャラクター、クリッピーが何ともいらだたしいのはベイズのせいだとされたことがあった。このキャラクターは元来、ユーザーが手紙の書き方について何をどれくらい知っていて何を知らないかをベイジアンネットワークを使って推察するようにプログラムされていた。書き手のいらだちや知識不足がある閾値に達すると、文法的なまちがいの指摘とともにクリッピーが楽しそうにひょっこり姿を現して、「あなたは手紙を書いているみたいですねえ。お手伝いしましょうか?」という。ところが実際には、クリッピーがお披露目される前にベイジアンネットワークが非ベイズの幼稚なアルゴリズムに取り替えられたために、クリッピーはいらだたしいほど頻繁に出現するようになった。ちなみに、このプログラムはあまりに不評だったので、しばらくすると引っ込められた。

Eコマースにもネット検索にもベイズの知見が

ベイズもラプラスも、自分たちが成し遂げたことが商品の販売に深くかかわっていると知ったら、肝をつぶしたにちがいない。Eコマースでは、この品物を好む人はあの品物も好むだろうという前提で作られた「レコメンド・フィルタ」（別名「協調フィルタ」）が頼みの綱になっていることが多い。Ｅコマースの決まり文句にあるように、「この本／音楽／映画がお好きなら、きっとこれもお気に召すでしょう」というわけだ。機械学習で使われる更新は、形式からいうとベイズの定理通りではないが、「その視点を共有している」のだ。ネットフリックス・ドットコム（Ｎｅｔｆｌｉｘ．ｃｏｍ）が主催した一〇〇万ドルのコンテストを見ても、現代のＥコマースや機械学習の理論でベイズの概念がいかに突出した役割を果たしているかがよくわかる。このオンラインレンタル映画会社は二〇〇六年に、自社のアルゴリズムをさらによいものにしようと最高のレコメンド・システムを探しはじめた。そして、四年の間に一八六の国の五万人以上が参加して競いあった結果、二〇〇九年九月にＡＴ＆Ｔ研究所のクリストファー・Ｔ・ヴォリンスキー、ロバート・Ｍ・ベル、元ＡＴ＆Ｔのイェフダ・コレンをはじめとする国際合同チームがこの賞金を勝ち取った。

おもしろいことに、参加者の誰ひとりとしてベイズが合法的な手法であることを疑っていなかったのだが、型どおりのベイズ・モデルのプログラムを書いたチームはほとんどなかった。優勝チームは経験ベイズに頼りながらも、出発点となる事前確率は頻度に基づいて評価していた。このレンタル映画会社のデータセットはあまりに大きく、未知数も多すぎるので、モデルを作って事前確率を割り当て、事後確率を繰り返し更新して映画を顧客にお勧めする作業を――ほぼ一瞬で――行うという課題をこなすのは不可能だった。そのため勝利したアルゴリズムは、ベイズ的な「大局観」に基づいてベイズ「風味」が加えられるといった程度のものとなった。だが、ネットフリックスのコンテストから得られたもっとも重要な教訓といえば、何といってもベイズ的着想に由来する「分担《シェアリング》」だろう。

ヴォリンスキーは、一九九七年に患者が心臓発作を起こす確率の予測をテーマにして博士論文をまとめる際に、互いに補足し合うモデルに結果を分担させ平均化するベイズモデル平均化法という手法を用いたことがあった。ヴォリンスキーたちの国際チームはこの手法を直接ネットフリックスのためのシステムに使ったわけではなかったが、それでも次のように述べている。「わたしはベイズモデル平均化法の訓練を受けていたから、直感的に、予測のパフォーマンスを向上させるにはモデルを組み合わせるのがいちばんだとわかった。ベイズモデル平均化法に関する研究によると、それほど強く相関していない二つのモデルをうまく組み合わせれば、往々にしてもともとのモデルより優れたものになる」このコンテストがきっかけで、ベイズはベイズ派が使う技術という枠をはるかに超えた機械学習への実り多いアプローチである、という評判が世間に広まったのだった。

ウェブの利用者たちは、さまざまな形のベイズを使って何十億という文書を検索し、ほしいものの在り処を突きとめている。とはいえ、こういったことを可能にするにはあらかじめそれぞれの文書の概略を書いたり分類したり、結果を系統立てて保管してほかの文書と関連を持つ可能性を計算したりする必要がある。そのうえで、たとえば、「オウム」「マドリガル」「アフガニスタンの言葉」というように、探している文書に含まれているはずの互いに無関係なキーワードを検索エンジンに打ち込む。するとベイズの法則によって何十億ものウェブページがふるいにかけられて、〇・三一秒でこれらのキーワードに関連する二つの文書〔二〇一二年一二月現在では実質三件〕が見つかる。「これらは推論の問題なんだ」とワシントン大学のピーター・ホフはいう。「興味深い文書を一つ見つけたときに、はたしてやはり興味を引く別の文書を見つけることができるのか」

グーグルが膨大なデータが絡む研究課題に取り組む場合、その巨大な検索エンジンはまずナイーブベイズの手法を試みることが多い。ナイーブベイズでは、ナイーブ〔単純〕という名前の通り、どの変数も互いに独立だと仮定する。つまり、患者の発熱と白血球の増加がまるで無関係なものとして扱われるのだ。グーグルの研究部長ピーター・ノーヴィグによると、「研究課題をナイーブベイズからはじめたことが何十回となくあったはずだ。なぜなら簡単だし、先々もっと洗練されたもので置き換えればいいと考えていたからね。ところがけっきょくのところ、膨大な量のデータを扱う場合は、複雑な技法は不要になる」のだという。

グーグルは、スパムやポルノを分類したり、関連した言葉や言い回しや文書を見つけるのにもベイズの手法を使っている。きわめて大きなベイジアンネットワークを使って、単語や言い回しの同義語や類語を見つけるのだ。さらにまた、スペルチェッカーに必要な辞書をダウンロードする代わりに、インターネット全体に全文検索をかけて、それぞれの単語がどのように綴られる可能性があるかをすべて洗い出す。こうしてできたのが、「shaorn」とは「Sharon」にちがいないと認識してタイプミスを直す柔軟なシステムなのだ。

ベイズが機械翻訳を大躍進させる

ベイズは、ウェブ上の現代生活の急激な変革を後押しするだけでなく、何千年ものあいだ言語共同体を隔ててきたバベルの塔を迂回する手助けもしている。ロックフェラー財団のウォーレン・ウィーバーは第二次大戦中に、「言語の多様性が地球上の人々の文化的なやりとりをひどく損ない、国際理解をきわめて深く妨害している」ことを痛感した。[6] そして機械化された暗号学やクロード・シャノンの新たな情報理論に魅せられたウィーバーは、コンピュータ化された統計手法を使えば翻訳を暗号学の問題のように扱えるはずだと指摘した。当時はコンピュータの処理能力が低く、機械可読な

〔直接コンピュータに読み込ませられる形式の〕テキストもろくになかったので、ウィーバーのこのアイデアはその後数十年間、眠り続けることとなった。

この指摘以降、ある言語の書き言葉や話し言葉を別の言語に翻訳する万能機械が、翻訳機の目指すべき究極の目標となった。ノーム・チョムスキーをはじめとする言語学者たちは、このような試みの一環として英語の文や主語や動詞や形容詞や文法の構造規則の理論を展開したが、なぜ一連なりの単語列が英語の文になったりならなかったりするのかを説明するアルゴリズムは作れなかった。

ＩＢＭでは一九七〇年代に、音声認識という問題を巡って二つのチームが競い合っていた。片方のグループには言語学者がたくさんいて、文法の法則を研究していた。一方マーサーとブラウン——二人は後にレンテク社に移った——が率いるもう一つのグループには、数理科学的な手法によるコミュニケーションの専門家や計算幾何学者やエンジニアが集まっていた。彼らは一つ目のチームとは別の角度から問題に迫り、論理的な文法をベイズの法則で置き換えたが、その業績は以後一〇年間顧みられることがなかった。

マーサーにはコンピュータに知的作業をさせるという野心があり、どうやら音声認識を使えばそれが可能になりそうだった。マーサーやブラウンにとって音声認識とは、電話をはじめとするノイズの多い経路を通ってきた信号を基にして、相手が考えていた可能性がもっとも高そうな文を突きとめる問題だった。そこで二人は、文法の規則は無視して、ある言語の単語や言い回しが別の言語の特定の単語や言い回しになる統計的確率を求めることにした。これなら、その言語の知識がまったくなくても大丈夫。二人は単純に、ある文のそれより前の単語がすべて与えられたときに、次に特定の単語が登場する確率を計算していった。たとえば、英語の単語が二つ続いている場合、「the」に続く単語が「the」や「a」である可能性はきわめて低く、それよりは「cantaloupe（マスクメロン）」や「tree（木）」である可能性のほうが高い。

「すべてがベイズの定理にかかっていた」とマーサーは振り返る。「なんらかの音響出力があったときに、聞こえてくる音の列をもとにして、もっとも可能性が高い単語列を見つけようとしたんだ」この場合の事前知識は、英語の文でもっとも生じやすい単語配列で、これは膨大な量の英語のテキストを調べればわかることだった。

一九七〇年代には、十分な量のデータを得ることが大きな問題だった。かなり狭いトピックに焦点をあてたテキストが多数必要だったのだが、「ニューヨークタイムズ」のような大人向けのものではだめだった。そこでまず、著作権が切れた古い児童書をあたった。アメリカ特許事務所のレーザー技術の実験報告から一〇〇〇ワード、アメリカン・プリンティング・ハウス・フォー・ザ・ブラインドという点字図書出版社の点字判読可能な文書から六〇〇〇万ワード。

ある聴音・音声・信号に関する国際会議では、グループ全員がベイズの定理とそれに続けて「音声認識の基本的方程式」という言葉をプリントしたTシャツを着ることにした。マーサー曰く、「こっぱずかしい話だが、ちょいとこれ見よがしなところがあってね。当時はわれわれも、反抗的で鼻持ちならない連中だった」のだ。

一九八〇年代の後半になると、カナダの議会で日々繰り広げられる議論のフランス語訳と英語訳にアクセスできるようになった。機械可読資料が約一億ワード。これはまさに大躍進だった。ＩＢＭはそこから約三〇〇〇万対の文を抽出したが、そのほぼ九九パーセントまでが英仏の対訳だった。文字通り、英語とフランス語のロゼッタストーンだ。「一日分の英語があって、対応する一日分のフランス語があった。と、物事はここまで整理されたわけなんだが、どの文とどの文が対応し、どの単語とどの単語が対応するのかといったところまではわからなかった。たとえば、英語で『謹聴！謹聴！』と叫んでいるときに、フランス語では『でかした！』と叫んでいたりしたんでね。そこでわたしたちは、文をもっとうまく整列させるべく、作業を開始した。音声認識と同じように、ベイズの定理と隠れマルコフモデルを使ってね」隠れマルコフモデル〔内部の状態はマルコフ連鎖、つまり直前の状態のみによって確率的に決まる形で遷移し、その内部状態から確率的に出力が決まるようなモデル。内部を直接観測できないので「隠れ」という〕は、前の単語に基づいて文に現れる単語を予測するといった、可能性のありそうな時系列のパターンを認識する作業に特に有効だった。

彼らは一九九〇年に発表した画期的な論文で、完全文〔文法的に文の体裁が整った文〕にベイズの定理を適用した。「リンカーン大統領はよい弁護士だった＝President Lincoln was a good lawyer」という英文が「朝わたしは歯を磨く＝Le matin je me brosse les dents」という仏文と同じ意味である確率は低いが、「リンカーン大統領はよい弁護士だった＝Le president Lincoln etait un bon avocat」という仏文と同じ意味である確率はかなり高い。この論文の発表を受けて、いくつかの有力な機械翻訳システムにベイズの法則が組み込まれることになった。

手応えのある課題と金の魅力に負けたマーサーとブラウンは、一九九三年にＩＢＭと機械翻訳を捨ててレンテク社に移り、副社長兼共同ポートフォリオ管理者となった。ＩＢＭの音声認識グループの多くのメンバーが二人に続き、そのせいで機械翻訳の分野の進歩が五年は遅れたという批判の声が上がった。

９・11の大惨事が起きてイラク戦争がはじまると、軍や諜報関係者たちは機械翻訳に資金を注ぎ込んだ。国防総省国防高等研究計画局（ＤＡＲＰＡ）もアメリカ空軍も諜報機関も、ウズベク語やパシュトゥン語やダリー語やネパール語といった言語を習得したごくわずかの翻訳者たちにかかる負担を極力減らしたかったのだ。

グーグルがインターネットからロゼッタストーンとなるテキスト——つまり英語と

ほかの言語の両方で発表されたニュースや文書――をさらに広く徹底的に収集し始めると、機械翻訳にますます弾みがついた。国連の文書だけでもなんと二〇〇〇億ワードにのぼった。このころには、膨大な量のテキストがウェブで渦を巻き、しかもそれらをただで手に入れることができた。グーグルはウェブ上の英単語をさらって、たとえば英語の二単語の列が「of the」となる場合をすべて数えあげた。そのうえで、ベイズを使って文をもっともありそうな形に整列させ、英語の文のどの単語がほかの言語のどの単語に対応するのかを判断するのである。

二〇〇五年にグーグルがアメリカ標準技術局の後援による機械翻訳コンテストで最高賞を勝ち取ったことによって、よりよいアルゴリズムではなく、より多くの訓練用データがこの方面に進展をもたらすということがはっきりした。コンピュータは何も「理解」しないが、パターンを認識する。二〇〇九年現在、グーグルは英語、アルバニア語、アラビア語、ブルガリア語、カタロニア語、中国語、クロアチア語、チェコ語、デンマーク語、ドイツ語、エストニア語、フィリピン語、フィンランド語、フランス語等々、何十もの言語の翻訳をオンラインで提供している。

バベルの塔は、今まさに崩れようとしているのだ。

人間の脳もベイズ的に機能している

ベイズの法則は、人間のコミュニケーションを向上させながらも、ぐるりと円を描いてベイズやプライスやラプラスを悩ませていた基本的な問いに戻ろうとしていた。わたしたちはいかにして学ぶのか。アメリカでは毎年五〇万人以上の学生が、ベイズの法則を使ってこの問いの答えを体得している。曰く、我々は古い知識と新しい知識を組み合わせて学んでいる。実際に全米約二六〇〇の中学校では、カーネギー・メロン大学が一九八〇年代末に開発したベイズのコンピュータ・プログラムを使って代数や幾何学を教えている。このソフトウェアはまた、第二言語としてのフランス語や英語、化学、物理学、統計学を教えるのにも使われている。

認識的学習支援《コグニティブ・チューター》システムと呼ばれるこのプログラムのもとになっているのは、ベイズが我々の自然な学習の方法である漸次学習の手順を代行している、というジョン・R・アンダーソンの見解である。証拠を積み重ねる能力は、生存のためのもっとも優れた戦略になる。だが脳にすれば、すべての事柄に高い優先順位を割りふることは不可能だ。そのためほとんどの学生は、たとえば数学的な概念を繰り返し使ってはじめてその知識を自在に使えるようになる。しかも、その概念をどれくらい近い過去にどれくらい頻繁に学んだかによって、その力が決まる。

認識的学習支援システムでは、ベイズを連続的な学習過程と見なすだけでなく、ベイズの定理を用いて各学生の「スキロメータ」を算出している。スキロメータとは、その学生があるトピックをマスターして新たな課題に取り組む準備ができているかどうかを示す確率のことだ。このような二重のベイジアンアプローチがはじまってすでに一〇年になるが、このシステムで学んだ学生たちは、従来のやり方で学習を進めた生徒の三分の一の時間で同等ないしそれ以上の内容を習得している。

ベイジアンネットワークやニューラルネットワークや人工知能ネットワークが花開いたおかげで、神経科学者たちも研究がしやすくなった。なぜなら脳のニューロンが、一度に少しずつ、往々にして矛盾したちっぽけなパケットとして直接間接に届けられる情報をどう処理しているのかを探りやすくなったからだ。ベイズは計算ツールとして、あるいは学習理論として、脳のマッピングや回路の分析やニューロンからの信号の解読に使われ、さらにそれらを利用したよりよい人工装具やロボットの作成にも影響を及ぼしてきた。

目覚めている人間の脳には、絶えず毎秒何百メガビットもの知覚情報がなだれ込んでいる。一〇〇億の神経細胞がこのデータの流れから情報を抽出し、一〇〇ミリ秒に数回の割合で事前に理解していたことを訂正する。どの知覚刺激がどのニューロンの反応を引き起こすのかは判別することは難しい。どのニューロンがいつ興奮するかを予測することはできず、それらすべてを一度にモニターすることなどとうてい不可能だ。そのうえ脳は、多種多様な情報源から得られた手がかりを組み合わせる。たとえば我々の脳の視覚を司る領域では三次元の物体の像や情景が作り出されるが、この作業の基になっているのは、光は通常上から差すとか、直線や直角は人工的に作られたものである場合が多いといった周囲の環境が持つ規則性についての事前知識なのだ。しかも我々の脳は、深さや輪郭や対称性や曲率線や質感や陰影や反射率や遠近法や動きに関する新たな情報を使って事前知識に磨きをかける。

MITの教授でマサチューセッツ総合病院の神経統計学者でもあるエメリー・N・ブラウンは一九九八年に、ベイズの手法を使えばこのような不確かさに対処できるということに気がついた。そして、MITの神経科学者マシュー・A・ウィルソンとともに、ラットの脳が自らの位置情報を処理する過程をカルマン・フィルタを使って説明してみせた。ラットの脳の海馬にある三〇個ほどのいわゆる「場所ニューロン」は、絶えずラットに位置に関する情報を伝えている。ラットがチョコレートのかけらがばらまかれた箱のなかで餌を探し回ると、脳に埋めこまれた電極がいくつかの場所ニューロンの興奮をキャッチする。そこでこの情報をもとにベイジアンフィルタで順次ラットの位置を更新すると、ニューロンが興奮する様子を観察することによって、ラットや箱を見ずにラットの動きを追うことができる。ベイズを使うと、従来の手法の五分の一から一〇分の一の数のニューロンに注目するだけで、チョコレート好きなラットのたどる経路を再構成ができるのだ。

実際に生体脳を使って人工装具やロボットを動かせるかどうかを調べるために、二〇〜三〇の運動ニューロンとベイズのアルゴリズムとベイズの粒子フィルタでブラウンの統計的手法を再現する実験が行われている。目標は、なめらかに手を伸ばしたり、手を回転させたり、指を別々に動かしたり、物をつかんで持ってこられるような人工腕の開発だ。このアプローチの可能性を、ピッツバーグ大学のアンドルー・B・シュワルツの実験室にいるアカゲザルの例で見てみよう。そのサルは、口からよだれを垂らしながらおいしそうなおやつを物欲しげにじっと見ていた。腕はプラスチックの筒を使って固定されていたが、サルの脳の運動ニューロンは繰り返し興奮してロボットのアームを作動させた。そのサルのコントロールはきわめて正確で、ロボットのアームの手を伸ばしておやつをつかみ、近くに持ってきて食べることができた。頻度主義の手法では単純な前後の動きにしか対処できないが、ベイズ派の神経統計学者たちは、さらに強力で柔軟なアルゴリズムができればロボットのアームの位置や回転や加速や速度や勢いや握る力も制御できると考えている。

ニューロンから入手できる情報をすべて活用しようとするこのような試みから、いくつかの疑問が浮かび上がる。いったい脳そのものは何をしているのか。ベイズ統計のような計算をして、不確かな世界から得られる情報を最大化しているのだろうか。このような疑問について論じるなかで、ベイズは単なるデータ解析や意思決定の補助手段以上のもの、すなわち脳の働きを説明する理論的枠組みとなった。実際、「ベイズの脳」そのものが、確率を模する人間の脳のメタファーとなったのだ。

ヒトは、不確かで移ろいやすいこの世界でなんとか生き延びようとする。ところが実際にヒトの知覚や運動系が作る信号は不完全だったり、曖昧だったり、変わりやすかったり、ランダムなゆらぎによって誤りを含んでいたりすることが多い。片手をテーブルの下に置いてその位置をあてようとしても、一〇センチもずれたりする。脳がこれこれの行動をせよと命じるたびに、我々は少し違った動きをするのだ。ベイズはこの紛らわしい世界に、役に立つ理論的枠組みとして登場した。ベイズを使えば、脳がどのような形で学習しているのかを説明できる。そしまた、我々がこの世界に関する事前の考えと感覚を通して得られるまちがいだらけの証拠をどのように組み合わせているのかを数学的に示すこともできる。

リンドレーが何年も前に強調したように、もしも感覚が伝える証拠に確信が持てるのなら、我々はその証拠に頼る。だが知覚データがあてにならない場合は、事前に蓄積されたこの世界に関する信念に戻るのだ。

ケンブリッジ大学のダニエル・ウォルパートがバーチャルなテニスゲームでこの理

論を検証してみると、プレイヤーたちが無意識に弾むボールに関する一般的な事前知識とネットの向こうからやってくる実際のボールに関する知覚データを組み合わせているとがわかった。ようするに、彼らは意図せずによきベイジアンとして振る舞っていたのである。しかも、とウォルパートは続ける。ベイズのいいところは、得られるのがたった一つの予測値ではないという点だ。ベイズを使うと、与えられた知覚データを前提として、成り立つ可能性があるすべての状態に関する複数の予想が得られる。したがって、テニスボールはある特定の地点で弾む可能性がもっとも高いが別の地点に落ちる可能性もそこそこある、ということになる。

ベイズによると、脳は広範囲の可能性を記憶として蓄積する一方で、それらにさまざまな確率を割りふる。実際、色覚がこのような方法で機能していることはすでにわかっていて、わたしたちは赤い色を感知したと思っているが、実は色のスペクトル全体を見て、赤にもっとも高い確率を割りふっているのだ。しかもそのうえで、じつはピンクだったり紫だったりする可能性を念頭に置いておく。

ウォルパートは、話すことから行動することまで、人間のあらゆる行動の基本にベイズ的思考法があると考えている。生物の脳は、ベイズ的に考えることで世界の不確かさを最小限にするように進化してきた。早い話が、今も増え続けている数々の証拠は、我々の脳がベイズ的であることを指し示しているのだ。

ベイズ統計は完璧な思考機械を生み出すのか

さて、ベイズの過去は論争に満ち、現在はさまざまな分野への豊かな貢献に彩られているわけだが、その未来ははたしてどのようなものになるのか。ベイズのアプローチの真価は、科学技術を前進させ、巨額金融取引やEコマースや社会学や機械学習や天文学や神経生理学といった科学技術を進展させてきたことによってすでに証明されている。それは、人がこの世界をどう考えどう見ているのかを根本から表現しているのだ。そしてその単純かつ優美な数学は、今もユーザーの想像力を虜にしている。

では、この先はどうなるのか。コンピュータのむき出しの腕力をもってすれば、途方もない量の情報を整理することが可能だ。しかし、コンピュータにできるのはキーワードにしたがっておおざっぱに文書をまとめたり検索したりすることくらいで、文書や画像を意味や内容にしたがって吟味できるのは人間の脳だけだ。その場合、いったいどのアプローチが有効なのか。やがてコンピュータがひじょうに強力になって、膨大なデータだけですべてがわかるようになるのか。科学者たちがもはや理論を作ったり仮説を立てたりせずに、実験を行ってデータだけを集めていればよいという日が来るのか。あるいは、この先もベイズの考え方に基づく機械学習の組織原理が基本であり続けるのか。ところで、生物学的なレベルでうまく機能するコンピュータの設計戦略としては、あいかわらず再使用可能パーツや階層構造や主題に基づくバリエーションや規制システムといった古色蒼然たる原理が使われている。

これに対して、現代ベイズ革命の船出を後押ししたアルゴリズム、つまりギブス・サンプラーを考案したスチュアート・ジーマンは、ベイズとその事前確率がこの議論の出発点になると考えている。「この議論においてベイズにとってもっとも有利な論拠となるのが、ベイズは脳の内部構造や事前の期待を認識できるという点だ」昔ながらのベイズ派と頻度主義者の論戦は、「確率を使うか否か」という観点から再構成されてきている。新しかろうが古かろうが問題はまったく同じ、とまではいわなくてもよく似ている、とジーマンはいう。そして今では、ベイズ学習とその事前確率が形を変えて議論の中心を占めているのだ。

そのうちに、コンピュータがわたしたちの生物的な脳に匹敵する理解力を備える日が来るのか。そのようなコンピュータは、ベイズの法則を使ってプログラムされるのか、それとも別の何かが使われるのか。

この革命の結末がどうなるにせよ、ベイズが何らかの役割を果たすはずだ、とダイアコニスは力説する。「ベイズはまだ若い。確率の数学というようなものが考えられるようになったのは一七〇〇年以降のことなんだ。ベイズは、データも計算力も乏しい環境で育ってきた。だからまだ、落ち着くところまでいっていない。成熟するのを待ってあげようじゃないか。まだ、はじまったばかりなのだから」

補遺a

「フィッシャー博士の事例集」：博士の宗教的体験――マイケル・J・キャンベル

〔王立統計協会とアメリカ統計学会が合同で刊行している雑誌「シグニフィカンス（有意）」の連載コラム「フィッシャー博士の事例集」より〕

年を取るとごく自然に宗教について考えるようになるもので、わたしも、統計は宗教でいうと何に喩えられるのかをあれこれ考えてきた。

頻度主義者がカソリックなのは明らかで、カソリックが罪を「容赦できないもの」（すなわち重大《シグニフィカント》なもの）と「些細なもの」に分けるように、頻度主義者は結果を「有意《シグニフィカント》なもの」と「有意《シグニフィカント》でないもの」に分ける。ランダム化〔無作為化〕は、世界を救う恩寵。そして懺悔の場で神父が関心を持つのは、罪を犯した頻度である（神父に「何度毒づいたか」「何度不親切なことをしたか」といったことを棒グラフにまとめて渡す自分の姿を容易に思い描くことができる。このほうが、言葉を並べ立てるよりはるかに多くの情報を伝えられる！）。懺悔がすむと、頻度主義者／カソリックの信者は許される。だから、$p<0.05$で帰無仮説〔おそらくこうであろうと思われる仮説を否定するような仮説〕を退けても、その論文を発表してしまえば、再び〇・〇五を限界として使うことができる。頻度主義の信者は「天にまします、我らがフィッシャー」と祈る。そしてピアソンとネイマンが聖者なのだ。天国と地獄の代わりに帰無仮説と対立仮説〔おそらくこうであろうと思われる仮説〕があり、信仰宣言には「悪魔を退けたか」という問いかけではなく「帰無仮説を退けたか」という問いかけがある。

一方ベイズ派は、新生派〔霊的な新生を強調するプロテスタントの福音派、聖霊派など〕の根本主義者《ファンダメンタリスト》である。人は「信ずる者」でなければならず、この派の人々は往々にして、ベイズが自分の人生にかかわるようになった日——すなわち、自分が子供じみた頻度主義的手法を捨てた日付（あるいは「ベイズ派であることを告白した」日付）を正確に憶えている。彼らの指導者兼精神の導き手は明らかにトーマス・ベイズ師であり、生きている間に〔論文あるいは聖書を〕出版しなかったことも含めて、キリスト教の神にそっくりである（念のために申し上げておくと、反ベイズ派の人々はベイズの弟子たちの一部も師の範にならってくれたらよかったのにと思っている、という噂がある）。ベイズ派は、この世界の人々を信ずる者と信じない者に分けて、統計学の会議で赤の他人に、「あなたはベイズ派ですか」と、まるでそれが決定的に重要な特徴であるかのように尋ねる。そして反ベイズ派だと知ったとたんに反ベイズ派の行状に仰天して見せ、自分たちがいかに確かなものを信じているかを指摘して、相手に宗旨替えを迫る。

さらに異端派もある。不可知論者は、ノンパラメトリック統計〔母集団の分布を規定する量についていっさい前提をもうけない手法〕こそがあらゆるものの答えだと考えている。ブートストラップ派〔実際のデータからコンピュータを使ってランダムに再サンプリングを行うことで平均などの信頼区間を推定する方法〕もこれと同じで、どうして神を持ち込まなければならないのかがまるで理解できない。また、「釣り鐘曲線」を礼賛するカルト集団は、正規分布さえ持ち出せばすべてを説明できると思っている。そしてシミュレーションを信ずる者たちは、神は完全に人間の発明品だと考えている。

では、このわたしはどこに位置しているのか。まあ、毛織物を用いた典型的英国ファッションに身を固めているのだから、イギリス国教会派と見てよいだろう。わたしは、統計とは真実を見つける一つの方法だと思っていて、そのために役に立つ方法なら何でも喜んで受け入れる。方向のいかんにかかわらず、極端な思考がいかに危険かを知っているので、「中庸」を旨とするよう心がけている。わたしは今でも p 値や信頼区間を使っているが、それらを事前の所信〔事前確率〕で中和している。また、先行する研究を用いて事前知識を得る「経験ベイズ」の発想を好む。複雑なシステムをモデリングしてパラメータに不確かさを付与するにはベイズのほうが有利だということは理解できるし、この手法のほうがさまざまな意味で科学的な推論をよく反映していると思う。しかし、自分のことは一信者と呼ぶに留めて、みずからの所信にはレッテルを貼らずにおきたい。

宗教といえば、少し前に登場したベイズ派についての一連の漫画が思い出される。その漫画には、何人かの僧の姿が描かれていた。一人は途方に暮れ、一人は兵士のいで立ちをし、一人はガイドブックを持ち、一人は舌を突きだしている。これらは順に、曖昧な事前確率、一様な事前確率、報知的《インフォーマティブ》な事前確率、そしていうまでもなく、非正則《インプロパー》な事前確率なのである……。

補遺b
乳房X線撮影と乳がんにベイズの法則を適用する

アメリカ政府の「乳がんスクリーニングに関する特別チーム」は二〇〇九年に、四〇代の女性の大部分は一年に一回の乳房X線撮影《マンモグラム》検査を受けないほうがよい、と助言した。人々の反応は素早く、大半が激怒した。ここでは、この議論の核となるベイズの計算を簡単に紹介する。

家族に乳がんの病歴がなく自身も何の症状もない四〇歳の女性が、日常的な健康診断の一環としてマンモグラム検査を受ける。そしてその一週間後に検査で異常が見つかったという手紙が届く。こうなると、さらに検査が必要だ。では、この女性が実際に乳がんである確率はどれくらいなのか。

じつはきわめて低い。

統計学をはじめたばかりの学生や医師の多くが、これを知ってびっくりする。なぜならマンモグラムはそれなりに正確なスクリーニング検査であるからだ。実際この検査を行うと、その時点で乳がんになっている四〇歳の女性の約八割を把握することができて、病気でない女性の約一割しか陽性にならない。

$$\left(\text{マンモグラム検査の結果が陽性であるときにがんである確率}\right)=\left(\text{がん患者のマンモグラム検査の結果が陽性になる確率}\right)\times\frac{(\text{乳がんである確率})}{\left(\text{マンモグラム検査が陽性の確率}\right)}$$

しかし、乳がんはそれほど多い病気ではない。しかもベイズの法則は、基礎疾患率を事前知識として取り込むことができる。その結果ベイズを使うと、検査で陽性になった人のなかに病気でない人がいるという事実が浮き彫りになる。それと同時に、日常的な検診の一環としてマンモグラム検査を受けている女性よりも、胸にしこりがあるのに気づいた女性のほうが乳がんの確率が高いという事実が浮かび上がってくる。

　さらに詳しくいうと、上のような式が成り立つのだが、この式から、右辺の三つの情報が必要であることがわかる。

1　乳がんである確率

　これは事前知識となるもので、マンモグラム検査を受ける四〇代の女性の乳がん罹患率が本来どれくらいかを表わしている。「キャンサー〔がん〕」や「ジャーナル・オブ・ジ・アメリカン・メディカル・アソシエーション（JAMA）〔アメリカ医師会誌とも〕」などの専門誌によると、その値は約〇・四パーセントである。したがって、マンモグラムを受ける四〇代女性のうちで、一万人につき約四〇人が実際に乳がんだと考えられ、値としては一万分の四〇（40/10000）になる。

2　乳がん患者がマンモグラム検査で陽性になる確率

マンモグラム検査で得られた証拠や国立がん研究所のデータから見て、乳がんの女性四〇名につき約三二名が検査で陽性となる。よってこの値は四〇分の三二（32/40）となる。

3　マンモグラム検査で陽性になる確率

（実際にがんであろうとなかろうと）検査結果が陽性になる女性の総数には、がんの女性とまちがってがんだと告げられた女性が含まれる。マンモグラム検査では、病気でない女性が陽性（異常あり）とされることがあって、これは「偽陽性」と呼ばれている。「ニューイングランド・ジャーナル・オブ・メディシン」によると、マンモグラム検査は偽陽性の割合がきわめて高く、約一〇パーセントにのぼる。そのため四〇代の女性では、一万人あたり九九六人が実はがんではないのに検査で異常がみつかったという手紙を受け取ることになる。これらの女性たちが乳がんでないことを確認するには、さらなるマンモグラム検査と超音波検査ないしは組織標本採取をする必要があり、ひょっとするとそのうえ生体検査が必要になるかもしれない。この数に、さらに一万人あたり三二人という実際に乳がんでマンモグラム検査も陽性になる人の数を加える必要があるから、総計は一万分の一〇二八（1028/10000）となり、スクリーニングを受けた女性の一〇パーセント強となる。

そこでこれらの数値を公式に当てはめると、次のようになる。

$$\frac{P(A)P(B|A)}{P(B)}=\frac{\left(\frac{32}{40}\right)\times\left(\frac{40}{10000}\right)}{\left(\frac{1028}{10000}\right)}$$

これを計算すると〇・〇三で、三パーセントという値が得られる。つまり検査で陽性だった女性が実際に乳がんである確率はたったの三パーセントで、一〇〇人中九七人までは乳がんでないのだ。

これらの数値はどれも変動する可能性があって、さらに調査データが集まれば、その都度ベイズの法則で計算し直す必要がある。

ベイズを使って調べた限りでは、人口の〇・四パーセントしかかからない病気をチェックするために全員を対象とするスクリーニング検査を行うと、多くの健康な女性に不必要な不安を抱かせることになり、そのうえその女性たちにそれ自体が医療問題を生じさせかねない追加的処置を受けさせることになる。さらに、全員を対象とするスクリーニングにかかる費用を、じつはもっと別の価値あるプロジェクトに回せる可能性もある。このように、ベイズを使うと、乳がんのスクリーニング技術を向上させて偽陽性の数を減らすことがいかに重要かが明確になる。ちなみにもう一つ、マンモグラム検査の技術を向上させる必要があるということを示唆する事実がある。この検査で陰性が出たためにがんを見過ごす例が、がん患者五人につき一人の割合で起きているのだ。

ベイズの法則をほかの問題に応用するために、一般的な公式を紹介しておこう。

$$P(A|B) = \frac{P(A)P(B|A)}{P(B)}$$

ただしAは仮説で、Bはデータである。

謝辞

デニス・V・リンドレー、ロバート・E・カシュ、ジョージ・F・バーチュに心から感謝したい。彼らは科学に関する助言を通じてわたくしに展望を与え、山のような質問に辛抱強くつきあってくれた。そのうえ一度ならずこの著作の草稿を読み、本全体を見通す鋭いコメントをくれた。夫のジョージ・バーチュがいなければ、この本を書くことはできなかった。

この作品の語りを織りなす多様で重要な糸について見識ある助言をくれたジェームズ・O・バーガー、デヴィッド・M・ブライ、ベルナール・ブリュ、アンドリュー・I・デール、アーサー・P・デンプスター、パーシ・ダイアコニス、ブラッドリー・エフロン、スティーブン・E・ファインバーグ、スチュアート・ジャーマン、ロジャー・ハーン、ピーター・ホフ、トム・J・ロレド、アルバート・マダンスキー、ジョン・W・プラット、ヘンリー・R・(「トニー」・)リチャードソン、クリスチャン・P・ロバート、スティーブン・M・スティグラー、デヴィッド・L・ウォリスに感謝する。

ほかにも多くの専門家や権威ある方々が、それぞれの時代や問題や詳細や人々について——しばしば長い時間をかけて、話してくれた。フランク・A・アンドリュース元大佐、フランク・アンスコーム、ジョージ・アポストラキス、ロバート・A・ベイリーとシャーリー・ベイリー、フリードリッヒ・L・バウアー、ロバート・T・ベル、デヴィッド・R・ベルハウス、ジュリアン・ベサグ、アラン・S・ブラインダー、ジョージ・E・P・ボックス、デヴィッド・R・ブリリンガー、ブルース・バドール、ハンス・ビュールマン、フランク・カーター、ハーマン・チャーノフ、ジューサリーヌ・F・コラーレス、ジャック・コープランド、アン・コーンフィールド、エレン・コーンフィールド、ジョン・ピーニャ・クレイヴン、ロレイン・ダストン、フィリップ・ダビド、ジョセフ・H・ディシェンツァへ、ラルフ・アースキン、マイケル・フォーチュナート、カール・フリストン、クリス・フリス、ジョン・(「ジャック」・)フロスト、デニス・G・フライバック、ミッチェル・H・ゲイル、アラン・E・ゲルファンド、アンドリュー・ゲルマン、エドワード・I・ジョージ、エドガー・N・ギルバート、ポール・M・ゴガンズ、I・J・「ジャック」・グッド、スティーブン・N・グッドマン、ジョエル・グリーンハウス、ウルフ・グレナンダー、ジェラルド・N・グロブ、トーマス・L・ハンスキンズ、ジェフリー・E・ハリス、W・キース・ヘイスティングス、デヴィッド・ヘッカーマン、チャールズ・C・ヒューイット・ジュニア、レイ・ヒルボーン、デヴィッド・C・ホーグリン、アンジェ・ハーリング、マーヴィン・ホッフェンバーグ、スーザン・P・ホルムズ、デヴィッド・ハウンシェル、ロナルド・H・ハワード、デヴィッド・ホーウィ、ボビー・R・ハント、フレッド・C・イクレ、デヴィッド・R・ジャーディーニ、ウィリアム・H・ジェフリーズ、ダグラス・M・ジョセフに感謝する。

さらに、マイケル・I・ジョーダン、デヴィッド・カーン、デヴィッド・H・ケイ、ジョン・G・キング、ケネス・R・コーディンジャ、ダフネ・コラー、トム・クラトゥスキ、ジェームズ・M・ランドウィル、バーナード・ライトマン、リチャード・F・リンク、エドワード・P・ロウン、マイケル・C・ラベル、トーマス・L・マーゼッタ、スコット・H・マシューズ、ジョン・マッカラフ、リチャード・F・マイヤー、ポール・J・ミランティ・ジュニア、ドゥヴィット・ムーディー副司令官、ブラッド・ムーニー准将、R・ブラッドフォード・マーフィー、ジョン・W・ニージェル、ジョン・「ニック」・ニコルソン海軍中将、ピーター・ノルヴィッグ、スティーブン・M・ポロック、シオドア・M・ポーラー、アレキサンダー・プージェ、S・ジェームス・プレス、アラン・ラビノウィッツ、エイドリアン・E・ラフトリー、ハワード・ライファ、ジョン・J・レー、ジョン・T・リードル、ダグラス・リバーズ、オレグ・サポージニコフ、ピーター・シュレイファー、アーサー・シュライファー・ジュニア、マイケル・N・シャドラン、エドワード・H・(「テッド」・)ショートリフ、エドワード・H・シンプソン、ハロルド・C・ソックス、デヴィッド・J・シュピーゲルハルター、ロバート・F・スタンボウ、ローレンス・D・ストーン、ウィリアム・J・アボット、ジュディス・タヌア、防衛情報センター、セバスチャン・スラン、オークリー・E・（リー・）バン・スライク、ゲリー・G・ヴェンター、クリストファー・ヴォリンスキー、ポール・R・ウェイド、ジョン・ウェイクフィールド、ホーマー・ワーナー、フロード・ワイエルード、ロバート・B・ウィルソン、ウィン・H・ウォン、ジュディス・E・ジー、そしてアーノルド・ゼルナーに感謝する。

また、外部の校閲者ジム・バーガーとアンドリュー・デールに感謝する。二人は草稿を注意深く読んで、有益なコメントをくれた。

何人かの友達、そして家族——ルース・アン・バーチュ、シンディー・ヴァヒー・バーチュ、フレッド・バーチュ、ジーン・コリー、ジェネヴラ・ゲルハルト、ジェームズ・グッドマン、キャロライン・キーティング、ティモシー・W・ケラー、シャロン・C・ラトバーグ、ベヴァリー・シェイファー、オードリー・ジェンセン・ワイトカンプも、とても重要なコメントをくれた。また、ワシントン大学の数学図書館の司書に感謝する。エージェントのスーザン・ラビナー、編集者のウィリアム・フルフトは変わることのない支援者だった。

これらすべての方々の助力にもかかわらずこの本にまちがいがあったとすれば、むろんその責任はこのわたくしにある。

用語解説

アプリオリ
「事前確率」を見よ。

アルゴリズム
問題を解くための一連の手段を定義した式。

暗号学
第三者には理解できない通信や暗号を、作ったり解いたりすること。

MCMC
マルコフ連鎖とモンテカルロ法を組み合わせた手順。

オッズ
ある出来事が起きるか起きないかの確率の比。

オペレーションズ・リサーチ（オペレーショナル・リサーチ）
意思決定への科学的なアプローチ。

解析学
数学の高等な分野。

階層ベイズ
複雑な過程を階層と呼ばれるステージに分割して数学モデルを作る方法。

確率
不確かさの数学。不確かさを数値で表したもの。

仮説
検定すべき、あるいは新たな証拠に基づいて部分修正されるべき命題。

帰納　実験や観察から自然法則や規則性についての結論を引き出すこと。演繹法の反対。

帰無仮説　具体的なデータの組を説明できそうな、一見もっともらしい仮説。帰無仮説はほかの選択肢と比べることができる。

逆確率　確率の一分野。観察された出来事から、その前の出来事や原因に関する結論を導く。たとえばベイズの法則。

クレディビリティ〔信頼性〕　保険数理士が保険料率を設定するにあたって、具体的な保険請求経験に置くべき信用の尺度。

公理　数学理論の基礎となる前提。

サンプリング　はるかに大きな統計的母集団についての知識を得るために選ぶ有限個の観察のこと。

次元の呪い　変数が増えるにつれてデータセットが指数的に増えること。

事後確率　ベイズの定理で、証拠を考慮に入れたときの結論の確率。

事前確率　新たなデータが観察される前の仮説の確率。

主観確率　ベイズ的な確率。具体的な仮説に対する個人の信念の尺度。

推論　きちんと定義された言説や観察から、自然法則や規則性を導き出すこと。

代表値　分布を代表する値、いろいろなタイプがある。アベレージ。たと

えば、平均値《ミーン》、中央値《メディアン》（＝中位数）、最頻数《モード》

多変数
未知数や変数をたくさん含んでいること。

逐次解析
前のデータの影響を考慮に入れながら、新たに得られたデータを連続的に解析すること。

停止規則
データを集めながら評価していくサンプリング手法。十分な結果が得られたところでサンプリングを停止する。

データ
数値で表すことができる情報の断片。

統計学
応用数学の一分野。不確かさを測ってその結果を検討する。

ナイーブベイズ
迅速なタイプの特殊なベイジアンネットワーク。

パラメータ
数学的な式において、通常は一定と考えられる定数値でありながら、条件が変わると変わる可能性がある量のこと。

バン
確率の尺度のひとつ。掛け算を足し算に置き換えるために、一〇を底とする対数で表す。

頻度主義
確率論の一分野。ほぼ同じ条件下で繰り返し反復できる出来事の相対頻度を測る。

フィデューシャル確率
ベイズの法則や事前確率を使わずに未知のパラメータに確率を当てはめようというR・A・フィッシャーの試み。異論が多い。

フィルタ
データがシステムのノイズに影響されないようにする過程と、

データから情報を抽出する過程のこと。

ベイジアンネットワーク

確率とその関係をコンパクトに表した図式的なモデル。ひとつひとつのランダムな変数はノードで表され、ノードとノードをつなぐ線がその相互依存を表す。

ベイズの法則

事前情報を証拠となるデータと組み合わせる数学的仕組み（その式は、第2章に、単純化したものは補遺bに出ている）。

変化点

時間の順序に並んだデータにおいて変化が起きる点。

変換

ある種の関数をもっと使いやすい別の関数に変えるための数学的ツール。

母関数 近似を作るための数学的な近道。

マルコフ連鎖

出来事の確率が直前の出来事だけに依存することを前提とした過程。

モデル

数学や物理や生物や社会のシステムを理解するために用いられる数学的な系。

モンテカルロ法

コンピュータを使ってランダムサンプルを取り、確率分布をシミュレートする手法。

尤度原理

事前確率を前提とせずにベイズの定理を使うためのひとつのアプローチ。

尤度比

仮説が正しいときにその観測が得られる確率と、まちがっているときにその観察が得られる確率との比。

ローター　エニグマの装置に組みこまれたホイール。

訳者あとがき

これは、二〇一一年に刊行された*The theory that would not die: how bayes' rule cracked the enigma code, hunted down Russian submarines & emerged triumphant from two centuries of controversy*（Yale University Press）の全訳である。この作品ではベイズの法則《ルール》の歴史が紹介されているが、そもそもこの法則は、統計学の歴史のどのあたりで登場したものなのだろう。さらにもう一歩さかのぼって、いったい統計学とはどのようなものなのか。また、第8章にコーンフィールドの言葉として「統計学は、科学の同衾者《ベッドフェロー》」という表現が出てくるが、これは何を意味しているのか。

「統計学とは自然と統計家のゲームなり」という言い回しがある。つまり統計学とは、統計家が観測されたデータを手掛かりにして自然が隠している「現象の決め手となる秘密の数値」をあてるゲームだというのである。人が数値を使って自然（あるいは外界）を理解しようとすれば、まずデータを取ることになる。したがって外界の現象を測る現場には常にデータがついて回り、どのようなデータを取ってそれをどう読むかという統計的な思考が必要になる。データはごく具体的で個別的だからそれに応じて工夫をせねばならず、データの性質を見極めたうえで「適切な」モデルを選ぶ必要がある。したがって統計学は個々の状況下で具体的な問題に対処するために展開されることとなり、「普遍」より「具体」の比重が大きくなる。数学のように現実から抽出したモデルそのものを対象とするのではなく、また、物理や化学のように原理が掘り出せればそれでよいというのでもなく、目の前の現象をどのような観点から見てどういうデータを取り出し、得られたデータをどう読んでそこからどのような具体的結論を引き出すかが統計学の生命線なのだ。

こうなると当然、具体的な値が得られない手法や考え方はあまり歓迎されず、計算できるかどうかがひじょうに大きなポイントになってくる。つまり、統計手法には、計算可能でユーザーフレンドリーであることが強く求められるのだ。そう考えると、フィッシャーとジェフリーズの論戦で、フィッシャーが複雑な手順をマニュアルのような実行可能な形にまとめたおかげでフィッシャーの手法が優勢になった、という本文の記述（第3章）もうなずける。

計算可能性という点でいえば、本文中に登場する「共役事前分布」（第11章）もまた、ベイズの法則についてまわる積分計算を可能にした強力な戦略のひとつで、この場合は手順として、ベイズの法則から事前分布を除いた尤度部分の分布に注目し、その形に応じて事前分布と事後分布の形が極端に変わらないような自然な分布を選ぶ。そういわれると思わず、「え？　事前分布ってその問題ごとに真の分布がちゃんと決まってるんじゃないの？」と問い返したくなる。だが、ベイズの核心が事前分布と事後分布をつなぐ「変化の部分」にある（つまりデータから得られた情報はその部分に凝縮されていて、大事なのはそこだ）という視点、さらには新たなデータによる更新の繰り返しこそが肝であるという立場に立てば、このような戦略にも納得がいく。実際、本文にもあるように（むろん場合にもよるが）、事前分布は、それがないとベイズの法則を使った論法が成り立たないからとりあえず考えるもの——読者に任せてもいいような存在——でもあるのだ（第12章）。こういった形でベイズ普及の障害だった計算の難しさを回避するための努力が続き、さらに計算可能性を大きく広げるコンピュータやMCMCが登場したことから、それを受けて一気にベイズが開花したことは本文に詳しい。

というようなわけで、統計は実際的で泥臭く、それでいて科学には欠かせない存在、つまり科学のベッドフェローなのだ。

次に、ベイズ統計がいつ登場してどのような扱いを受けてきたのかを少し見てみよう。

統計学の起源は大きくいって、国家の実体を捉えるためのものと、大量の事象を捉えるためのもの、そして確率的事象を捉えるための数理統計学の三つに分けられ、べイズは三番目の数理統計学の嚆矢《こうし》とされている。事実、フィッシャーはその著書『統計的方法と科学的推論』をベイズ批判からはじめている。

「ベイズの法則」には、既存の知識を新たなデータで更新する形で思考が展開し、人間の自然な思考にそっているという特徴があって、これがベイズの魅力となっている。実際本文にも、ベイズをそれまでの研究とはまったく独立に再発見するシュレイファーのエピソード（第11章）をはじめ、何人もの人々が期せずしてベイズに傾斜する様子が描かれているが、こういった逸話からもベイズの法則にある種人間の思考に通じる普遍性があることがわかる。したがって不確かさに思いを巡らす学者たちにすれば、ベイズ的思考は決して見過ごせるものではなく、ベイズやラプラス以外にも、ラグランジュ、ビュフォン、ガウス、J・S・ミル、ベルトラン、ポアソンといった著名な学者たちが逆確率に関心を持っていた。そうはいっても、人間の自然な思考に沿っているということでその手法が合理化されるわけではない。むしろ科学は、動いていそうにない地球が実は動いていた、というふうに常識を覆す形で進んできた。そのため科学者には人間の常識に安易に依拠することは許されないという強い信念があり、そのうえ一九世紀になって客観性や生データ重視の大きな潮流から客観信仰とでもいうべきものが生まれたことから、ベイズへの猜疑心はさらにかき立てられたのだった。

ベイズの根本に、客観的根拠が薄弱な事前確率（事前分布）という大きな弱点があったのは事実だが、それでもベイズは再三再四ピンチヒッターとして大役を担わされることになった。なぜなら、厳格すぎる頻度主義ではカバーしきれない現実に対処しようとすると、ベイズを使うしかなかったからだ。その結果、科学者たちはアプリオリなものや主観を厭うという強固な姿勢と、ある種人間の自然な思考に沿っていてしかも頻度主義の守備範囲外にも使えるベイズの魅力との間で、きわめてアンビバレントな態度を取ることになった。そしてその態度が、フィッシャーの登場とともに一気に否定に傾いたのである。

フィッシャーの『統計的方法と科学的推論』を読むと、フィッシャーはベイズに対立するものとして自分の方法論を展開したようにも見える。そこでは、曖昧な常識の介入を徹底的に排除するデータ中心主義と事前確率という地雷を避けた推論という方向性が絶対とされ、フィッシャー自身もこのような方向で再現性のある実験計画法を作り、検定の手順を作り、さまざまな新しい概念や手法を生み出していった。天才肌のフィッシャーはストイックなまでに帰無仮説の棄却にこだわったが、その一方でパイオニアらしく細かい点で厳密さに欠けるきらいがあり、しかも厳密さへのこだわりゆえにある種の回りくどさが生じたことは事実だ。

このようなフィッシャーの先駆的仕事を受け継いで、それをさらに積極的に展開するとともに厳密な定義付けを行ったのが、ネイマンとE・ピアソンだった。ネイマンたちは、いわばフィッシャーのアイデアを厳密に跡づけて整理し、同時に統計学の守備範囲を科学的推論の外の世界へと広げたのだ。そう考えると、フィッシャーとネイマンの論争の根底には、統計の守備範囲拡大の葛藤と、厳密さについての考え方の葛藤があったといえそうだ。そして頻度主義は、その葛藤をも推進力に変えてツールや概念の整備に邁進した。

厳密であろうとする指向性と守備範囲を広げようとする指向性の葛藤は、同時に、反ベイズとベイズの戦いを貫く縦糸でもあった。

フィッシャー自身が遺伝学の研究から統計手法を編み出したことを考えれば当然なのだが、フィッシャーの専門分野に最適なのは頻度主義の統計手法だった。ところがジェフリーズは地震のような希に起きることを研究対象としていたから、同じ条件での実験を前提とする頻度主義は使えなかった。にもかかわらず、地震についてなにがしかのことをいうにはどうすればよいかと考えたとき、ジェフリーズはベイズに依拠せざるをえなくなった（第3章）。こうして見ると、対象とする現象によって使うべき統計手法が変わるのは当然のように思えるが、この事実を統計学の世界全体が認めるにはそれなりの時間が必要だった。

ベイズの歴史において一つの大きなターニングポイントとなったワルドの貢献（第11章）にも、実は統計学の対象の拡大が関係している。年代的にはジェフリーズの少し後にあたるワルドは、統計推論にゲーム理論の観点を導入して統計的意思決定論をまとめた。これはつまり、統計学が自然界の法則の理解という科学的推論から一歩も二歩も歩み出て、人々の行動決定の理論に積極的に乗り出したことを意味している。そしてワルドはそのなかで、新たに許容的《アドミッシブル》という概念を作り出し（厳密にはさまざまな条件が付くのだが）、事前確率をすべて考えたときに、それらの事前確率から得られたベイズ推測全体が、ある意味で最良な推測（アドミッシブルな推測）全体と一致していることを数学的に示した。つまり、最良な推測を考えることは、全体としてベイズ推測を考えることに等しいという事実を証明したのである。

　ワルドの完備類定理と呼ばれるこの定理が成り立つことがわかったからといって、どの事前確率が適切かといった具体的な詳細が明らかになるわけではなく、もっといえば、この定理が成り立つにはさまざまな条件が必要だった。しかしそれでも、それまでずっと魅力的だがひとつ決定的な難があるとされてきたベイズが、実は数学的にも最良なものと一致するというお墨付きは、統計に携わる人々の心理に大きな影響を及ぼしたはずだ。

　こうしてお墨付きを得てみれば、元来、体系としてはベイズのほうがすっきりしているという側面があったことも幸いして、ベイズへの心理的ハードルはかなり低くなり、さまざまなベイズ理論が雨後の竹の子のように出現しはじめた（第10章）。そしてサヴェッジによる主観確率の存在証明（第7章）や、統計学の理論化を目指してベイズにさまよい込んだリンドレーによるベイズの理論化（第7章）を経て、やがてコンピュータやさまざまなシミュレーション手法との結合という追い風が吹きはじめると、ベイズは一気に開花した。

それにしても、ベイズと非ベイズとはここまで対立する必要があったのだろうか。そもそも学問というのは論戦の中で発展するものであって、それを生業とする人々が論争をはじめれば、双方ともに少々のことで白旗を揚げるはずがないことは明らかだ。しかも、統計学を拓いた人々がそろいもそろって強烈な自我と個性の持ち主だったことを考えると、その戦いが長引いたのも当然のことだろう。もうひとつ、これはあくまで推測の域を出ないのだが、フィッシャーたちの時代のヨーロッパでは、具体と普遍なら文句なしに普遍が上という意識が今以上に強かったのかもしれない。それに、統計学のイメージも、今とはかなり違っていたはずだ。そのため、自分が専門とする分野に最適な手法を編み出したというだけでは満足できず、自分が作り上げたものがもっとも普遍的な統計学の原理なのだと主張し続けることになったのだろう。しかも、先ほど述べた統計学の特性からいって、判断の鑑となるべき統一理論が屹立しているわけでもなく、争いを収める決定打を欠くとすれば、その後の経緯は容易に想像がつく。そうはいっても、このような普遍を志向する熾烈な論争があればこそ、頻度主義やベイズが理論面や実践面で練り上げられ、完成度を増していったのも事実なのだ。ベイズが、さまざまな意味でふだん人間が行っている推論にナチュラルになじむことは、本文の靴下探しの例（第15章）からもわかるが、だからといって、どんな使い方をしてもかまわないというわけではない。たとえば次のような問題を考えてみよう（数式は絶対に嫌！　という方は、次の三段落をすっ飛ばしてください）。

A市で強盗殺人事件が起こり、X氏が容疑者として逮捕された。現場の血痕から、犯人の血液型は一〇〇人に一人という珍しいものであることがわかり、血液型の一致するX氏が逮捕されたのだが、X氏は果たして犯人なのだろうか。ただしA市の人口は一〇万人とする。これをベイズの法則を使って解くとどうなるか。

C_1　X氏が犯人
C_2　X氏は犯人ではない
A　X氏の血液型が犯人の血液型と一致

とすると、X氏が犯人なら血液型は一致するから$P(A|C_1)=1$

X氏が犯人でなければ血液型が一致する確率は一〇〇分の一だから$P(A|C_2)=1/100$よって、ベイズの定理から、

$$P(C_1|A)=\frac{P(A|C_1)P(C_1)}{P(A|C_1)P(C_1)+P(A|C_2)P(C_2)}$$

$$=\frac{100P(C_1)}{100P(C_1)+P(C_2)}$$

がなりたつ。

さてそこで、この場合の事前確率はどう設定すればよいのか。

(a)　X氏は犯人か犯人でないかの二つに一つだから、犯人である確率は二分の一。

つまり、$P(C_1)=P(C_2)=1/2$　すると先ほどの式から、血液型が一致してX氏が犯人である確率$P(A|C_1)\fallingdotseq 0.990$となる。

(b)　犯人がA市の人間だとしても、A市には一〇万人の人間がいるんだから、X氏が犯人であるという事前確率はどう大きく見積もっても一万分の一くらいだろう。

つまり$P(C_1)=0.0001$、$P(C_2)=0.9999$で、先ほどの式から$P(C_1|A)\fallingdotseq 0.00990$となる。

このように、事前確率の設定のしかた一つで、X氏が犯人である確率は九九パーセント以上にもなれば一パーセント未満にもなる。これがまさに反ベイズ派が非難する事前確率の恣意性で、テューキーがいうように（第13章）「ベイズ派の技法をすべて捨てしまうのは本物の過ちだが…（中略）…ベイズ派の技法をありとあらゆるところで使おうとするのはそれ以上に大きな過ち」なのだ。

さて、統計学という分野の特性からいって、一時は神学とまで謳われたベイズが手順やアルゴリズムと化して派手さを失うこともまた、ツールとしての成熟度の現れといえそうだ。しかし今の例でもわかるように、事前確率の扱い一つで結論ががらっと変わる可能性があり、また、O・J・シンプソンの裁判でも条件付き確率（逆確率）について誤った確率解釈がなされたという有名な話があるくらいで、統計の技法をただの便利なツール、ブラックボックスとして闇雲に使うことはきわめて危うい。やはり実際に統計技法を使うときには、統計の本質を踏まえたうえで、どの問題にどの手法をどう適用すれば適切なのかを絶えず精査する必要があるはずだ。本文中ではスミスがダイアコニスに、「統計学の問題に関していえば、コンピュータにつないでベイズのクランクを回す以外に、もはやなすべきことはない」と述べているが（第16章）、はたしてそこまで楽観してよいものなのかどうか……。

成熟という点でいうと、頻度に基づく事前確率や「優しい《ジェントル》」事前確率などのベイズと頻度主義とのハイブリッドができたこと（第14章）もまた、統計学が成熟した証なのだろう。実用を旨とする分野であればこそ折衷への敷居は低く、モステラーがフェデラリスト・ペーパーズの研究でベイズを使い（第12章）、テューキー（第13章）がデータアナリストを自称したという事実からも、このような変化を読み取ることができる。こうして見てくると、この作品は統計学を今ある姿へと成熟させた一方の陣営――これまでその陣営の外では異端として片付けられてきた陣営――で粘り強く戦い続けた人々や、戦わないまでもその実力を認識し活用してきた人々の列伝といえそうだ。デイヴィッド・サルツブルグの『統計学を拓いた異才たち――経験則から科学へ進展した一世紀』（邦訳は日本経済新聞出版社）がフィッシャーやネイマンの側から見た統計学者列伝だとすれば、それとは逆の側からスポットを当てた統計学者列伝。その意味で、これはたいへん興味深い著作といえる。

この本を訳し終えた今、二〇一一年三月一一日以降の出来事を目の当たりにしてきた一人として、「確率がゼロになるはずだ、という観点にこだわっている限り、何があっても考えは変わらない。これまで毎朝太陽が昇ってきたのだから太陽は毎朝昇るんだ、と決めつけたが最後、ある朝太陽が昇らなかったということにでもならない限り、考えは変わらない」（第9章）というマダンスキーの言葉の重みをつくづく噛みしめている。確率と統計学は、否も応もなく現在のわたしたちの生活に深くかかわっているのである。

ここで、冒頭の著者の注意書きに、さらに一言つけくわえておきたい。この作品で語られている確率とは、たとえば明日雨が降る確率が六〇パーセントというようなピンポイントの数値ではなく（もっとも、この数値が何を示しているのかという問いも、大きな論争の種になるのだが……）確率分布というある種のグラフのことである。確率と一言でいっても、ここで問題となっているのはある特定の事象が起こる可能性を表す単一の数値ではなく、その事象を含むさまざまな事象の確率が全体としてどう分布しているかなのだ。さらに本文にもあるように、統計学では「個々の情報には関心を持たない。……膨大な情報を要約した『中央の値』が重要……」視される（第10章）。つまり、データを塊として見たときの様子が問題なのであって、ここでいう事前確率も事前確率分布のことである。

ここで締めくくりとして、著者について簡単に紹介しておく。

シャロン・バーチュ・マグレインは、スワースモア・カレッジを卒業後、新聞記者生活を送り、現在は社会問題と科学の進歩の関係に関心を持つサイエンスライターとして、「サイエンス」誌や「サイエンティフィック・アメリカン」誌などの雑誌に記事を書いている。邦訳されている著書としては、『お母さん、ノーベル賞をもらう――科学を愛した14人の素敵な生き方』（工作舎、一九九六）、『おもしろ科学こーなってる！　365のQ&A』（三田出版会、一九九七）、『フクロウは本当に賢いか』（三田出版会、一九九八）があり、『お母さん、ノーベル賞をもらう』でワシントン州記者賞を受賞している。

最後になりましたが、ベイズを含む統計学についてのさまざまな質問に快くお答えくださったK先生に、心から感謝いたします。また、この本をご紹介いただいた草思社の久保田創さんには、最初から最後までたいへんお世話になりました。ありがとうございました。

読者のみなさんが、ベイズの法則を巡るきらびやかにして地道な奮闘の歴史を楽しまれることを、心から願ってやみません。

冨永星

二〇一三年八月

主な参考図書

『統計的方法と科学的推論』 フィッシャー 岩波書店
『確率・統計』 楠岡成雄 森北出版
『ベイズ統計学とその応用』 鈴木雪夫ほか 東京大学出版会
『ベイズ統計学概説』 松原望 培風館
『実践としての統計学』 佐伯胖ほか 東京大学出版会
『統計学を拓いた異才たち』 デイヴィッド・サルツブルグ 日本経済新聞出版社

原注

第1章

1　ベイズの死と肖像について、広く二つのまちがいが流布している。まず、埋葬記録やベイズの伝記の著者アンドルー・デイルとデヴィッド・ベルハウスが集めた同時代の文書および埋葬記録によると、ベイズが死んだのは一七六一年四月七日である。ベイズは四月一五日に埋葬されており、この日に死亡したとされることが多い。この混乱は、一つには納骨所の状態が悪かったせいだと思われる。

第二に、世に多く出回っているトーマス・ベイズの肖像は、ほぼ確実に別の「T・ベイズ」の肖像である。このスケッチがはじめて登場したのは、一九三六年にテレンス・オドネルがまとめた『生命保険の成立期の歴史』だった。この著書の三三五ページにある図のキャプションには「バレットが展開し発展させた列順序方式の改良者T・ベイズ師」とあるが、バレットがその手法を展開したのは「我らが」トーマス・ベイズ師の死後五〇年が経った一八一〇年だった。

ベルハウスは（二〇〇四年に）まず、肖像の髪型が時代と合っていないことに気づいた。ロンドンのビクトリア・アルバート博物館のテキスタイルおよびファッションの学芸員シャロン・ノースもこの意見に賛成している。「この肖像の髪型はきわめて二〇世紀的です……牧師の服装は、ローブと帯（カラー）がほとんど変わらないので時代を判別しづらいものです。でもこの男性の髪は……一七五〇年代とはまるで違う。肖像のモデルをするためにカツラをかぶったのでしょう。聖職者は一種の断髪スタイルに仕立てたカツラ――馬の毛でできた短くてとてももしゃもしゃしたカツラに白い粉を振ったもので、ついには『僧のカツラ』と呼ばれるようになったもの――をかぶっていました」

2　Dale (1999) 15.

3　ベイズとプライスの引用は、すべて彼らの小論文からのもの。

第2章

1　ラプラスの私生活の詳細については、Hahn (2004, 2005) に依拠している。ラプラスの生涯に関する文書はすべて、一九二五年に子孫の家が火事で焼けたときになくなったとされていた。しかしハーンはさまざまな原本の在り処を必死に突きとめ、新たな事実を明らかにして、ラプラスの生涯や業績についてのそれまでの憶測を正した。

2　「めくるめく好奇心の拡大」とはダニエル・ロシュ自身が作った言い回しで、古典とされる『啓蒙期のフランス（France in the Enlightenment)』で使われている。

3　Voltaire 24.

4 Koda and Bolton 21.

5 Stigler (1978) 234–35.

6 Laplace (1774) *OC* (8) 27; Laplace (1783/1786) *OC* (11) 37, and Stigler (1986) 359.

7 Laplace (1776) 113.英訳については、Lindberg and Numbers (1986) 268–70.

8 Laplace (1783) *OC* (10) 301.

9 デイルが翻訳したラプラスの「確率計算についての歴史的な覚え書き」(Laplace in Dale's translation (1994) 120, in section titled "Historical note on the probability calculus.") を参照

10 Gillispie (1997) 23.

11 Laplace (1782–85) *OC* (10) 209–340.

12 Laplace (1778–81) *OC* (9) 429 and (1783/1786) *OC* (10) 319.

13 Laplace (1778–81) *OC* (9) 429.

14 「簡単にわかることだが……」とか「これは簡単に拡張できることで……」とか「これは簡単に応用でき……」とか「……であることは明らかである」Laplace (1778/1781) *OC* (9) 383–485. この学生は、ジャン=バティスト・ビオである。

15 Stigler (1986) 135.

16 Gillispie (1997) 81.

17 Laplace (1783/1786) *OC* (10) 295–338.

18 Hald (1998) 236.ラプラスの出生に関する研究についての詳細な議論は230–45を参照。

19 デールの翻訳によるラプラスの『確率の哲学的試論』(Laplace in *Philosophical Essay on Probabilities*, Dale's translation 77)

20 Hahn (2004) 104.

21 ウィリアム・ハーシェル卿が日記に目撃談を記している。Dreyer vol. I, lxii, and Hahn in Woolf.

22 ラプラスの『世界体系の解説』(Laplace from *Exposition du Système du Monde in* Crosland 90.)

23 グレン・シェイファーへのインタビュー

24 Laplace, *Essai Philosophique, translated* in Hahn (2005) 189 and in Dale (1995) 124.

第3章

1 Clerke 200–203.

2 Bell ix and 172–82.

3 David 30.

4 Gillispie (1997) 67, 276–77.

5 Pearson (1929) 208.

6 Porter (1986) 36.

7 Mill in Gigerenzer et al. (1989) 33.

8 デールの著書に引用されている言葉(Dale (1998) 261.)

9 ハルトの著書に載っているG・クリスタルの言葉 (Hald (1998) 275.)

10 Le process Dreyfus vol. 3, 237–31.

11 ベイリーの著書に載っているモリ

ーナの言葉（Bailey (1950) 95–96.）

12 Rubinow (1914) 13.

13 Rubinow (1917) 35.

14 Rubinow (1914–15) 14.

15 Rubinow (1917) 42.

16 Rubinow (1914–15) 14.

17 プルーイットの著書に載っている氏名不詳の人物の言葉（Pruitt (1964) 151.）

18 Whitney (1918) 287.

19 Pruitt 169.

20 同上170.

21 同上

22 マッケンジーの著書に載っているピアソンの言葉（MacKenzie (1981) 204.）

23 ハルトの著書に載っているJ・L・クーリッジの言葉（Hald (1998) 163.）

24 Kruskal 1026.

25 Savage (1976) 445–46.

26 マッケンジーの著書に載っているレオナルド・ダーウィンの言葉（MacKenzie (1981) 19.）

27 ボックスの著書に載っているフィッシャーの言葉（Box (2006) 127.）

28 Fisher (1925) 1.

29 Kruskal 1026.

30 同上1029.

31 Fisher in Kotz and Johnson I 13.

32 ギルの著書に載っているフィッシャーの言葉（Gill 122.）

33 Fisher (1925) 9–11.

34 Hald (1998) 733.

35 Savage (1976) 446.

36 リードの著書に載っているE・ピアソンの言葉（Reid 55–56.）

37 Perks 286.

38 ネイマンの補遺に載っているフィッシャーの言葉（Neyman Supplement 154–57.）

39 ブリリンガーのメールによると、これはテューキーの言葉。

40 aip.org/history/curie/scandal. 二〇〇六年四月一八日にアクセス。

41 De Finetti (1972).

42 リンドレーから著者への手紙。

43 ケイの著書に載っているエッセン・メラーの言葉（Kaye (2004).）

44 Huzurbazar 19.

45 Lindley (1983) 14.

46 Howie 126.

47 同上210.

48 Jeffreys (1939) 99.

49 Lindley (1991) 11.

50 同上391.

51 Jeffreys (1938) 718.

52 Jeffreys (1939) v.

53 Goodman (2005) 284.

54 Howie 165.

55 Box (1978) 441.

56 Lindley (1986a) 43.

57 Jeffreys (1961) 432.

58 Lindley (1983) 8.

59 Lindley (1991) 10.

第4章

1 Churchill 598.
2 コープランドの著書に載っているピーター・トゥインの言葉（Copeland (2006) 567.）
3 Atkinson and Feinberg 36.
4 同上書48に載っているD・G・ケンダルの言葉。
5 コープランドの著書に載っているアラステア・デニストンの言葉（Copeland (2006) 57 and (2004) 219.）
6 コープランドの著書に載っているパトリック・マーンの言葉（Copeland (2004) 271.）
7 同上279.
8 ガンディーとイェーツの著書に載っているマックス・ニューマンの言葉（Gandy and Yates 7.）
9 Copeland (2006) 379.
10 Copeland (2004) 258.
11 Copeland (2006) 379.
12 Copeland (2004) 281.
13 Good (1979) 394.
14 匿名の人物が著者に語った言葉。
15 Britton 214.
16 Hinsley and Stripp 155.
17 グッドへのインタビューで。
18 ミッキーの草稿の章とグッドへのインタビュー。
19 Copeland (2004) 279.
20 同上287–88.
21 同上292.
22 同上289.
23 同上260.
24 この手紙のエピソード全体について、同上336–37.
25 Shiryaev (1991) 313.
26 同上
27 Kolmogorov (1942).
28 Arnold.
29 Copeland (2006) 383.
30 Copeland (2006) 380–82.
31 Turing (1942).
32 カーンの著書に載っているシャノンの言葉（Kahn (1967) 744.）
33 Waddington 27.
34 Koopman (1946) 771.
35 Koopman (1980) 17.
36 同上18.
37 同上60–61.
38 Andresen 82–83.
39 Copeland (2006) 80–81.
40 コープランドの著書に載っているミッキーの言葉（Copeland (2006) 380.）
41 同上244.
42 エドワード・H・シンプソンの著者への手紙。
43 同上
44 ブリトンの著書に載っているグッドの言葉（Britton 221.）
45 Hodges (2000) 290.
46 デニス・リンドレーから著者への手紙。
47 Hilton 7.

第5章

1　グッドへのインタビュー。
2　Sampson et al. 135.
3　ジョン・W・プラットへのインタビュー。
4　Perks 286.
5　DeGroot (1986a) 40–53.
6　Kotz and Johnson I xxxviii.
7　リードの著書に載っている氏名不詳者の言葉（Reid 273.）

第6章

1　伝記に関する詳細はベイリーの息子および義理の娘ロバート・A・ベイリーおよびシャーリー・ベイリーへのインタビューと手紙のやりとりから。
2　Bailey (1942, 1943) 31–32.
3　Hewitt (1969) 80.
4　Bailey (1950) 7.
5　同上31–32.
6　同上7–9.
7　Pruitt 165.
8　Bailey (1950) 8.
9　*PCAS* 37 94–115.
10　カーの著書にあるロングリー＝クックのエピソード（Carr 241–43.）
11　チャールズ・C・ヒューイット・Jrへのインタビュー。
12　ハンス・ビュールマンから著者への手紙。

第7章

1　Stephan et al., 953.
2　グッドへのインタビュー。
3　Reid 216.
4　Fisher (1958) 274.
5　Reid 256.
6　同上226.
7　同上274.
8　コッツとジョンソンの著書に載っているグッドの言葉（Kotz and Johnson I 380.）
9　Fienberg (2006) 19.
10　スミスの著書に載っているリンドレーの言葉（Lindley in Smith (1995) 312.）
11　コープランドの著書に載っているドナルド・ミッキーの言葉（Copeland (2006) 240.）
12　スティーブン・フェインバーグへのインタビュー。
13　ジョージ・E・P・ボックスへのインタビュー。
14　Smith (1995) 308.
15　Sampson (1999) 126–27.
16　同上128.
17　Kotz and Johnson I 520.
18　Lindley (1989) 14.
19　Savage (1956).
20　エリクソンの著書に載っているリンドレーの言葉（Lindley in Erickson 49.）
21　フェインバーグの著書に載ってい

るサヴェッジの言葉（Fienberg (2006) 16–19.）
22 Schrödinger 704.
23 エリクソンの著書に載っているサヴェッジの言葉（Erickson 297.）
24 デヴィッド・シュピーゲルホルターへのインタビュー。
25 ロバート・E・キャスへのインタビュー。
26 氏名不詳
27 Maurice G. Kendall 185.
28 ブルックスのオンラインに載っているクラスカルの言葉（Brooks, online.）
29 リンドレーから著者宛ての手紙に載っているサヴェッジの言葉。
30 Rivett.
31 リンドレーから著者への手紙。
32 Smith (1995) 312.
33 リンドレーから著者への手紙。

第8章

1 マーヴィン・ホッフェンバーグへのインタビュー。
2 同上
3 Cornfield (1975) 14.
4 *Memorial Symposium* 55.
5 Gail 9.
6 同上
7 Gail 10.
8 *Memorial Symposium* 52 and 56に載っている話。
9 Cornfield (1962) 58.
10 Gail 5.
11 Cornfield (1967) 4.
12 Cornfield (1975) 9–11.
13 *Memorial Symposium* 52.
14 エレン・コーンフィールドへのインタビュー。

第9章

1 Jardini 119.
2 Harken.
3 アルバート・マダンスキーへのインタビュー。
4 Iklé (1958) 3.
5 同上73.
6 同上8, 114.
7 Iklé (1958) 74.
8 マダンスキーへのインタビュー。
9 Lindley (1985) 104.
10 マダンスキーへのインタビュー。
11 同上
12 同上
13 Iklé (1958) 54.
14 同上53–54.
15 マダンスキーへのインタビュー。
16 Iklé (1958) 153.
17 Iklé (2006) 46–47.
18 同上
19 同上

第10章

1 Good (1971) 62–63.

2　グレン・シェイファーへのインタビュー。
3　リンドレーから著者への手紙。
4　ボックスへのインタビュー。
5　同上
6　Efron (1977) とインタビュー。
7　ボックスへのインタビュー。
8　Box (2006) 555–56.
9　Bross (1962) 309–10.
10　Savage (1962) 307.
11　Ericson (1981) 299.
12　ボックスへのインタビュー。
13　「わたしは、きわめて……頭から浴びることになりますよ」とはスミスがリンドレーから聞いた言葉（Smith (1995) 310–11.）
14　Bennett 36.
15　Smith (1995) 311.
16　ボックスへのインタビュー。
17　同上
18　ホーマー・ワーナーへのインタビュー。
19　Leahy (1960) 50.
20　Tribe (1971a) 1376.

第11章

1　Fienberg (1990) 206.
2　シュライファーへのインタビュー。
3　プラットへのインタビュー。
4　Pratt, Raiffa, Schlaifer (1965) 1.1.
5　Savage (1956) letter.
6　Schlaifer letter of August 22, 1956.
7　追悼ミサにて (1994).
8　アーサー・シュライファーへのインタビュー。
9　フェインバーグの著書に載っているライファの言葉（Fienberg (2008) 137.）
10　同上138.
11　同上139.
12　同上141.
13　Fienberg (2006) 10.
14　Raiffa (1968) 283.
15　ライファへのインタビュー。
16　Raiffa (2006) 32.
17　Fienberg (2008) 10.
18　ライファへのインタビュー。
19　追悼ミサにて
20　Fienberg (2008) 142.
21　プラット、追悼ミサにて
22　追悼ミサにて
23　アーサー・シュライファーへのインタビュー。
24　同上
25　同上
26　Fienberg (2006) 18.
27　Raiffa (2006) 48, 51.
28　ライファへのインタビュー。
29　シュライファーへのインタビュー。
30　ライファ、追悼ミサにて
31　Raiffa (1968).
32　スミスの著書に載っているリンドレーの言葉（Smith (1995) 312.）
33　McGinnis.
34　Raiffa and Pratt (1995).

第12章

1　この章のモステラーおよびウォリスからの引用のほとんどは、一九六四年および一九八四年に異なるタイトルで刊行された二人の著書からのものである。例外には断り書きをした。
2　デヴィッド・L・ウォリスへのインタビュー。
3　Fienberg et al. 147.
4　同上192.
5　Petrosino.
6　Kolata 397.
7　DeGroot (1986c) 322.
8　Albers et al. (1990) 256–57.
9　Kolata 398.
10　ロバート・E・キャスへのインタビュー。

第13章

1　Bamford 430–31. 筆者はこの議論についてトレントン・ニュージャージー・タイムズに記事を書いた。
2　スティーブン・フェインバーグへのインタビューと電子メール。
3　ブリリンガーの著作に載っているブリリンガーの言葉（Brillinger (2002a) 1549.）
4　Anscombe 296.
5　ブリリンガーの著作に載っているウィーラーの言葉（Brillinger (2002b) 193.）
6　テューキーの描写はAnscombe 289、ブランフォード・マーフィーへのインタビューとMcCullagh 541.
7　ブリリンガーによる記事に載っているエリザベス・テューキーとテューキーの言葉（Brillinger (2002a) 1561–2.）
8　John Chambers, Bell Labs.
9　同上
10　Tukey (1962) 5, 7.
11　Kotz and Johnson II 449.
12　Anscombe 294.
13　Bell Labs News (1985) (25) 18 and Brillinger (2002a) 1556.
14　ブリリンガーの著書に載っているテューキーの言葉（Brillinger (2002a) 1561.）
15　ウォリスへのインタビュー。
16　Fienberg (2006) 24.
17　Wainer 285, Anscombe 290およびウォリスへのインタビュー。
18　それぞれ、ボックスとエドガー・ギルバートへのインタビュー、McCullagh 544 and 554、プラットへのインタビュー。
19　Tukey (1967) in Jones (4) 589.
20　それぞれ、Lyle V. Jones, (III) 108; (IV) xiv; (III)188]; and (III) 394に載っているテューキーの言葉。
21　それぞれ、Brillinger (2002a) 1561; L. Jones (1986) (IV) 771–2; Casella 312.
22　それぞれ、Casella 332 and McCullagh 547.

23 L. Jones (III) 277.「A natural… framework」はCasella 312.
24 ウォリスが著者のインタビューで述べた言葉。
25 Gnanadesikan.
26 L. Jones (IV) 589.
27 ブリリンガーへのインタビュー。
28 Anscombe 300.
29 ウォリスへのインタビュー。
30 ブリリンガーの電子メール。
31 ウォリスへのインタビュー。

第14章

1 In Lyle Jones (IV) 686 and Box and Tiao (1973) 1.
2 それぞれ、Bather 346–47と、ホルムズへのインタビュー。
3 ダイアコニスもリンドレーもインタビューのときにこの出来事に言及していた。
4 Efron (1978) 232.
5 Lindley to Smith (1995) 313.
6 アポスタラキスへのインタビュー。

第15章

1 ジョン・クレイヴンの言葉の引用は、特に注意書きがない限り、著者のインタビューから。
2 クレイヴンは海軍の命令により、ソンタグとドルーの大衆向けの『盲人のこけおどし：アメリカの潜水艦兆候行動の語られなかった物語（*Blind Man's Bluff: The Untold Story of American Submarine Espionage* (1988))』に対抗するために、注なしの『沈黙の戦争：海の中の冷戦の闘争（*The Silent War: The Cold War Battle Beneath the Sea*)』を二週間で書き上げた。クレイヴンは、自分の本のなかでライファの講義に出席したと述べているが、後に著者に、ライファの業績はたぶんＭＩＴのほかの人たちから聞いたのだろうと述べている。
3 Wagner (1988).
4 同上9.
5 ヘンリー・R・「トニー」・リチャードソンの言葉の引用は著者のインタビューから。
6 フランク・A・アンドリュース大佐の電子メール。
7 リチャードソンへのインタビュー。
8 Lewis 99–100, 133, 165, 168. この著書は、現地についての最高の情報源とされている。
9 Craven 173.
10 Lewis 206 and 208.
11 Wagner 10.
12 Craven 205–7.
13 Stone (1975) 54.
14 Craven 202–3.
15 Stone et al. (1999) ix.
16 ジョセフ・H・ディシェンザへのインタビュー。
17 Stone (1999) ix and (1983) 209.
18 同上 (1999) ix.

19 ジョン・「ニック」・ニコルソン海軍中将へのインタビュー。
20 レイ・ヒルボーンへのインタビュー。

第16章

1 A・フィリップ・ダヴィドへのインタビュー。
2 Donald Owen (1976) 421.
3 Cooke 20.
4 ジェフリー・E・ハリスへのインタビュー。
5 エイドリアン・ラフテリーへのインタビュー。
6 Raftery (1986) 145–46.
7 スチュアート・ジーマンへのインタビュー。
8 それぞれ、Shafer (1990) 440; and Diaconis in DeGroot (1986c) 334に載っているダイアコニスの言葉より。
9 Diaconis and Holmes (1996) 5およびリンドレーの筆者宛の手紙より。
10 AFM Smith (1984) 245, 255.
11 アラン・ゲルファンドへのインタビュー。
12 Christian Robert and George Casella.
13 ハウスホルダーの著書に載っているメイヤーの言葉（Householder 19.）
14 W・キース・ヘイスティングスへのインタビュー。
15 S・ゲルファンドへのインタビュー。
16 Robert and Casella (2008).
17 Gelfand et al. (1990).
18 Gill 332.
19 Kuhn.
20 デヴィッド・シュピーゲルハルターへのインタビュー。
21 Spiegelhalter, Abrams, and Myles.
22 Taylor and Gerrodette (1993).
23 ラフテリーへのインタビュー。
24 ポール・R・ウェイドへのインタビュー。
25 デグルートによる記事に載っているブラックウェルの言葉（DeGroot (1986a).）
26 Diaconis and Holmes (1996) 5.
27 19世紀のジョン・ラッセル卿とウィリアム・グラッドストーン、20世紀のハロルド・ウィルソンである。

第17章

この章のほとんどの引用は筆者とのインタビューでの言葉。例外は注で断ってある。

1 Unwin 190; Schneider; Ludlum 394.「今や我々はみなベイジアンだ」という文句は、ジョン・メイナード・ケインズに帰せられることがあるが、おそらく最初に登場したのはジョン・C・ヘンリエッタとリチャード・T・キャンベルのアメリカ社会学レビュー、Status Attainment and Status Maintenance: A Study of Stratification in Old Age in *American Sociological Review* (41)

981–92.だろう。何ともややこしいことに、キャンベルはその前に広く人口に膾炙した慣用句「我々は今やみなケインジアンだ」をもじっていたのだが、もとになったこのコメントは、一九六六年にミルトン・フリードマンが作ったものを一九七一年にリチャード・ニクソン大統領が「世間に広めた」とされている。この「ケインジアン」に関する引用の起源を突きとめることができたのは、スティーブン・セン、マイケル・キャンベルとウィキペディアのおかげである。

2　スウィンバーンの著書に載っているデヴィッドの言葉（Swinburne (2002) 84）

3　Greenspan.

4　同上

5　*New York Times*, January 4, 2009.

6　Weaver 15.

参考文献

略記

JASA	*Journal of the American Statistical Association*
JRSS	*Journal of the Royal Statistical Society*
OC	*Oeuvres Complètes de Laplace*
PCAS	*Proceedings of the Casualty Actuarial Society*

第1章

Bayes, Joshua. *Sermons and Funeral Orations*. English Short Title database of 18th-century microfilms. Reels 7358 no. 08; 7324 no. 06; 7426 no. 03; and 7355 no. 08.

Bayes, Thomas, and Richard Price. (1763) An essay towards solving a problem in the doctrine of chances. By the late Rev. Mr. Bayes, F.R.S. Communicated by Mr. Price, in a letter to John Canton, A.M.F.R.S. A letter from the late Reverend Mr. Thomas Bayes, F.R.S., to John Canton, M.A. and F.R.S. Author(s): Mr. Bayes and Mr. Price. *Philosophical Transactions* (*1683-1775*) (53) 370-418. Royal Society. The original Bayes-Price article.

Bayes, Thomas. (1731) "Divine benevolence: Or, an attempt to prove that the principal end of the divine providence and government is the happiness of his creatures." London.

---. (1763) *An Introduction to the Doctrine of Fluxions, and Defence of the Mathematicians against the Objections of the Author of the Analyst*. Printed for J. Noon, London. The Eighteenth Century Research Publications Microfilm A 7173 reel 3774 no. 06.

Bebb, ED. (1935) *Nonconformity and Social and Economic Life 1660-1800*. London: Epworth Press.

Bellhouse, David R. (2002) On some recently discovered manuscripts of Thomas Bayes. *Historia Mathematica* (29) 383-94.

---. (2007a) The Reverend Thomas Bayes, FRS: A biography to celebrate the

tercentenary of his birth. *Statistical Science* (19:1) 3-43. With Dale (2003) the main source for Bayes' life.

---. (2007b) Lord Stanhope's papers on the Doctrine of Chances. *Historia Mathematica* (34) 173-86.

Bru, Bernard. (1987) Preface in *Thomas Bayes. Essai en vue de résoudre un problème de la doctrine des chances,* trans. and ed., J-P Cléro. Paris.

---. (1988) Estimations laplaciennes. Un exemple: La recherche de la population d'un grand empire, 1785-1812. *J. Soc. Stat. Paris* (129) 6-45.

Cantor, Geoffrey. (1984) Berkeley's The Analyst revisited. Isis (75) Dec. 668-83.

Cone, Carl B. (1952) *Torchbearer of Freedom: The Influence of Richard Price on Eighteenth-Century Thought.* University of Kentucky Press.

Chesterfield PDS. (1901) *Letters to His Son: On the Fine Art of Becoming a Man of the World and a Gentleman.* M. Walter Dunne.(邦訳は『わが息子よ、君はどう生きるか』フィリップ・チェスターフィールド 著、竹内均 訳・解説、三笠書房)

Dale, Andrew I. (1988) On Bayes' theorem and the inverse Bernoulli theorem. *Historia Mathematica* (15) 348-60.

---. (1991) Thomas Bayes's work on infinite series. *Historia Mathematica* (18) 312-27.

---. (1999) *A History of Inverse Probability from Thomas Bayes to Karl Pearson.* 2d ed. Springer. One of the foundational works in the history of probability.

---. (2003) *Most Honourable Remembrance: The Life and Work of Thomas Bayes.* Springer. With Bellhouse, the main source for Bayes' life.

Daston, Lorraine. (1988) *Classical Probability in the Enlightenment.* Princeton University Press.

Deming WE, ed. (1940) *Facsimiles of Two Papers by Bayes, With Commentaries by W. E. Deming and E. C. Molina.* Graduate School. Department of Agriculture. Washington, D.C.

Earman, John. (1990) Bayes' Bayesianism. *Studies in History and Philosophy of Science* (21) 351-70.

---. (2002) Bayes, Hume, Price, and miracles. In *Bayes's Theorem,* ed., Richard Swinburne. 91-109.

Gillies, Donald A. (1987) Was Bayes a Bayesian? *Historia Mathematica* (14) 325-46.

Haakonssen, Knud. (1996) *Enlightenment and Religion: Rational Dissent in Eighteenth-Century Britain.* Cambridge University Press.

Hacking, Ian. (1990) *The Taming of Chance.* Cambridge University Press.（邦訳は『偶然を飼いならす：統計学と第二次科学革命』イアン・ハッキング著、石原英樹・重田園江訳、木鐸社）

---. (1991) Bayes, Thomas. *Biographical Dictionary of Mathematicians* vol. 1, Charles Scribner's Sons.

Hald, Anders. (1990) *A History of Probability and Statistics and Their Applications before 1750.* John Wiley and Sons.

---. (1998) *A History of Mathematical Statistics from 1750 to 1930.* John Wiley and Sons. A classic.

Hembry, Phyllis M. (1990) *The English Spa 1560-1815: A Short History.* Athlone Press, Fairleigh Dickinson University Press.

Holder, Rodney D. (1998) Hume on miracles: Bayesian interpretation, multiple testimony, and the existence of God. *British Journal for the Philosophy of Science* (49) 49-65.

Holland JD. (1968) An eighteenth-century pioneer Richard Price, D.D., F.R.S. (1723-1791). *Notes and Records of the Royal Society of London* (23) 43-64.

Hume, David. (1748) *An Enquiry Concerning Human Understanding.* Widely available. Online see Project Gutenberg.（邦訳は『人間知性研究』デイヴィッド・ヒューム著、斎藤繁雄・一ノ瀬正樹訳、法政大学出版局など）

Jacob, Margaret C. (1976) *The Newtonians and the English Revolution 1689-1720.* Cornell University Press.（邦訳は『ニュートン主義者とイギリス革命：1689-1720』マーガレット・ジェイコブ著、中島秀人訳、学術書房）

Jesseph DM. (1993) *Berkeley's Philosophy of Mathematics.* University of Chicago Press.

Klein, Lawrence E. (1994) *Shaftesbury and the Culture of Politeness: Moral Discourse and Cultural Politics in Early Eighteenth-Century England.* Cambridge University Press.

Miller, Peter N. (1994) *Defining the Common Good: Empire, Religion and Philosophy in Eighteenth Century England. Cambridge* University Press.

Owen, David. (1987) Hume versus Price on miracles and prior probabilities: Testimony and the Bayesian calculation. *Philosophical Quarterly* (37) 187-202.

Price, Richard. *Four Dissertations*. 3d ed. (1772). Dissertation IV: On the nature of historical evidence and miracles. Google online.

Sobel, Jordan Howard. (1987) On the evidence of testimony for miracles: A Bayesian interpretation of David Hume's analysis. *Philosophical Quarterly* (37:147) 166-86.

Stanhope G, Gooch GP. (1914) *The Life of Charles Third Earl Stanhope*. Longmans, Green.

Statistical Science (2004) Issue devoted to Thomas Bayes. (19:1) Many useful articles.

Stigler, Stephen M. (1983). Who discovered Bayes's Theorem? American Statistician 37 290-96.

---. (1986). The History of Statistics: The Measurement of Uncertainty before 1900. Belknap Press of Harvard University Press. A classic and the place to start for Thomas Bayes.

---. (1999). Statistics on the Table: The History of Statistical Concepts and Methods. Harvard University Press.

Thomas, DO. (1977) *The Honest Mind: The Thought and Work of Richard Price. Clarendon Press.* Thomas is the authority on Price and edited his correspondence. Thomas, DO, and Peach, WB. (-1994) Eds. *The Correspondence of Richard Price*, vols 1-3. Duke University Press.

Watts, Michael R. (1978) *The Dissenters* vols. 1 and 2. Clarendon Press.

第2章

Albrecht, Peter. (1998) What do you think of smallpox inoculations? A crucial question in the eighteenth century, not only for physicians. In *The Skeptical Tradition around 1800*, eds., J. van der Zande, RH Popkin. Dordrecht, Kluwer Academic Publishers. 283-96.

Arago, F. (1875) Laplace: Eulogy before the French Academy. Trans. Baden Powell. Smithsonian Institution. Annual report 1874 in Congressional Papers for 43rd Congress. Washington, D.C., 129-68.

Arbuthnot J. (1711) An argument for Divine Providence, taken from the constant regularity observed in the births of both sexes. *Philos. Trans. Roy. Soc., Lond.* (27) 186-90.

Baker, Keith Michael. (1975) *Condorcet: From Natural Philosophy to Social Mathematics.* University of Chicago Press.

Biot, JB. (1850) Une anecdote relative à M. Laplace. *Journal Des Savants* 65-71.

Buffon. (1774) A Monsieur de la Place. Journal Officiel May 24, 1879, p. 4262; and *Comptes Rendus Hebdomadaires des Séances de l'Académie des Sciences* (88) 1879, 1019. I am indebted to Roger Hahn for this letter.

Bugge T, Crosland M. (1969) *Science in France in the Revolutionary Era.* Society for the History of Technology and MIT Press.

Clark W, Golinski J, Schaffer S. (1999) *The Sciences in Enlightened Europe.* University of Chicago Press.

Condorcet, Jean-Antoine-Nicolas de Caritat, B. Bru, P. Crépel (1994) *Condorcet, Arithmétique politique Textes rares ou inédits* (1767-1789). Presses Universitaires de France.

Crosland, Maurice P. (1967) *The Society of Arcueil; A View of French Science at the Time of Napoleon I.* Harvard University Press.

Dale, Andrew I. (1995) *Pierre-Simon Laplace: Philosophical Essay on Probabilities. Trans.* and notes by Dale. Springer-Verlag.

---. (1999) *A History of Inverse Probability from Thomas Bayes to Karl Pearson.* 2d ed. Springer. One of the foundational works in the history of probability.

Daston, Lorraine. (1979) D'Alembert's critique of probability theory. *Historia Mathematica* (6) 259-79.

Dhombres, Jean. (1989) Books: reshaping science. In *Revolution in Print: The Press in France 1775-1800,* eds., R Darnton, D Roche. University of California Press. 177-202.

Doel, Ronald E. (1990) Theories and origins in planetary physics. *Isis* (90) 563-68.

Dreyer JLF, ed. (1912) *The Scientific Papers of Sir William Herschel,* vol. I. London: Royal Society and Royal Astronomical Society.

Dunnington, G. Waldo. *Carl Friedrich Gauss: Titan of Science.* Exposition Press, 1955.（邦訳は『ガウスの生涯：科学の王者』ダニングトン著、銀林浩・小島穀男・田中勇訳、東京図書）

Duveen DI, Hahn R. (1957) Laplace's succession to Bézout's post of examinateur des élèves de l'artillerie. *Isis* (48) 416-27.

Duveen DI, Hahn R (1958) Deux Lettres de Laplace à Lavoisier. *Revue d'histoire des Sciences et de leurs Applications* (11:4) 337-42.

Fourier, Joseph. (1830) *Historical Eulogy of the M. le Marquis de Laplace.* Trans. RW Haskins. Buffalo ; and (1831) Eloge historique de M. le marquis de Laplace,

prononcé . . . le 15 juin 1829, MASIF (10) lxxxi-cii.

Fox, Robert. (1974) The rise and fall of Laplacian Physics. *Historical Studies in the Physical Sciences* (4) 89-136.

---. (1987) La professionalisation: un concept pour l'historien de la science française au XIXe siècle. *History and Technology* (4) 413-22.

Gillispie, Charles C. (1972) Probability and politics: Laplace, Condorcet, and Turgot. *Proceedings of the American Philosphical Society* (116) 1-20.

---. (1978) Laplace, Pierre-Simon, Marquis De. *Dictionary of Scientific Biography,* Supplement I, Vol. XV. Charles Scribner's Sons.

---. (1979) Mémoires inedits ou anonymes de Laplace. *Revue d'Histoire des Sciences et de Leurs Applications* (32) 223-80.

---. (2004) *Science and Polity in France: The End of the Old Regime.* And *Science and Polity in France: The Revolutionary and Napoleonic Years.* Princeton University Press.

Gillispie, CC., with Robert Fox and Ivor Grattan-Guinness. (1997) *Pierre-Simon Laplace 1749-1827: A Life in Exact Science.* Princeton University Press.

Greenberg, John. (1986) Mathematical physics in eighteenth-century France. *Isis* (77) 59-78.

Grimaux, Édouard. (1888) *Lavoisier 1743-1794*. Alcan, Paris.（邦訳は『ラボアジエ :1743-1794』エドアール・グリモー 著、田中豊助ほか訳、内田老鶴圃）

Grimsley, Ronald. (1963) *Jean d'Alembert 1717-83*. Clarendon Press.

Guerlac, Henry. (1976) Chemistry as a branch of physics: Laplace's collaboration with Lavoisier. *Historical Studies in the Physical Sciences* (7) 193-276.

Hahn, Roger. (1955) Laplace's religious views. *Archives Internationals d'Histoire des Sciences* (8) 38-40.

---. (1967a) *Laplace as a Newtonian Scientist*. William Andrews Clark Memorial Library 1967.

---. (1967b) Laplace's first formulation of scientific determinism in 1773. *Nadbitka. Actes du XIe Congrès International d'Histoire des Sciences.* (2) 167-171.

---. (1969) Élite scientifique et democratie politique dans la France révolutionnaire. *Dix-Huitième Siècle* (1) 252-73.

---. (1976) Scientific careers in eighteenth-century France. In *The Emergence of Science in Western Europe,* ed., Maurice Crossland. New York: Science History

Publications.

---. (1981) Laplace and the vanishing role of God in the physical universe. In *The Analytic Spirit*, ed., Harry Woolf. Cornell University Press. 85-95.

---. (1987a) Changing patterns for the support of scientists from Louis XIV to Napoleon. *History and Technology* (4) 401-11.

---. (1987b) Laplace and Boscovich. *Proceedings of the Bicentennial Commemoration of R. G. Boscovich*, eds., M. Bossi, P. Tucci. Milan.

---. (1989) The triumph of scientific activity: From Louis XVI to Napoleon. *Proceedings of the Annual Meeting of the Western Society for French History* (16) 204-11.

---. (1990) The Laplacean view of calculation. In *The Quantifying Spirit in the 18th Century*, eds., T Frängsmyr, HL Heilbron, RE Rider. University of California Press. 363-80.

---. (1994) Le role de Laplace à l'École Polytechnique. In La *Formation polytechnicienne, 1794-1994,* eds., B. Belhoste, A. Dahan and A. Picon. Seyssel.

---. (1995) Lavoisier et ses collaborateurs: Une Équipe au Travail. In *Il y a 200 Ans Lavoisier*, ed., C. Demeulenaere-Douyère, Paris: Technique et Documentation Lavoisier. 55-63.

---. (2005) *Pierre Simon Laplace, 1749-1827: A Determined Scientist*. Harvard University Press; (2004) *Le Système du Monde: Pierre Simon Laplace, Un Itinéraire dans la Science*. Trans. Patrick Hersant. Éditions Gallimard. These are the same book, the original in English, the translation in French. These books are my primary sources for Laplace's life.

Hald, Anders. (1998) A *History of Mathematical Statistics from 1750 to 1930*. John Wiley and Sons. A classic.

Hankins, Thomas L. (1970) *Jean d'Alembert: Science and the Enlightenment*. Oxford University Press.

---. (1985) *Science and the Enlightenment*. Cambridge University Press.

Harte, Henry H. (1830) *On the System of the World*. English translation of Laplace's *Exposition du système du monde*. Dublin University Press.

Heilbron HL. (1990) Introductory essay and The measure of enlightenment. In *The Quantifying Spirit in the 18th Century*, eds., T Frängsmyr, HL Heilbron, RE Rider. University of California Press. 1-24, 207-41.Herivel, John. (1975) *Joseph Fourier: The Man and the Physicist*. Clarendon Press.

Holmes, Frederick Lawrence. (1961) *Antoine Lavoisier-The Next Crucial Year; or, the Sources of His Quantitative Method in Chemistry.* Cornell University Press.

Koda H, Bolton A. (2006) *Dangerous Liaisons: Fashion and Furniture in the Eighteenth Century.* Metropolitan Museum of Art and Yale University Press.

Laplace, Pierre Simon. (1878-1912) *Oeuvres Complètes de Laplace.* 14 vols. National Bibliothèque de la France. Available online. In some cases, two dates are given; the first is the year when Laplace read his paper to the academy, the second when it was published. We are indebted to Charles C. Gillispie for rationalizing Laplace's publication dates.

---. (1773) Recherches: 1o sur l'intégration des equations différentielles aux différences finies, and sur leur usage dans la théorie des hazards; 2o Sur le principe de la gravitation universelle, and sur les inégalités séculaires des planètes qui en dependent. (February 10, 1773) OC (8) 69-197, 198-275.

---. (1774a) Mémoire sur la probabilité des causes par les événements. *OC* (8) 27-69. This is Laplace's discovery of inverse probability, his first version of what is now known as Bayes' rule. For the English translation with modern mathematical notation, see Stigler (1986).

---. (1774b) Mémoire sur les suites récurro-récurrentes et sur leurs usages dans la théorie des hazards. *OC* (8) 5-24.

---. (1776) Sur le principe de la gravitation universelle et sur les inégalités séculaires des planets qui en dependent. *OC* (8) 201-78.

---. (1778/81) Mémoire sur les Probabilités. *OC* (9) 383-485.

---. (1782/1785) Mémoire sur les approximations des formules qui sont functions de très grands nombres. *OC* (10) 209-294.

---. (1783/1786) Mémoire sur les approximations des formulas qui sont functions de très grands nombre (suite). *OC* (10) 295-338.

---. (1783/1786) Sur les naissances, les mariages, et les morts à Paris, depuis 1771 jusqu'en 1784, et dans toute l'étendue de la France, pendant les années 1781 et 1782. *OC* (11) 35-49.

---. (1787/1788) Sur l'équation séculaire de la lune." *OC* (11) 243-71.

---. (1788) Théorie de Jupiter et de Saturne. *OC* (11) 95-207 and (Suite) 211-39.

---. (1800) *Séances des Écoles Normales, receuillies par des Sténographes, et revues par les Professeurs,* nouvelle édition, tome sixième, Paris: l'Primerie du Cercle-

Social.
---. (1815/1818) *Sur l'Application du calcul des probabilities à la philosophie naturelle. OC* (13) 98-116.
---. (1818) Troisième Supplément, Application de calcul des probabilités aux opérations géodésiques. *OC* (7) 531-80.
---. (1826/1829) Mémoire sur les deux grandes inégalités de Jupiter et de Saturne. *OC* (13) 313-33.
Lind, Vera. (1998) Skepticism and the discourse about suicide in the eighteenth century. In *The Skeptical Tradition around 1700*, eds., J van der Zande, RH Popkin. Kluwer Academic Publishers. 296-313.
Lindberg DC, Numbers RL, eds. (1986) *God and Nature: Historical Essays on the Encounter between Christianity and Science.* University of California Press.（邦訳は『神と自然：歴史における科学とキリスト教』D. リンドバーグ, R.L. ナンバーズ編、渡辺正雄監訳、みすず書房）
---. (2003) *When Science and Christianity Meet.* University of Chicago Press.
Luna, Frederick A. de. (1991) The Dean Street style of revolution: J.-P. Brissot, jeune philosophe. *French Historical Studies* (17:1) 159-90.
Maréchal, Pierre Sylvain. (VIII) Dictionnaire des athées anciens et modernes. Paris. 231-32.
Marmottan, Paul. (1897). *Lettres de Madame de Laplace à Élisa Napoléon, princesse de Lucques et de Piombino*. Paris.
Mazzotti, Massimo. (1998) The geometers of God: Mathematics and reaction in the Kingdom of Naples. Isis (89) 674-701.
Numbers, Ronald L. (1977) *Creation by Natural Law: Laplace's Nebular Hypothesis in American Thought.* University of Washington Press.
Orieux, Jean. (1974) *Talleyrand: The Art of Survival.* Alfred A. Knopf. A classic about Laplace's era.（邦訳は『タレラン伝　上・下』ジャン・オリユー著、宮澤泰訳、藤原書店）
Outram, Dorinda. (1983) The ordeal of vocation: The Paris Academy of Sciences and the Terror, 1793-95. *History of Science* (21) 251-73.
Parcaut M et al. (1979) History of France. *Encyclopaedia Britannica* (7) 611-81.
Pelseneer, Jean. (1946) La religion de Laplace. *Isis* (36) 158-60.
Poirier, Jean-Pierre. (1998) *Lavoisier: Chemist, Biologist, Economist.* Trans. Rebecca

Balinski. University of Pennsylvania Press.

Porter, Roy,(2003) Introduction. In *The Cambridge History of Science (4) Eighteenth-Century Science, ed., R Porter.* Cambridge University Press.

Rappaport, Rhoda. (1981) The liberties of the Paris Academy of Sciences 1716-1785. In The Analytic Spirit, ed., Harry Woolf. Cornell University Press. 225-53. Richards, Joan L. (2006) Historical mathematics in the French eighteenth century. *Isis* (97) 700-713.

Roche, Daniel. (1998) *France in the Enlightenment.* Trans. Arthur Goldhammer. Harvard University Press. A classic.

Sarton, George. (1941) Laplace's religion. Isis (33) 309-12.

Shafer, Glenn. (1990) The unity and diversity of probability. *Statistical Science* (5:4) 435-62.

Shepherd W. (1814) *Paris in Eighteen Hundred and Two and Eighteen Hundred and Fifteen.* 2d ed. M. Carey.

Simon, Lao G. (1931) The influence of French mathematicians at the end of the eighteenth century upon the teaching of mathematics in American colleges. Isis (15) 104-23.

Stigler SM. (1975) Napoleonic statistics: The work of Laplace. *Biometrika* (62:2) 503-17.

---. (1978). Laplace's early work: Chronology and citations. *Isis* (69) 234-54.

---. (1982) Thomas Bayes's Bayesian Inference. *JRSS*, A. (145) Part 2, 250-58. Bayes' article with modern mathematical notation and Stigler's commentary. The starting place for anyone interested in Bayes.

---. (1983) Who discovered Bayes's Theorem? *American Statistician* (37) 290-96.

---. (1986a) Laplace's 1774 memoir on inverse probability. *Statistical Science* (1) 359-63. Stigler's English translation with modern mathematical notation. The best place to read this famous paper.

---. (1986b). *The History of Statistics: The Measurement of Uncertainty before 1900.* Belknap Press of Harvard University Press. A classic.

---. (2003) Casanova's lottery. *University of Chicago Record* (37:4) 2-5.

Todhunter I. (1865) *A History of the Mathematical Theory of Probability: From the Time of Pascal to that of Laplace.* Cambridge University Press.

Ulbricht, Otto. (1998) The debate about capital punishment and skepticism in late

enlightenment Germany. In *The Skeptical Tradition around 1800*, eds., J Van der Zande, RH Popkin. Kluwer Academic Publishers. 315-28.

Union des Physiciens de Caen. (1999) L'Année Laplace. Section Académique de Caen, http://www.udppc.asso.fr/section/caen/caen.htm

Voltaire. (1961) On the Church of England, on the Presbyterians, on Academies. In *Philosophical Letters*. Bobbs-Merrill.

Williams, L. Pearce. (1956) Science, education and Napoleon I. *Isis* (47) 369-82.

Zabell SL. (1988) Buffon, Price, and Laplace: Scientific attribution in the 18th century. *Archive for the History of Exact Sciences* (39) 173-82.

第3章

Alexander, R. Amir. (2006) Tragic mathematics: Romantic narratives and the refounding of mathematics in the early nineteenth century. *Isis* (97) 714-26.

Anonymous. (August 27, 1899) Traps Mercier and Maurel: Capt. Freystaetter convicts both of giving false evidence-Bertillon affords more amusement. *New York Times* 1,2. By a courtroom reporter at Dreyfus's trial.

Anonymous. (1964) Edward C. Molina. *American Statistician* (18:3) 36.

Barnard, George A. (1947) Review: [untitled]. *JASA* (42:240) 658-65.

Bell ET. (1937) *Men of Mathematics. Touchstone* 1986 edition.（邦訳は『数学をつくった人びと1・2・3』E.T.ベル著、田中勇・銀林浩訳、早川書房）

Bellamy, Paul B. (1997) *A History of Workmen's Compensation 1898-1915: From Courtroom to Boardroom*. Garland Publishing.

Bennett JH, ed. (1990) *Statistical Inference and Analysis: Selected Correspondence of R. A. Fisher*. Clarendon Press.

Bolt, Bruce A. (1991) Sir Harold Jeffreys and geophysical inverse problems. *Chance* (4:2) 15-17.

Box, Joan Fisher. (1978) *R. A. Fisher: The Life of a Scientist*. John Wiley.

Broemling, Lyle D. (2002) The Bayesian contributions of Edmond Lhoste. *ISBA Bulletin* 3-4.

Bru, Bernard. (1993) Doeblin's life and work from his correspondence. *Contemporary Mathematics* (149) 1-64.

---. (1996) Problème de l'efficacité du tir à l'école d'artillerie de Metz. Aspects

théoriques et expérimentaus. *Mathématiques et sciences humaines* (136) 29-42.

---. (1999) Borel, Lévy, Neyman, Pearson et les autres. *MATAPLI* (60) 51-60.

---. (2006) Les leçons de calcul des probabilities de Joseph Bertrand: Les Lois du hazard. Journ@l électronique d'Histoire des Probabilités et de la Statistique/ Electronic Journal of History of Probability and Statistics. (2:2) www.jehps.net.

Clerke, Agnes Mary. (1911) Laplace. *Encyclopaedia Britannica* (16) 200-203.

Cochran WM. (1976) Early development of techniques in comparative experimentation. In *On the History of Statistics and Probability*, ed., DB Owen. Marcel Dekker. 1-26.

Cook, Alan. (1990) Sir Harold Jeffreys, 2 April 1891-18 March 1989. *Biographical Memoirs of Fellows of the Royal Society* (36) 302-33.

Crépel, Pierre. (1993) Henri et la droite de Henry. *MATAPLI* (36) 19-22.

Dale, Andrew I. (1999) *A History of Inverse Probability from Thomas Bayes to Karl Pearson.* 2d ed. Springer. One of the foundational works in the history of probability.

Daston, Lorraine J. (1987) The domestication of risk: mathematical probability and insurance 1650-1830. In *The Probabilistic Revolution* I, eds., L Krüger, L Daston, M Heidelberger. MIT Press. 237-60.（邦訳は『確率革命：社会認識と確率』L.クリューガー, L.ダーストン, M.ハイデルベルガー編著、近昭夫ほか訳、梓出版社、抄訳）

---. (1994) How probabilities came to be objective and subjective. *Historia Mathematica* (21) 330-44.

Daston L, Galison P. (2007) Objectivity. Zone Books.

David, Florence Nightingale. (1962) *Games, Gods and Gambling.* Charles Griffin. 1998 Dover Edition.

Dawson, Cree S., et al. (2000) Operations research at Bell Laboratories through the 1970s: Part 1. *Operations Research* (48) 205-15.

De Finetti, Bruno. (1972) *Probability, Induction and Statistics: The Art of Guessing.* John Wiley and Sons.

Edwards AWF. (1994) R. A. Fisher on Karl Pearson. *Notes and Records of the Royal Society of London* (48) 97-106.

---. (1997) What did Fisher mean by "Inverse Probability" in 1912-1922? *Statistical Science* (12) 177-84.

Efron, Bradley. (1998) R. A. Fisher in the 21st century. *Statistical Science* (13) 95-122.

Estienne JE. (March 10, 1890) "Étude sur les erreurs d'observation." In *Archives de L' Institut de France*. Académie des Sciences.

---. (1892) "La probabilité de plusieurs causes étant connue, à quelle cause est-il plausible d'attribuer l'arrivé de l'évènement?" *Comptes Rendus des Séances de L' Académie des Sciences* (114:semester 1892) 1223.

---. (1905/6) *Loisirs d'Artilleurs.* Berger-Levrault.

Fagen MD, ed. (1975) *The History of Engineering and Science in the Bell System: The History of the Early Years 1875-1925.* Vol. 1. Bell Telephone Laboratories Inc.

Fienberg, Stephen E. (1992) Brief history of statistics in three and one-half chapters: A review essay. *Statistical Science* (7) 208-25.

Filon LNG. (1936) Karl Pearson 1857-1936. *Obituary Notices of the Royal Society* (2) 73-110.

Fisher, Arne. (1916) Note on an application of Bayes' rule in the classification of hazards in experience rating. *PCAS* (3) 43-48.

Fisher, Ronald Aylmer. (1925) *Statistical Methods for Research Workers.* Oliver and Boyd.

Gigerenzer G, Swijtink Z, Porter T, Daston L, Beatty J, Krüger L. (1989) *The Empire of Chance: How Probability Changed Science And Everyday Life.* Cambridge University Press. Many useful articles.

Hacking, Ian. [1989] Was there a probabilistic revolution 1800-1930? In *The Probabilistic Revolution,* eds., L Krüger, LJ Daston, and M Heidelberger. Vol. 1. MIT Press.（邦訳は『確率革命：社会認識と確率』L.クリューガー, L.ダーストン, M.ハイデルベルガー編著、近昭夫ほか訳、梓出版社、抄訳）

Hald, Anders. (1998) *A History of Mathematical Statistics from 1750 to 1930.* John Wiley and Sons. A classic.

Howie, David. (2002) *Interpreting Probability: Controversies and Developments in the Early Twentieth Century.* Cambridge University Press. The Fisher-Jeffreys debate.

Huzurbazar, Vassant S. (1991) Sir Harold Jeffreys: Recollections of a student. *Chance* (4:2) 18-21.

Jeffreys, Bertha Swirles. (1991) Harold Jeffreys: Some reminiscences. *Chance* (4:2) 22-26.

Jeffreys, Harold. (1939, 1948, 1961). *Theory of Probability.* Clarendon Press.

Kass RE, Raftery AE. (1995) Bayes factors. *JASA* (90:430) 773-95.

Kaye, David H. (2007) Revisiting *Dreyfus*: A more complete account of a trial by mathematics. *Minnesota Law Review* (91:3) 825-35.

Knopoff, Leon. (1991) Sir Harold Jeffreys: The Earth: Its origin, history, and physical constitution. *Chance* (4:2) 24-26.

Kolmogorov AN, Yushkevich AP. (1992) *Mathematics of the 19th Century* vol. 1. Birkäuser Verlag.（邦訳は『19世紀の数学』A.N.コルモゴロフ，A.P.ユシュケヴィッチ 編、三宅克哉・小林昭七・藤田宏・落合卓四郎監訳、朝倉書店）

Krüger L, Daston L, Heidelberger M, eds. (1987) *The Probabilistic Revolution*, vol. 1: *Ideas in History*. MIT Press.（邦訳は『確率革命：社会認識と確率』、抄訳）

Krüger L, Gigerenzer G, Morgan M, eds. (1987) *The Probabilistic Revolution,* vol. 2: *Ideas in History*. MIT Press.（邦訳は『確率革命：社会認識と確率』、抄訳）

Kruskal, William. (1980) The Significance of Fisher: A review of *R. A. Fisher: The Life of a Scientist. Journal of the American Statistical Association* (75) 1019-30.

Le process Dreyfus devant le conseil de guerre de Rennes (7 aout-9 septembre 1899): compte-rendu sténographique in extenso. (1899) http://gallica2.bnf.fr/ark:/12148/bpt6k242524.zoom.r=procès.f335.langEN.tableDesMatieres.

Lightman, Bernard. (2007) *Victorian Popularizers of Science*. University of Chicago Press.

Lindley DV. (1983) Transcription of a conversation between Sir Harold Jeffreys and Professor D. V. Lindley from a videotape made on behalf of the Royal Statistical Society. In St. John's College, Cambridge, UK, Papers of Sir Harold Jeffreys A25.

---. (1986a) On re-reading Jeffreys. In *Pacific Statistical Congress*, eds., IS Francis, BFJ Manly, FC Lam. Elsevier.

---. (1986b) Bruno de Finetti, 1906-1985. *JRSS Series A* (*General*) (149) 252.

---. (1989) Obituary: Harold Jeffreys, 1891-1989. *JRSS Series A* (*Statistics in Society*) (152:3) 417-18.

---. (1991) Sir Harold Jeffreys. *Chance* (4:2) 10-14, 21.

Loveland, Jeff. (2001) Buffon, the certainty of sunrise, and the probabilistic *reductio ad absurdum. Archives of the History of Exact Sciences* (55) 465-77.

MacKenzie, Donald A. (1981) *Statistics in Britain 1865-1930: The Social Construction of Scientific Knowledge. Edinburgh* University Press.

---. (1989) Probability and statistics in historical perspective. *Isis* (80) 116-24.

Magnello, M. Eileen. (1996) Karl Pearson's Gresham Lectures: W. F. R. Weldon, speciation and the origins of Pearsonian statistics. *British Journal for the History of Science* (29:1) 43-63.

Marie, Maximilien. (1883-88) *Histoire des sciences mathématiques et physiques*. Vol. 10. Paris: Gauthier-Villars. 69-98.

Mellor DH. (1995) Better than the stars: A radio portrait of Frank Ramsey. *Philosophy* (70) 243-62. The original version was broadcast by BBC Radio 3 February 27, 1978. http://www. Dar.cam.ac.uk/~dhm11/RanseyLect.html. Acc. May 21, 2004.

Millman S. (1984) *The History of Communications and Sciences* (1925-1980). Vol. 5. AT&T Bell Labs.

Miranti, Paul J. Jr. (2002) Corporate learning and traffic management at the Bell System, 1900-1929: Probability theory and the evolution of organizational capabilities. *Business History Review* (76:4) 733-65.

Molina, Edward C. (1913) Computation formula for the probability of an event happening at least *C* times in *N* trials. *American Mathematical Monthly* (20) 190-93.

---. (1922) The theory of probabilities applied to telephone trunking problems. *Bell System Technical Journal* (1) 69-81.

---. (1931) Bayes' theorem. *Annals of Mathematical Statistics* (2) 23-27.

---. (1941) Commentary in *Facsimiles of Two Papers by Bayes,* ed. W. Edwards Deming. Graduate School, Department of Agriculture.

---. (1946) Some fundamental curves for the solution of sampling problems. *Annals of Mathematical Statistics* (17) 325-35.

Morgan, Augustus de. (1839) Laplace. *Penny Cylopaedia of the Society for the Diffusion of Useful Knowledge.* London: 1833-46. (13) 325-28.

Moore, Calvin C. (2007) *Mathematics at Berkeley: A History*. AK Peters.

Morehead EJ. (1989) *Our Yesterdays: The History of the Actuarial Profession in North America 1809-1979*. Society of Actuaries.

Mowbray AH. (1914-15) How extensive a payroll exposure is necessary to give a dependable pure premium? *PCAS* (1) 24-30.

---. (1915) The determination of pure premiums for minor classifications on which the experience data is insufficient for direct estimate. PCAS (2) 124-33.

Neyman J. (1934) Statistical problems in agricultural experiment. With discussion. *Supplement to the JRSS*. (2:2) 107-80. (Discussion pp. 154-80.)

---. (1976) The emergence of mathematical statistics: a historical sketch with particular reference to the United States. In *On the History of Statistics and Probability,* ed.,

DB Owen. Marcel Dekker. 147-94.

Olkin, Ingram. (1992) A conversation with Churchill Eisenhart. *Statistical Science* (7) 512-30.

Otis, Stanley L. (1914-15) A Letter of Historical Interest. *PCAS* (1) 8-9.

Pearson, Egon S. (1925) Bayes' theorem examined in the light of experimental sampling. *Biometrika* (17) 388-442.

---. (1936 and 1937) Karl Pearson: An appreciation of some aspects of his life and work. *Biometrika* (28) 193-257 and (29) 161-248.

---. (1962) Some thoughts on statistical inference. *Annals of Mathematical Statistics*. (33:2) 394-403.

---. (1968) Studies in the history of probability and statistics. XX: Some early correspondence between W. S. Gosset, R. A. Fisher, and Karl Pearson, with notes and comments. Biometrika (55:3) 445-57.

Pearson, Karl. (1892) *The Grammar of Science*. W. Scott.

---. (1901) *The Ethic of Freethought and Other Addresses and Essays*. 2d ed. Charles Black.

---. (1912) *Social Problems: Their Treatment, Past, Present, and Future*. Dulau.

---. (1929) Laplace, being extracts from lectures delivered by Karl Pearson. *Biometrika* (21) 202-16.

Perryman, Francis S. (1937) Experience rating plan credibilities. *PCAS* (24) 60-125.

Porter, Theodore M. (1986) *The Rise of Statistical Thinking, 1820-1900*. Princeton University Press.（邦訳は『統計学と社会認識：統計思想の発展 1820-1900年』T.M.ポーター著、長屋政勝ほか訳、梓出版社）

---. (1995) *Trust in Numbers: The Pursuit of Objectivity in Science and Public Life. Princeton* University Press.

---. (2003) Statistics and physical theories. In *The Cambridge History of Science*. Vol. 5: *The Modern Physical and Mathematical Sciences, ed.* Mary Jo Nye. Cambridge University Press.

---. (2004) *Karl Pearson: The Scientific Life in a Statistical Age*. Princeton University Press.

Pruitt, Dudley M. (1964) The first fifty years. *PCAS* (51) 148-81.

Reed, Lowell J. (1936) Statistical treatment of biological problems in irradiation. In *Biological Effects of Radiation,* Vol. 1, ed. Benjamin M. Duggar, 227-51. McGraw-

Hill.

Reid, Constance. (1982) *Neyman-from Life*. Springer-Verlag.

Rubinow, Isaac M. (1913) *Social Insurance.* Henry Holt.

---. (1914-15) Scientific Methods of Computing Compensation Rates. PCAS (1) 10-23.

---. (1915) Liability loss reserves. *PCAS* (1:3) 279-95.

---. (1917) The theory and practice of law differentials. *PCAS* (4) 8-44.

---. (1934) A letter. *PCAS* (21)

Schindler GE Jr., ed. (1982) *A History of Switching Technology* (1925-1975). Vol. 3. Bell Telephone Laboratories.

Searle GR, ed. (1976) *Eugenics and Politics in Britain 1900-1914.* Noordhoff International Publishing.

Seddik-Ameur, Nacira. (2003) Les tests de normalité de Lhoste. *Mathematics and Social Sciences/Mathématiques et Sciences Humaines* (162: summer) 19-43.

Stigler, Stephen M. (1986). *The History of Statistics: The Measurement of Uncertainty before 1900.* Belknap Press of Harvard University Press. A classic.

---. (1999). *Statistics on the Table: The History of Statistical Concepts and Methods.* Harvard University Press.

Taqqu, Murad S. (2001) Bachelier and his times: A conversation with Bernard Bru. *Finance and Stochastics* (5) 3-32.

Whitney, Albert W. (1918) The theory of experience rating. *PCAS* (4) 274-92.

Wilhelmsen L. (1958) Actuarial activity in general insurance in the northern countries of Europe. *ASTIN Bulletin* (1) 22-27.

Wilkinson RI. (1955) An appreciation of E. C. Molina. *First International Teletraffic Congress, Copenhagen, June 20th-June 23rd, 1955.* International Teletraffic Congress 30-31.

Willoughby, William Franklin. (1898) *Workingmen's Insurance.* Thomas Y. Crowell.

Zabell, Sandy L. (1989) R. A. Fisher on the history of inverse probability. *Statistical Science* (4) 247-56.

---. (1989) The Rule of Succession. *Erkenntnis* (31) 283-321.

---. (1992) R. A. Fisher and fiducial argument. *Statistical Science* (7) 369-87.

第4章

Andresen, Scott L. (Nov.-Dec. 2001) Donald Michie: Secrets of Colossus revealed. *IEEE Intelligent Systems* 82-83.

Arnold, VI. (2004) A.N. Kolmogorov and natural science. *Russian Math. Surveys* (59:1) 27-46.

Barnard, GA & Plackett, RL. (1985) Statistics in the United Kingdom, 1939-45. In AC Atkinson, SE Fienberg, eds., *A Celebration of Statistics*. Springer-Verlag. 31-55,

Barnard GA. (1986) Rescuing our manufacturing industry-some of the statistical problems. *The Statistician* (35) 3-16.

Bauer FL. (2000) *Decrypted Secrets*. Springer.

Burroughs J, Lieberman D, Reeds J. (2009) The secret life of Andy Gleason. *Notices of the American Mathematical Society* (in draft).

Booss-Bavnbek B, Hoeyrup J. (2003) *Mathematics and War*. Birkhäuser Verlag.

Britton JL. (1992) *Collected Works of A. M. Turing: Pure Mathematics*. North-Holland.

Budiansky, Stephen. (2000) *Battle of Wits: The Complete Story of Codebreaking in World War II*.Free Press.

Carter, Frank L. (1998) *Codebreaking with the Colossus Computer.* Bletchley Park Trust.

---. (2008) *Breaking Naval Enigma*. Bletchley Park Trust.

Champagne L, Carl RG, Hill R. (2003) Multi-agent techniques: Hunting U-boats in the Bay of Biscay. *Proceedings of SimTecT May 26-29, Adelaide, Australia.*

Chentsov, Nikolai N. (1990) The unfathomable influence of Kolmogorov. *Annals of Statistics* (18:03) 987-98.

Churchill, Winston. (1949) *Their Finest Hour*. Houghton Mifflin.

Collins, Graham P. (October 14, 2002) Claude E. Shannon: Founder of Information Theory. *Scientific American* 14ff.

Copeland, B. Jack, ed. (2004) *The Essential Turing*. Clarendon Press. Essential essays.

Copeland BJ et al. (2006) *Colossus: The Secrets of Bletchley Park's Codebreaking Computers*. Oxford University Press. Essential essays.

Eisenhart, Churchill. (1977) The birth of sequential analysis, (obituary note on retired RAdm. Garret Lansing Schuyler). *Amstat News* (33:3).

Epstein R, Robert G, Beber G., eds. (2008) *Parsing the Turing Test: Philosophical and*

Methodical Issues in the Quest for the Thinking Computer. Springer.

Erskine, Ralph. (October 2006) The Poles reveal their secrets: Alastair Denniston's account of the July 1939 meeting at Pyry. *Cryptologia* (30) 204-305.

Fagen MD. (1978) *The History of Engineering and Science in the Bell System: National Service in War and Peace (1925-1975)*. Vol. 2. Bell Telephone Labs.

Feferman AB, Feferman S. (2004) *Alfred Tarski: Life and Logic*. Cambridge University Press.

Fienberg SE. (1985) Statistical developments in World War II: An international perspective. In *A Celebration of Statistics*, eds., AC Atkinson, SE Fienberg. Springer-Verlag. 25-30.

Gandy R.O, Yates C.E.M., eds. (2001) *Collected Works of A. M. Turing: Mathematical Logic*. North-Holland.

Good, Irving John. (1950) Probability and the Weighing of Evidence. London: Charles Griffin.

---. (1958) The interaction algorithm and practical Fourier analysis. *JRSS. Series B.* (20) 361-72.

---. (1958) Significance tests in parallel and in series. *JASA* (53) 799-813.

---. (1965) *The Estimation of Probabilities: An Essay on Modern Bayesian Methods.* Research Monograph 30, MIT Press.

---. (1979) Studies in the history of probability and statistics. XXXVII A. M. Turing's statistical work in World War II. *Biometrika* (66:2) 393-96. Reprinted with Introductory Remarks in *Pure Mathematics,* ed., JR Britton, vol. of *Collected Works of A.M. Turing*. North-Holland, 1992.

---. (1983) *Good Thinking: The Foundations of Probability and Its Applications.* University of Minnesota Press.

---. (1984) A Bayesian approach in the philosophy of inference. *British Journal for the Philosophy of Science* (35) 161-66.

---. (2000) Turing's anticipation of Empirical Bayes in connection with the cryptanalysis of the Naval Enigma, *Journal of Statistical Computation and Simulation* (66) 101-11, and in Gandy and Yates.

Hinsley FH, Stripp A, eds. (1993) *Codebreakers: The Inside Story of Bletchley Park.* Oxford University Press.

Hilton, Peter. (2000) Reminiscences and reflections of a codebreaker. In *Coding Theory*

and Cryptography: From Enigma and Geheimschreiber to Quantum Theory, ed., WD Joyner. Springer-Verlag. 1-8.

Hodges, Andrew. (1983, 2000) *Alan Turing: The Enigma*. Walker. A classic.

---. The Alan Turing Webpage. http://www.turing.org.uk/turing/

---. (2000) Turing, a natural philosopher. Routledge. In *The Great Philosophers*, eds., R. Monk and F. Raphael. Weidenfeld and Nicolson.

---. (2002) Alan Turing-a Cambridge Scientific Mind. In *Cambridge Scientific Minds*, eds., Peter Harmon, Simon Mitton. Cambridge University Press.

Hosgood, Steven. http://tallyho.bc.nu/~steve/banburismus.html.

Kahn, David. (1967) *The Codebreakers: The Story of Secret Writing*. Macmillan. A classic.

Kendall, David G. (1991a) Kolmogorov as I remember him. *Statistical Science* (6:3) 303-12.

---. (1991b) Andrei Nikolaevich Kolmogorov. 25 April 1903-20 October 1987. *Biographical Memoirs of Fellows of the Royal Society*. (37) 300-319.

Kolmogorov, Andrei N. (1942) Determination of the center of scattering and the measure of accuracy by a limited number of observations. *Izvestiia Akademii nauk SSSR. Series Mathematics* (6) 3-32. In Russian.

Kolmogorov AN, Hewitt E. (1948) *Collection of Articles on the Theory of Firing*. Rand Publications. Edited by Kolmogorov and translated by Hewitt.

Koopman, Bernard Osgood. (1946) *OEG Report No. 56, Search and Screening*. Operations Evaluation Group, Office of the Chief of Naval Operations, Navy Department, Washington, D.C.

---. (1980) *Searching and Screening: General Principles with Historical Applications*. Pergamon Press.

Kozaczuk, Wladyslaw. (1984) *Enigma*. Trans. Christopher Kasparek. University Publications of America.

Kuratowski, Kazimierz. (1980) *A Half Century of Polish Mathematics, Remembrances and Reflections*. Pergamon Press.

Lee, JAN (1994) Interviews with I. Jack Good and Donald Michie, 1992. http://ei.cs.vt.edu/~history/Good.html Downloaded February 14, 2006.

Michie, Donald. (unpublished) Turingery and Turing's sequential Bayes Rule. I am indebted to Jack Copeland and the Michie family for letting me read this draft

chapter.

Milllman S, ed. (1984) *The History of Communications Sciences* (1925-1980). Vol. 5. AT&T Bell Labs.

Morison, Samuel Eliot. (2001) *The Battle of the Atlantic: September 1939-May 1943*. University of Illinois Press. (1947 edition by Little, Brown)

Morse PM, Kimball GE. (1951) *Methods of Operations Research*. Technology Press of MIT and John Wiley and Sons.（邦訳は『オペレェィションズ・リサーチの方法』フィリップ・エム・モース，ジョージ・イー・キンボル共著、日本科学技術連盟訳、日本科学技術連盟）

Morse PM. (1982) In Memoriam: Bernard Osgood Koopman, 1900-1981. *Operations Research* (30) viii, 417-27.

Newman MHA. (1953) Alan Mathison Turing, 1912-1954. *Biographical Memoirs of Fellows of the Royal Society* (1) 253-63.

Randell B. (1980) "The Colossus." In *A History of Computing in the Twentieth Century: A Collection of Essays*, eds., Metropolis N, Howlett J, Rota G-C. Academic Press.

Rejewski M. (1981) How Polish mathematicians deciphered the Enigma. *Annals of the History of Computing* (3) 223.

Rukhin, Andrew L. (1990) Kolmogorov's contributions to mathematical statistics. *Annals of Statistics* (18:3) 1011-16.

Sales, Tony. www.codesandciphers.org.uk/aescv.htm

Shannon, Claude E. (July, October 1948) A mathematical theory of communication. *Bell System Technical Journal* (27) 379-423, 623-56.

---. (1949) Communication theory of secrecy systems. netlab.cs.ucla.edu/wiki/files/Shannon1949.pdf. Acc. March 31, 2007.

Shiryaev, Albert N. (1989) Kolmogorov: Life and Creative Activities. *Annals of Probability* (17:3) 866-944.

---. (1991) Everything about Kolmogorov was unusual. *Statistical Science* (6:3) 313-18.

---. (2003) On the defense work of A. N. Kolmogorov during World War II. In *Mathematics and War*, eds., B. Booss-Bavnbek & J. Hoeyrup. Birkhaeuser.

Sloane NJA, Wyner AD., eds. (1993) *Claude Elwood Shannon: Collected Papers*. IEEE Press.

Syrett, David. (2002) *The Battle of the Atlantic and Signals Intelligence: U-Boat Tracking Papers, 1941-1947*. Navy Records Society.

Turing, Alan M. (1942) *Report by Dr. A. M. Turing, Ph.D. and Report on Cryptographic Machinery Available at Navy Department, Washington.* http://www.turing.org.uk/sources/washington.html. Accessed June 2, 2009.

---. (1986) A. M. Turing's *Ace Report of 1946 and Other Papers*, eds., BE Carpenter, RW Doran. MIT Press.

Waddington CH. (1973) *O.R. in World War 2: Operations Research against the U-Boat.* Scientific Books.

Weierud, Frode. http://cryptocellar.web.cern.ch/cryptocellar/Enigma/index.html. A central archives for the history of cryptanalysis during the Second World War.

Welchman, Gordon. (1983) *The Hut Six Story: Breaking the Enigma Codes*. McGraw-Hill.

Wiener, Norbert. (1956) *I Am a Mathematician*. MIT Press.（邦訳は『サイバネティックスはいかにして生まれたか』ノーバート・ウィーナー著、鎮目恭夫訳、みすず書房）

Zabell SL. (1995) Alan Turing and the Central Limit Theorem. *American Mathematical Monthly* (102:6) 483-94.

第5章

Box GEP, Tiao GC. (1973) *Bayesian Inference in Statistical Analysis*. Addison-Wesley.

Cox, Gertrude. (1957) "Statistical frontiers." *JASA* (52) 1-12.

DeGroot, Morris H. (1986a) A conversation with David Blackwell. *Statistical Science* (1:1) 40-53.

Erickson WA, ed. (1981) *The Writings of Leonard Jimmie Savage: A Memorial Selection.* American Statistical Association and Institute of Mathematical Statistics.

Fienberg, Stephen E. (2006) When did Bayesian inference become Bayesian? *Bayesian Analysis* (1) 1-40.

Lindley, Dennis V. (1957) Comments on Cox. In *Breakthroughs in Statistics I*, eds., NL Johnson and S Kotz. xxxviii.

Perks, Wilfred. (1947) Some observations on inverse probability including a new indifference rule. *Journal of the Institute of Actuaries* (73) 285-334.

Reid, Constance. (1982) *Neyman-from Life. Springer-Verlag.*（邦訳は『数理統計学者イエルジイ・ネイマンの生涯』コンスタンス・リード著、安藤洋美ほか訳、現代数学社）

Sampson AR, Spencer B, Savage IR. (1999) A conversation with I. Richard Savage.

Statistical Science (14) 126-48.

第6章

Albers, Donald J. (1983) *Mathematical People*. Birkhäuser.（邦訳は『数学人群像：プロフィルとインタビュー』D.J.アルバース, G.L.アレクサンダーソン編、一松信監訳、近代科学社）

Bailey, Arthur L. (1929) *A Summary of Advanced Statistical Methods*. United Fruit Co. Research Department. Reprinted 1931 as Circular no. 7.

---. (1942, 1943) Sampling Theory in Casualty Insurance, Parts I through VII. *PCAS* (29) 50-93 and (30) 31-65.

---. (1945) A generalized theory of credibility. *PCAS* (32) 13-20.

---. (1948) Workmen's compensation D-ratio revisions. *PCAS* (35) 26-39.

---. (1950) Credibility procedures: Laplace's generalization of Bayes' rule and the combination of collateral knowledge with observed data. *PCAS* (37) 7-23. Six discussions of this paper and the author's reply are in the same volume at 94-115.

---. (1950) Discussion of Introduction to Credibility Theory by L. H. Longley-Cook. Reprint of 1950 discussion in *PCAS* (1963) (50) 59-61.

Bailey, Robert A, Simon LJ. (1959) An actuarial note on the credibility of experience of a single private passenger car. *PCAS* (46) 159-64.

Bailey RA, Simon LJ. (1960) Two studies in automobile insurance ratemaking. PCAS (47) 1-19. This was later reprinted in ASTIN *Bulletin* (1) 192-217.

Bailey RA. (1961) Experience rating reassessed. *PCAS* (48) 60-82.

Borch, Karl. (1963) Recent developments in economic theory and their application to insurance. *ASTIN Bulletin* (2) 322-41.

Bühlmann, Hans. (1967) Experience rating and credibility. *ASTIN Bulletin* (4) 199-207.

Bühlmann H, Straub E. (1970) Credibility for loss ratios. *Bulletin of the Swiss Association of Actuaries:* (70) 111-33. English trans. by C.E. Brooks.

Carr, William HA. (1967) *Perils: Named and Unnamed. The Story of the Insurance Company of North America*. McGraw-Hill.

Cox, Gertrude. (1957) "Statistical frontiers." *JASA* (52) 1-12.

DeGroot, Morris H. (1986a) A conversation with David Blackwell. *Statistical Science* (1:1) 40-53.

Hachemeister, Charles A. (1974) Credibility for regression models with application to trend. In *Credibility: Theory and Applications,* ed., P. M. Kahn, 129-64.

Hewitt, Charles C., Jr. (1964, 1965, 1969). Discussion. *PCAS* (51) 44-45; (52) 121-27; (56) 78-82.

Hewitt CC Jr. (1970) Credibility for severity. *PCAS* (57) 148-71.

---. (1975) Credibility for the layman. In *Credibility* (*Theory and Applications*), Academic Press and in *Proceedings of the Berkeley Actuarial Research Conference on Credibility*, September 19-21.

Hickman, James C., and Heacox, Linda. (1999) Credibility theory: The cornerstone of actuarial science. *North American Actuarial Journal* (3:2) 1-8.

Jewell, William S. (2004) Bayesian statistics. *Encyclopedia of Actuarial Science*. Wiley. 153-66.

Kahn, PM. (1975) *Credibility: Theory and Applications.* Academic Press.

Klugman SA, Panjer HH, Willmot GE. (1998) *Loss Models: From Data to Decisions*. John Wiley and Sons.（邦訳は『統計データの数理モデルへの適用』Stuart A. Klugman, Harry H.Panjer, Gordon E.Willmot著、日本アクチュアリー会編、損保数理ロスモデル研究会 訳、鈴木雪夫監修、丸善プラネット）

Longley-Cook, Laurence H. (1958) The casualty actuarial society and actuarial studies in development of non-life insurance in North America. *ASTIN Bulletin* (1) 28-31.

---. (1962) An introduction to credibility theory. *PCAS* (49) 184-221.

---. (1964) Early actuarial studies in the field of property and liability insurance. *PCAS* (51) 140-47.

---. (1972) Actuarial aspects of industry problems. *PCAS* (49) Part II 104-8.

Lundberg, Ove. (1966) Une note sur des systèmes de tarification basées sur des modèles du type Poisson composé. *ASTIN Bulletin* (4) 49-58.

Mayerson, Allen L. (1964) A Bayesian view of credibility. *PCAS* (51) 85-104.

Miller RB, Hickman JC. (1974) Insurance credibility theory and Bayesian estimation. In *Credibility: Theory and Applications*, ed. PM Kahn, 249-70.

Miller Robert B. (1989) Actuarial applications of Bayesian statistics. In *Bayesian Analysis in Econometrics and Statistics: Essays in Honor of Harold Jeffreys*, ed. Arnold Zellner. Robert E. Krieger.

Morris C, Van Slyke L. (1978) Empirical Bayes methods for pricing insurance classes. *Proceedings of the Business and Economics Statistics Section.* Statweb.byu.edu/

faculty/gwf/revnaaj.pdf
Perks, Wilfred. (1947) Some observations on inverse probability including a new indifference rule. *Journal of the Institute of Actuaries* (73) 285-334.
Taylor GC. (1977) Abstract credibility. *Scandinavian Actuarial Journal* 149-68.
---. (1979) Credibility analysis of a general hierarchical model. *Scandinavian Actuarial Journal* 1-12.
Venter, Gary G. (fall 1987) Credibility. *CAS Forum* 81-147.

第7章

Armitage P. (1994) Dennis Lindley: The first 70 years. In *Aspects of Uncertainty: A Tribute to D. V. Lindley*, eds., PR Freeman and AFM Smith. John Wiley and Sons.
Banks, David L. (1996) A Conversation with I. J. Good. *Statistical Science* (11) 1-19.
Dubins LE, Savage LJ. (1976) *Inequalities for Stochastic Processes* (*How to Gamble If You Must*). Dover.
Box, George EP, et al. (2006) *Improving Almost Anything*. Wiley.
Box GEP, Tiao GC. (1973) *Bayesian Inference in Statistical Analysis*. Addison-Wesley.
Cramér, H. (1976). Half of a century of probability theory: Some personal recollections. *Annals of Probability* (4) 509-46.
D'Agostini, Giulio. (2005) The Fermi's Bayes theorem. *Bulletin of the International Society of Bayesian Analysis* (1) 1-4.
Edwards W, Lindman R, Savage LJ. (1963) Bayesian statistical inference for psychological research. *Psychological Review* (70) 193-242.
Erickson WA, ed. (1981) *The Writings of Leonard Jimmie Savage: A Memorial Selection*. American Statistical Association and Institute of Mathematical Statistics.
Ferguson, Thomas S. (1976) Development of the decision model. In DB Owen, ed., *On the History of Statistics and Probability*. Marcel Dekker. 333-46.
Fienberg, Stephen E. (2006) When did Bayesian inference become Bayesian? *Bayesian Analysis* (1) 1-40.
Johnson NL, Kotz S, eds. (1997) *Breakthroughs in Statistics*. Vols. 1-3. Springer. Important reprints of twentieth century articles, primarily post-1940s.
Kendall, Maurice G. (1968) On the future of statistics - a second look. *Journal of the Royal Statistical Society Series A* (131) 182-204.

Lindley, Dennis V. (1953) Statistical inference (with discussion). *JRSS*, Series B (15) 30-76.

---. (1957) A statistical paradox. *Biometrika* (44: 1/2) 187-92.

---. (1968) Decision making. *The Statistician* (18) 313-26.

---. (1980) L. J. Savage-his work in probability and statistics. *Annals of Statistics* (8) 1-24.

---. (1983) Theory and practice of Bayesian statistics. *The Statistician* (32) 1-11.

---. (1986) Savage revisited: Comment. *Statistical Science* (1) 486-88.

---. (1990) Good's work in probability, statistics and the philosophy of science. *J. Statistical Planning and Inference* (25) 211-23.

---. (2000) The philosophy of statistics. *The Statistician* (49) 293-337.

---. (2004) Bayesian thoughts. *Significance* (1) 73-75.

Mathews J, Walker RL. (1965) *Mathematical Methods of Physics*. W. A. Benjamin.

Old, Bruce S. (1961) The evolution of the Office of Naval Research. *Physics Today* (14) 30-35.

Rigby, Fred D. (1976) Pioneering in federal support of statistics research. In DB Owen, ed., *On the History of Statistics and Probability*. Marcel Dekker. 401-18.

Rivett, Patrick. (1995) Aspects of Uncertainty. [Review] *Journal of the Operational Research Society* (46) 663-70.

Sampson AR, Spencer B, Savage IR. (1999) A conversation with I. Richard Savage. *Statistical Science* (14) 126-48.

Savage LJ. (1954) *The Foundations of Statistics*. Wiley.

---. (1962) *The Foundations of Statistical Inference: A Discussion*. London: Methuen.

---. (1976) On rereading R. A. Fisher. *Annals of Statistics* (4) 441-500.

Schrödinger, Erwin. (1944) The statistical law of nature. *Nature* (153) 704-5.

Shafer, Glenn. (1986) Savage revisited. *Statistical Science* (1) 463-85.

Smith, Adrian. (1995) A conversation with Dennis Lindley. *Statistical Science* (10) 305-19.

Stephan FF. et al. (1965) Stanley S. Willks. *JASA* (60:312) 953.

第8章

Anonymous. (1980) Obituary: Jerome Cornfield 1912-1979. *Biometrics* (36) 357-58.

Armitage, Peter. (1995) Before and after Bradford Hill: Some trends in medical statistics. *JRSS*, Series A (158) 143-53.

Centers for Disease Control. (1999) Achievements in public health, 1900-1999: Decline in deaths from heart disease and stroke, United States, 1900-1999. *MMWR Weekly* (48:30) 649-56.

Doll, Richard. (1994) Austin Bradford Hill. *Biographical Memoirs of Fellows of the Royal Society*. (40) 129-40.

---. (2000) Smoking and lung cancer. *American Journal of Respiratory and Critical Care Medicine* (162:1) 4-6.

---. (1995) Sir Austin Bradford Hill: A personal view of his contribution to epidemiology. *JRSS: Series A* (*Statistics in Society*) (158) 155-63.

Duncan JW, Shelton WC. (1978) *Revolution in United States Government Statistics 1926-1976*. U.S. Department of Commerce.

Jerome Cornfield Memorial Issue. (March 1982) *Biometrics Supplement, Current Topics in Biostatistics and Epidemiology* (38).

Cornfield, Jerome. (1951) A method of estimating comparative rates from clinical data: Applications to cancer of the lung, breast, and cervix. in *Breakthroughs in Statistics* 3 (1993), eds., S. Kotz and NL Johnson. Springer. Introduction by Mitchell H. Gail.

---. (1962) Joint dependence of risk of coronary heart disease on serum cholesterol and systolic blood pressure: A discriminant function analysis. *Federation Proceedings* (21:4) Part II. July-August. Supplement no. 11.

---. (1967) Bayes Theorem. *Review of the International Statistical Institute* (35) 34-49.

---. (1969) The Bayesian outlook and its application. *Biometrics* (25:4) 617-57.

---. (1975) A statistician's apology. *JASA* (70) 7-14.

Duncan JW, Shelton WC. (1978) *Revolution in United States Government Statistics 1926-1976*. U.S. Department of Commerce.

Gail, Mitchell H. (1996) Statistics in Action. *JASA* (91:322) 1-13.

Green, Sylvan B. (1997) A conversation with Fred Ederer. *Statistical Science* (12:2) 125-31.

Greenhouse SW, Halperin M. (1980) Jerome Cornfield, 1912-1979. *American Statistician* (34) 106-7.

Greenhouse, Samuel W. (1982) Jerome Cornfield's contributions to epidemiology. *Biometrics* Supplement. 33-45.

Greenhouse SW, Greenhouse JB. (1998) Cornfield, Jerome. *Encyclopedia of Biostatistics*, vol. 1, ed., P. Armitage, T. Colton. 955-59.

Kass RE, Greenhouse JB. Comment: A Bayesian perspective. *Statistical Science* (4:4) 310-17.

Memorial Symposium in honor of Jerome Cornfield. (1981) "Jerome Cornfield: Curriculum, vitae, publications and personal reminiscences. From Fred Ederer-Jerome Cornfield Collection, Acc 1999-022, in the History of Medicine Division, National Library of Medicine.

National Cancer Institute. (1994) *Tobacco and the Clinician* (5) 1-22.

Sadowsky DA, Gilliam AG, Cornfield J. (1953) The statistical association between smoking and carcinoma of the lung. *Journal of the National Cancer Institute* (13:5) 1237-58.

Salsburg, David. (2001) *The Lady Tasting Tea: How Statistics Revolutionized Science in the Twentieth Century*. W. H. Freeman.（邦訳は『統計学を拓いた異才たち：経験則から科学へ進展した一世紀』デイヴィッド・サルツブルグ著、竹内惠行・熊谷悦生訳、日本経済新聞出版社）

Truett J, Cornfield J, Kannel W. (1967) A multivariate analysis of the risk of coronary heart disease in Framingham. *Journal of Chronic Diseases* (20:7) 511-24.

Zelen, Marvin. (1982) The contributions of Jerome Cornfield to the theory of statistics in A Memorial symposium in honor of Jerome Cornfield, March 1982. *Biometrics* (38) 11-15.

第9章

Anonymous. (1991) U.S. nuclear weapons accidents; danger in our midst. *Defense Monitor*. Center for Defense Information, World Security Institute. http://www/Milnet.com. Acc. Jan. 25, 2007.

Caldwell, Dan. (1987) Permissive action links. *Survival* (29) 224-38.

Gott, Richard. (1963) The evolution of the *independent British deterrent. International Affairs* (*Royal Institute of International Affairs 1944-*) (39) 238-52.

Herken, Gregg. (1985) *Counsels of War.* Knopf.

Hounshell, David. (1997) The Cold War, RAND, and the generation of knowledge, 1946-1962. *Historical Studies in the Physical and Biological Sciences* (27) 237-67.

Iklé, Fred Charles. (1958) *The Social Impact of Bomb Destruction*. University of Oklahoma Press.

---. (2006) *Annihilation from Within: The Ultimate Threat to Nations*. Columbia University Press.

Iklé, Fred Charles, with Aronson GJ, Madansky A. (1958) On the risk of an accidental or unauthorized nuclear detonation. RM-2251 U.S. Air Force Project Rand. RAND Corp.

Jardini, David R. (1996) Out of the Blue Yonder: The RAND Corporation's Diversification into Social Welfare Research, 1946-1968. Dissertation, Carnegie Mellon University.

Kaplan, Fred. (1983) *The Wizards of Armageddon*. Simon and Schuster.

Madansky, Albert. (1964) *Externally Bayesian Groups*. RAND Corp.

---. (1990) Bayesian analysis with incompletely specified prior distributions. In *Bayesian and Likelihood Methods in Statistics and Econometrics: Essays in Honor of George A. Barnard*, ed. S. Geisser. North Holland. 423-36.

Mangravite, Andrew. (spring 2006) Cracking Bert's shell and loving the bomb. *Chemical Heritage* (24:1) 22.

Smith, Bruce LR. (1966) The *RAND Corporation: Case Study of a Nonprofit Advisory Corporation*. Harvard University Press.

U.S. Department of Defense. (April 1981) *Narrative Summaries of Accidents Involving U.S. Nuclear Weapons 1950-1980*. http://www.dod.mil/pubs/foi/reading_room/635.pdf

Acc. Jan. 29, 2007. I am indebted to the Center for Defense Information for this reference.

Wohlstetter SJ et al. (April 1954) *Selection and Use of Strategic Air Bases*. RAND Corporation Publication R266.

Wohlstetter, Albert. (1958) The delicate balance of terror. RAND Corp. Publication 1472.

Wyden, Peter. (June 3, 1961) The chances of accidental war. *Saturday Evening Post*.

第10章

Anonymous. (1965) *Bayes-Turing. NSA Technical Journal*. グッドが著者と思われる。

---. (1971) Multiple hypothesis testing. *NSA Technical Journal*. 63-72.

---. (1972) The strength of the Bayes score. *NSA Technical Journal*. 87-111.

Bather, John. (1996) A conversation with Herman Chernoff. *Statistical Science* (11) 335-50.

DeGroot, MH. (1986c) A conversation with Charles Stein. *Statistical Science* (1) 454-62.

Edwards W, Lindman H, Savage LJ. (1963) Bayesian statistical inference for psychological research. *Psychological Research* (70:3) 193-242.

Efron, Bradley. (1977) Stein's paradox in statistics. *Scientific American* (236) 119-27.

---. (1978) Controversies in the foundations of statistics. *American Mathematical Monthly* (85) 231-46.

Good IJ. (1971) 46656 Varieties of Bayesians. Letter to the Editor. *American Statistician* (25) 62-63.

Jahn, RG, Dunne BJ, Nelson RD. (1987) Engineering anomalies research. *Journal of Scientific Exploration* (1:1) 21-50.

James W, Stein CM. (1961) Estimation with quadratic loss function. *Proc. of the 4th Berkeley Symp. Math. Statist. and Prob.* (1) 361.

Jefferys, William H. (1990) Bayesian analysis of random event generator data. *Journal of Scientific Exploration* (4:2) 153-69.

Leahy FT. (1960) Bayes marches on. *NSA Technical Journal*. (U) 49-61.

---. (1964) Bayes factors. 1-5.

---. (1965) Bayes factors. 7-10.

Robbins, Herbert. (1956) An empirical Bayes approach to statistics. In *Proc. of the 3rd Berkeley Symp. Math. Statist. and Prob. 1954-1955*. (1) University of California Press. 157-63.

Stein, Charles. (1956) Inadmissibility of the usual estimator for the mean of a multivariate normal distribution. In *Proc. of the 3rd Berkeley Symp. Math. Statist. and Prob., 1954-1955*, vol. I, ed., J. Neyman. University of California Press. 197-206.

Tribe, Laurence H. (1971a) Trial by mathematics: Precision and ritual in the legal process. *Harvard Law Review* (84:6) 1329-93.

---. (1971b) A further critique of mathematical proof. *Harvard Law Review* (84:8) 1810-20.

Zellner, Arnold. (2006) S. James Press and Bayesian analysis. *Macroeconomic Dynamics*. (10) 667-84.

第11章

Note: HBSA GC File is in the Faculty Biography Collection, Harvard Business School Archives, Baker Library, Harvard Business School.

Aisner, Jim. (1994) Renowned Harvard Business School Professor Robert O. Schlaifer Dead at 79. Harvard University.

Anonymous. (1959) Interpretation and reinterpretation: The Chicago Meeting, 1959. American *Historical Review* (65) 733-86.

Anonymous (March 24, 1962) Math + Intuition = Decision. *Business Week* 54, 56, 60. HBSA Fac. Biography series GC 772.20, Harvard Business School Archives, Baker Library, Harvard Business School.

Anonymous. (November 22, 1963) *Harbus News*.

Anonymous. (November 3, 1971) Yale statistician Leonard Savage Dies; Authored book on gambling. *New Haven Register*, 23.

Anonymous. (October 1985) Schlaifer and Fuller retire. *HBS Bulletin*. 18-19. HBSA GC File, R.O. Schlaifer.

Anonymous. (1992) Schlaifer awarded Ramsey Medal. *Decision Analysis Society Newsletter* (11:2).

Bilstein, Roger E. (1977) Development of aircraft engines and fuels. *Technology and Culture* (18) 117-18.

Birnberg JG. (1964) Bayesian statistics: A review. *Journal of Accounting Research* (2) 108-16.

Fienberg, Stephen E. (2008) The early statistical years: 1947-1967. A conversation with Howard Raiffa. *Statistical Science* (23:1) 136-49.

Fienberg SE, Zellner A. (1975) *Studies in Bayesian Econometrics and Statistics: In Honor of Leonard J. Savage*. North-Holland.

Gottlieb, Morris J. (1960) Probability and statistics for business decisions. *Journal of Marketing* (25) 116-17.

Harvard University Statistics Department. http//www.stat.Harvard.edu/People/Department_History.html. Kemp, Freda. (2001) Applied statistical decision theory: Understanding robust and exploratory data analysis. *The Statistician* (50) 352-53.

Massie, Joseph L. (1951) Development of aircraft engines; development of aviation

fuels. *Journal of Business of the University of Chicago* (24) 141-42.

McGinnis, John A. (November 22, 1963) "Only God can make a tree." *Harbus News*. HBSA Faculty Biography Series GC 772.20, Robert O. Schlaifer.

Memorial Service, Robert O. Schlaifer, Friday, December 2, 1994. HBSA GC 772.20 Faculty Biography.

Nocera, John. (1994) *A Piece of the Action: How the Middle Class Joined the Money Class*. Simon and Schuster.（邦訳は『アメリカ金融革命の群像』ジョセフ・ノセラ著、野村総合研究所訳、野村総合研究所情報リソース部）

Pratt JW, Raiffa H, Schlaifer R. (1964) The foundations of decision under uncertainty: An elementary exposition. *JASA* (59) 353-75.

---. (1965) *Introduction to Statistical Decision Theory*. McGraw-Hill.

Pratt, John W. (1985) [Savage Revisited]: Comment. *Statistical Science* (1) 498-99.

Raiffa, Howard. (1968) *Decision Analysis: Introductory Lectures on Choices under Uncertainty*. Addison-Wesley.

---. (2002) Tribute to Robert Wilson on his 65th Birthday." Berkeley Electronic Press. http://www.bepress.com/wilson/art2.

---. (2006) A Memoir: Analytical Roots of a Decision Scientist. Unpublished. I am indebted to Dr. Raiffa for letting me read and quote from his manuscript.

Raiffa H, Schlaifer R. (1961) *Applied Statistical Decision Theory*. MIT Press.

Ramsey Award Winners. (1988) Videotaped talk by Howard Raiffa, Ronald Howard, Peter C. Fishburn, and Ward Edwards at the Joint National Meeting of the Operations Research Society of America. San Diego. I am indebted to INFORMS for letting me watch the video.

Savage, Jimmie. (October 1, 1956) Letter to Committee on Statistics Faculty, Chicago. In Manuscripts and Archives, Yale University Library.

Saxon, Wolfgang. (July 28, 1994) Robert O. Schlaifer, 79, managerial economist. *New York Times*.

Schlaifer, Robert. (1936) Greek theories of slavery from Homer to Aristotle. *Harvard Studies in Classical Philology* (47) 165-204.

Schlaifer R, Heron SD. (1950) *Development of Aircraft Engines. Development of Aviation Fuels*. Graduate School of Business Administration, Harvard University.

Schlaifer, Robert O. (1959) *Probability and Statistics for Business Decisions: An Introduction to Managerial Economics under Uncertainty*. McGraw-Hill.

第12章

Albers DJ, Alexanderson GL, Reid C., eds. (1990) *More Mathematical People*. Harcourt Brace Jovanovich.（邦訳は『アメリカの数学者たち』ドナルド・アルバースほか編、好田順治訳、青土社）

Brooks, E. Bruce. (2001) Tales of Statisticians: Frederick Mosteller. www.UMass.edu/wsp/statistics/tales/mosteller.html. Acc. December 21, 2004.

Chang, Kenneth. (July 27, 2006) C. Frederick Mosteller, a pioneer in statistics, dies at 89. *New York Times*.

Cochran WG, Mosteller F, Tukey JW. (1954) *Statistical Problems of the Kinsey Report on Sexual Behavior in the Human Male*. American Statistical Association.

Converse, Jean M. (1987) *Survey Research in the United States: Roots and Emergence 1890-1960*. University of California Press.

Fienberg SE, Hoaglin DC, eds. (2006) *Selected Papers of Frederick Mosteller*. Springer.

Fienberg SE et al., eds. (1990) *A Statistical Model: Frederick Mosteller's Contributions to Statistics, Science and Public Policy*. Springer-Verlag.

Hedley-Whyte J. (2007) Frederick Mosteller (1916-2006): Mentoring, A Memoir. *International Journal of Technology Assessment in Health Care* (23) 152-54.

Ingelfinger, Joseph, et al. (1987) *Biostatistics in Clinical Medicine*. Macmillan.

Jones, James H. (1997) *Alfred C. Kinsey: A Public/Private Life*. W. W. Norton.

Kinsey AC, Pomeroy WB, Martin CE. (1948) *Sexual Behavior in the Human Male*. WB Saunders.（邦訳は『人間に於ける男性の性行爲　上・下』アルフレッド・C・キンゼイ，ウォーデル・B・ポメロイ，クライド・E・マーティン著、永井潜・安藤画一訳、コスモポリタン社）

Kolata, Gina Bari. (1979) Frederick Mosteller and applied statistics. *Science* (204) 397-98.

Kruskal W, Mosteller F. (1980) Representative sampling, IV: The history of the concept in statistics, 1895-1939. International Statistical Review (48) 169-95.

Mosteller, Frederick, et al. (1949) *The Pre-Election Polls of 1948*. Social Science Research Council.

Mosteller F, Tukey J. (1954) Data analysis, including statistics. In *The Collected Works of John W. Tukey*, vol. 4, ed. Lyle V. Jones. Wadsworth and Brooks.

Mosteller F, Rourke REK, Thomas GB Jr. (1961, 1970) *Probability with Statistical Applications*. Addison-Wesley.

Mosteller F, Wallace DL. (1964) *Inference and disputed authorship, The Federalist*. Addison-Wesley; and (1984) *Applied Bayesian and Classical Inference: The Case of the Federalist Papers*. Springer-Verlag. These two books are identical but meant for different audiences.

Mosteller F and Wallace DL. (1989) Deciding authorship. In *Statistics: A Guide to the Unknown,* eds., Judith M. Tanur et al. Wadsworth and Brooks/Cole. 115-25.

Petrosino, Anthony. (2004) Charles Frederick [Fred] Mosteller. JamesLindLibrary.org.

Squire, Peverill. (1988) Why the 1936 Literary Digest poll failed. *Public Opinion Quarterly* (52) 125-33.

Zeckhauser RJ, Keeney RL, Sebenius JK. (1996) *Wise Choices: Decisions, Games, and Negotiations*. Harvard Business School Press.

第13章

Anscombe, FR. (2003) Quiet contributor: the civic career and times of John W. Tukey. *Statistical Science* (18:3) 287-310.

Bell Labs. Memories of John W. Tukey. http://cm.bell-labs.com/cm/ms/departments/sia/tukey/ Acc. Feb. 27, 2007

Bamford, James. (1983) *The Puzzle Palace: A Report on America's Most Secret Agency*. Penguin.

Bean, Louis H. (1950) The pre-election polls of 1948 (review). *JASA* (45) 461-64.

Bell Telephone Labs. (1975-85) *The History of Engineering and Science in the Bell System*. Vols. 1-7.

Brillinger, David R. (2002a) John W. Tukey: His life and professional contributions. *Annals of Statistics* (30) 1535-75.

---. (2002b) John Wilder Tukey (1915-2000). *Notices of the American Mathematical Society* (49:2) 193-201.

---. (2002c) John W. Tukey's work on time series and spectrum analysis. *Annals of Statistics* (30) 1595-1618.

Casella G et al. (2003) Tribute to John W. Tukey. *Statistical Science* (18) 283-84.

Computer History Museum. "Selling the Computer Revolution." www.computerhistory.

org/brochures/companies. Acc. March 7, 2007.

Dempster, Arthur P. (2002) John W. Tukey as "philosopher." *Annals of Statistics* (30) 1619-28.

Gnanadesikan R, Hoaglin DC. (1993) *A Discussion with Elizabeth and John Tukey, Parts I and II*. DVD. American Statistical Association.

Jones, Lyle V., ed. (1986) *The Collected Works of John W. Tukey*. Vol. III: *Philosophy and Principles of Data Analysis: 1949-1964*. Wadsworth and Brooks/Cole.

Leonhardt, David. (2000) John Tukey: Statistician who coined 2 crucial words. www.imstat.org/Bulletin/Sept2000/node18.html. Acc. April 7, 2007.

Link, Richard F. (1989) Election night on television. In *Statistics: A Guide to the Unknown*, eds., Judith M. Tanur et al. Wadsworth and Brooks/Cole. 104-12.

McCullagh, Peter. (2003) John Wilder Tukey. *Biographical Memoirs of the Fellows of the Royal Society London* (49) 537-55.

Mosteller F, Tukey JW. (1954) Data analysis, including statistics. In *The Collected Works of John W. Tukey*, vol. IV, ed. Lyle V. Jones.

Tedesco, John. Huntley, Chet. Museum of Broadcast Communications. www.museum.tv/archives/etv/H/htmlH/huntleychet/huntleychet.htm. Acc. July 17, 2007.

Robinson, Daniel J. (1999) *The Measure of Democracy: Polling, Market Research, and Public Life, 1930-1945*. University of Toronto Press.

Tukey, John W. (1962) The future of data analysis. *Annals of Mathematical Statistics* (33) 1-67.

---. (1984) *The Collected Works of John W. Tukey: Time Series: 1949-1964, 1965-1984*. Vols. 1, 2. Ed. David R. Brillinger. Wadsworth Advanced Books and Software.

---. (1984) *The Collected Works of John W. Tukey: Philosophy and Principles of Data Analysis, 1949-1953; 1965-1986*. Vols. 3, 4. Ed. Lyle V. Jones.Wadsworth Advanced Books and Software.

Waite CH, Brinkley, David. Museum of Broadcast Communications. www.museum.tv/archives/etv/B/htmlB/brinkleydav/brinkleydav.html. Acc. July 16, 2007.

第14章

Anonymous. (1982) Using experience to calculate nuclear risks. *Science* (217) 338.

Apostolakis George E. (1988) Editorial: The interpretation of probability in probabilistic

safety assessments. *Reliability Engineering and System Safety* (23) 247-52.

---. (1990) The concept of probability in safety assessments of technological systems. *Science* (250) 1359(6).

---. (2004) How useful is quantitative risk assessment? *Risk Analysis* (24) 515-20.

Barnett, Vic. (1973, 1982, 1999) Comparative Statistical Inference. John Wiley and Sons.

Bather, John. (1996) A conversation with Herman Chernoff. *Statistical Science* (11) 335-50.

Bier, Vicki M. (1999) Challenges to the acceptance of probabilistic risk analysis. *Society for Risk Analysis* (19) 703-10.

Cooke, Roger M. (1991) *Experts in Uncertainty: Opinion and Subjective Probability in Science*. Oxford University Press.

Feynman, Richard P. (1986) Appendix F: Personal observations on the reliability of the Shuttle. http://www.Science.ksc.nasa.gov/shuttle/missions/51-l/docs/rogers-commission/Appendix-F.txt

---. (1987) Mr. Feynman Goes to Washington. *Engineering and Science*. California Institute of Technology. (vol. 50) 6-22.

Harris Bernard. (2004) Mathematical methods in combating terrorism. *Risk Analysis* (24:4) 985-88.

Martz HF, Zimmer WJ. (1992) The risk of catastrophic failure of the solid rocket boosters on the space shuttle. *American Statistician* (46) 42-47.

Russell, Cristine. (1974) Study gives good odds on nuclear reactor safety. *BioScience* (24) 605-06.

Selvidge, Judith. (1973) A three-step procedure for assigning probabilities to rare events. In *Utility, Probability, and Human Decision Making*, ed. Dirk Wendt and Charles Vlek. D. Reidel Publishing.

U.S. Atomic Energy Commission. (1974) *Reactor Safety Study: An Assessment of Accident Risks in U.S. Commercial Nuclear Power Plants. WASH-1400*. NUREG-75/014. National Technical Information Service.

Webb, Richard E. (1976) *The Accident Hazards of Nuclear Power Plants*. University of Massachusetts Press.

Wilson, Richard. (2002) Resource letter: RA-1: Risk analysis. *American Journal of Physics* (70) 475-81.

第15章

Andrews, Capt. Frank A., ed. (1966) *Aircraft Salvops Med: Sea Search and Recovery of an Unarmed Nuclear Weapon by Task Force 65, Interim Report*. (1966) Chief of Naval Operations, U.S. Navy.

Arkin, William, and Handler, Joshua. (1989) *Naval Accidents 1945-1988, Neptune Paper No. 3*. Greenpeace.

Associated Press (August 31,1976) Soviet sub and U.S. frigate damaged in crash. *New York Times* 5; U.S. frigate and Soviet submarine collide. *The Times of London* 5.

Belkin, Barry. (1974) Appendix A: An alternative measure of search effectiveness for a clearance operation. Wagner, Associates. Unpublished.

Centers for Disease Control and Prevention (CDC). (April 20, 2005) Plutonium. Department of Health and Human Services Agency, CDC Radiation Emergencies Radioisotope Brief. www.bt.cdc.gov/radiation Accessed July 29, 2006.

Church BW et al. (2000) *Comparative Plutonium-239 Dose Assessment for Three Desert Sites: Maralinga, Australia; Palomares, Spain; and the Nevada Test Site, USA Before and After Remedial Action*. Lawrence Livermore National Laboratory.

Craven, John Piña. (2002) *The Silent War: The Cold War Battle Beneath the Sea*. Simon and Schuster.

Feynman, Richard P. (1985) *Surely You're Joking, Mr. Feynman!* W. W. Norton.（邦訳は『ご冗談でしょう、ファインマンさん上・下』R.P.ファインマン著、大貫昌子訳、岩波書店）

Gonzalez II, Ruiz SS. (1983) *Doses from Potential Inhalation by People Living Near Plutonium Contaminated Areas*. Oak Ridge National Laboratory.

Handler J, Wickenheiser A, Arkin WM. *Naval Safety 1989: The Year of the Accident, Neptune Paper No. 4*. Greenpeace.

http/www.destroyersonline.com/usndd/ff1047/f1047pho.htm. DestroyersOnLine web page. *Voge* collision picture.

Lewis, Flora. (1967) *One of Our H-Bombs is Missing*. McGraw-Hill. A Pulitzer Prize winner.

Moody, Dewitt H. (2006) 40th anniversary of Palomares. *Faceplate* (10:2) 15-19.

Otto, M. (1998) Course 'Filling Station.' Foreign Technology Division, Wright-Patterson

AFB.

Nicholson, John H. (1999) Foreword in *Under Ice: Waldo Lyon and the Development of the Arctic Submarine* by William Leary. Texas A&M University Press.

Place WM, Cobb FC, Defferding CG. (1975) *Palomares Summary Report*. Defense Nuclear Agency, Kirtland Air Force Base.

Reuters (October 11, 2006) Radioactive snails lead to Spain-U.S. atomic probe.

Richardson HR, Stone LD. (1971) Operations analysis during the underwater search for *Scorpion. Naval Research Logistics Quarterly* (18) 141-57.

---. (1984) Advances in search theory with application to petroleum exploration, Report to National Science Foundation. Daniel H. Wagner, Associates.

Richardson HR, Discenza JH. (1980) The United States Coast Guard Computer-Assisted Search Planning System (CASP). *Naval Research Logistics Quarterly* (27:4) 659-80.

Richardson HR, Weisinger JR. (1984) The search for lost satellites. *Proceedings of the 7th MIT-ONR Workshop on C3 Systemsm,* eds., M. Athans, A. Levis.

Richardson, Henry R. (1986) Search theory. Center for Naval Analyses, Alexandria, Va.

Richardson HR, Stone LD, Monarch WR, Discenza JH. (2003) *Proceedings of the SPIE Conference on Optics and Photonics, San Diego*. SPIE.

Sontag S, Drew C, with Drew AL. (1998) *Blind Man's Bluff: The Untold Story of American Submarine Espionage.* Public Affairs.（邦訳は『潜水艦諜報戦上・下』シェリー・ソンタグ，クリストファー・ドルー，アネット・ローレンス・ドルー著、平賀秀明訳、新潮社）

Stone, Lawrence D. (1975) *Theory of Optimal Search*. Academic Press.

---. (1983) The process of search planning: Current approaches and continuing problems. *Operations Research* (31) 207-33.

---. (1989) What's happened in search theory since the 1975 Lanchester Prize? *Operations Research* (37) 501-06.

---. (1990) Bayesian estimation of undiscovered pool sizes using the discovery record. *Mathematical Geology* (22) 309-32.

Stone LD, Barlow CA, Corwin TL. (1999) *Bayesian Multiple Target Tracking.* Artech House.

Taff LG. (1984) Optimal searches for asteroids. Icarus (57) 259-66.

U.S. Air Force Medical Service. (July 29, 2006) Air Force Releases Reports on Palomares, Spain and Thule Airbase, Greenland Nuclear Weapons Accidents. AFMS.

mil/latestnews/palomares.htm. Acc. July 29, 2006.

U.S. Department of Energy. (Palomares, Spain medical surveillance and environmental monitoring. www.eh.doe.gov/health/ihp/indalo/spain/html. Acc. July 29, 2006.

Wagner, Daniel H. (1988) *History of Daniel H. Wagner, Associates 1963-1986*. Daniel H. Wagner, Associates.

第16章

Alder, Berni J. (1990) Transcript of interview with Berni J. Alder conducted June 18, 1990. American Institute of Physics, Center for the History of Physics.

Bayarri MJ, Berger JO. (2004) The interplay of Bayesian and frequentist analysis. *Statistical Science* (19) 58-80.

Berger, James O. (2000) Bayesian analysis: A look at today and thoughts of tomorrow. *JASA* (95) 1269.

---. (2006) The case for objective Bayesian analysis. *Bayesian Analysis* (1:3) 385-402.

Besag, Julian. (1974) Spatial interaction in the statistical analysis of lattice systems. *JRSS* B (36) 192-236.

Britton JL, ed. (1992) *Collected Works of A. M. Turing: Pure Mathematics*. North-Holland.

Cappé O, Robert CP. (2000) Markov chain Monte Carlo: 10 years and still running! *JASA* (95) 1282-86

Couzin, Jennifer. (2004) The new math of clinical trials. *Science* (303) 784-86.

DeGroot, Morris H. (1986b) A conversation with Persi Diaconis. *Statistical Science* (1:3) 319-34.

Diaconis P, Efron B. (1983) Computer-intensive methods in statistics. *Scientific American* (248) 116-30.

Diaconis, Persi. (1985) Bayesian statistics as honest work. *Proceedings of the Berkeley Conference in Honor of Jerzy Neyman and Jack Kiefer* (1), eds., Lucien M. Le Cam and Richard A. Olshen. Wadsworth.

Diaconis P, Holmes S. (1996) Are there still things to do in Bayesian statistics? *Erkenntnis* (45) 145-58.

Diaconis P. (1998) A place for philosophy? The rise of modeling in statistical science. *Quarterly of Applied Mathematics* (56:4) 797-805.

DuMouchel WH, Harris JE. (1983) Bayes methods for combining the results of cancer studies in humans and other species. *JASA* (78) 293-308.

Efron, Bradley. (1986) "Why isn't everyone a Bayesian?" *American Statistician* (40) 1.

Gelfand, Alan E. (2006) Looking back on 15 years of MCMC: Its impact on the statistical (and broader) research community. Transcript of Gelfand's speech when awarded Parzen Prize for Statistical Innovation.

Gelfand AE, Smith AFM. (June 1990) Sampling-based approaches to calculating marginal densities. *JASA* (85:410) 398-409.

Gelfand AE et al. (December 1990) Illustration of Bayesian inference in normal data models using Gibbs Sampling. *JASA* (85:412) 972-85.

Gill, Jeff. (2002) *Bayesian Methods: A Social and Behavioral Sciences Approach.* Chapman and Hall.

Hanson KM. (1993) Introduction to Bayesian image analysis. In *Medical Imaging: Image Processing*, ed. MH Loew. Proc. SPIE (1898) 716-31.

Hastings WK. (1970) Monte Carlo sampling methods using Markov chains and their applications. *Biometrika* (57:1) 97-109.

Hively, Will. (1996) The mathematics of making up your mind. *Discover* (17:5) 90(8). Early popular-level description of Bayes.

Householder, Alston S. (1951) *Monte Carlo Method: Proceedings of a Symposium Held June 29, 30, and July 1, 1949.* National Bureau of Standards Applied Mathematics Series 12. v.

Hubert, Peter J. (1985) Data analysis: In search of an identity. In *Proceedings of the Berkeley Conference in Honor of Jerzy Neyman and Jack Kiefer*, eds., Lucien M. Le Cam and Richard A. Olshen. Wadsworth.

Hunt BR. (1977) Bayesian methods in nonlinear digital image restoration. *IEEE Transactions on Computers* (C-26:3) 219-29.

Kay, John. (2003) What is the chance of your being guilty? *Financial Times* (London). June 29, 21.

Kuhn, Thomas S. (1962). *The Structure of Scientific Revolutions*. University of Chicago Press.（邦訳は『科学革命の構造』トーマス・クーン著、中山茂訳、みすず書房）

Leonhardt, David. (2001) Adding art to the rigor of statistical science. *New York Times*, April 28. B 9.

Lindley, DV. (1965) *Introduction to Probability and Statistics from a Bayesian Viewpoint.*

Cambridge University Press.

Luce, R. Duncan. (2003) Whatever happened to information theory in psychology? *Review of General Psychology* (7:2) 183-88.

Malakoff, David. (1999) "Bayes offers a 'new' way to make sense of numbers," "A brief guide to Bayes theorem," "The Reverend Bayes goes to court," and "An improbable statistician." *Science* (286:5444) 1460ff.

Markoff, John. (2000) Microsoft sees software 'agent' as way to avoid distractions. *New York Times,* July 17 C1.

Metropolis N, Ulam S. (1949) The Monte Carlo method. *JASA* (44:247) 335-41.

Metropolis, Nicholas. (1987) The beginning of the Monte Carlo method. *Los Alamos Science* (15) 125-30.

Neiman, Fraser D. (2000) Coincidence or causal connection? The relationship between Thomas Jefferson's visits to Monticello and Sally Heming's conceptions. *William and Mary Quarterly*, 3d ser. (57:1) 198-210.

Press, S. James (1986) [Why isn't everyone a Bayesian?]: *Comment. American Statistician* (40) 9-10.

Raftery, Adrian E. (1986) Choosing models for cross-classifications. *American Sociological Review* (51:1) 145-46.

Raftery AE, Zeh JE. (1998) Estimating bowhead whale population size and rate of increase from the 1993 census. *JASA* (93:442) 451-63.

Robert C, Casella G. (2008) A history of Markov chain Monte Carlo-subjective recollections from incomplete data. Unpublished draft kindly provided by C. Robert.

Royal Statistical Society. "News Release: Royal Statistical Society concerned by issues raised in Sally Clark case." October 23, 2001. http://www.rss.org.uk/archive/reports/sclark.html Acc. February 13, 2004.

Sivia DS. (1996) *Data Analysis: A Bayesian Tutorial.* Clarendon Press.

Salsburg, David. (2001) *The Lady Tasting Tea: How Statistics Revolutionized Science in the Twentieth Century.* W. H. Freeman.（邦訳は『統計学を拓いた異才たち：経験則から科学へ進展した一世紀』デイヴィッド・サルツブルグ著、竹内惠行・熊谷悦生 訳、日本経済新聞出版社）

Smith, Adrian F.M. (1983) Comment. *JASA* (78) 310-11.

Spiegelhalter DJ et al. (1999) An Introduction to Bayesian methods in health technology assessment. *British Medical Journal* (319) 508-12.

Spiegelhalter DJ, Abrams KR, Myles JP. (2004) *Bayesian Approaches to Clinical Trials and Health-Care Evaluation*. John Wiley.

Spiegelhalter, David J. (2004) Incorporating Bayesian ideas into health-care evaluation. *Statistical Science* (19) 156-74.

Taylor BL, Gerrodette T. (1993) The uses of statistical power in conservation biology: the vaquita and Northern Spotted Owl. *Conservation Biology* (7) 489-787.

Weinberger, Steven E. (2008) Diagnostic evaluation and initial management of the solitary pulmonary nodule. Online in *UpToDate*, ed. Basow, DS. Waltham, Mass.

第17章

Abazov VM et al. (2007) Search for production of single top quarks via *t c g* and *tug* flavor-changing-neutral-current couplings. *Physical Review Letters* (99) 191802.

Anderson, Philip W. (1992) The Reverend Thomas Bayes, needles in haystacks, and the fifth force. *Physics Today* (45:1) 9, 11.

Aoki, Masanao. (1967) *The Optimization of Stochastic Systems*. Academic Press.

Berger JO. (2003) Could Fisher, Jeffreys and Neyman have agreed on testing? *Statistical Science* (18:1) 1-12.

Brockwell AE, Rojas AL, Kass RE. (2004) Recursive Bayesian decoding of motor cortical signals by particle filtering. *Journal of Neurophysiology* (91) 1899-1907.

Broemeling, Lyle D. (2007) *Bayesian Biostatistics and Diagnostic Medicine*. Chapman and Hall.

Brown, Emery N, et al. (1998) A statistical paradigm for neural spike train decoding applied to position prediction from ensemble firing patterns of rat hippocampal place cells. *Journal of Neuroscience* (18) 7411-25.

Campbell, Gregory. (2009) Bayesian statistics at the FDA: The trailblazing experience with medical devices. Emerging Issues in Clinical Trials, Rutgers Biostatistics Day, April 3, 2009. http://www.stat.rutgers.edu?iob/bioconf09/slides/campbell.pdf. Acc. October 8, 2009.

Committee on Fish Stock Assessment Methods, National Research Council. (1998) *Improving Fish Stock Assessments*. National Academy of Sciences.

Dawid, AP. (2002) Bayes's theorem and weighing evidence by juries. In *Bayes's Theorem, ed.* Richard Swinburne. 71-90.

Doya, Kenji, et al, eds. (2007) *Bayesian Brain: Probabilistic Approaches to Neural Coding*. MIT Press.

Efron, Bradley. (2005). Bayesians, frequentists, and scientists. *JASA* (469) 1-11.

---. (2005) Modern science and the Bayesian-frequentist controversy. www-stat. Stanford.edu/~brad/papers/NEW-Mod-Sci_2005. Acc. June 13, 2007.

---. (2006) Microarrays, Empirical Bayes, and the two-groups model. www-stat.Stanford. edu/brad/papers/twogroups.pdf Acc. June 13, 2007.

Frith, Chris. (2007) *Making Up the Mind: How the Brain Creates Our Mental World*. Blackwell.（邦訳は『心をつくる：脳が生みだす心の世界』クリス・フリス著、大堀壽夫訳、岩波書店）

Gastwirth JL, Johnson WO, Reneau DM. (1993) Bayesian analysis of screening data: Application to AIDS in blood donors. *Canadian Journal of Statistics* (19) 135-50.

Geisler WS, Kersten D. (2002) Illusions, perception and Bayes. *Nature Neuroscience* (5:6) 508-10.

Goodman J, Heckerman D. (2004) Fighting spam with statistics. *Significance* (1) 69-72.

Goodman, Steven N. (1999) Toward evidence-based medical statistics, Parts 1 and 2. *Annals of Internal Medicine* (130:12) 995-1013.

---. (2005) Introduction to Bayesian methods I: measuring the strength of evidence. *Clinical Trials* (2:4) 282-90.

Greenspan, Alan. (2004) Risk and uncertainty in monetary policy. With panel discussion by Martin Feldstein, Mervyn King, Janet L. Yellen. *American Economic Review* (94:2) 33-48.

Helm, Leslie. (Oct. 28, 1996) Improbable Inspiration. *Los Angeles Times* B1. http:// www.LATimes.com.

Heuer, Richards J. Jr., ed. (1978) *Quantitative Approaches to Political Intelligence: The CIA Experience*. Westview.

Hillborn R, Mangel M. (1997) *The Ecological Detective: Confronting Models with Data*. Princeton University Press.

Hively, Will. (1996) The mathematics of making up your mind. *Discovery* (17) 98(8).

Kass, Robert E. (2006) Kinds of Bayesians (Comment on articles by Berger and by Goldstein). *Bayesian Analysis* (1) 437-40.

Kaye, David H. (in press) *The Double Helix and the Law of Evidence*. Harvard University Press.

Kaye DH, Bernstein D, Mnookin J. (2004) *The New Wigmore, A Treatise on Evidence: Expert Evidence.* Aspen Publishers.

Kersten D, Mamassian P, Yuille A. (2004) Object perception as Bayesian inference. *Annual Review of Psychology* (55) 271-305.

Kiani R, Shadlen MN. (2009) Representation of confidence associated with a decision by neurons in the parietal cortex. *Science* (324) 759-64.

Knill DC, Pouget A. (2004) The Bayesian brain: The role of uncertainty in neural coding and computation. *Trends in Neurosciences* (27) 712-19.

Körding KP, Wolpert DM. (2004) Bayesian integration in sensorimotor learning. *Nature* (427) 244-47.

Leamer, Edward E. (1983) Let's take the con out of econometrics. *American Economic Review* (73) 31-43.

Lebiere, Christian. (1999) The dynamics of cognition: An ACT-R model of cognitive arithmetic. *Kognitionswissenschaft* (8) 5-19.

Linden G, Smith B, York J. (2003) Amazon.com recommendations. *IEEE Internet Computing* (7:1) 76-80.

Ludlum, Robert. (2005) *The Ambler Warning.* St. Martin's.

O'Hagan A, Luce BR. (2003) *A Primer on Bayesian Statistics in Health Economics and Outcomes Research.* MEDTAP International.

Pearl, Judea. (1988) *Probabilistic Reasoning in Intelligence Systems: Networks of Plausible Inference.* Morgan Kaufman Publishers.

Pouget A et al. (2009) Neural Computations as Laplacian (or is it Bayesian?) probabilistic inference. In draft.

Quatse JT, Najmi A. (2007) Empirical Bayesian targeting. Proceedings, 2007 World Congress in Computer Science, Computer Engineering, and Applied Computing, June 25-28, 2007.

Schafer JB, Konstan J, Riedl J. (1999) Recommender systems in E-commerce. In *ACM Conference on Electronic Commerce (EC-99)* 158-66.

Schafer JB, Konstan J, Riedl J. (2001) Recommender systems in E-commerce. *Data Mining and Knowledge Discovery* (5) 115-53.

Schneider, Stephen H. (2005) *The Patient from Hell.* Perseus Books.

Spolsky, Joel. (2005) (http://www.joelonsoftware.com/items/2005/10/17.html)

Swinburne, Richard, ed. (2002) *Bayes's Theorem*. Oxford University Press.

Taylor BL et al. (2000) Incorporating uncertainty into management models for marine mammals. *Conservation Biology* (14) 1243-52.

Unwin, Stephen D. (2003) *The Probability of God: A Simple Calculation that Proves the Ultimate Proof.* Random House.

Wade, Paul R. (1999) A comparison of statistical methods for fitting population models to data. In *Marine Mammal Survey and Assessment Methods,* eds., Garner et al. Rotterdam: AA Balkema.（邦訳は『海産哺乳類の調査と評価』G.W.Garner ほか編、白木原国雄・岡村寛・笠松不二男監訳、日本鯨類研究所）

---. (2000) Bayesian methods in conservation biology. *Conservation Biology* (14) 1308-16.

---. (2001) Conservation of exploited species in an uncertain world: Novel methods and the failure of traditional techniques. In *Conservation of Exploited Species,* eds., JD Reynolds et al. Cambridge University Press. 110-44.

Weaver, Warren. (1955) Translation. In *Machine Translation of Languages: Fourteen Essays,* eds., WN Locke, AD Booth. MIT Technology Press and John Wiley.

---. (1963) *Lady Luck: The Theory of Probability.* Dover Publications.

Westerfield, H. Bradford, ed. (1995) *Inside CIA's Private World: Declassified Articles from the Agency's Internal Journal, 1955-1992.* Yale University Press.

Wolpert DM, Ghahramani Z. (2005) Bayes' rule in perception, action, and cognition. In *The Oxford Companion to the Mind,* ed., Gregory RL. Oxford Reference OnLine.

Wolpert DM. (December 8, 2005) The puppet master: How the brain controls the body. Francis Crick Lecture, Royal Society. Online.

Zellner, Arnold. (2006) Bayesian econometrics: Past, present and future. HGB Alexander Research Foundation, University of Chicago. Paper 0607.

補　遺

Frith, Chris. (2007) *Making Up The Mind: How the Brain Creates our Mental World.* Blackwell.（邦訳は『心をつくる：脳が生みだす心の世界』クリス・フリス著、大堀壽夫訳、岩波書店）

Elmore Joann G et al. (April 16, 1998) Ten-year risk of false positive screening mammograms and clinical breast examinations. *New England Journal of Medicine* (338:16) 1089-96.

Kerlikowske Karla et al. (November 24, 1993) Positive predictive value of screening mammography by age and family history of breast cancer. *JAMA* (270: 20) 2444-50.

Kolata, Gina (November 23, 2009) Behind cancer guidelines, quest for data. *New York Times.*

National Cancer Institute (2009) Breast cancer screening: harms of screening. Accessed October 16 2009. pp. 1-4.

Weaver DL, et al. (2006) Pathologic findings from the Breast Cancer Surveillance Consortium: population-based outcomes in women undergoing biopsy after screening mammography. Cancer (106) 732. Cited in Fletcher, Suzanne W. (2010) Screening for 2 breast cancer. www.uptodate.com

＊本書は二〇一三年に当社より刊行した著作を文庫化したものです。

草思社文庫

異端の統計学 ベイズ

2018年12月10日　第1刷発行
2025年5月2日　第3刷発行

著　者　シャロン・バーチュ・マグレイン
訳　者　冨永　星
発行者　碇　高明
発行所　株式会社 草思社
〒160-0022　東京都新宿区新宿1-10-1
電話　03(4580)7680(編集)
　　　03(4580)7676(営業)
　　　https://www.soshisha.com/

本文組版　有限会社 一企画
印刷所　中央精版印刷 株式会社
製本所　中央精版印刷 株式会社
本体表紙デザイン　間村俊一

ISBN978-4-7942-2364-7　Printed in Japan

草思社文庫既刊

矢野和男
データの見えざる手
ウエアラブルセンサが明かす人間・組織・社会の法則

AI、センサ、ビッグデータを駆使した最先端の研究から仕事におけるコミュニケーションが果たす役割、幸福と生産性の関係などを解き明かす。「データの見えざる手」によって導き出される社会の豊かさとは？

クリフォード・ストール　池央耿＝訳
カッコウはコンピュータに卵を産む（上・下）

インターネットが地球を覆い始める黎明期、世界を驚かせたハッカー事件。ハッカーは、米国防総省のネットワークをかいくぐり、米国各地の軍事施設、CIAにまで手を伸ばしていた。スリリングな電脳追跡劇！

ブライアン・クリスチャン　吉田晋治＝訳
機械より人間らしくなれるか？

AI（人工知能）が進化するにつれ、「人間にしかできないこと」が減っていく。AIは人間を超えるか？　チューリングテスト大会に人間代表として参加した著者が、AI時代の「人間らしさ」の意味を問う。

草思社文庫既刊

ソーシャル物理学
「良いアイデアはいかに広がるか」の新しい科学
アレックス・ペントランド　小林啓倫＝訳

SNSで投資家の利益が変わる、会議で全員が発言すると生産性が向上する、風邪の引き始めは普段より活動的になる――人間行動のビッグデータから、組織や社会の改革を試みる〝新しい科学〟を解き明かす。

『自省録』の教え
折れない心をつくるローマ皇帝の人生訓
マーク・フォステイター＝編　池田雅之＝訳

ローマ帝国時代、「いかに生きるべきか」をひたすら自らに問い続けた賢帝マルクス・アウレリウス。著書『自省録』を現代を生きる人の人生テーマに合わせて一冊に。

『自分の人生に出会うための言葉』改題

死を悼む動物たち
バーバラ・J・キング　秋山勝＝訳

死んだ子を離そうとしないイルカ、母親の死を追うように衰弱死したチンパンジーなど、死をめぐる動物たちの驚くべき行動が報告されている。さまざまな動物たちの行動の向こう側に見えてくるのは――。

柳川範之
東大教授が教える独学勉強法

いきなり勉強してはいけない。まずは、正しい「学び方」を身につけてから。高校へ行かず、通信制大学から東大教授になった著者が、自らの体験に基づき、本当に必要な学び方を体系的にレクチャーする。

西多昌規
「器が小さい人」をやめる50の行動
脳科学が教えるベストな感情コントロール法

ムカつく、テンパる、キレる――「器」が小さい行動をとってしまう理由は「脳の処理能力の低下」だった⁉　脳科学、精神医学、心理学の知識をもとに、もう感情に振り回されないための50の解決策を教えます。

デイビッド・セイン＆岡悦子
とにかく通じる英語

英語は完璧に話せなくても、通じればOK！〝とにかく通じる英語〟を知っていれば、堂々と話せます。ビジネスシーンに合わせてNG英語→とにかく通じる英語→パーフェクト英語を紹介。**音声ダウンロード付き**

草思社文庫既刊

銃・病原菌・鉄（上・下）
ジャレド・ダイアモンド　倉骨 彰＝訳

なぜ、アメリカ先住民は旧大陸を征服できなかったのか。現在の世界に広がる〝格差〟を生み出したのは何だったのか。人類の歴史に隠された壮大な謎を、最新科学による研究成果をもとに解き明かす。

文明崩壊（上・下）
ジャレド・ダイアモンド　楡井浩一＝訳

繁栄を極めた文明はなぜ消滅したのか。古代マヤ文明やイースター島、北米アナサジ文明などのケースを解析、社会発展と環境負荷との相関関係から「崩壊の法則」を導き出す。現代世界への警告の書。

人間の性はなぜ奇妙に進化したのか
ジャレド・ダイアモンド　長谷川寿一＝訳

まわりから隠れてセックスそのものを楽しむ――これって人間だけだった⁉　ヒトの性は動物と比べて実に奇妙である。動物の性と対比しながら、人間の奇妙なセクシャリティの進化を解き明かす、性の謎解き本。